高等学校系列教材

土木工程施工组织

项　勇　陈泽友　　　　　主　编
杜德权　文　希　魏　瑶　副主编
方　俊　　　　　　　　　主　审

中国建筑工业出版社

图书在版编目(CIP)数据

土木工程施工组织 / 项勇，陈泽友主编 ；杜德权，文希，魏瑶副主编. — 北京 ：中国建筑工业出版社，2023.12

高等学校系列教材

ISBN 978-7-112-29142-7

Ⅰ. ①土… Ⅱ. ①项… ②陈… ③杜… ④文… ⑤魏… Ⅲ. ①土木工程—施工组织—高等学校—教材 Ⅳ. ①TU721

中国国家版本馆 CIP 数据核字(2023)第 175773 号

本书综合了目前土木工程施工组织中常用的基本原理、方法、技术，融合了法规、经济、信息等相关课程的前导性知识，按照《高等学校土木工程本科指导性专业规范》和国家现行相关标准，从可读性、实用性和时效性出发，将从事土木工程管理专业人才应具备的施工组织综合能力和建筑行业本身的特性相结合，在阐明相关理论与方法的基础上，辅助实例系统论述了土木工程施工组织的相关理论与方法。全书共分 11 章，分别为土木工程施工组织概论、施工准备工作、流水施工基本原理、网络计划技术、单位工程施工组织设计、施工组织总设计、专项施工方案设计、施工管理计划、土木工程施工现场管理、施工现场环境与资源管理和基于 BIM 技术的施工组织设计。

本书注重学生基础知识和分析能力的培养，具有一定的综合性、实用性和可读性。书中每章章前设置“本章重难点”“学习目标”和“素质目标”，章后附有一定数量的思考题，课后辅以较为丰富的学习资源，以引导和帮助教学过程中所学知识的理解和巩固。

本书既可作为高等院校土木工程、工程管理和工程造价等专业的课程学习教材，亦可作为工程技术和管理人员的业务参考书。

为了便于教学，作者特别制作了配套教师课件，任课教师可以通过如下途径申请：

1. 邮箱 jckj@cabp. com. cn，12220278@qq. com
2. 电话：(010) 58337285
3. 建工书院 http：//edu. cabplink. com

责任编辑：吕　娜
责任校对：张惠雯

高等学校系列教材
土木工程施工组织
项　勇　陈泽友　　　　主　编
杜德权　文　希　魏　瑶　副主编
方　俊　　　　　　　　主　审
*
中国建筑工业出版社出版、发行（北京海淀三里河路 9 号）
各地新华书店、建筑书店经销
北京红光制版公司制版
天津翔远印刷有限公司印刷
*
开本：787 毫米×1092 毫米　1/16　印张：23½　字数：583 千字
2024 年 2 月第一版　　2024 年 2 月第一次印刷
定价：**69.00** 元（附数字资源及赠教师课件）
ISBN 978-7-112-29142-7
(41858)

前　　言

随着我国建筑业的转型升级和高质量发展，建设管理体制改革的不断深化，BIM、物联网和智能建造等技术在建设领域的应用不断加强，土木工程施工组织及管理面临着新的要求和根本性的变革，也为土木工程施工组织知识体系和教学提出了新的要求。

“土木工程施工组织”是土木工程、建筑施工技术、工程管理和工程造价等专业的一门必修课程，是针对土木工程施工的特点，研究土木工程施工阶段的统筹规划和实施系统管理的客观规律，以制定最合理的施工组织与管理方法的一门学科。它主要涉及建设法规、施工组织、施工技术、工程经济、合同管理、信息管理及计算机等方面的专业知识在工程项目施工阶段的应用，具有很强的实践性。

本教材综合了目前土木工程施工组织中常用的基本原理、方法、技术，融合了法规、经济、信息等相关课程的前导性知识，按照《高等学校土木工程本科指导性专业规范》和国家现行相关标准的基本要求进行编写，力求从内容上体现出基础性、时代性和有效性。针对本课程实践性强、综合性强的特点，书中每章内容辅以例题和课后的思考题，以便于教学过程中知识点的理解。教学配套资源除教材对应的 PPT 外，与本教材相对应的还有各章课后延伸习题及参考答案、与施工组织课程相关的规范和制度、典型的施工组织案例、模拟试题、各重要知识点的微视频讲解。

本教材的特色主要体现为：首先，教材基于理论和工程实践经验为基础进行编写。集教学需求、理论探讨、实践应用三位一体，以提高学生在本课程学习过程中专业知识的理解、应用和创新综合素质基本目的，使教师和学生在使用本教材过程中形成教学相长的局面；其次，内容紧扣当前建设主管部门对工程施工组织的新要求、新规范，确保教材编写内容上的时效性和规范性，并能够在实践中进行有效的运用；最后，教材内容将规范、技术和经济有效结合，脱离了传统的土木工程施工组织设计以技术为主的状况，如在编制单位工程施工组织设计时，运用价值工程原理进行施工方案的选择与优化，并进行资源配置。

本教材结构体系完整，构架思路清晰，知识点分析过程中详略得当，各章附有一定数量的思考题，以帮助学习者加深理解、巩固所学知识，并为任课老师提供电子课件。教材配备成系列配套资源：教学大纲、进度计划、教学 PPT、课后和课外延伸习题、模拟试题、典型的施工组织案例集等。

本教材大纲及编写由西华大学项勇教授和陈泽友副教授提出并进行整体构思。各章具体内容编写人员分工为：第 1 章、第 2 章、第 8 章和第 10 章由西华大学的万爱玲、廖钉稷和汪驰程负责编写；第 3 章、第 4 章和第 7 章由项勇和陈泽友负责编写；第 5 章和第 6 章由陈泽友和杜德权负责编写；第 9 章由四川工商学院的魏瑶负责编写；第 11 章由文希负责编写。课后思考题及答案的整理由杜德权和文希负责编写和校对，课程配套资源由万爱玲、廖钉稷、汪驰程、魏瑶负责整理和校对。

本教材编写过程中，北京建筑大学的尤完教授、北京交通大学刘伊生教授、天津大学王雪青教授提出了宝贵的意见，使教材具有更加鲜明的特色。本教材主审武汉理工大学方俊教授对稿件全面审阅后，提出了具有价值的修改意见，使教材内容上更加符合行业发展和专业培养目标的要求。本教材的编写内容参考和引用了部分学者的研究成果作为教学内容，在此深表谢意！此外，特别感谢出版社吕娜副编审，对教材的选题申报、出版校对等一系列工作给予了大量的帮助，在此表示衷心的感谢。

由于本教材编写团队水平有限，书中难免会有缺点、纰漏和不足之处，恳请读者和老师在本书的使用过程中提出问题、批评指正，以便再版时修改、完善。

西华大学工程管理专业教材编写团队

2023 年 2 月

本教材全部数字资源

各章思考题及答案

教材微课配套ppt下载

配套规范书目汇总

目　　录

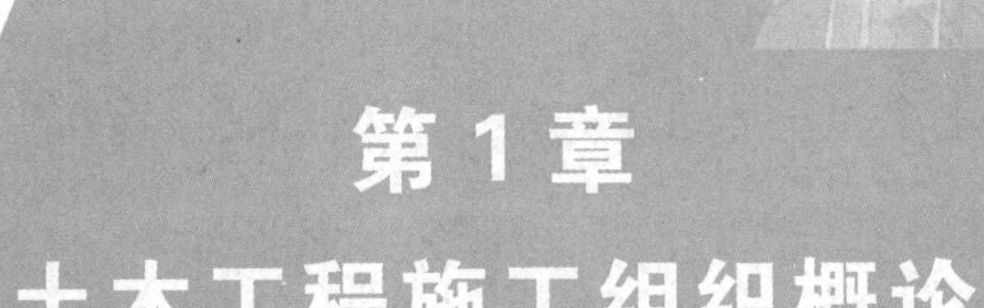

第1章 土木工程施工组织概论

【引言】在开展本章课程学习之前，我们先来了解一个小知识：在系统学习一门技术或者专业时，我们首先需要对其建立一定的知识基础，才能支撑对后续核心内容的学习。本章的主要内容就是帮助同学们熟悉土木工程施工组织的基本理论，同学们可以自主思考一下，我们需要掌握哪些方面的内容呢？

【本章重难点】土木工程建设程序和施工程序；土木工程施工组织概念；施工组织的概念、分类和内容。

【学习目标】熟悉建设项目的含义与组成，掌握土木工程建设程序和施工程序；掌握土木工程施工组织的概念，了解土木工程施工组织的任务和研究对象；熟悉组织施工的基本原则；掌握施工组织设计的概念、分类和内容；了解施工组织设计的作用和检查调整。

【素质目标】树立民族自豪感；传承工程人的爱岗敬业精神；建立行业归属感和认同感。

从古至今，我国建成了众多闻名于世界的工程项目，这些项目的成功建造，均离不开有效的施工组织和协调，那么什么是施工组织？随着技术的不断进步和在工程项目中的应用，施工组织从古至今产生了何种变迁，在项目建设过程中，施工组织对项目建设发挥什么样的作用诞生了闻名于世界的工程，则是本章需要学习的主要内容。

1.1 土木工程施工组织的历史沿革

1. 古代的施工组织

施工组织设计的行为历史上由来已久，最早被称为“施工组织设计”。我国古代建筑史中，如都江堰水利工程、北京故宫等很多成功的大型工程建设项目，都可以从古文献的志书中，找到有关施工组织设计的佐证论述。诸如都江堰、赵州桥、长城这些闻名于世的历史工程建造，既传承了悠久的历史文化，展现了古代匠师的工匠精神，也蕴含丰富的组织管理理念并对现代土木工程的建设产生着深远的影响。

2. 中华人民共和国成立后施工组织的发展

施工组织伴随现代大型工程项目的施工实践和管理科学的发展而不断发展。1928 年，苏联建造第聂伯水电站，施工人员编制了第一个较为完善的施工组织设计，并创建了施工组织管理理论。1958 年，美国在北极星导弹计划中，提出了计划评审法（PERT），随后相继出现了项目管理理论。

中华人民共和国成立后，我国建筑业的发展经历了形成阶段（1949—1957 年），曲折阶段（1958—1976 年），恢复阶段（1977—1983 年），发展阶段（1984 年后）。本书重点介绍形成阶段和发展阶段的特点。

（1）形成阶段。在中华人民共和国成立初期，我国根据苏联施工管理经验引进了施工组织设计，由于一切百废待兴，设计文件尚无定式，各省各行业成立了工程局，设计、施工不分家，技术人员既是设计者，又是施工管理组织者。

在计划经济体制下，施工任务由政府统一调配，施工企业完成政府的年度计划即可，不追求施工项目的经济效益，施工组织设计只是单一的技术管理文件。

（2）发展阶段。改革开放以后，建立了社会主义市场经济体制，市场经济需要按市场经济规律管理、按市场惯例办事。

随着市场经济的不断推进，施工组织设计的作用发生了变化。其主要作用不仅指导工程施工，而且在投标中作为技术标，承担了展示施工能力的文件；同时，在施工组织中加入了项目管理的部分内容，施工组织设计由最初的纯技术性文件改变为技术经济管理性文件。无论是 FIDIC 合同条件，还是我国的《建设工程施工合同（示范文本）》，均将投标书中的施工组织设计列为工程承包合同的组成部分；中标施工承包单位签订合同后，再依据合同文件完善指导施工的施工组织设计。所以现代的施工组织设计赋予了其两种作用，既是承揽任务的投标文件，又是指导施工的经济、技术、管理文件。

随着改革开放的深入，建筑业调整了企业的组织结构、实施了资质管理制度，开始了项目法施工，先后引进了建筑师、监理工程师和建造师制度。在建设任务获取的方式上，由原来计划经济体制下的分配转变为投标、竞标。随着《中华人民共和国建筑法》《招标投标法》等一系列法律法规的不断完善，给建筑市场的健康发展提供了法律保障。

在政府出台的一系列法律法规中，施工组织设计承担了重要角色。例如《建筑工程施工许可管理办法》把是否编制了专项质量、安全施工组织设计作为建设单位申请领取施工许可证的条件之一；在《房屋建筑和市政基础设施工程施工招标投标管理办法》中，把施工组织设计或者施工方案作为投标文件的组成之一；在《建设工程施工合同（示范文本）》GF—2017－0201 的第二部分通用合同条款的第 7.1 条中，专门规定了施工组织设计的内容。

党的十八大以后，中国建筑企业充分发挥在高铁、公路、电力、港口、机场、油气管道、高层建筑等工程建设方面的优势，以新技术、新装备打造世界级工程：有标志着“速度”和“密度”、以“四纵四横”高铁主骨架为代表的中国高铁；有标志着“精度”和“跨度”、以北盘江第一大桥为代表的中国桥梁；还有代表着“高度”的上海中心大厦、代表着“深度”的洋山深水港码头……这些超级工程彰显了我国建造能力。纵观这些超级工程的施工管理，发现有共同特点——与时俱进。例如，互联网、大数据、AI、GIS、BIM 等数字化信息技术在这些工程上的应用。

3. 信息化时代，催生数字化施工组织设计

随着新一轮科技革命和产业变革，以人工智能、大数据、物联网、5G 和区块链等为代表的新一代信息技术加速向各行业融合渗透。在工程建设领域，主要发达国家相继发布了面向新一轮科技革命的国家战略，如美国制定了《基础设施重建战略规划》，英国制定了《建造 2025》战略，日本实施了“建设工地生产力革命”战略等。

建筑业是我国国民经济的支柱产业，为我国经济持续健康发展提供了有力支撑。当然，我们也不能否认与高质量发展要求还有很大差距，目前大部分土木工程的生产方式还比较粗放，迫切需要推动智能建造与建筑工业化的协同发展。2020 年住房和城乡建设部等 13 部门联合下发《关于推动智能建造与建筑工业化协同发展的指导意见》（简称《指导意见》），该文件为推进建筑工业化、数字化、智能化升级，加快建造方式转变，推动建筑业高质量发展指明了方向。

（1）发展目标

《指导意见》提出，要围绕建筑业高质量发展总体目标，以大力发展建筑工业化为载

体，以数字化、智能化升级为动力，形成涵盖科研、设计、生产加工、施工装配、运营等全产业链融合一体的智能建造产业体系。发展目标是：

1）到 2025 年，我国智能建造与建筑工业化协同发展的政策体系和产业体系基本建立，建筑产业互联网平台初步建立，推动形成一批智能建造龙头企业，打造“中国建造”升级版。

2）到 2035 年，我国智能建造与建筑工业化协同发展取得显著进展，建筑工业化全面实现，迈入智能建造世界强国行列。

（2）核心任务

《指导意见》从加快建筑工业化升级、加强技术创新、提升信息化水平、培育产业体系、积极推行绿色建造、开放拓展应用场景、创新行业监管与服务模式 7 个方面，提出了推动智能建造与建筑工业化协同发展的工作任务，其核心任务包括：

1）大力发展装配式建筑，推动建立以标准部品为基础的专业化、规模化、信息化生产体系。

2）加快打造建筑产业互联网平台，推进工业互联网平台在建筑领域的融合应用，开发面向建筑领域的应用程序。

3）探索具备人机协调、自然交互、自主学习功能的建筑机器人批量应用，以工厂生产和施工现场关键环节为重点，加强建筑机器人的应用。

4）加强智能建造及建筑工业化应用场景建设，发挥龙头企业示范引领作用，定期发布成熟技术目录，并在基础条件较好、需求迫切的地区，率先推广应用。

《指导意见》的推出，停留在施工阶段的传统施工组织设计方式已经不能紧跟时代的步伐，必须拓展智能建造、建筑工业化的组织管理模式，其中施工组织设计（施工执行计划）需要从项目总承包角度考虑施工建造、需要与设计阶段衔接、需要与数字化建造匹配、需要满足智能建造及建筑工业化应用场景。

1.1 施工组织的数字化

（3）施工组织的数字化

在信息时代，施工组织的数字化是发展的必然。在智能建造与建筑工业化协同发展中，“互联网+”与建筑行业的深度融合，围绕人、机、料、法、环等生产要素，充分利用移动互联网、物联网、云计算、大数据等新一代信息技术，彻底改变了传统建筑施工现场参建各方现场管理的交互方式、工作方式和管理模式。基于信息时代下的施工组织设计特点：

1）网络集成化

随着信息化的发展，信息协同越来越便捷，施工组织设计是所有项目管理者、技术人员对项目管理各要素的互联互通，最终形成的是项目管理集成。

2）建造数字化

施工组织设计是综合性文件，数字化施工组织设计打破了文本表现形式，它可能是一个虚拟建造过程的 AI 成果：显示的是虚拟、同步化建造过程，其数字建造过程具备互联互通的感知、预测、优化的能力，可以仿真模拟优化、虚拟建造试错。

目前，数字化施工组织设计的内容是以项目的数字模型作为信息数据基础，形成 BIM 信息模型。这些信息数据汇集的是不同阶段的建造信息流：

① 前期数字模型：根据项目设计的功能生成的三维数字化模型，建造者利用此模型

进行虚拟仿真施工，通过仿真检查其正确性、施工可行性；其次是模型的碰撞检查，发现各专业的“错、漏、碰”问题，把问题解决在施工实施之前。前期数字模型是标前施工组织编制的基础，编制投标阶段施工组织设计，强调的是符合招标文件要求，以中标为目的，主要通过可视化、虚拟仿真显示施工单位的施工能力。

② 中期数字模型：模型中包含了大量建造阶段的各类建造信息。即在施工过程中，项目建造者的管理过程全部记载到 BIM 模型中，而且与模型图元一对应。中期数字模型属于项目管理产品的形成过程，由于这些信息是建造过程真实信息的记载，以记录性、可验证、可追溯性为特征，2020 年“云监工”武汉火神山、雷神山医院建设现场，体现的就是记录性。编制实施阶段施工组织设计，强调的是可操作性，同时鼓励企业技术创新。这个阶段的施工组织设计主要以优化的施工安排（时间、空间）、科学的施工方法、先进的管理手段为主，体现的是针对性组织设计。

③ 后期数字模型：大量建造阶段信息加载完成，形成了竣工 BIM 信息模型，这是交付建设单位的数字化管理产品，在竣工交付的建设项目成果中，既有建设项目的实体，又有信息集成模型（BIM），这些模型是智慧城市（CIM）的基本单元。即后期数字模型记载了建造过程信息，这些信息不仅对建造过程具有追溯性，而且为建设单位提供了固化的建造信息。这个阶段的施工组织设计主要贯彻企业的诚信经营，保修回访服务。

综上，结合 BIM 信息模型很好地实现了施工组织设计数字化，也展现出仿真可视化、建造智能化、管理动态化的特征，所以传统的施工组织设计无论从内容上，还是形式上都发生着变化。

4. 践行“碳中和”理念，以节能降耗施工方案为核心的绿色施工组织应运而生

2020 年 9 月 22 日，我国在 75 届联大做出承诺：2030 年前达到峰值，2060 年前实现碳中和。2018 年，全国建筑全过程能耗占全国能源消费总量的比重为 46.5%，因此建筑行业对实现全社会碳中和至关重要。

2021 年 3 月 16 日，住房和城乡建设部办公厅印发《绿色建造技术导则（试行）》，标志着绿色发展理念融入工程策划、设计、施工、交付的建造全过程。绿色施工策划需要通过绿色施工组织设计、绿色施工方案和绿色施工技术交底等文件的编制实现。

为了应对建筑全生命周期各个阶段碳排放的压力，在土木工程各建设阶段都必须践行低碳建造的理念、采取施工节能措施、优化节能降耗施工方案、监管施工全过程排放、做好能耗评估等，这些指标必将成为绿色施工组织的核心内容。

1.2　土木工程建设程序

1.2　土木工程建设程序与施工程序

1. 建设项目的含义与组成

建设项目是指按一个总体设计组织施工，建成后具有完整的系统并可以独立形成生产能力或使用价值的建设工程。

建设项目可以从不同角度进行划分。如按规模大小可分为大型、中型和小型建设项目；按性质可分为新建、扩建、改建、复建项目；按投资主体可分为国家投资、企业投资、“三资”企业以及各类投资主体联合投资的建设项目；按用途可以分为生产性建设项目（包括工业、农田水利、交通运输、邮电、商业和物资供应、地质资源勘探等建设项

目）和非生产性建设项目（包括住宅、文教、卫生、公共生活服务事业等建设项目）。

通常，建设项目按照所包含的内容范围大小，可分为单项工程、单位工程、分部工程和分项工程。

（1）单项工程

可独立设计文件并独立组织施工，完成后可独立发挥生产能力或工程效益的项目称为单项工程。单项工程是建设项目的组成部分，一项或若干项单项工程组成一个建设项目。

（2）单位工程

可独立设计，独立组织施工，但完成后不能独立发挥生产能力或工程效益的工程称为单位工程。单位工程是单项工程的组成部分。

（3）分部工程

分部工程是单位工程的组成部分，单位工程按其所属部位或工程工种可划分为若干分部工程。在单位工程中，把性质相近且所用工具、工种、材料大体相同的部分称为一个分部工程。根据《建筑工程施工质量验收统一标准》GB 50300—2013，建筑工程一般可以划分为 10 个分部工程（地基与基础、主体结构、建筑装饰装修、屋面、建筑给水排水及供暖、通风与空调、建筑电气、建筑智能化、建筑节能、电梯）。

（4）分项工程

分项工程是分部工程的组成部分。按不同的施工方法、构造及规格，将分部工程划分为分项工程。

2. 土木工程建设程序

建设程序是指建设项目从计划决策、竣工验收到投入使用整个建设过程中各项工作必须遵循的先后顺序。反映了建设活动的客观规律和相互关系，是人们在长期工程建设实践过程中对技术经济和管理活动的理性总结。按照我国现行规定，土木工程建设程序可分为八个步骤，即项目建议书、项目可行性研究、项目设计、项目建设准备、建筑安装施工、生产准备、竣工验收和交付使用。

比如成都天府国际机场，从 2011 年启动选址到项目立项，再到正式修建，最后到 2021 年建成投入使用了约 10 年时间，仅是在前期的可行性研究阶段需要审批的文件就包括：项目所在地省级发展改革部门初审意见、可行性研究报告、行业审查意见、节能审查意见、社会稳定风险评估报告的意见、项目招标投标意见方案、资金筹措方案、选址意见书、用地审查意见等。由此可以看出，每一个成功的案例都要遵循工程建设的基本规律，遵守基本的规则才能确保项目目标的实现。

（1）项目建议书

项目建议书是建设某一具体项目的建议文件，是基本建设程序中最初阶段的工作，也是投资决策前对拟建项目的轮廓设想。主要作用是为了对拟建项目进行初步说明，论述其建设的必要性、条件的可行性和获利的可能性，以确定是否进行下一步工作。项目建议书的内容一般应包括建设项目提出的必要性和依据，项目方案、拟建规模和建设地点的初步设想，资源情况、建设条件、协作关系等的初步分析，投资估算和资金筹措设想以及经济效益和社会效益的估计。

项目建议书经审批后，即可进行详细的可行性研究工作，但并不表示项目非建不可。

项目建议书并不是最终决策。

（2）项目可行性研究

可行性研究的主要目的是对建设项目在技术与经济上（包括微观效益和宏观效益）是否可行进行科学的分析和论证工作，在评估论证的基础上，由审批部门对项目进行审批。经批准的可行性研究报告是进行初步设计的依据，也是技术经济的深入论证阶段，可为项目决策提供依据。可行性研究是建设项目决策阶段的核心部分，必须深入调查研究，进行认真分析，做出科学的评价。

（3）项目设计

设计工作是将拟建工程的实施在技术上和经济上进行全面而详尽的安排，即建设单位委托设计单位，按照可行性研究报告的有关要求和建设单位提出的技术、功能、质量等要求来对拟建工程进行图纸方面的详细说明。它是基本建设计划的具体化，同时也是组织施工的依据。根据我国现行规定，对于重大工程项目要进行三阶段设计，即初步设计、技术设计和施工图设计；中小型项目可按两阶段设计进行，即初步设计和施工图设计；部分施工技术较复杂时，可把初步设计的内容适当加深至扩大初步设计。

（4）项目建设准备

1）项目建设准备的主要内容如下：征地、拆迁和场地整平；完成施工用水、用电、道路等通畅工作；组织设备、材料订货；准备必要的施工图纸；组织施工招标，择优选择施工单位。

2）项目在报批开工前，必须由审计机关对项目有关内容进行开工前审计。审计机关主要是落实项目资金来源是否合理，审核项目开工前的各项支出是否符合国家的有关规定，查验资金是否按有关规定存入银行专户等。新开工的项目还必须具备按施工顺序所需要的至少三个月的工程施工图纸，否则不能开始建设。

3）建设准备工作完成后，在公开招标前，还应编制项目投资计划书，并按现行的建设项目审批权限进行报批。

对于大中型工业建设项目和基础设施项目，建设单位申请批准开工要经国家发展和改革委员会统一审核后编制年度大中型和限额以上建设项目开工计划，并报国务院批准。部门和地方政府无权自行审批大中型和限额以上建设项目的开工报告。年度大中型和限额以上新开工项目经国务院批准并由国家发展和改革委员会下达项目计划的目的是实行国家对固定资产投资规模的宏观调控。

（5）建筑施工

1）项目新开工时间

工程项目经批准开工建设，项目即进入施工阶段。项目新开工时间是指工程建设项目设计文件中规定的任何一项永久性（无论是生产性还是非生产性）工程第一次正式破土开槽的日期。不需要开槽的工程以建筑物的正式打桩的日期作为新开工时间。铁道、公路、水库等需要进行大量土方、石方工程的，以开始进行土方、石方工程的日期作为新开工时间。

2）建设工期

从任意一项永久性工程破土动工开始，至计划任务书内规定的项目构成内容全部建成并经竣工验收交付生产或使用为止，即建设项目的建设工期。施工安装活动应按照工程设计要求，以施工合同条款和施工组织设计为依据，在保证工程质量、工期、成本及安全、环保等目标的前提下进行。达到竣工验收标准后，由施工单位移交给建设单位。

(6) 生产准备

对于生产性工程建设项目而言，生产准备是项目投产前由建设单位进行的一项重要工作。它是衔接建设和生产的桥梁，是项目建设转入生产经营的必要条件。建设单位应适时组成专门机构做好生产准备工作。

(7) 竣工验收和交付使用

当工程项目按设计文件的规定内容和施工图纸的要求建成后，便可组织验收。竣工验收是工程建设的最后一环，是投资成果转入生产或使用的标志，也是全面考核建设成果、检验设计和质量的重要步骤。

3. 土木工程施工程序

(1) 承接施工任务

施工单位承接任务的方式一般有两种：投标或议标。除了上述两种承接方式外，还有一些国家重点建设项目由国家或上级主管部门直接下达给施工企业。任何承接任务方式，施工单位都要检查其施工项目是否有批准的正式文件，是否列入基本建设年度计划，是否落实投资等。

(2) 签订施工合同

承接施工任务后，建设单位与施工单位应根据《中华人民共和国民法典》《中华人民共和国建筑法》和《建设工程勘察设计管理条例》的有关规定及要求签订施工合同。施工合同应规定承包的内容、要求、工期、质量、造价及材料供应等，明确合同双方应承担的义务和职责以及应完成的施工准备工作。施工合同经双方法人代表签字后具有法律效力，必须共同遵守。

(3) 做好施工准备，提出开工报告

土木工程施工是一个综合性很强的生产过程，每项工程开工前都必须进行充分的施工准备工作，目的是为施工创造必要的技术和物质条件。签订施工合同后，施工单位应全面展开施工准备工作。首先调查收集有关资料，进行现场勘查、熟悉图纸，编制施工组织总设计。然后根据批准的施工组织总设计，施工单位应与建设单位密切配合，抓紧落实各项准备工作，如会审图纸，编制单位工程施工组织设计，落实劳动力、材料、构件、施工机具及现场“三通一平”等。具备开工条件后，提出开工报告并经审查批准，即可正式开工。

(4) 组织施工，加强管理

此阶段是整个工程实施中最重要的一个阶段，施工单位应按照施工组织设计精心施工。一方面，应从施工现场的全局出发，加强与各单位、各部门的配合与协作，协调解决各方面的问题，使施工活动顺利开展；另一方面，应加强技术、材料、质量、安全、进度等各项管理工作，落实施工单位内部承包的经济责任制，全面做好各项经济核算与管理工作，严格执行各项技术、质量检验制度，抓紧工程收尾和竣工。

1.3 土木工程施工组织的理解

1. 土木工程施工组织的概念

土木工程是指各类建筑物和构筑物的结构设计及施工等工作，包括建筑工程、道路工程、桥梁工程和地下结构工程等，不含设备工程。土木工程施工组织是研究各类工程建设生产过程中诸要素统筹安排与系统管理客观规律的一门学科，研究如何组织土木工程的施工，从而实现设计和建设的要求，是现代化建筑施工管理的核心。

土木工程施工组织是研究和制定组织土木工程施工全过程既合理又经济的方法和途径。它是针对不同工程施工的复杂程度来研究工程建设的统筹安排与系统管理的客观规律的一门学科。任务是根据项目施工特点、技术规范、规程、标准，实现工程建设计划和设计的要求，提供各阶段的施工准备工作内容，对人、资金、材料、机械和施工方法等进行合理安排，协调施工中各专业施工单位、各工种、资源与时间之间的合理关系。

现代土木工程是许多施工过程的组合体，每一种施工过程都能用多种不同的方法和机械来完成。即使是同一种工程，由于施工进度、气候条件及其他许多因素的关系，所采用的方法也不同。施工组织要善于在每一独特的场合下，找到相对最合理的施工方法和组织方法，并善于应用。为此，必须运用科学的方法来解决建筑施工组织的问题。

2. 土木工程施工组织的任务及研究对象

（1）土木工程施工组织的任务

土木工程施工组织的具体任务是确定各阶段施工准备工作的内容，对人力、资金、材料、机械和施工方法等进行科学、合理安排，协调施工中各单位与各工种和各项资源之间，以及资源与时间之间的合理关系，并按照经济和技术要求对整个施工过程进行统筹规划，以期达到工期短、成本低、质量好及安全、高效的目的。

（2）土木工程施工组织的研究对象

土木工程施工组织的对象是工程项目。在施工过程中，工程项目内外联系错综复杂，没有固定不变的组织方法。因此，土木工程施工组织者必须根据项目的特点，依据国家有关基本建设的方针和政策，充分利用施工组织的方法与规律，在所有环节中精心组织，严格管理，全面协调好施工过程中的各种关系。面对特殊、复杂的生产过程，要进行科学分析，厘清主次矛盾并找出关键所在，有的放矢地采取措施，合理地组织人、财、物的投入顺序、数量、比例；同时，进行科学的工程排序，组织平行流水作业和立体交叉作业，以提高对时间和空间的利用率，从而实现经济效益和社会效益的最大化。

1.4 组织施工的基本原则

1.3 组织施工的基本原则

根据建筑施工长期积累的经验和建筑施工的特点，编制施工组织设计及在组织建筑施工的过程中，一般应遵循以下几项基本原则：

1. 认真执行基本建设程序

经过多年的基本建设实践，明确了基本建设的程序主要是计划、设计和施工等几个主要阶段，它是由基本建设工作客观规律所决定的。凡是遵循上述程序时，基本建设就能顺利进行；当违背建设程序时，不但会造成施工的混乱，影响工程质量，而且还可能造成严重的浪费或工程事故。因此，认真执行基本建设程序是保证建筑安装工程顺利进行的重要条件。

2. 做好施工项目统筹安排，分期排队，保证重点

建筑施工企业和建设单位的根本目的是尽快地完成拟建工程的建设任务，使其早日投产或交付使用，尽快发挥基本建设投资的效益。这样，就要求施工企业的计划决策人员，必须根据拟建工程项目的重要程度和工期要求等，进行统筹安排，分期排队，把有限的资源优先用于国家和建设单位急需的重点工程项目，使其早日建成，投产或使用。同时，也应安排好一般工程项目，注意处理好主体工程和配套工程，准备工程项目、施工项目和收尾项目之间施工力量的分配，从而获得总体的最佳效果。

3. 遵循建筑施工工艺和技术规律，坚持合理的施工程序和施工顺序

建筑施工工艺及其技术规律，是建筑工程施工固有的客观规律。分部（项）工程施工中的任何工序也不能省略或颠倒。因此，在组织建筑施工中必须严格遵循建筑施工工艺及其技术规律。土木工程建造有其固有的客观规律，每一座工程的建造必定需要先建造其基础，再到主体结构，最后封顶，这些程序不可颠倒、省略，才能确保目标的实现，才能保障在建造和使用过程中保护大家的生命和财产安全，合理地掌握和运用事物的基本规律才有利于工作的顺利开展。

建筑施工程序和施工顺序是建筑产品生产过程中阶段性的固有规律和分部（项）工程的先后次序。建筑产品生产活动是在同一场地不同空间，同时交叉搭接地进行，前面的工作不完成，后面的工作就不能开始。这种前后顺序必须符合建筑施工程序和施工顺序。交叉则体现争取时间的主观努力。

建筑安装工程施工中，一般合理的施工程序和施工顺序主要有以下几方面：

（1）先进行准备工作，后正式施工。准备工作是为后续生产活动正常进行创造必要的条件。准备工作不充分就贸然施工，不仅会引起施工混乱，而且还会造成某些资源浪费，甚至中途停工。

（2）先进行全场性工程，后进行各项工程施工。平整场地、敷设管网、修筑道路和架设线路等全场性工程先进行，为施工中供电、供水和场内运输创造条件，有利于文明施工，节省临时设施费用。

（3）先地下后地上，地下工程先深后浅的顺序；主体结构工程在前，装饰工程在后的顺序；管线工程先场外后场内的顺序；在安排工种顺序时，要考虑空间顺序等。

4. 采用流水施工方法和网络计划技术组织施工

国内外实践经验证明，采用流水施工方法组织施工，不仅能使拟建工程的施工有节奏、均衡和连续地进行，而且还会带来显著的技术和经济效益。

网络计划技术是应用网络图形表达计划中各项工作的相互关系，具有逻辑严密、层次清晰、关键问题明确，可以进行计划方案优化、控制和调整，有利于计算机在计划管理中的应用等优点。它在各种计划管理中得到广泛的应用。实践证明，施工企业在建筑工程施工计划管理中，采用网络计划技术可以缩短工期和降低成本。

5. 科学地安排冬期、雨期施工，保证全年生产的连续性和均衡性

建筑施工一般都是露天作业，易受气候影响，严寒和下雨的天气都不利于建筑施工的

正常进行。如不采取相应的技术措施，冬期和雨期就不能连续施工。随着施工技术的发展，目前已经有成功的冬期、雨期施工措施，保证施工正常进行，但会使施工费用增加。科学地安排冬期、雨期施工项目，就是要求在安排施工进度计划时，根据施工项目的具体情况，将有必要且不会过多增加施工费用的储备工程，安排在冬期、雨期进行施工。增加全年的施工天数，尽量做到全面均衡、连续地施工。

6. 贯彻工厂预制和现场预制相结合的方针，提高建筑产品工业化的程度

建筑产品工业化的前提条件是建筑施工中广泛采用预制装配式构件。扩大预制装配程度是走向建筑产品工业化的必由之路。在选择预制构件加工方法时，应根据构件的种类、运输和安装条件及加工生产的水平等因素，进行技术经济比较，合理地决定工厂预制和现场预制构件的种类，贯彻工厂预制和现场预制相结合的方针，取得最佳的效果。

7. 充分利用现有机械设备，提高机械化程度

建筑产品生产需要消耗巨大的体力劳动。在建筑施工过程中，尽量以机械化施工代替手工操作，这是建筑技术进步的另一个重要标志。尤其是大面积的平整场地、大型土石方工程、大批量的装卸和运输、大型钢筋混凝土构件或钢结构构件的制作和安装等繁重施工过程的机械化施工，能显著改善劳动条件，减轻劳动强度，提高劳动生产率及经济效益。

目前，我国建筑施工企业的技术装备程度还很不够，满足不了生产的需要。为此在组织工程项目施工时，要结合当地和工程情况，充分利用现有的机械设备。选择施工机械的过程中，要进行技术经济比较，使大、中、小型机械结合起来，使机械化和半机械化结合起来，尽量扩大机械化施工范围，提高机械化施工的程度，同时，要充分发挥机械设备的生产，保持其作业的连续性，提高机械设备的利用率。

8. 尽量采用国内外先进的施工技术和科学管理方法

先进的施工技术与科学的施工管理手段相结合，是改善建筑施工企业和建筑施工项目经理部的生产经营管理状况、提高劳动生产率、保证工程质量、缩短工期、降低工程成本的重要途径。为此，在编制施工组织设计时，应广泛地采用国内外先进施工技术和科学的施工管理方法。

9. 尽量减少暂设工程，合理储备物资，减少物资运输量，科学布置施工平面图

暂设工程在施工结束之后就要拆除，其投资有效时间是短暂的，因此在组织工程项目施工时，对暂设工程和大型临时设施的用途、数量和建造方式等方面，要进行技术经济的可行性研究。在满足施工需要的前提下，使其数量最少和造价最低。这对于降低工程成本和减少施工用地都十分重要。

建筑产品生产所需要的建筑材料、构（配）件、制品等种类繁多，数量庞大，各种物资的储存数量和方式都必须科学、合理。采用 ABC 分类法和经济订购批量法，在保证正常供应的前提下，使物资储存数额尽可能地减少，可以大量减少仓库、堆场的占地面积。对于降低工程成本、提高工程项目的经济效益，这都是事半功倍的好办法。

建筑材料的运输费在工程成本中所占的比重也是相当可观的，因此在组织工程项目施工时，要尽量采用当地资源，减少其运输量。同时，应选择最优的运输方式、工具和线路，使其运输费用最低。

减少暂设工程的数量和物资储备的数量，对于合理地布置施工平面图提供了有利条件。施工平面图在满足施工需要的情况下，尽可能使其紧凑与合理，减少施工用地，有利

于降低工程成本。

综合上述原则，土木工程施工组织既是建筑产品生产的客观需要，又是加快施工速度、缩短工期、保证工程质量、降低工程成本、提高建筑施工企业和工程项目建设单位的经济效益的需要，所以必须在组织工程项目施工过程中认真地贯彻执行。

1.5 施工组织设计的理解

1.4 施工组织设计的理解

1. 施工组织设计

施工组织设计是以施工项目为对象编制的，用以指导施工全过程各项活动的技术、经济和管理的综合性文件，是指导工程投标与签订承包合同、指导施工准备和施工全过程的全局性的技术经济文件，也是对施工活动的全过程进行科学管理的重要依据。

施工组织设计从古至今在工程建设中都充分运用体现了系统工程的理念，如都江堰水利工程的系统性理念体现在以下几方面：从设计目标看，是变患为益，使其成为福泽整个成都平原的水利工程；从排沙治理看，其选址在岷江出山口和平原交界的一个弯道水域，运用水流流经弯道所产生的离心力与外侧河岸对水流产生的反作用力的综合作用力，让泥沙留在水道内侧，河水则从水道外侧流出，从而成功实现了水沙分离；从水流量调节看，充分借助自然条件，将鱼嘴分水、飞沙堰泄洪与宝瓶口分水阻水这三者融为一体，巧妙配合实现了水流量的自动调节，既改善了岷江下游的农田灌溉，又保证了成都平原广大人民的生命财产安全。

2. 施工组织设计的分类

（1）按编制的目的和编制阶段分类

根据编制的目的与编制阶段不同，施工组织设计可划分为两类：一类是投标前编制的施工组织设计（简称标前设计），另一类是签订工程承包合同后编制的施工组织设计（简称标后设计）。标前设计是为了满足编制投标书和签订承包合同的需要，是承包单位进行合同谈判、提出要约和进行承诺的根据与理由，是拟订合同文件中相关条款的基础资料。标后设计是为了满足施工准备和指导施工全过程的需要。两类施工组织设计的特性及区别见表 1-1。

两类施工组织设计的特性及区别 表 1-1

种类	服务范围	编制时间	编制者	主要特性	主要目标
标前设计	投标与签约	经济标书编制前	经营管理层	规划性	中标和经济效益
标后设计	施工准备至验收	签约后开工前	项目管理层	作业性	施工效率和效益

（2）按编制对象不同分类

施工组织设计按照所针对的工程规模大小，建筑结构的特点，技术、工艺的难易程度及施工现场的具体条件，可分为施工组织总设计、单项（或单位）工程施工组织设计和分部（分项）工程施工组织设计三类。

1）施工组织总设计。施工组织总设计是以整个建设项目或群体工程为对象编制的。它是对整个建设工程的施工过程和施工活动进行全面规划、统筹安排，据以确定建设总工期、各单位工程开展的顺序及工期、主要工程的施工方案、各种物资的供需计划、全工地性暂设工程及准备工作、施工现场的布置。同时，它也是编制年度计划的依据。由此可见，施工组织总设计是总的战略部署，是指导全局性施工的技术纲要、经济纲要。

2）单项（单位）工程施工组织设计。单项（单位）工程施工组织设计是以单项（单位）工程为对象编制，用以指导单项（单位）工程的施工准备和施工全过程的各项活动；它还是施工单位编制作业计划和制定季、月、旬施工计划的依据。单位工程施工组织设计根据工程规模、技术复杂程度不同，其编制内容的深度和广度也有所不同；对于简单的单位工程，一般只编制施工方案并附以施工进度计划和施工平面图，即“一案、一图、一表”。

3）分部（分项）工程施工组织设计。对于施工难度大或施工技术复杂的大型工业厂房或公共建筑物，在编制单项（单位）工程施工组织设计后，还应编制主要分部工程（如复杂的基础工程、钢筋混凝土框架工程、钢结构安装工程、大型结构构件吊装工程、高级装修工程、大型土石方工程等）的施工组织设计，用来指导各分部工程的施工。分部（分项）工程施工组织设计突出作业性。其中，针对某些特别重要、专业性较强、技术复杂、危险性高，或采用新工艺、新技术施工的分部（分项）工程（如深基坑开挖、无粘结预应力混凝土、特大构件吊装、大量土石方工程、冬期及雨期施工等），还应当编制专项安全施工组织设计（也称为专项施工方案），并采取安全技术措施，其内容具体、详细、可操作性强，是直接指导分部（分项）工程施工的依据。

3. 施工组织设计的作用

标前施工组织设计的主要作用是指导工程投标与签订工程承包合同，并作为投标书的一项重要内容（技术标）和合同文件的一部分。在工程投标阶段编制好施工组织设计，充分反映施工企业的综合实力，是实现中标、提高市场竞争力的重要途径。

标后施工组织设计的主要作用是指导施工前的准备工作和工程施工全过程并作为项目管理的规划性文件，制订出工程施工中进度控制、质量控制、成本控制、安全控制、现场管理、各项生产要素管理的目标及技术组织措施，提高综合效益。在工程施工阶段编制好施工组织设计，是实现科学管理、提高工程质量、降低工程成本、加快工程进度、预防安全事故的可靠保证。施工组织设计编制应具有科学性、针对性和操作性，以保证工程质量、进度、安全并减少对施工现场周边环境的影响，对提升生产力、规避风险、减少工程建设投资、提高企业经济效益具有重要意义。

4. 施工组织设计的内容

施工组织设计的种类不同，其编制的内容也有所差异。但都要根据编制的目的与实际需要，结合工程对象的特点、施工条件和技术水平进行综合考虑，做到切实可行、经济合理。各种施工组织设计均需包含如下几项内容：

（1）工程概况

工程概况主要概括地说明工程的性质、规模、建设地点、结构特点、建筑面积、施工期限、合同的要求，本地区地形、地质、水文和气象情况，施工力量，劳动力、机具、材料、构件等供应情况；施工环境及施工条件等。

（2）施工部署及施工方案

全面部署施工任务，合理安排施工顺序，确定主要工程的施工方案；施工方案的选择应技术可行、经济合理、施工安全；应结合工程实际，拟定可能采用的几种施工方案，进行定性、定量分析，通过技术经济评价择优选用。

（3）施工进度计划

施工进度计划反映了最佳施工方案在时间上的安排。确定出合理可行的计划工期，并使工期、成本、资源等通过计算和调整达到优化配置，符合目标的要求；使工程有序地进行，做到连续、均衡施工。

（4）施工平面图

施工平面图是施工方案及进度计划在空间上的全面安排。它是把投入的各种资源，如材料、机具、设备、构件、道路、水电网和生产、生活临时设施等，合理地排布在施工场地上，使整个现场能井然有序、方便高效、确保安全，实现文明施工。

（5）各种资源需要量计划

在进度计划编制后就要统计各种资源，如劳动力的工种、数量、时间，机械设备、材料、成品、半成品的需要时间、数量、规格、型号等，制成资源需要量计划表，为及时供应提供依据。

（6）主要技术经济指标

施工组织设计的技术水平和综合经济效益如何，需通过技术经济指标加以评价。一般用施工周期、劳动生产率、质量、成本、安全、机械化程度、工厂化程度等指标表示。

5. 施工组织设计的编制、贯彻、检查和调整

（1）施工组织设计文件的编制与管理

施工组织设计文件编制与管理的流程如图 1-1 所示。

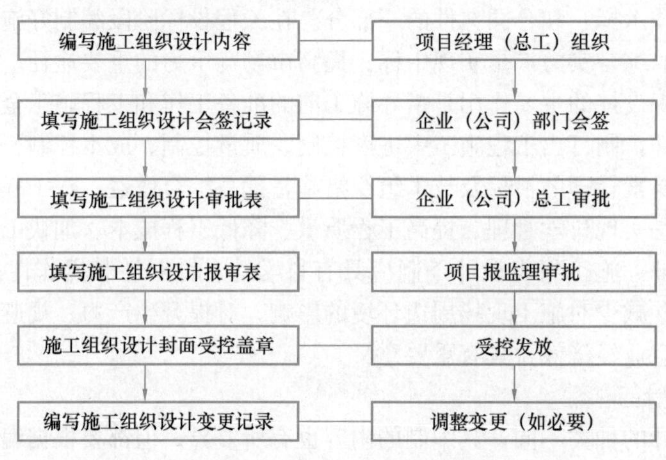

图 1-1 施工组织设计文件编制与管理的流程

（2）施工组织设计文件的贯彻执行

施工组织设计的编制只是为实施拟建工程施工提供了一个可行的理想方案，要使这个方案得以实现，必须在施工实践中认真贯彻、执行。项目施工前，应进行施工组织设计逐级交底，使项目主要管理人员对建筑概况、工程重点难点、施工目标、施工部署、施工方法与措施等方面有一个全面的了解，以便于在施工过程的管理及工作安排中做到目标明确、有的放矢。

1）经过批准的施工组织设计文件，应由负责编制该文件的主要负责人，向参与施工的有关部门和有关人员进行交底，说明该施工组织设计的基本方针，分析决策过程、实施要点，以及关键性技术问题和组织问题。交底的目的在于使基层施工技术人员和工人心中有数，形成人人把关的局面。

2）项目施工组织设计经审批后，项目总工（技术负责人）应组织项目技术工程师等参与编制人员就施工组织设计中的主要管理目标、管理措施、规章制度、主要施工方案及质量保证措施等对项目全体管理人员及分包主要管理人员进行交底，并编写交底记录。

3）施工方案经审批后，负责编制该方案的项目技术工程师或责任工程师应就方案中的主要施工方法、施工工艺及技术措施等向相关现场管理人员及分包方人员进行方案交底并编写方案交底记录。

4）经过审批的施工组织设计，项目计划部门应根据其具体内容制订切实可行且严密的施工计划，项目技术部门应拟定科学、合理、具体的技术实施细则，保证施工组织设计的贯彻执行。

5）交底应全面、及早进行。交底中，应特别重视本单位当前的施工质量通病、安全隐患或事故，做到防患于未然。为预防可能发生的质量事故和安全事故，交底应做到全面、周到、完整；并且应及早进行，以使管理人员及施工工人有时间消化和理解交底中的技术问题，尽早做好准备，有利于完成施工活动。施工组织设计交底的内容及重点见表1-2。

施工组织设计交底的内容及重点　　表1-2

项目	说明
内容	（1）工程概况及施工目标的说明； （2）总体施工部署的意图，施工机械、劳动力、大型材料安排与组织； （3）主要施工方法关键性的施工技术及实施中存在的问题； （4）施工难度大的部位的施工方案及注意事项； （5）“四新”技术的技术要求、实施方案、注意事项； （6）进度计划的实施与控制； （7）总承包的组织与管理； （8）质量、安全控制等方面内容
重点	施工部署、重点难点施工方法与措施、进度计划实施及控制、资源组织与安排

（3）施工组织设计的调整与完善

施工组织设计应实行动态管理，及时进行修改或补充完善。项目施工中发生以下情况之一时，施工组织设计应及时进行修改或补充。

1）工程设计有修改。当工程设计图发生重大修改时，如地基基础或主体结构的形式发生变化、装修材料或做法发生重大变化、机电设备系统发生大的调整等，需要对施工组织设计进行修改；对工程设计图的一般性修改，视变化情况对施工组织设计进行补充；对工程设计图的细微修改或更正，施工组织设计则不需调整。

2）有关法律、法规、规范和标准实施、修订和废止。当有关法律、法规、规范和标准开始实施或发生变更，并涉及工程的实施、检查或验收时，施工组织设计需要进行修改或补充。

3）主要施工方法有重大调整。由于主客观条件的变化，施工方法有重大变更，原来的施工组织设计已不能正确地指导施工，需要对施工组织设计进行修改或补充。

4）主要施工资源配置有重大调整。当施工资源配置有重大变更，并且影响到施工方法或对施工进度、质量、安全、环境、造价等已成潜在的重大影响时，需要对施工组织设计进行修改或补充。

5）施工环境有重大改变。当施工环境发生重大改变时，如施工延期造成季节性施工方法变化，施工场地变化造成现场布置和施工方式改变等，致使原来的施工组织设计已经不能正确地指导施工，需要对施工组织设计进行修改或补充。

经过修改或补充的施工组织设计原则上需按原审批流程重新审批。

根据施工组织设计执行情况检查发现的问题及其产生的原因，拟定改进措施或方案，及时对施工组织设计的有关部分进行调整，使施工组织设计在新的基础上实现新的平衡。实际上，施工组织设计的贯彻、检查和调整是一项经常性的工作，必须随着施工的进展情况不断反复地进行，贯穿拟建工程项目施工过程的始终。施工组织设计贯彻、检查及调整程序，如图 1-2 所示。

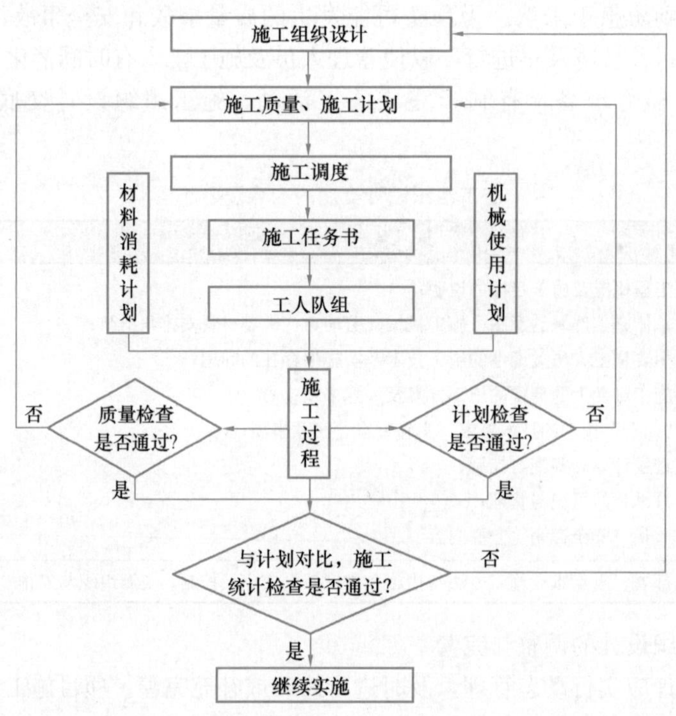

图 1-2 施工组织设计贯彻、检查及调整程序

6. 承包方式对施工组织设计的影响

中华人民共和国成立初期，我国的许多重大建设项目的初步设计，均编制了施工组织设计，即设计单位不仅编制设计文件，同时需要编制施工文件，比如“三门峡施工组织设计”就是当时施工组织设计的范例。

2017 年《国务院办公厅关于促进建筑业持续健康发展的意见》指出：工程总承包是国际通行的建设项目组织实施方式，大力推进工程总承包，有利于实现设计、采购、施工等各阶段工作的深度融合，发挥工程总承包企业的技术和管理优势，提高工程建设水平，推动产业转型升级。

2019年12月，住房和城乡建设部、国家发展改革委发布了《房屋建筑和市政基础设施项目工程总承包管理办法》(简称《管理办法》)。根据这个《管理办法》，建设项目工程总承包的定义为：承包单位按照与建设单位签订的合同，对工程设计、采购、施工等阶段实行总承包，并对工程的质量、安全、工期和造价等全面负责的工程建设组织实施方式。随着《建设工程项目管理规范》GB/T 50326—2017、《建设项目工程总承包管理规范》GB/T 50358—2017的颁布执行，施工组织设计必将被赋予新的内容。

(1) 施工执行计划与施工组织设计并存

在《建设项目工程总承包管理规范》GB/T 50358—2017施工阶段指导施工的文件称为“施工执行计划”，但其内容与施工组织设计类似，在《建设项目工程总承包合同示范文本（试行）》GF—2011—0216的第4.4.1条施工进度计划中，要求“承包人在现场施工开工15日前向发包人提交一份包括施工进度计划在内的总体施工组织设计”。显然，在建设项目工程总承包模式中，施工组织设计仍然是指导施工的核心要件。

(2) 施工组织设计的风险管理

近年来，以工程设计、采购和施工为核心的工程总承包模式发展势头稳健，需求不断涌现，受“一带一路”、改善性消费、城镇化进程和中西部发展的驱动，EPC承发包模式逐步显现出一定的优势。

面对“一带一路”带来的契机，中国建筑企业走出去与国际接轨成为必然，潜在的风险不可不防，所以在树立“中国建造”品牌、提升国际竞争力的同时，必须加强项目的风险管控，从计划经济年代沿用至今的施工组织设计，欠缺项目风险管理，这是施工组织设计的短板，不适应复杂多变的国际环境。涉外建设工程主要包括的风险有：主要工程材料、设备、人工价格与招标时基期价相比，波动幅度超过合同约定幅度的部分；因发包国的政局变化，引起的政治风险；不可预见的地质条件造成的工程费用和工期的变化；因发包国民族习俗产生的工期延误；不可抗力造成的工程费用和工期的变化。

所以，在编制施工组织设计时，需要编制风险管理的内容，尤其是风险因素较多的涉外工程。

(3) 不同行业、不同建设对象对施工组织设计要求的差异性

土木工程施工组织设计按建设对象不同，可分为建筑工程、市政工程、铁路工程、水利水电工程、光伏发电工程、油气输送管道工程、火力发电工程、化工建设项目、露天矿、露天金属矿等施工组织设计，其内容应遵守对应的国家及行业规范。

1) 不同建设对象施工组织内容组成的差异

对比建筑工程、市政工程、水利工程、发电工程、油气输送管道工程、化工建设6个行业的规范，可以发现内容大同小异，但详细程度要求不同，内容格式化限制程度不同。一般都包括工程概况、施工部署、施工方案、进度计划、施工准备、资源配置计划、施工平面布置、施工管理计划8项核心内容。不同点为：

① 有的规范要求内容比较详细。例如油气输送管道工程建设的施工组织设计，规范要求编写：编制依据、工程概况、施工部署、施工方案、施工进度计划、施工准备、资源需求计划、进度管理计划、质量管理计划、健康-安全-环境管理计划、成本管理计划、物

资管理计划、工程信息管理计划、项目文控管理计划、其他管理计划、施工平面布置图16 项内容。

② 有的规范要求比较原则性。例如，露天煤矿施工组织设计，对施工组织设计的主要内容没有提出具体要求，对具体内容的编制及编排没有限制。但从该规范编写的内容上看，也涵盖了上述 8 项核心内容。

③ 有的没有施工组织设计方面的规范。交通运输行业的建设工程施工组织设计的要求内容体现在《公路工程标准施工招标文件》中，施工组织设计的内容与评标方法有关，在施工技术规范中有一些施工组织管理的内容，例如在《公路桥涵施工技术规范》JTG/T 3650—2020 中涉及了施工准备、冬期、雨期和热期施工、安全施工与环境保护、工程交工等。

2）不同行业对施工组织设计编审的差异

交通运输行业的建设工程没有找到对应规范规定；油气管道工程、化工建设项目在规范规定中只进行了原则性阐述；火力发电工程中，施工组织总设计由建设单位编审，标段施工组织设计由施工单位编审。其他阐述都落实到具体负责人。责权划分比较明确，即项目负责人主持编制、总承包单位技术负责人审批。

综上所述，在我国由于不同工程建设隶属于不同的部委，各部委又有许多行业，各部委、行业分别编写了不同行业类别的施工组织设计规范，但就其内容与编审方面基本类似，所以本教材在施工组织设计知识点的介绍中，以建筑工程为主。

思　考　题

1. 什么是建设项目？按照所包含的内容范围如何进行划分？
2. 什么是土木工程建设程序？简述按照我国现行规定的具体步骤。
3. 简述土木工程施工程序。
4. 什么是土木工程施工组织？简述其任务和研究对象。
5. 简述编制施工组织设计及组织建筑施工的过程中应遵循的基本原则。
6. 什么是施工组织设计？如何进行分类？
7. 什么是施工组织总设计、单项（单位）工程施工组织设计和分部（分项）工程施工组织设计？
8. 简述施工组织设计的作用。
9. 简述施工组织设计的内容。
10. 如何执行施工组织设计文件？
11. 如何进行施工组织设计的调整与完善？

拓展习题1

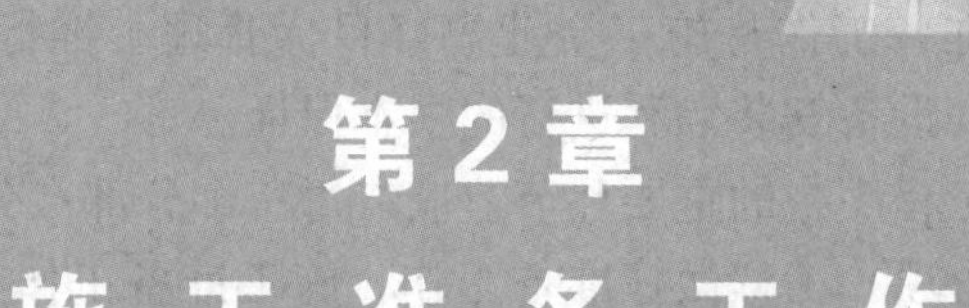

第2章 施工准备工作

【本章重难点】施工准备工作的内容（技术准备、物资准备、施工现场准备、施工场外协调准备）；施工准备工作的实施。

【学习目标】了解施工准备工作的意义及分类；掌握施工准备工作的内容（技术准备、物资准备、施工现场准备、施工场外协调准备）和施工准备工作的实施；熟悉建立项目管理班子（建立基本原则、部门的设置、人员配备）。

【素质目标】培养做事的计划性和严谨性的行为习惯；培养“凡事预则立，不预则废”的职业素养。

俗话说“磨刀不误砍柴工”，在工程项目建设过程中亦是如此。一个项目要按照合同约定时间按时开工，项目建设过程中各种风险的防控，都需要事先做好充分的准备工作，以减少工程建设过程中可能会遇到的质量、环境、安全等问题。那么作为一个施工单位，需要做好哪些方面的准备工作以便顺利推进项目的实施，则是本章学习的主要内容。

2.1 施工准备工作的意义及分类

施工准备工作是为了保证工程顺利开工和施工活动正常进行而必须事先做好的各项准备工作，基本任务就是为拟建工程建立必要的技术、物质和组织条件，统筹安排施工力量和布置施工现场。施工准备工作是施工企业搞好目标管理、推行技术经济承包的重要依据，同时还是土建施工和设备安装顺利进行的根本保证。

施工准备工作是施工程序中的重要环节，应在每一个分部（分项）工程施工前及施工期间都要为后续分部（分项）工程做好准备工作。施工准备工作必须是有计划、分阶段、连续地贯穿于整个施工过程之中。

1. 施工准备工作的意义

（1）遵循建筑施工程序

施工准备工作是建筑施工程序的一个重要阶段。现代工程施工是十分复杂的生产活动，其技术规律和社会主义市场经济规律要求工程施工必须严格按其程序进行。只有认真做好施工准备工作，才能取得良好的建筑效果。

（2）降低施工风险

就工程施工的特点而言，其生产受外界干扰和自然因素的影响较大，因而施工中可能遇到的风险较多。只有充分做好施工准备工作，采取预防措施，加强应变能力，才能有效地降低风险损失。

（3）创造工程开工和顺利施工的条件

工程项目施工中不仅需要消耗大量材料、使用各种机械设备、组织安排各工种人力，而且还要处理各种复杂的技术问题，并协调各种配合关系，因此必须通过统筹安排和周密准备，才能使工程顺利开工，开工后能连续顺利地施工且各方面条件能得到保证。

（4）提高企业经济效益

认真做好工程项目施工准备工作，能调动各方面的积极因素、合理组织资源、加快施工进度、提高工程质量、降低工程成本，从而提高企业经济效益和社会效益。

施工准备工作的好与坏，将直接影响土木工程产品生产的全过程。如重视和做好施工准备工作，积极为工程项目创造一切有利的施工条件，则该工程能顺利开工，取得施工的主动权；反之，如果违背施工程序，忽视施工准备工作，或工程仓促开工，则必然在工程施工中受到各种矛盾掣肘，处处被动，以致造成重大的经济损失。

2. 施工准备工作的分类

(1) 按施工准备工作的范围分类

1) 全场性施工准备

全场性施工准备是以一个建设项目施工为对象而进行的各项施工准备工作，其目的和内容都是为全场性施工服务的。它不仅要为全场性的施工活动创造有利条件，而且要兼顾单项工程施工条件的准备。

2) 单位（单项）工程施工条件准备

单位（单项）工程施工条件准备是以一个建（构）筑物为对象而进行的施工准备工作，其目的和内容都是为该单位（单项）工程服务的。它既要为单位（单项）工程做好开工前的一切准备，又要为其分部（分项）工程施工进行作业条件的准备。

3) 分部（分项）工程作业条件准备

分部（分项）工程作业条件准备是以一个分部（分项）工程或冬、雨期施工工程为对象而进行的作业条件准备。

(2) 按拟建工程所处施工阶段分类

1) 开工前的施工准备

开工前的施工准备是在拟建工程正式开工前所进行的一切施工准备，其目的是为工程正式开工创造必要的施工条件。它既包括全场性的施工准备，又包括单项工程施工条件的准备。

2) 开工后的施工准备

开工后的施工准备是在拟建工程开工后，每个施工阶段正式开始前所进行的施工准备工作。如现浇钢筋混凝土框架结构通常分为地基基础工程、主体结构工程（含屋面工程）、装饰装修工程等施工阶段。每个阶段的施工内容不同，其物资技术条件、组织要求和现场布置等方面也不同。因此，必须做好各阶段相应的施工准备。

2.2　施工准备工作的内容

施工准备工作通常包括技术准备、物资准备、劳动组织准备、施工现场准备、施工场外协调准备。

每项工程的施工准备工作的内容应视该工程本身及其所具备的条件而异。如只有一个单项工程的施工项目和包含多个单项工程的群体项目，一般小型项目和规模庞大的大中型项目，新建项目和改扩建项目，在未开发地区兴建的项目和在已开发并且所需的各种条件已具备的地区兴建的项目等，都因工程的特殊需要和特殊条件而对施工准备工作提出了不同的要求。只有按照施工项目的规划来确定施工准备工作的内容，并拟定具体、分阶段的施工准备工作实施计划，才能为施工创造充分的条件。

比如，2008 年 5 月 12 日，汶川发生 8.0 级大地震。地震造成了受灾区域大量建筑的倒塌和损坏，给人民的生命和财产带来了巨大的损失。在灾后重建工作中，在党中央的指导下，为了保障受灾人民的生命和财产安全，尽快地恢复人民的生活和企业的生产，一大批建筑企业在党中央的领导下，舍弃自我利益，发挥爱国精神、奉献精神，因地制宜地做好施工准备工作，在三年时间内将受灾区域的面貌焕然一新。灾后重建的“汶川答卷”震撼了世界，体现了我国的大国实力，也彰显了党的强大号召力和人民至上的理念。

1. 技术准备

技术准备是施工准备工作的核心内容，对工程的质量、安全、成本、工期的控制具有重要意义。任何技术差错和隐患都可能导致人身安全事故和质量事故，造成生命财产和经济的巨大损失，因此，必须做好技术准备工作。任务确定后，应提前与设计单位结合，掌握扩大初步设计方案的编制情况，使方案的设计在质量、功能、工艺技术等方面均能适应行业的发展水平。

技术准备的主要内容包括熟悉与会审施工图纸、调查研究与收集资料、编制施工组织设计、编制施工预算。

（1）熟悉与会审施工图纸

熟悉与会审施工图纸主要是为编制施工组织计划提供各项依据，通常按图纸自审、图纸会审和图纸现场签证三个阶段进行。图纸自审由施工单位主持，并写出图纸自审记录；图纸会审由建设单位主持，设计单位和施工单位共同参加，形成“图纸会审纪要”，由建设单位正式行文，三方共同会签并盖公章，作为指导施工和工程结算的依据；图纸现场签证是在工程施工中，遵循技术核定和设计变更签证制度，对所发现的问题进行现场签证，以作为指导施工、竣工验收和结算的依据。

1）图纸自审

在图纸自审时，对发现的问题应在图纸的相应位置做出标记，并做好记录，以便在图纸会审时提出意见，协商解决。自审图纸应抓住以下重点内容：

① 基础部分：应核对建筑、结构、设备施工图纸中有关基础留洞的位置尺寸，标高，地下室的排水方向，变形缝及人防出口的做法，防水体系的包圈和收头要求等是否一致并符合规定。

② 主体结构部分：主要掌握各层所用砂浆、混凝土的强度等级，墙、柱与轴线的关系，梁，柱配筋及节点做法，悬挑结构的锚固要求，楼梯间的构造做法，设备图和土建图上洞口尺寸和位置的准确性和一致性。

③ 屋面及装修部分：主要掌握屋面防水节点做法，内外墙和地面等所用材料及做法，还应核对结构施工时为装修施工设置的预埋件和预留洞的位置、尺寸、数量是否正确。

2）图纸会审

图纸会审的目的：保证能够按设计图纸的要求进行施工；使从事施工和管理的工程技术人员充分了解和掌握设计图纸的设计意图，构造特点和技术要求；通过审查发现图纸中存在的问题和错误，为拟建工程的施工提供一份准确、齐全的设计图纸。

3）审查设计图纸和其他技术资料

审查设计图纸及其他技术资料时，应注意以下问题：

① 设计图纸是否符合国家有关技术规范的要求。

② 核对图纸说明是否齐全、有无矛盾，规定是否明确，图纸有无遗漏，图纸之间有无矛盾。

③ 核对主要轴线、尺寸、位置、标高有无错误和遗漏。

④ 总图的建筑物坐标位置与单位工程建筑平面是否一致，基础设计与实际地质是否相符，建筑物与地下构筑物及管线之间有无矛盾。

⑤ 设计图纸本身的建筑构造与结构构造之间、结构与各构件之间以及各种构件、配件之间的联系是否清楚。

⑥ 安装工程与建筑工程的配合上存在哪些技术问题，如工艺管道、电气线路、设备装置等布置是否合理，能否合理地解决。

⑦ 设计中所采用的各种材料、配件、构件等能否满足设计要求；材料来源有无保证，能否代换，施工图中所要求的新材料、新工艺应用有无问题。

⑧ 防火、消防是否满足要求，施工安全、环境卫生有无保证。

⑨ 抗震设防烈度是否符合当地要求。

⑩ 对设计技术资料有无合理化建议及其他问题。

在学习和审查图纸过程中，对发现的问题应做出标记，做好记录，以便在图纸会审时提出。图纸会审由建设单位组织，设计单位、施工单位参加，设计单位进行图纸技术交底后，各方提出意见经充分协商后形成图纸会审纪要，由建设单位正式行文，参加会议各单位加盖公章，作为设计图纸的修改文件。对施工过程中提出的一般问题，经设计单位同意，即可办理手续进行修改。涉及技术和经济的较大问题，则必须经建设单位、设计单位和施工单位协商，由设计单位修改，向施工单位签发设计变更单，方能生效。

4）学习、熟悉技术规范、规程和有关技术规定

技术规范、规程是由国家有关部门制定的实践经验的总结，在技术管理上是具有法令性、政策性和严肃性的建设法规，施工各部门必须按规范与规程施工。建筑施工中常用的技术规范、规程主要有以下几种。

① 建筑施工及验收规范。

② 建筑安装工程质量检验评定标准。

③ 施工操作规程，设备维护及检修规程，安全技术规程。

④ 上级各部门所颁发的其他技术规范和规定。

各级工程技术人员在接受任务后，一定要结合本工程实际情况认真学习，熟悉有关技术规范、规程，为建设优质工程和安全工程、按时完成工程任务，打下坚实的技术基础。

（2）调查研究与收集资料

必须做好调查研究了解当地的实际情况，熟悉当地条件，掌握第一手资料，作为编制施工组织设计的依据。

1）原始资料的调查

原始资料的调查是在对资料进行收集的基础上，对资料进行分析和研究，找出它们之间的规律及其与施工的关系并作为正确施工方案的参考依据。为保证资料正确，在施工开始后还应根据施工的实际情况进行补充调查，以适应施工的需要。对所收集的资料应及时进行整理、归纳和存档，以利于保存和利用。

原始资料的调查研究应因地区、工程而异，各地区、各单位调查研究的方法和内容也不尽相同，为保证调查研究工作有目的、有计划地进行，一般都应事先拟定详细的调查提纲。

① 地形资料的调查。

调查地形资料可以获得建设地区和建设地点的地形情况，以便正确选择施工机械、材料运输和布置施工平面图等。如果建设地点在城市住宅区内或位于工矿企业内人口密集、交通拥挤地区，地形资料的调查就显得更为重要。

地形资料包括建设地区、建设地点及相邻地区的地形平面图。其调查范围应是与建设工程有直接联系或间接联系的区域。在地形图上应尽量表明以下内容：各种交通干线、上下水道及附近的供水，供电等设施的位置；建筑材料的供应地点，必要时还应表明地形等高线及其具有代表性的各点标高；施工现场或建设区域内现有的全部建筑物和构筑物的占地轮廓和坐标，以及绿化地带、附近的居民区等，以便考虑减少施工对周围环境的影响。

② 工程地质资料的调查。

调查工程地质资料的目的在于确认建设地区的地质构造、地表人为破坏情况（如古墓等）和土的特征、承载能力等。其主要内容如下：建设地区钻孔布置图、工程地质剖面图、土层特征及其厚度；土的物理特性，如天然含水率、天然孔隙比等；土承载能力的报告文件。

根据以上资料可拟定特殊地基的施工方法和技术措施，并决定土方开挖深度和基坑护壁措施等。

③ 水文地质资料的调查。

水文地质资料的调查包括地下水和地面水两部分。地下水调查的目的在于确认建设地区的地下水在不同时期内的变化规律，以作为地下工程施工时的主要依据。调查的主要内容有：地下水位的高度以及在不同时期内的变化规律；地下水的流向、流速、流量、水质情况；地下水对建筑物下部或附近土的冲刷情况等。

调查地面水的目的在于了解建设地区河流，湖泊的水文情况，用以确定对建设地点可能产生的影响，并决定所采取的措施。当施工用水是依靠地面（或地下）水做水源时，还必须参照上述资料来确定提水、储水、净水和送水装备。

④ 气象资料的调查。

气象资料的调查包括以下方面：全年、各月的平均气温、最高气温与最低气温；雨季起止时间，最大降水量、月平均降水量及雷暴时间；主导风向及频率，全年大风的天数及时间等。这些资料一般可作为确定冬期、雨期施工的依据。

2）收集给水排水、供电等资料

① 收集当地给水排水资料。

调查施工现场用水与当地现有水源连接的可能性、供水能力、接管距离、地点、水压、水质及水费等资料。若当地现有水源不能满足施工用水要求，则要调查附近可作施工生产、生活、消防用水的地面水或地下水源的水质和水量、取水方式、距离等条件。还要调查利用当地排水设施排水的可能性、排水距离、去向等资料。这些可作为选用施工给水排水方式的依据。

② 收集供电资料。

调查可供施工使用的电源位置、引入工地的路径和条件，可以满足的容量、电压及电费等资料或建设单位，施工单位自有的发变电设备、供电能力。这些资料可作为选择施工用电方式的依据。

③ 收集供热、供气资料。

调查冬期施工时附近蒸汽的供应量、接管条件和价格，建设单位自有的供热能力以及当地或建设单位可以提供的煤气、压缩空气、氧气的能力和它们至工地的距离等资料。这些资料是确定施工供热、供气的依据。

3）收集交通运输资料

土木工程施工中主要的交通运输方式有铁路、公路、水运和航运等。收集交通运输资料是调查主要材料及构件运输通道的情况，包括道路、街巷、途经的桥涵宽度高度、允许载重量和转弯半径限制等资料。有超长、超高、超宽或超重的大型构件、大型起重机械和生产工艺设备需整体运输时，还要调查沿途架空电线、天桥的高度，并与有关部门商议避免大件运输对正常交通产生干扰的路线、时间及解决措施。

4）收集“三材”地方材料及装饰材料的资料

“三材”即钢材、木材和水泥。一般应了解以下情况：①“三材”市场行情，以便了解地方材料（如砖、砂、灰石等）的供应能力、质量、价格、运费情况；②当地构件制作，木材加工，金属结构，钢、木、铝塑门窗，商品混凝土，建筑机械供应与维修，运输等情况；③脚手架、定型模板和大型工具租赁等能提供的服务项目、能力、价格等条件；④装饰材料、特殊灯具、防水材料和防腐材料等市场情况。这些资料用作确定材料的供应计划、加工方式、储存和堆放场地及建造临时设施的依据。

5）相邻环境及地下管线资料

相邻环境及地下管线资料包括：①施工用地的区域内一切地上原有建筑物、构筑物、树木、土堆、农田庄稼及电力通信杆线等；②一切地下原有埋设物，包括地下沟道、人防工程、下水道、电力通信电缆管道，煤气及天然气管道，地下杂填垒积坑、枯井及孔洞等；③可能存在的地下古墓，地下河流及地下水水位等。

6）建设地区技术经济资料收集

① 地方建设生产企业调查资料。地方建设生产企业调查资料包括混凝土制品厂、木材加工厂、金属结构厂，建筑设备维修厂，砂石公司和砖瓦灰厂等的生产能力、规格质量、供应条件、运输及价格等。

② 水泥、钢材、木材、特种建筑材料的品种、规格、质量、数量、供应条件、生产能力、价格等。

③ 地方资源调查资料。地方资源调查资料包括砂、石、矿渣、炉渣、粉煤灰等地方材料的质量、品种、数量等。

7）社会劳动力和生活条件调查

建设地区的社会劳动力和生活条件调查主要是了解以下情况：①当地能提供的劳动力人数、技术水平、来源和生活安排；②能提供作为施工用的现有房屋情况；③当地主副食产品供应、日用品供应、文化教育、消防治安、医疗单位的基本情况；④能为施工提供的支援能力。这些资料是拟定劳动力安排计划、建立职工生活基地、确定临时设施的依据。

（3）编制施工组织设计

施工组织设计是规划和指导拟建工程从施工准备到竣工验收的施工全过程中各项活动的技术、经济和组织的综合性文件。施工总承包单位经过投标、中标承接施工任务后，即开始编制施工组织设计，这是拟建工程开工前重要的施工准备工作之一。施工准备工作计划则是施工组织设计的重要内容之一。

（4）编制施工预算

施工预算是在施工图预算的控制下，按照施工图、拟订的施工方法和建筑工程施工定额，计算出各工种工程的人工、材料和机械台班的使用量及其费用，作为施工单位内部承包施工任务时进行结算的依据，同时也是编制施工作业计划、签发施工任务单、限额领料、基层进行经济核算的依据，还是考核施工企业用工状况、进行“两算”（施工图预算和施工预算）对比的依据。

2.1 物资准备

2. 物资准备

建筑材料、构配件、工艺机械设备、施工材料、机具等物资是确保拟建工程顺利施工的物质基础。这些物资的准备必须在工程开工前完成，并根据工程施工的需要和供应计划，分期分批地运达施工现场，以满足工程连续施工的要求。

（1）物资准备的内容

1）建筑材料的准备

建筑材料的准备主要是根据工料分析，按照施工进度计划的使用要求以及材料储备定额，分别按材料名称、规格、使用时间进行汇总。编制建筑材料需要量计划，组织货源，确定加工、供应地点和供应方式，签订物资供应合同。材料的储备应根据施工现场分期分批使用材料的特点，按照以下原则进行材料储备。

① 应按工程进度分期分批进行。现场储备的材料多了会造成积压，增加材料保管的负担，同时也多占用了流动资金；储存少了，又会影响正常生产。所以，材料的储备应合理、适量。

② 做好现场保管工作，以保证材料的原有数量和原有的使用价值。

③ 现场材料的堆放应合理。现场储备的材料，应严格按照施工平面布置图的位置堆放，以减少二次搬运，且应堆放整齐、标明标牌。此外，亦应做好防水、防潮、易碎材料的保护工作。

④ 应做好技术试验和检验工作，对于无出厂合格证明和没有按规定测试的原材料，一律不得使用。不合格的建筑材料和构件，一律不准进场和使用，特别是没有使用经验的材料或进口材料、某些再生材料，更要严格把关。

2）预制构件和商品混凝土的准备

工程项目施工中需要大量的预制构件、门窗、金属构件、水泥制品以及卫生洁具等。这些构件、配件必须事先提出订制加工单。对于采用商品混凝土现浇的工程，则先要到生产单位签订订货合同，注明品种、规格、数量、需要时间及送货地点等。

3）施工机具的准备

施工选定的各种土方机械、打夯机、抽水设备、混凝土和砂浆搅拌设备、钢筋加工设备、焊接设备、垂直及水平运输机械、吊装机械、动力机具等根据施工方案和施工进度，确定数量和进场时间。需租赁机械时，应提前签约。

4）模板和脚手架的准备

模板和脚手架是施工现场使用量大、堆放占地大的周转材料。

① 模板及其配件规格多、数量大，对堆放场地要求比较高，一定要分规格、型号整齐码放，以便于使用及维修。

② 大钢模一般要求立放，并防止倾倒，在现场也应规划必要的存放场地。钢管脚手架、桥式脚手架、吊篮脚手架等都应按指定的平面位置堆放整齐，扣件等零件还应防雨，以防锈蚀。

(2) 物资准备工作的程序（图 2-1）

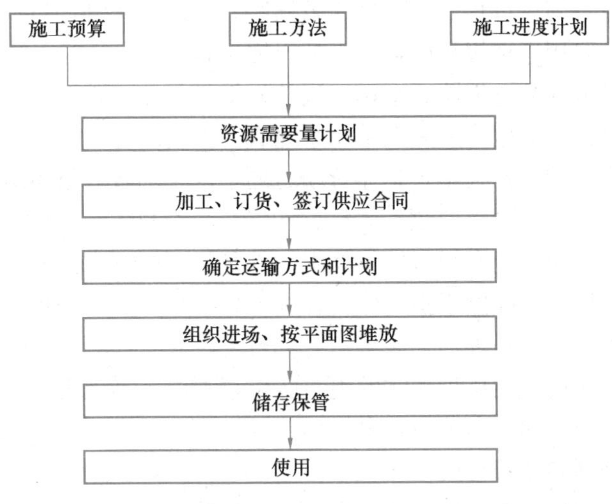

图 2-1　物资准备工作的程序

(3) 物资进场验收和使用注意事项

为了确保工程质量和施工安全，施工物资进场验收和使用时，还应注意以下问题。

1) 无出厂合格证明或没有按规定进行复验的原材料、不合格的建筑构配件一律不得进场和使用，严格执行施工物资的进场检查验收制度，杜绝假冒伪劣产品进入施工现场。

2) 施工过程中要注意查验各种材料、构配件的质量和使用情况，对不符合质量要求，与原试验检测品种不符或有怀疑的，应提出复检或化学检验的要求。

现场配制的混凝土、砂浆、防水材料、耐火材料、绝缘材料、保温隔热材料、防腐蚀材料、润滑材料及各种掺合料、外加剂等，使用前均应由试验室确定原材料的规格和配合比，并制定出相应的操作方法和检验标准后方可使用。

进场的机械设备必须进行开箱检查验收，产品的规格、型号、生产厂家和地点、出厂日期等必须与设计要求完全一致。

3. 劳动组织准备

劳动组织准备是确保拟建工程能够优质、安全、低成本、高速度按期建成的必要条件。其主要内容包括建立拟建项目的领导机构，集结精干的施工队伍，加强职业培训和技术交底工作，建立并健全各项规章与管理制度。

2.2　劳动组织准备

(1) 建立拟建项目的领导机构

根据工程规模、结构特点和复杂程度，确定施工项目领导机制的人选和名额。遵循合理分工与密切协作、因事设职与因职选人的原则，建立有施工经验、有开拓精神和工作效率高的施工项目领导机构。对于一般的单位工程，可配置项目经理、技术员、质量员、材料员、安全员、定额统计员、会计各一人即可；对于大型的单位工程，项目经理可配副职，技术员、质量员、材料员和安全员的人数均应适当增加。

（2）集结精干的施工队伍

建筑安装工程施工队伍主要有基本、专业和外包三种类型。基本施工队伍是建筑施工企业组织施工生产的主力，应根据工程的特点、施工方法和流水施工的要求恰当地选择劳动组织形式。土建工程施工一般采用混合施工队伍，其特点是人员配备少，工人以本工种为主，兼做其他工作，施工过程之间搭接比较紧凑，劳动效率高，也便于组织流水施工。

专业施工队伍主要用来承担机械化施工的土方工程、吊装工程、钢筋气压焊施工和大型单位工程内部的机电安装、消防、空调、通信系统等设备安装工程。此外，也可将这些专业性较强的工程外包给其他专业施工单位来完成。

外包施工队伍主要用来弥补施工企业劳动力的不足。随着建筑市场的开放、用工制度的改革和建筑施工企业的“精兵简政”，施工企业仅靠自己的施工力量来完成施工任务已远远不能满足需要，因而将越来越多地依靠组织外包施工队伍来共同完成施工任务。外包施工队伍大致有三种形式：独立承担单位工程施工、承担分部（分项）工程施工和参与施工单位施工队组施工，以前两种形式居多。

施工经验证明，无论采用哪种形式的施工队伍，都应遵循施工队组和劳动力相对稳定的原则，以保证工程质量和提高劳动效率。

（3）加强职业培训和技术交底工作

土木工程产品的质量是由工序质量决定的，工序质量是由工作质量决定的，工作质量又是由人的素质决定的。因此，要想提高土木工程产品的质量，必须首先提高人的素质。提高人的素质、更新人的观念和知识的主要方法是加强职业技术培训，不断地提高各类施工操作人员的技术水平。加强职业培训工作，不仅要抓好本单位施工队伍的技术培训工作，而且要督促和协助外包施工单位抓好技术培训工作，确保参与建筑施工的全体施工人员均有较好的素质和满足施工要求的专业技术水平。

施工队伍确定后，按工程开工日期和劳动力的需要量与使用计划，分期分批地组织劳动力进场，并在单位工程或分部（分项）工程开始前向施工队组的有关人员或全体施工人员进行施工组织设计、施工计划交底和技术交底。交底的内容主要有工程施工进度计划、月（旬）作业计划、施工工艺方法、质量标准、安全技术措施、降低成本措施、施工验收规范中的有关要求及图纸会审纪要中确定的有关内容、施工过程中三方会签的设计变更通知单或洽商记录中核定的有关内容等。交底工作应按施工管理系统自上而下逐级进行，交底的方式以书面交底为主，口头交底、会议交底为辅，必要时应进行现场示范交底或样板交底。交底工作后，还要组织施工队组有关人员或全体施工人员进行研究、分析，搞清关键内容，掌握操作要领，明确施工任务和分工协作关系，并制定出相应的岗位责任制和安全、质量保证措施。

（4）建立并健全各项规章与管理制度

施工现场各项规章与管理制度不仅直接影响工程质量、施工安全和施工活动的顺利进行，而且直接影响企业的施工管理水平、企业的信誉和社会形象，即关系着企业在竞争激烈的建筑市场中承接施工任务的份额和企业的经济效益。为此，必须建立并健全以下各项规章与管理制度：

1）工程质量检查与验收制度；

2）工程技术档案管理制度；

3）建筑材料、构配件、制品的检查验收制度；

4）技术责任制度；

5）施工图纸学习与会审制度；

6）技术交底制度；

7）职工考勤、考核制度；

8）经济核算制度；

9）定额领料制度；

10）安全操作制度；

11）机具设备使用保养制度。

4. 施工现场准备

施工现场准备是为拟建工程施工创造有利施工条件和物资保证的基础，其工作应按施工组织设计的要求进行，主要内容如下：清除障碍物；做到“七通一平”；做好测量放线工作；搭设临时设施；安装调试施工机具，做好建筑材料、构配件等的存放工作；做好季节性施工准备；设置消防、保安设施和机构。

（1）清除障碍物

1）施工场地内的一切障碍物，无论是地上的还是地下的，都应在开工前清除。这些工作一般由建设单位完成，但也有委托施工单位完成的。如果由施工单位完成，一定要事先了解现场情况，尤其是在城市的老区内，由于原有建筑物和构筑物情况复杂，而且往往资料不全，在清除前需要采用相应的措施，防止发生事故。

2）对于房屋的拆除，一般只要把水源、电源切断后即可进行拆除。若房屋较大、较坚固，则可以采取爆破的方法。这需要由专业的爆破作业人员来承担，并且必须经有关部门批准。

3）架空电线（包括电力、通信）、地下电缆（包括电力、通信）的拆除，要与电力部门或通信部门联系并办理有关手续后方可进行。

4）自来水、污水、燃气、热力等管线的拆除，最好由专业公司来完成。

5）场地内若有树木，须报园林部门批准后方可砍伐。

6）拆除障碍物后，留下的渣土等杂物都应清出场外：运输时，应遵守交通、环保部门的有关规定，运土的车辆要按指定的路线和时间行驶，并采取封闭运输车或在渣土上洒水等措施，以免渣土飞扬而污染环境。

（2）做到“七通一平”

“七通”包括在工程用地范围内，通给水、通排水、通电、通信、通路、通燃气、通热力；“一平”是指场地平整。

（3）做好测量放线工作

测量放线的任务是把图纸上所设计好的建筑物、构筑物及管线等测设到地面上或实物上，并用各种标志表现出来，以作为施工的依据。此项工作一般是在土方开挖前，通过在施工场地内设置坐标控制网和高程控制点来实现。这些网点的设置应视工程范围的大小和控制的精度而定。测量放线前的准备工作如下。

1）对测量仪器进行检验和校正

对所有的经纬仪、水准仪、钢尺、水准尺等进行校验。

2）了解设计意图，熟悉并校核施工图纸

通过设计交底了解工程全貌和设计意图，掌握现场情况和定位条件，主要轴线尺寸的相互关系，地上、地下的标高以及测量精度要求。

在熟悉施工图纸工作中，应仔细核对图纸尺寸，对轴线尺寸、标高是否齐全及边界尺寸要特别注意。

3）校核红线桩与水准点

建设单位提供的由城市规划勘测部门给定的建筑红线，在法律上起着建筑边界用地的作用。在使用红线桩前要进行校核，工程施工中要保护好桩位，以便将它作为检查建筑物定位的依据。水准点也同样要校测和保护。红线和水准点经校测发现问题，应提交建设单位处理。

4）制定测量、放线方案

根据设计图纸的要求和施工方案，制定切实可行的测量、放线方案，重点包括平面控制、标高控制、±0.000以下施测、±0.000以上施测、沉降观测和竣工测量等项目。

建筑物定位放线是确定整个工程平面位置的关键环节，施测中必须保证精度，杜绝错误，否则其后果将难以处理。建筑物定位、放线一般通过设计图中平面控制轴线来确定建筑物的轮廓位置，测定并经自检合格后，提交有关部门和甲方（或监理人员）验线，以保证定位的准确性。沿红线建的建筑物放线后，还要由城市规划部门验线，以防止建筑物压红线或超红线，为顺利施工创造条件。

(4) 搭设临时设施

施工现场所需的各种生产、生活、福利等临时设施，均应报请规划、市政、消防、交通、环保等有关部门审查批准，并按施工平面图中确定的位置、尺寸搭设，不得乱搭乱建。为了施工方便和行人安全，应采用符合当地市容管理要求的围护结构将施工现场围起来，并在主要出入口设置标牌，标明工地名称、施工单位、工地负责人等内容。

(5) 安装调试施工机具，做好建筑材料、构配件等的存放工作

按照施工机具的需要量及供应计划，组织施工机具进场，并安置在施工平面图规定的地点或库棚内。固定机具就位后，应做好搭棚、接电源水源、保养和调试工作；所有施工机具都必须在正式使用前进行检查和试运转，以确保正常使用。

按照建筑材料、构配件和制品的需要及供应计划，分期分批地组织进场，并按施工平面图规定的位置和存放方式存放。

(6) 做好季节性施工准备

2.3 季节性准备工作

建筑工程施工绝大部分工作是露天作业，季节（特别是冬季、雨季）对施工生产的影响较大，为保证按期、保质完成施工任务，必须做好季节性施工准备。

1）合理安排冬期施工项目

冬期施工条件差，技术要求高，费用增加。为此，应考虑将既能保证施工质量，同时费用增加较少的项目安排在冬期施工，如吊装、打桩与室内粉刷、装修（可先安装好门窗及玻璃）等工程。而费用增加很多又不易确保质量的土方、基础、外粉刷、屋面防水等工程，均不宜安排在冬期施工。因此，从施工组织安排上要研究并明确冬期施工的项目，做到冬期不停工且相应的措施费用增加较少。

① 落实各种热源供应和管理。

该项工作需要落实各种热源供应渠道、热源设备和冬期用的各种保温材料的储存和供应、司炉工培训等。

② 做好测温工作。

冬期施工昼夜温差较大，为保证施工质量应做好测温工作，防止砂浆、混凝土在达到临界强度前遭受冻结而破坏。

③ 做好保温防冻工作。

冬期来临前应做好室内的保温施工项目（如提前完成供热系统、安装好门窗玻璃等），保证室内其他项目能顺利施工。室外各种临时设施要做好保温防冻工作，如防止给排水管道冻坏，防止道路积水结冰，及时清扫道路上的积雪，以保证运输顺利。

④ 加强安全教育，严防火灾发生。

要有防火安全技术措施，并经常检查落实，保证各种热源设备完好。此外，还应做好职工培训及冬期施工的技术操作和安全施工的教育，确保施工质量，避免事故发生。

2）雨期施工准备工作

① 防洪排涝，做好现场排水工作。

工程地点若在河流附近，上游有大面积山地丘陵，应有防洪防涝准备。施工现场雨季来临前，应做好排水沟渠的开挖工作，准备好抽水设备，防止因场地积水和地沟、基槽、地下室等泡水而造成损失。

② 做好雨期施工安排，尽量避免雨期窝工造成的损失。

一般情况下，在雨期到来之前，应多安排完成基础或地下工程、土方工程、室外及屋面工程等不宜在雨期施工的项目，可多留些室内工作在雨期施工。

③ 做好道路维护，保证运输畅通。

雨期前检查道路边坡排水情况，适当提高路面，防止路面凹陷，保证运输畅通。

④ 做好物资的储存。

雨期到来前，材料、物资应多储存，减少雨期运输量，以节约费用。要准备必要的防雨器材，库房四周要有排水沟渠，以防物资淋雨浸水而变质。

⑤ 做好机具设备等防护工作。

雨期施工期间，对现场的各种设施、机具要加强检查，特别是脚手架、垂直运输设施等，要采取防倒塌、防雷电、防漏电等一系列技术措施。

⑥ 加强施工管理，做好雨期施工的安全教育。

要认真编制雨期施工技术措施，并认真组织贯彻实施，还应加强对职工的安全教育，防止各种事故发生。

3）夏季施工准备

夏季气温高、干燥，应编制夏季施工方案及应采取的技术措施，做好防雷、避雷工作，此外还必须做好施工人员的防暑降温工作。

如国家为切实维护建筑企业工人的职工劳动安全健康权益，要求企业工会把做好高温作业和高温天气作业职工劳动保护工作作为工会服务职工、维护职工权益的重要内容，最大限度夏季高温天气因素给职工生产生活带来的不利影响。在项目现场，通过合理布局生产现场、合理安排作业时间、合理的设备设施配备、发放高温津贴等措施保证职工的劳动安全健康权益。这充分体现了我国保障工人权益、尊重劳动、尊重知识、尊重人才、尊重创造的优良传统。

(7) 设置消防、保安设施和机构

按照施工组织设计的要求和施工平面图确定的位置设置消防设施和施工安全设施，建立消防、保安等组织机构，制定有关规章制度和消防、保安措施。

5. 施工场外协调准备

施工准备工作除了要做好企业内部和施工现场准备工作外，还要同时做好施工场外协调准备工作，主要包括以下三个方面：

(1) 材料加工和订货

根据各项资源需要量计划，同建材加工和设备制造部门或单位取得联系，签订供货合同，保证按时供应。

(2) 施工机具租赁或订购

对于本单位缺少且需用的施工机具，应根据需要量计划同有关单位共同签订租赁合同或订购合同。

(3) 做好分包或劳务安排，签订分包或劳务合同

对于经过效益分析，适于分包或委托劳务而本单位难以承担的专业性工程，如大型土石方、结构安装和设备安装等工程，应及早做好分包或劳务安排，同相应的单位公司签订分包或劳务合同，保证实施。

2.3 施工准备工作的实施

1. 分阶段、有组织、有计划、有步骤地进行

为了落实各项施工准备工作，加强检查和监督，必须根据各项施工准备工作的内容、时间和人员编制出施工准备工作计划。由于各准备工作之间有相互依从的关系，除用上述表格编制施工准备工作计划外，还可采用编制施工准备工作网络计划的方法，以明确各项准备工作之间的关系，找出关键路线，尽量缩短准备工作的时间，使各项工作有领导、有组织、有计划和分期分批地进行。

2. 建立相关制度

(1) 建立严格的责任制

由于施工准备工作范围广、项目多，故必须有严格的责任制度。把施工准备工作的责任落实到有关部门和个人，以便按计划要求的内容和时间进行工作。现场施工准备工作应由项目经理部全权负责。

(2) 建立检查制度

施工准备工作实施过程中，应定期进行检查，可按周、半月、月度进行检查。主要检查施工准备工作计划的执行情况。如果没有完成计划要求，应进行分析，找出原因，排除障碍，协调施工准备工作进度或调整施工准备工作计划。检查的方法可用实际与计划进行对比；或相关单位和人员在一起开会，检查施工准备工作情况，当场分析产生问题的原因，提出解决问题的办法。后一种方法见效快，解决问题及时，现场采用较多。

(3) 实行开工报告和审批制度

施工准备工作完成到满足开工条件后，项目经理部应申请开工，即撰写开工报告，报

企业领导审批后方可开工。实行建设监理的工程，企业还应将开工报告送监理工程师审批，由监理工程师签发开工通知书，在限定时间内开工，不得拖延。

3. 必须贯穿于施工全过程

工程开工以后，要随时做好作业条件的施工准备工作。施工顺利与否，与施工准备工作的及时性和完善性有很大关系。因此，企业各职能部门要面向施工现场，同重视施工活动一样重视施工准备工作，及时解决施工准备工作中的技术、机械设备、材料、人力、资金、管理等各种问题，以提供工程施工的保证条件。项目经理应十分重视施工准备工作，加强施工准备工作的计划性，及时做好协调、平衡工作。

2.4 建立项目管理班子

2.4 建立项目管理班子

施工现场项目经理部是企业临时性的基层施工管理机构，建立施工现场项目经理部的目的，是为了使施工现场更具有生产组织功能，更好地实现施工项目管理的总目标。它是施工项目管理的工作班子，置于项目经理的领导之下。

项目管理班子在施工准备工作中是不可缺少的内容。如20世纪90年代，由上海建工（集团）总公司承建的金茂大厦在许多方面提供了宝贵的经验，标志着中国高层建筑的飞跃。该项目除回答了在上海软土地基上能不能建造超高层建筑的问题外，特别是首次创造了国内大型建筑业主与承包商在项目决策、施工组织设计与施工的招标，以及在整个建造过程中的成功经验值得借鉴。该项目在项目管理班子建立上，实行主任领导下的责任工程师负责制，每个专业一般只设1名责任工程师，分工明确、职责清晰。在制度上制定了筹建工作条例、岗位责任制，在筹建办前期只有几个人，高峰时也只有20多人，筹建办的工作效率和办事能力也获得了有关单位的高度赞赏，体现了管理班子的整体把控能力和创新能力，也体现了对人才尊重和创新的重要性。

1. 建立施工项目经理部基本原则

要根据所设计的项目组织形式设置项目经理部。因为项目组织形式与企业对施工项目的管理方式有关，与企业对项目经理部的授权有关。不同的组织形式对项目经理部的管理力量和管理职责提出了不同要求，提供了不同的管理环境，因此必须根据项目组织形式设置项目经理部。

2. 部门的设置

项目经理部的部门设置尚无统一规定，通常设以下五个部门：

（1）工程技术部，主要负责技术管理、生产调度、文明施工、施工组织设计、计划统计等工作。

（2）经营核算部，主要负责合同、预算、索赔、资金收支、成本核算、劳动配置及劳动分配等工作。

（3）物资设备部，主要负责材料的询价、采购、计划、供应、管理、运输、工具管理、机械设备的租赁配套使用等工作。

（4）监控管理部，主要负责工程质量、安全管理、消防保卫、环境保护等工作。

（5）测试计量部，主要负责计量、测量、试验等工作。

3. 人员配备

项目经理部可以按项目经理、项目工程师、施工员、质检员、预算员、材料员、安全员、机管员、内业资料员、总务员等配备。可采用一职多岗，所有岗位职责覆盖项目施工全过程。实行全面管理，不留死角。

施工班组的调集要考虑专业、工种的配合，技工、普工的比例要合理，符合流水施工组织方式的要求，施工队组要精干。按照开工日期和劳动力需要量计划，组织劳动力进场。

思 考 题

1. 为什么要开展施工准备工作？
2. 简述施工准备工作的分类。
3. 施工准备工作包括哪些内容？
4. 简述审查设计图纸及其他技术资料时应注意的问题。
5. 简述材料储备应根据施工现场分期分批使用材料的特点的原则。
6. 简述施工准备工作中物资进场验收和使用的注意事项。
7. 季节性施工准备中如何做好冬期施工项目的合理安排？
8. 季节性施工准备中如何做好雨期施工的准备工作？
9. 如何进行施工准备工作的实施？
10. 简述建立施工项目经理部的基本原则？通常设置哪些部门？

案 例 实 操 题

项目概况

（1）建筑概况

项目占地面积 30461m²，由 ZZ 公司设计，本次招标范围为教学大楼主楼和Ⅱ区阶梯教室及办公楼（不含深基坑土方工程、电梯、消防、电信、暖通和空调部分，以及动力设备中干式变压器、抽出式低压配电屏、电容补偿柜的采购）。

新建教学大楼由地下 1 层，地上 10 层的教学主楼（Ⅰ区）和 4 层阶梯教室（局部 6 层）（Ⅱ区）两部分组成。总建筑面积 17319.4m²，其中地下室建筑面积为 1346.42m²，层高 4.5m，主要为设备用房和人防用房。地上部分建筑面积为 15973.08m²，Ⅰ区平面尺寸 70m×16.4m，首层层高 4.2m，2-10 层层高 3.6m，在主楼中央左侧设两部电梯。Ⅱ区平面尺寸 24.6m×39.7m，首层和 2 层层高 5.4m，3 层 4.4m，4 层 5.03m 。建筑物总高度为 42.9m。

主体建筑外墙采用高级外墙涂料，局部采用白色塑铝板和玻璃幕墙。室内墙面除厕所和开水间铺面砖外，其余墙面涂刷乳胶漆。厕所及开水间的顶棚的形式为水泥砂浆顶棚，9～10 层走廊、办公室、会议室、消防控制室、微机教室、地下室和报告厅顶棚为轻钢 T 型龙骨石膏板吊顶，其余刷乳胶漆。厕所、开水间楼地面铺防滑地砖、9～10 层走廊、办公室、会议室及报告厅为地砖楼面、微机教室铺抗静电活动地板、消防控制室为水泥楼面、地下室为水泥砂浆地面，其余为水磨石地楼面。

门主要采用玻璃弹簧门、木门、防火门及防火卷帘、防爆门、密闭门等。窗采用铝合金窗，玻璃幕墙采用热反射镀膜的浮法玻璃（蓝色）。

本工程屋面防水等级为二级，防水层耐用年限为 15 年，防水材料为高聚物 SBS 改性沥青防水卷材。地下室防水等级为一级，防水层耐用年限为 25 年，墙身和底板均采用钢筋混凝土结构自防水和 SBS 改性沥青卷材防水。

（2）结构概况

本工程主楼基础为现浇钢筋混凝土筏形基础，裙房基础为现浇钢筋混凝土独立基础。主楼基础持力层为黏土层，f_k=380kPa。防空地下室为钢筋混凝土结构，其结构抗震等级为6级。地下室底板厚500mm，侧壁厚300mm，顶板厚250mm，基础梁最大截面为600mm×1500mm。Ⅰ区和Ⅱ区之间设防震缝，缝宽为100mm。塔楼⑦—⑧轴间设后浇带，宽1000mm。地下室混凝土强度等级为C40，抗渗等级为P8的防水混凝土。Ⅰ区和Ⅱ区主体均为现浇钢筋混凝土框架结构，楼面为钢筋混凝土现浇板。主体结构混凝土强度等级分类：梁、板、柱混凝土强度4.5m～11.0m为C40、11.4m～22.2m为C35，22.2m～42.9m为C30。

墙体采用粉煤灰加气混凝土砌块，外墙厚250mm，内隔墙厚200mm，卫生间及管井隔墙局部采用120mm厚烧结多孔砖。

Ⅱ区大会议厅屋面采用正四角锥螺栓节点网架结构。

（3）安装工程概况

本工程安装部分包括室内、室外给水排水及管道安装工程；电气系统安装工程；弱电系统安装工程。

1）电气系统：包括低压配电、照明、防雷及接地；

2）弱电系统：包括电话系统、有线电视系统、火灾自动报警及联动控制及计算机综合布线；

3）给水排水工程：包括给水系统、排水系统、雨水废水系统。

（4）施工区域情况：施工区域场地平整，交通畅通。施工用电、用水基本具备。工程开工时，土方开挖及深基坑支护工程已由业主另行分包施工完成。

（5）工程特点

1）由于施工地点位于在校园内，环保和文明施工要求较高；

2）工期紧，总工期为264d。须投入的设备、劳动力、周转材料量较大。

要求：请根据以上概况编制施工组织设计中施工准备工作的基本内容。

案例实操题
参考答案2

拓展习题2

第3章 流水施工基本原理

【本章重难点】流水施工的基本参数（工艺参数、空间参数、时间参数）；流水施工的基本组织方式（固定节拍流水施工、成倍节拍流水施工、分别流水施工）。

【学习目标】熟悉流水施工的理解（基本概念及分类）；掌握流水施工的基本参数（工艺参数、空间参数、时间参数）；掌握流水施工的基本组织方式（固定节拍流水施工、成倍节拍流水施工、分别流水施工）；熟悉流水施工组织程序及排序优化。

【素质目标】通过“火神山”“雷神山”的案例，让学生见证中国速度，培养学生爱党、爱国、爱人民的思想，培养学生家国情怀和使命意识，坚定学生技能报国的信念。

2020年1月疫情爆发，党和国家将人民的生命放于第一线。武汉市政府决定建设两所临时医院，一所占地5万m^2，建筑面积33940m^2，1000张床位，一所占地面积22万m^2，建筑面积7.5万m^2，750间病房，1500张床位，可容纳2000名医护人员，由3300间板房组成。两座医院从开始到建成交付，各自都仅用了10d。两所医院的建造让世界见证了中国建造体系的强大。项目之所以能够在这么短时间内完成建造，是施工现场各团队采用了有效的施工组织方式，最大化地利用现场的各项资源，从而加快了施工进度。那么，当前的施工组织方式有哪些？为什么会在现实中发挥这么重要的作用，则是本章需要学习的内容。

3.1　流水施工的理解

1. 流水施工的基本概念

建筑施工流水作业即流水施工，是指将建筑工程项目划分为若干施工区段，组织若干个专业施工队（班组），按照一定的施工顺序和时间间隔，先后在工作性质相同的施工区域中依次连续地工作的一种施工组织方式。流水施工能使工地的各种业务组织安排比较合理。充分利用工作时间和操作空间，保证工程连续和均衡施工，缩短工期，还可以降低工程成本和提高经济效益。它是施工组织设计中编制施工进度计划、劳动力调配、提高建筑施工组织与管理水平的理论基础。

流水施工的表示方法，一般有横道图、垂直图表和网络图三种。

（1）横道图简介

横道图即甘特图（Gantt chart），是建筑工程中安排施工进度计划和组织流水施工时常用的一种表达方式。

1）横道图的形式

横道图中的横向表示时间进度，纵向表示施工过程或专业施工队编号，带有编号的圆圈表示施工项目或施工段的编号。表中横道线条的长度表示计划中的各项工作（施工过程、工序或分部工程、工程项目等）的作业持续时间，横道线条所处的位置则表示各项工作的作业开始和结束时刻，以及它们之间相互配合的关系。图3-1是用横道图表示的某分部工程的施工进度计划。横道图的实质是图和表的结合形式。

2）横道图的特点与存在的问题

① 能够清楚地表达各项工作的开始时间、结束时间和持续时间，计划内容排列整齐，形象直观，计划的工期一目了然。

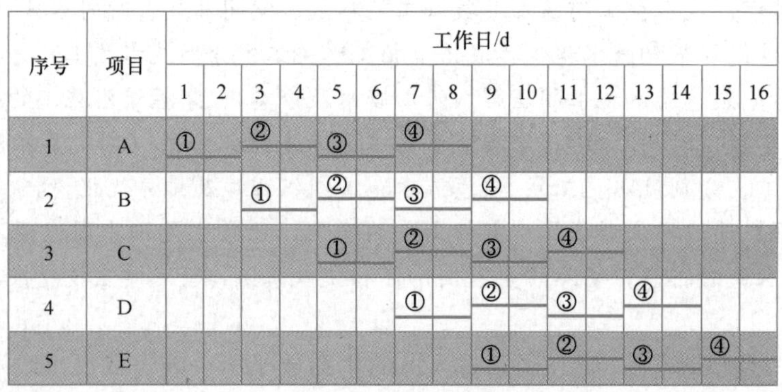

图 3-1 横道图示例

② 不但能够安排工期，还可以在横道图中加入各分部、分项工程的工程量、机械需求量、劳动力需求量等，从而与资金计划、资源计划、劳动力计划相结合。

③ 使用方便，制作简单，易于掌握。

④ 不容易分辨计划内部工作之间的逻辑关系，各项工作的变动对其他工作或整个计划的影响不能清晰地反映出来。

⑤ 不能表达各项工作的重要性，不能反映出计划任务的内在矛盾和关键环节。

⑥ 不能利用计算机对复杂工程进行处理和优化。

3）应用范围

实质上，横道图只是计划工作者表达施工组织计划思想的一种简单工具。由于它具有简单形象、易学易用等优点，所以至今仍是工程实践中应用最普遍的计划表达方式之一。同时，它的缺点又决定了其应用范围的局限性。

① 可以直接运用于一些简单的较小项目的施工进度计划。

② 项目初期由于复杂的工程活动尚未揭示出来，一般都采用横道图做总体计划，以供决策。

③ 作为网络分析的输出结果。现在，几乎所有的网络分析程序都有横道图输出功能，而且已被广泛使用。

（2）建筑施工组织方式

建筑工程施工的组织方式是受其内部施工工序、施工场地、空间等因素影响和制约的，如何将这些因素有效地组织在一起，按照一定的顺序、时间和空间展开，是我们要研究的问题。

常用的施工组织方式有依次施工、平行施工和流水施工三种。三种组织方式不同，工作效率有别，适用范围各异。

为了说明这三种施工组织方式的概念和特点，举例进行分析和对比。

【例 3-1】有 4 个同类型宿舍楼，按同一施工图，建造在同一小区里。按每幢楼为一个施工段，现分为 4 个施工段组织施工，编号为Ⅰ、Ⅱ、Ⅲ和Ⅳ，每个施工段的基础工程都包括挖土方、做垫层、砌基础和回填土等 4 个施工过程。成立 4 个专业施工队，分别完成上述 4 个施工过程的任务，挖土方施工队由 10 人组成，做垫层施工队由 8 人组成，砌基础施工队由 22 人组成，回填土施工队由 5 人组成。每个施工队在各个施工段上完成各自任务的持续时间均为 5d。以该工程为例说明三种施工组织方式的不同。

【解】

1）依次施工。依次施工是按照建筑工程内部各分项、分部工程内在的联系和必须遵循的施工顺序，不考虑后续施工过程在时间上和空间上的相互搭接，而依照顺序组织施工的方式。依次施工往往是前一个施工过程完成后，下一个施工过程才开始，一个工程全部完成后，另一个工程的施工才开始。如果按照依次施工组织方式组织示例中的基础工程施工，其施工进度、工期和劳动力需求量动态曲线如图 3-2 的 A 部分所示。

由图 3-2 的 A 部分可以看出，采用依次施工组织方式每天投入的劳动力少，材料供应单一，机具设备使用不集中，有利于资源供应的组织工作，现场的组织管理工作比较单一，适用于规模较小、工作面有限的工程。其突出的问题是由于各施工过程之间没有进行搭接，没有充分地利用工作面，所以必然拉长工期；各专业施工队不能连续作业，有时间间歇，若成立一个施工队独立完成所有施工过程，既不能实现专业化施工，又不利于提高工程质量和劳动生产率；在施工过程中，由于工作面的影响可能造成部分工人窝工。正是因为这些原因，使依次施工组织方式的应用受到限制。

2）平行施工。平行施工是将同类的工程任务，组织几个施工队，在同一时间、不同空间上，完成同样的施工任务的施工组织方式。一般在拟建工程任务十分紧迫、工作面允许及资源保障供应的条件下，可采用平行施工组织方式。如果按照平行施工组织方式组织示例中的基础工程施工，其施工进度、工期和劳动力需求量动态曲线如图 3-2 的 B部分所示。

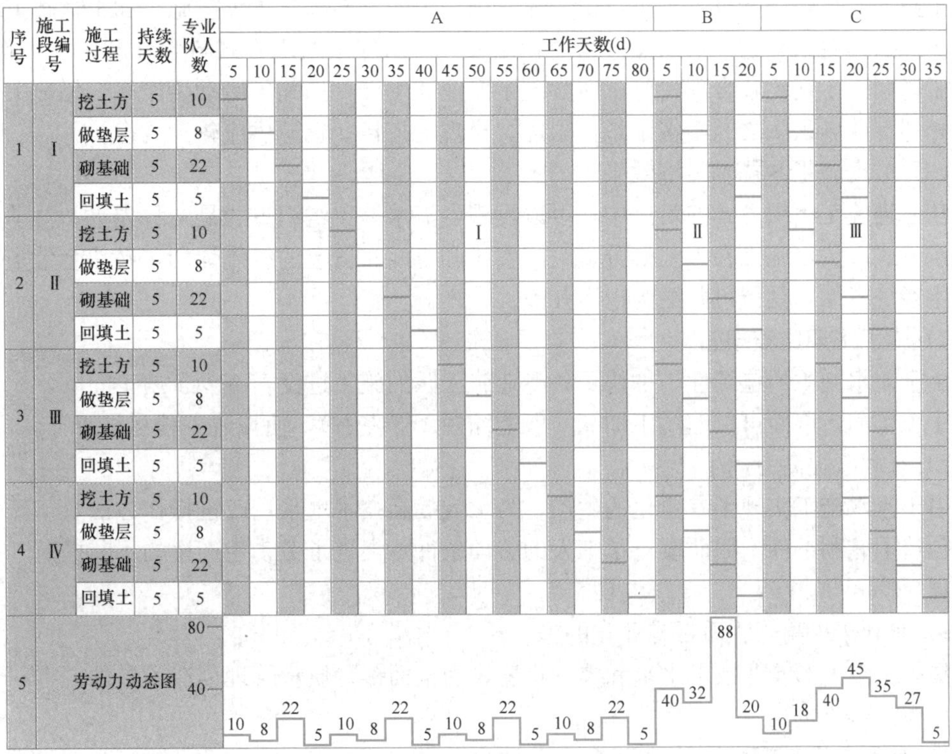

序号
施工段编号
施工过程
持续天数
专业队人数
A
B
C
工作天数(d)
5 10 15 20 25 30 35 40 45 50 55 60 65 70 75 80
5 10 15 20
5 10 15 20 25 30 35
1 Ⅰ 挖土方 5 10
做垫层 5 8
砌基础 5 22
回填土 5 5
2 Ⅱ 挖土方 5 10
做垫层 5 8
砌基础 5 22
回填土 5 5
3 Ⅲ 挖土方 5 10
做垫层 5 8
砌基础 5 22
回填土 5 5
4 Ⅳ 挖土方 5 10
做垫层 5 8
砌基础 5 22
回填土 5 5
Ⅰ
Ⅱ
Ⅲ
5 劳动力动态图
80
40
10 8 22 5 10 8 22 5 10 8 22 5 10 8 22 5
40 32 88 20
10 18 40 45 35 27 5

图 3-2 施工组织方式比较图

A-依次施工；B-平行施工；C-流水施工

由图 3-2 的 B 部分可以看出，采用平行施工组织方式，可以充分地利用工作面，争取时间、缩短施工工期。但同时，单位时间内投入施工的劳动力、材料和机具数量成倍增长，不利于资源供应的组织工作；现场临时设施相应增加，施工现场组织、管理复杂；当依次施工组织方式相同，平行施工组织方式中，施工队也不能实现专业化生产，不利于提高工程质量和劳动生产率。

3.1 建筑施工组织方式

3）流水施工。流水施工是将拟建工程的整个建造过程分解为若干个不同的施工过程，也就是划分成若干个工作性质不同的分部、分项工程或工序；同时，将拟建工程在平面上划分成若干个劳动量大致相等的施工段，在竖向上划分成若干个施工层；按照施工过程成立相应的专业施工队；各专业施工队按照一定的施工顺序投入施工，在完成一个施工段上的施工任务后、在专业施工队的人数、使用的机具和材料均不变的情况下，依次地、连续地投入下一个施工段，在规定时间内完成同样的施工任务；不同的专业施工队在工作时间上最大限度地、合理地搭接起来；一个施工层的全部施工任务完成后，专业施工队依次地、连续地投入到下一个施工层，保证施工全过程在时间上、空间上有节奏、连续、均衡地进行下去，直到完成全部施工任务。

这种将拟建工程的整个建造过程分解为若干个不同的施工过程，按照施工过程成立相应的专业施工队。采取分段流动作业，并且相邻两专业施工队最大限度地搭接平行施工的组织方式，称为流水施工组织方式。如果按照流水施工组织方式组织示例中的基础工程施工，其施工进度、工期和劳动力需求量动态曲线如图 3-2 的 C 部分所示。

由图 3-2 的 C 部分可以看出，采用流水施工组织方式综合了依次施工和平行施工组织方式的优点，克服了它们的缺点。与之相比较，流水施工组织方式科学地利用了工作面，争取了时间，工期比较合理；施工队实现了专业化生产，提高了劳动生产率，保证工程质量；相邻专业施工队之间实现了最大限度、合理的搭接；资源供应较为均衡。

（3）流水施工的技术经济效果

从三种施工组织方式的对比中，可以发现，流水施工组织方式是一种先进、科学的施工组织方式。流水施工在工艺划分、时间安排和空间布置上的统筹计划，必然会带来显著的技术经济效果，具体可归纳为以下几点：

1）施工工期比较理想

由于流水施工的连续性，加快了各专业施工队的施工进度，减少了施工间歇，充分地利用了工作面，因而可以缩短工期（一般能缩短 1/3 左右），使拟建工程尽早竣工。

2）有利于提高劳动生产率

由于流水施工实现了专业化的生产，为工人提高技术水平，改进操作方法及革新生产工具创造了有利条件，因而改善了工人的劳动条件，促进了劳动生产率的不断提高（一般能提高 30%～50%）。

3）有利于提高工程质量专业化的施工

提高了工人的专业技术水平和熟练程度，为全面推行质量管理创造了条件，有利于保证和提高工程质量。

4）有利于施工现场的科学管理

由于流水施工是有节奏的、连续的施工组织方式，单位时间内投入的劳动力、机具和材料等资源较为均衡，有利于资源供应的组织工作，从而为实现施工现场的科学管理提供了必要条件。

5）能有效降低工程成本

由于工期缩短、劳动生产率提高、资源供应均衡，各专业施工队连续均衡作业，减少了临时设施数量，从而可以节约人工费、机械使用费、材料费和施工管理等相关费用，有效地降低了工程成本（一般能降低6%～12%），取得良好的技术效益和经济效益。

从以上流水施工所带来的技术经济效果可知，科学先进的管理方式能够使计划实施变得事半功倍，正所谓科技是第一生产力，科学技术与管理的有效结合，能够确保计划得以最大限度地实现。

2. 流水施工的分类

（1）按流水施工对象的范围分类

根据组织流水施工对象的范围大小，流水施工通常可分为以下四种：分项工程流水施工、分部工程流水施工、单位工程流水施工、群体工程流水施工。其中，最重要的是分部工程流水施工，它由组织流水施工的基本方法来表示。

1）分项工程流水施工

分项工程流水施工也称细部流水施工，它是在一个专业工程内部组织的流水施工。在项目施工进度计划上，它由一条标有施工段或工作队编号的水平进度指示线段或斜向进度指示线段来表示。

2）分部工程流水施工

分部工程流水施工也称专业流水施工，是在一个分部工程内部、各分项工程之间组织的流水施工。在项目施工进度计划上，它由一组施工段或工作队编号的水平进度指示线段或斜向进度指示线段来表示。

3）单位工程流水施工

单位工程流水施工也称综合流水施工，是在一个单位工程内部、各分部工程之间组织的流水施工。在项目施工进度计划表上，它是通过若干组分部工程的进度指示线段表示的，并由此构成一个单位工程施工进度计划。

4）群体工程流水施工

群体工程流水施工也称大流水施工。它是在若干单位工程之间组织的流水施工，反映在项目施工进度计划上，是一个项目施工总进度计划。

（2）按流水节奏的特征分类

根据流水节奏的特征不同，流水施工可分为有节奏流水施工和无节奏流水施工两大类。

1）有节奏流水施工

有节奏流水施工是指在组织流水施工时，同一施工过程在不同施工段上的流水节拍均相等的流水施工。但不同施工过程在同一施工段上的流水节拍未必全部相等，据此可将有节奏流水施工分为等节奏流水施工和异节奏流水施工。

① 等节奏流水施工：又称固定节拍流水施工，是指在组织流水施工时，同一施工过程在不同施工段上的流水节拍均相等，不同施工过程在同一施工段上的流水节拍也均相等，即流水节拍为一常数，是规律性非常强的流水施工。

② 异节奏流水施工：是指在组织流水施工时，同一施工过程在不同施工段上的流水

节拍均相等，而不同施工过程在同一施工段上的流水节拍不尽相等的流水施工。在异节奏流水施工中，对某些施工工程，有时候安排多个专业工作队来完成，以使各流水步距相等，各施工过程的流水节拍互成整数比，这种流水施工称为等步距异节奏流水施工；而当每个施工工程仅安排一个专业工作队时，各流水步距便不尽相等，所采用的这种流水施工为异步距异节奏流水施工。

2）无节奏流水施工

无节奏流水施工是指在组织流水施工时，同一施工过程在不同施工段上的流水节拍不尽相等，相互之间亦无规律可循的流水施工。

3.2 流水施工的基本参数

3.2 流水施工的基本参数

流水施工参数是影响流水施工组织的节奏和效果的重要因素，是用以表达流水施工在工艺流程、时间安排及空间布局方面开展状态的参数。在施工组织设计中，一般把流水施工的基本参数分为三类，即工艺参数、空间参数和时间参数。

1. 工艺参数

工艺参数是用以表达流水施工在施工工艺方面的进展状态的参数，一般包括施工过程和流水强度。

（1）施工过程

一个建筑物的施工通常可以划分为若干个施工过程。施工过程所包含的施工内容，既可以是分项工程或者分部工程，也可以是单位工程或者单项工程。施工过程数量用 n 来表示，它的多少与建筑物的复杂程度及施工工艺等因素有关，通常工业建筑物的施工过程数量要多于一般混合结构的住宅的施工过程数量。如何划分施工过程，合理地确定 n 的数值，是组织流水施工的一个重要工作。

根据工艺性质不同，施工过程可以分为三类：

1）制备类施工过程

制备类施工过程是指为制造建筑制品或为提高建筑制品的加工能力而形成的施工过程，如钢筋的成型、构配件的预制，以及砂浆和混凝土的制备过程。

2）运输类施工过程

运输类施工过程是指把建筑材料、制品和设备等运输到工地仓库或施工操作地点而形成的施工过程。

3）砌筑安装类施工过程

砌筑安装类施工过程是指在施工对象的空间上，进行建筑产品最终加工而形成的施工过程，如砌筑工程、浇筑混凝土工程、安装工程和装饰工程等施工过程。

组织施工现场流水施工时，砌筑安装类施工过程占有主要地位，直接影响工期的长短，因此必须列入施工进度计划。属于这一类的施工过程很多，而且在施工中的作用、工艺性质和内容复杂程度不同，因此在编制施工进度计划时，要结合工程的自身特点，科学地划分施工过程，正确安排其在进度计划上的位置。由于制备类施工过程和运输类施工过程一般不占用施工对象的工作面，不影响工期，因此不列入流水施工进度计划表。只有当它们与砌筑安装类施工过程之间发生直接联系、占用工作面、对工期造成一定影响时，才列入流水施工进度计划表。例如，单层装配式钢筋混凝土结构的工业厂房施工中的大型构件的现场预制施工过程，以及边运输边吊装的构件运输施工过程。

施工过程数 n 是指参与该阶段流水施工的施工过程的数目。施工过程数 n 是流水施工的主要参数之一，对于一个单位工程，n 并不一定等于计划中包括的所有施工过程数。因为并不是所有的施工过程都能按照流水方式组织施工，可能只有其中的某些阶段可以组织流水施工。

（2）流水强度

流水强度是指流水施工的每一施工过程在单位时间内完成工程量的数量，又称为“生产能力”，用 σ 表示。它主要与选择的施工机械或参与作业的人数有关，可以分为两种情况来计算。

1）机械作业施工过程的流水强度

$$\sigma = \sum_{i=1}^{\lambda} R_i S_i \tag{3-1}$$

式中　R_i——某种主导施工机械的台数；

S_i——该种主导施工机械的产量定额；

λ——该施工过程所用主导施工机械的类型数。

2）人工作业施工过程的流水强度

$$\sigma = RS \tag{3-2}$$

式中　R——参加作业的人数；

S——人工产量定额。

流水强度关系到专业工作队的组织，合理确定流水强度有利于科学地组织流水施工，对工期的优化有重要的作用。

2. 空间参数

空间参数是指在组织流水施工时，用以表达流水施工在空间上开展状态的参数，主要包括工作面、施工段和施工层。

（1）工作面

工作面是指安排专业工人进行操作或者布置机械设备进行施工所需要的活动空间。工作面宜根据专业工种的计划产量定额和安全施工技术规程确定，反映了工人操作、机械运转在空间布置上的具体要求。施工过程不同，所对应的描述工作面的计量单位也不同。表 3-1 列出了主要专业工种工作面参考数据。

主要专业工种工作面参考数据　　表 3-1

工作项目	每个技工的工作面		说明
砖基础	7.6	m/人	以 $1\frac{1}{2}$ 砖计 2 砖乘以 0.8 3 砖乘以 0.5
砌砖墙	8.5	m/人	以 $1\frac{1}{2}$ 砖计 2 砖乘以 0.71 3 砖乘以 0.57

续表

工作项目	每个技工的工作面		说明
砌毛石墙基	3	m/人	以 60cm 计
砌毛石墙	3.3	m/人	以 40cm 计
浇筑混凝土柱、墙基础	8	m^3 人	机拌、机捣
浇筑混凝土设备基础	7	m^3/人	机拌、机捣
现浇钢筋混凝土柱	2.5	m^3/人	机拌、机捣
现浇钢筋混凝土梁	3.2	m^3/人	机拌、机捣
现浇钢筋混凝土墙	5	m^3/人	机拌、机捣
现浇钢筋混凝土楼板	5.3	m^3/人	机拌、机捣
预制钢筋混凝土柱	3.6	m^3/人	机拌、机捣
预制钢筋混凝土梁	3.6	m^3/人	机拌、机捣
预制钢筋混凝土屋架	2.7	m^3/人	机拌、机捣
预制钢筋混凝土平板、空心板	1.91	m^3/人	机拌、机捣
预制钢筋混凝土大型屋面板	2.62	m^3/人	机拌、机捣
浇筑混凝土地坪及面层	40	m^2/人	机拌、机捣
外墙抹灰	16	m^2/人	
内墙抹灰	18.5	m^2/人	
做卷材屋面	18.5	m^2/人	
做防水水泥砂浆屋面	16	m^2/人	
门窗安装	11	m^2/人	

在流水施工中，有的施工过程在施工一开始，就在整个操作面上形成了施工工作面，如人工开挖基槽；有的工作面是随着前一个施工过程的结束而形成的，如现浇钢筋混凝土的支模板、绑钢筋和浇筑混凝土。工作面有一个最小数值的规定，最小工作面对应能够安排的施工人数和机械数的最大数量，它决定了专业施工队人数的上限。因此，工作面确定得合理与否，将直接影响专业施工队的生产效率。

（2）施工段

施工段是指将施工对象在平面上划分为若干个劳动量大致相等的施工区段，在流水施工中，用 m 来表示施工段的数目。

划分施工段是组织流水施工的基础。建筑工程产品具有单件性，不像批量生产的工业产品那样适于组织流水生产。但是，建筑工程产品的体积庞大，如果在空间上划分为多个区段，形成“假想批量产品”，就能保证不同的专业施工队在不同的施工段上同时进行施工，一个专业施工队能够按一定的顺序从一个施工段转移到另一个施工段依次连续地进行施工，实现流水作业的效果。

同一时间内，一个施工段只容纳一个专业施工队施工，不同的专业施工队在不同的施工段上平行作业。所以，施工段数量的多少，将直接影响流水施工的效果。合理划分施工段，一般应遵循以下原则：

1）为了保证流水施工的连续、均衡，划分的各个施工段上，同一专业施工队的劳动量应大致相等，相差幅度不宜超过 10%～15%。

2）为了充分发挥机械设备和专业工人的生产效率，应考虑施工段对于机械台班、劳动力的容量大小，满足专业工种对工作面的空间要求，尽量做到劳动资源的优化组合。

3）为了保证结构的整体性，施工段的界限应尽可能与结构界限相吻合，或设在对结构整体性影响较小的部位，如温度缝、沉降缝、单元分界或门窗洞口处。

4）为便于组织流水施工，施工段数目的多少应与主要施工过程相协调，施工段划分过多，会增加施工持续时间，延长工期；施工段划分过少，不利于充分利用工作面。

（3）施工层

对于多层的建筑物、构筑物，应既分施工段，又分施工层。

施工层是指为组织多层建筑物的竖向流水施工，将建筑物划分为在垂直方向上的若干区段。用 r 来表示施工层的数目。通常以建筑物的结构层作为施工层，有时为方便施工，也可按一定高度划分一个施工层，例如单层工业厂房砌筑工程一般按 1.2～1.4m（即一步脚手架的高度）划分为一个施工层。

在多层建筑物分层流水施工中，总的施工段数等于 mn 。为了保证专业工作队不但能够在本层的各个施工段上连续作业，而且在转入下一个施工层的施工段时，也能够连续作业，分包的施工段数目 m 必须大于或等于施工过程数 n ，即：

$$m > n \tag{3-3}$$

式中　m——分层流水施工时的施工段数目；

　　　n——流水施工的施工过程数或专业施工队数。

现举例说明施工段数目 m 与施工过程数 n 的关系对分层流水施工的影响。

某二层现浇钢筋混凝土工程，结构主体施工中对进度起控制性的有支模板、绑钢筋和浇筑混凝土 3 个施工过程，每个施工过程在一个施工段上的持续时间均为 2 天，当施工段数目不同时，流水施工的组织情况也有所不同。

1）取施工段数目 $m = 4$ ，施工过程数 $n = 3$ ，$m > n$ 。施工进展情况如图 3-3 所示，各专业施工队在完成第一施工层的 4 个施工段的任务后，都连续地进入第二施工层继续施工；从施工段上专业施工队的作业情况来看，从第一层第一施工段完成所有 3 个施工过程到第二层第一施工段开始作业之间存在一段空闲时间，相应的，其他施工段也存在这种闲置情况。

由此可见，当 $m > n$ 时，流水施工呈现出的特点是：各专业施工队均能连续施工；施

施工层	施工过程	施工进度(d)									
		2	4	6	8	10	12	14	16	18	20
一	绑钢筋	①	②	③	④						
	支模板		①	②	③	④					
	浇筑混凝土			①	②	③	④				
二	绑钢筋					①	②	③	④		
	支模板						①	②	③	④	
	浇筑混凝土							①	②	③	④

图 3-3　$m > n$ 时流水施工进展情况

工段有闲置，但这种情况并不一定有害，它可以用于技术间歇时间和组织间歇时间。

2）取施工段数目 $m=3$，施工过程数 $n=3$，$m=n$。施工进展情况如图 3-4 所示。可以发现，当 $m=n$ 时，流水施工呈现出的特点是：各专业施工队均能连续施工；施工段不存闲置的工作面。显然，这是理论上最为理想的流水施工组织方式。如果采取这种方式，必须提高施工管理水平，不能允许有任何时间的拖延。

施工层	施工过程	施工进度(d)							
		2	4	6	8	10	12	14	16
一	绑钢筋	①	②	③					
	支模板		①	②	③				
	浇筑混凝土			①	②	③			
二	绑钢筋				①	②	③		
	支模板					①	②	③	
	浇筑混凝土						①	②	③

图 3-4　$m=n$ 时流水施工进展情况

3）取施工段数目 $m=2$，施工过程数 $n=3$，$m<n$。施工进展情况如图 3-5 所示，各专业施工队在完成第一施工层第二施工段的任务后，不能连续地进入第二施工层继续施工，这是由于一个施工段只能给一个专业施工队提供工作面，所以在施工段数目小于施工过程数的情况下，超出施工段数的专业施工队就会因为没有工作面而停工；从施工段上专业施工队的作业情况来看，从第一层第一施工段完成所有三个施工过程到第二层第一施工段开始作业之间没有空闲时间；相应，其他施工段也紧密衔接。

施工层	施工过程	施工进度(d)						
		2	4	6	8	10	12	14
一	绑钢筋	①	②					
	支模板		①	②				
	浇筑混凝土			①	②			
二	绑钢筋				①	②		
	支模板					①	②	
	浇筑混凝土						①	②

图 3-5　$m<n$ 时流水施工进展情况

由此可见，当 $m<n$ 时，流水施工呈现出的特点是：各专业施工队在跨越施工层时，均不能连续施工而产生窝工；施工段没有闲置。当组织建筑群施工时，与现场同类建筑物形成群体工程流水施工，可以使专业施工队连续作业。

3. 时间参数

时间参数是指在组织流水施工时，用以表达流水施工在时间上开展状态的参数。主要包括流水节拍、流水步距、间歇时间和搭接时间。

（1）流水节拍

流水节拍是指某一专业施工队，完成一个施工段的施工过程所必需的持续时间。一般用 t 来表示某专业施工队在施工段 i 上完成施工过程 j 的流水节拍。流水节拍表明流水施工的速度和节奏。流水节拍小，施工流水速度快、施工节奏快，而单位时间内的资源供应量大。它是流水施工的基本时间参数，是区别流水施工组织方式的主要特征。

影响流水节拍的主要因素包括所采用的施工方法，投入的劳动力、材料、机械，以及工作班次的多少。对于人们熟悉的施工过程，已有了劳动定额、补充定额或实际经验数据，其流水节拍可由下式确定

$$t_j^i = \frac{Q_j^i}{S_j^i R_j^i N_j^i} = \frac{Q_j^i H_j^i}{R_j^i N_j^i} = \frac{P_j^i}{R_j^i N_j^i} \tag{3-4}$$

式中　t_j^i——某专业施工队在施工段 i 上完成施工过程 j 的流水节拍；

Q_j^i——施工过程 j 在施工段 i 上的工程量；

R_j^i——施工过程 j 的专业施工队人数或机械台数；

N_j^i——施工过程 j 的专业施工队每天工作班次；

S_j^i——施工过程 j 人工或机械的产量定额；

H_j^i——施工过程 j 人工或机械的时间定额；

P_j^i——施工过程 j 在施工段 i 上的劳动量（工日或台班）。

在特定施工段上工程量不变的情况下，流水节拍越小，所需的专业施工队的工人或机械就越多。除了用公式计算，确定流水节拍还应该考虑下列要求：

1）专业施工队人数要符合施工过程对劳动组合的最少人数要求和工作面对人数的限制条件。

2）要考虑各种机械台班的工作效率或机械台班的产量大小。

3）要考虑各种建筑材料、构件制品的供应能力、现场堆放能力等相关限制因素。

4）要满足施工技术的具体要求。

5）数值宜为整数，最好为半个工作班次的整数倍。

（2）流水步距

流水步距是指两个相邻的专业施工队相继开始投入施工的时间间隔。一般用 $K_{j,j+1}$ 来表示专业施工队投入第 j 个和 $j+1$ 个施工过程之间的流水步距。流水步距是流水施工主要的时间参数之一。在施工段不变的情况下，流水步距越大，工期越长。若有 n 个施工过程，则有（$n-1$）个流水步距。每个流水步距的值是由相邻两个施工过程在各施工段上的流水节拍值确定的。

确定流水步距时，一般要满足以下基本要求：

1）流水步距要满足相邻两个专业施工队在施工顺序上的制约关系。

2）流水步距要保证相邻两个专业施工队在各施工段上能够连续作业。

3）流水步距要保证相邻两个专业施工队在开工时间上实现最大限度和最合理的搭接。

流水步距在等节拍流水施工、成倍节拍流水施工和无节拍流水施工中呈现出不同的规律特征，计算方法也各不相同。

（3）间歇时间

间歇时间是指在组织流水施工时，由于施工过程之间工艺上或组织上的需要，相邻两个施工过程在时间上不能衔接施工而必须留出的时间间隔。根据原因的不同，又分为技术间歇时间和组织间歇时间。

技术间歇时间是指流水施工中，某些施工过程完成后要有合理的工艺间隔时间，一般用 t_g 表示。技术间歇时间与材料的性质和施工方法有关。

组织间歇时间是指流水施工中，某些施工过程完成后要有必要的检查验收时间或为下一个施工过程作准备的时间，一般用 t_z 表示。例如，基础工程完成后，在回填土前必须留出进行检查验收及做好隐蔽工程记录所需的时间。

（4）搭接时间

组织流水施工时，在某些情况下，如果工作面允许，为了缩短工期，前一个专业施工队在完成部分作业后，空出一定的工作面，使得后一个专业施工队能够提前进入这一施工段，在空出的工作面上进行作业，形成两个专业施工队在同一个施工段的不同空间上同时搭接施工。后一个专业施工队提前进入前一个施工段的时间间隔即为搭接时间，一般用 t_d 表示。

3.3 流水施工的基本组织方式

建筑工程流水施工的节奏是由流水节拍决定的，流水节拍的规律不同，流水施工的流水步距、施工工期的计算方法也有所不同，各个施工过程对应的需成立的专业施工队数目也可能受到影响，从而形成不同节奏特征的流水施工组织方式。按照流水节拍和流水步距，流水施工分类如图 3-6 所示。

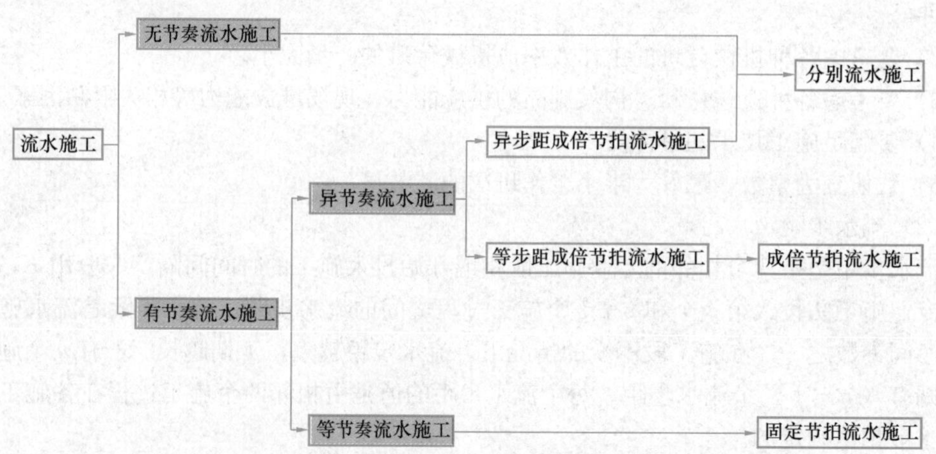

图 3-6　流水施工按流水节拍和流水步距的分类

流水施工分为无节奏流水施工和有节奏流水施工两大类。

无节奏流水施工是指在组织流水施工时，全部或部分施工过程在各个施工段上的流水节拍各不相等。

有节奏流水施工是指在组织流水施工时，每一项施工过程在各个施工段上的流水节拍都各自相等，又可分为异节奏流水施工和等节奏流水施工。

等节奏流水施工是指有节奏流水施工中，各施工过程之间的流水节拍都各自相等，也称为固定节拍流水施工或全等节拍流水施工。

异节奏流水施工是指有节奏流水施工中，各施工过程的流水节拍各自相等而不同施工过程之间的流水节拍不尽相等。通常存在两种组织方式，即异步距成倍节拍流水施工和等步距成倍节拍流水施工。等步距成倍节拍流水施工是按各施工过程流水节拍之间的比例关系，成立相应数量的专业施工队，进行流水施工，也称为成倍节拍流水施工。当异节奏流水施工，各施工过程的流水步距不尽相同时，其组织方式属于分别流水施工组织的范畴，与无节奏流水施工相同。

在建筑工程流水施工中，常见基本的组织方式归纳为：固定节拍流水施工、成倍节拍流水施工和分别流水施工。

1. 固定节拍流水施工

3.3　固定节拍流水施工

固定节拍流水施工是指各个施工过程在各个施工段上的流水节拍彼此相等的流水施工组织方式。这种组织方式一般是在划分施工工程时，将劳动量较小的施工过程进行合并，使各施工过程的劳动量相差不大，然后确定主要施工过程专业施工队的人数，并计算流水节拍；再根据流水节拍确定其他施工过程专业施工队的人数，同时考虑施工段的工作面和合理劳动组合，适当地进行调整。

（1）组织特点

1）各个施工过程在各个施工段上的流水节拍彼此相等，即 $t_j^i = t$（t 为常数）。

2）各施工过程之间的流水步距彼此相等，且等于流水节拍，即 $K_{j,j+1} = K = t$。

3）每个施工过程在每个施工段上均由一个专业施工队独立完成作业，即专业施工队数 n' 等于施工过程数 n 。

4）专业施工队能够连续作业，没有闲置的施工段，使得流水施工在时间和空间上都连续。

5）各个施工过程的施工速度相等，均等于 mt。

固定节拍流水施工，一般只适用于施工对象结构简单，工程规模较小，施工过程数不多的房屋工程或线形工程，如道路工程、管道工程等。由于固定节拍流水施工的流水节拍和流水步距是定值，局限性较大，且建筑工程多数施工较为复杂，因而在实际建筑工程中采用这种组织方式的并不多见，通常只用于一个分部工程的流水施工中。

（2）工期计算

流水施工的工期是指从第一个施工过程开始施工，到最后一个施工过程结束施工的全部持续时间。对于所有施工过程都采取流水施工的工程项目，流水施工工期即为工程项目的施工工期。固定节拍流水施工的工期计算分为两种情况。

1）不分层施工

$$T = (m + n - 1)t + \sum t_g + \sum t_z - \sum t_d \tag{3-5}$$

式中　T——流水施工工期；

t——流水节拍；

m——施工段数目；

n——施工过程数目；

$\sum t_g$ ——技术间歇时间总和；

$\sum t_z$ ——组织间歇时间总和；

$\sum t_d$ ——搭接时间总和。

2）分层施工

当固定节拍流水施工不分施工层时，施工段数目按照工程实际情况划分即可；当分施工层进行流水施工时，为了保证在跨越施工层时，专业施工队能连续施工而不产生窝工现象，施工段数目的最小值 $m_{\min}$ 应满足相关要求。

① 无技术间歇时间和组织间歇时间时，$m_{\min} = n$ 。

② 有技术间歇时间和组织间歇时间时，为保证专业施工队能连续施工，应取 $m > n$ 。此时，每层施工段空闲数为 $m - n$ ，每层空闲时间则为：$(m - n)t = (m - n)K$

若一个楼层内各施工过程间的技术间歇时间和组织间歇时间之和为 Z ，楼层间的技术间歇时间和组织间歇时间之和为 C ，为保证专业施工队能连续施工，则：

$$(m - n)K = Z + C$$

由此，可得出每层的施工段数目 $m_{\min}$ 应满足：

$$m_{\min} = n + \frac{Z + C}{K} \tag{3-6}$$

式中 K ——流水步距；

Z ——施工层内各施工过程间的技术间歇时间和组织间歇时间之和，即 $Z = \sum t_g + \sum t_z$ ；

C ——施工层间的技术间歇时间和组织间歇时间之和；

其他符号含义同前。

如果每层的 Z 并不均等，各层间的 C 也不均等时，应取各层中最大的 Z 和 C ，式（3-6）改为：

$$m_{\min} = n + \frac{Z_{\max} + C_{\max}}{K} \tag{3-7}$$

分施工层组织固定节拍流水施工时，其流水施工工期可按下式计算：

$$T = (mr + n - 1)t + Z_1 \tag{3-8}$$

式中 r ——施工层数目；

Z_1 ——第一施工层内各施工过程间的技术间歇时间和组织间歇时间之和，即 $Z_1 = \sum_{r=1} (t_g + t_z)_r$

其他符号含义同前。

从流水施工工期的计算公式中可以看出，施工层数越多，施工工期越长，技术间歇时间式组织间歇时间的存在，也会使施工工期延长，在工作面和资源供应能保证的条件下，一个专业施工队能够提前进入这一施工段，在空出的工作面上进行作业，这样产生的搭接时间可以缩短施工工期。

【例 3-2】 某分部工程由Ⅰ、Ⅱ、Ⅲ、Ⅳ4 个施工过程组成，划分为 4 个施工段，流水节拍均为 3d，施工过程Ⅱ、Ⅲ有技术间歇时间 2d，施工过程Ⅲ、Ⅳ之间相互搭接 1d，试确定流水步距，计算工期，并绘制流水施工进度计划表。

【解】 因流水节拍均等，属于固定节拍流水施工。

（1）确定流水步距：$K=r=3\text{d}$

（2）计算工期：$\sum t_g=2$，$\sum t_d=1$

$$T=(m+n-1)t+\sum t_g+\sum t_z-\sum t_d=(4+4-1)\times3+2-1=22\text{d}$$

（3）绘制流水施工进度计划表（图 3-7）。

施工过程	施工进度(d)																					
	1	2	3	4	5	6	7	8	9	10	11	12	13	14	15	16	17	18	19	20	21	22
Ⅰ		①			②			③			④											
Ⅱ					①			②			③			④								
Ⅲ							t_g			①			②			③			④			
Ⅳ											t_d	①			②			③			④	

图 3-7　流水施工进度计划表

【例 3-3】某工程项目由Ⅰ、Ⅱ、Ⅲ、Ⅳ4 个施工过程组成，划分为 2 个施工层组织流水施工，施工过程Ⅰ完成后需养护 1d，下一个施工过程才能开始施工，且层间技术间歇时间为 1 天，流水节拍均为 2d，试确定施工段数目，计算工期，并绘制流水施工进度计划表。

【解】因流水节拍均等，属于固定节拍流水施工。

（1）确定流水步距：$K=t=2\text{d}$

（2）确定施工段数目。因分层组织流水施工，各施工层内各施工过程间的间歇时间之和为 $Z_1=Z_2=1$，一、二层之间间歇时间为 $C=1$，则由式（3-6）得施工段数目最小值 $m_{\min}=n+\dfrac{Z+C}{K}=4+2/2=5$，取 $M=5$。

（3）计算工期：$T=(mr+n-1)t+Z_1=(5\times2+4-1)\times2+1=27\text{d}$

（4）绘制流水施工进度计划表（图 3-8）。

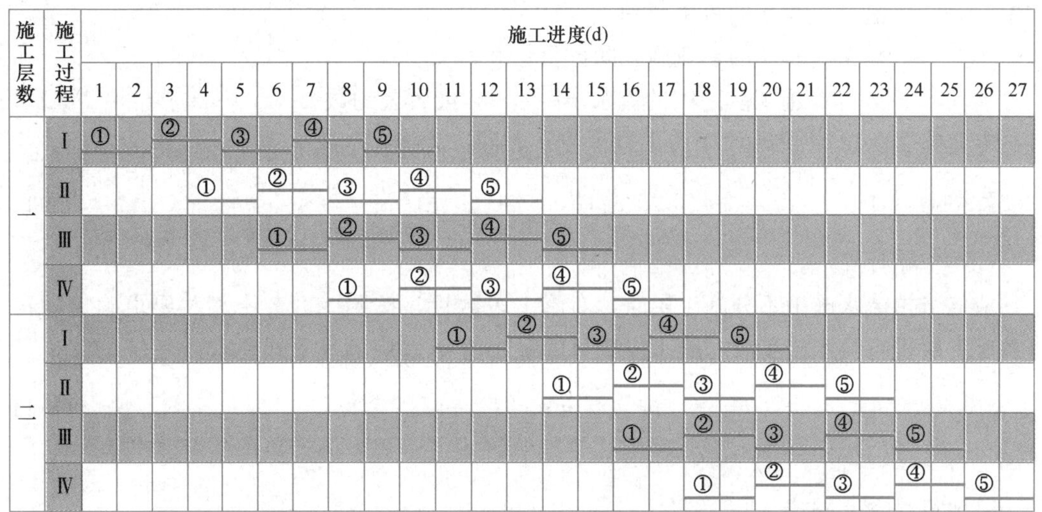

图 3-8　［例 3-3］流水施工进度计划表

3.4 成倍节拍流水施工

2. 成倍节拍流水施工

在组织流水施工时，通常在同一施工段的固定工作面上，由于不同的施工过程的施工性质、复杂程度各不相同，从而使得其流水节拍很难完全相等，不能形成固定节拍流水施工。但是，如果施工段划分得当，可以使同一施工过程在各个施工段上的流水节拍均等。这种各施工过程的流水节拍均等而不同施工过程之间的流水节拍不尽相等的流水施工组织方式，属于异节奏流水施工。

在异节奏流水施工中，当同一施工过程在各个施工段上的流水节拍彼此相等，且不同施工过程的流水节拍为某一数的不同整数倍时，每个施工过程均按其节拍的倍数关系成立相应数目的专业施工队，组织这些专业施工队进行流水施工的方式，即为等步距成倍节拍流水施工。

(1) 组织特点

1) 同一施工过程在各个施工段上的流水节拍彼此相等，即 $t_j^i = t_j$ ，不同施工过程在同一施工段上的流水节拍之间存在一个最大公约数，各流水节拍等于该最大公约数的不同整数倍，即 $k=$ 最大公约数$\{t_1, t_2, \cdots, t_n\}$。

2) 各专业施工队之间的流水步距彼此相等，且等于流水节拍的最大公约数 k。

3) 专业施工队总数目 n' 大于施工过程数 n。

4) 专业施工队能够连续作业，没有闲置的施工段，使得流水施工在时间和空间上都连续。

5) 各个施工过程的持续时间之间也存在公约数 k。

成倍节拍流水施工适用于一般房屋建筑施工，也适用于线形工程（如道路、管道）的施工。

(2) 专业施工队数目

成倍节拍流水施工的每个施工过程由不等的几个专业施工队共同完成施工，每个施工过程成立专业施工队数目可由下式确定：

$$b_j = \frac{t_j}{k} \tag{3-9}$$

式中 t_j ——施工过程 j 的流水节拍；

b_j ——施工过程 j 的专业施工队数目；

k ——各专业施工队之间的流水步距，$k=$ 最大公约数$\{t_1, t_2, \cdots, t_n\}$ 。

专业施工队总数目 n' 大于施工过程数 n ，即：

$$n' = \sum_{j=1}^{n} b_j > n \tag{3-10}$$

(3) 工期计算

成倍节拍流水施工不分施工层时，对施工段数目，按照 3.2 节中相关要求确定即可，当各施工层进行流水施工时，施工段数目的最小值 $m_{\min}$ 应满足下式要求：

$$m_{\min} = n' + \frac{Z_{\max} + C_{\max}}{k} \tag{3-11}$$

式中 n' ——专业施工队总数；

其他符号含义同式 (3-7)。

成倍节拍流水施工工期可按下式计算：

$$T=(mr+n'-1)k+z_1+\sum t_d \tag{3-12}$$

式中　T——流水施工工期；

m——施工段数目；

r——施工层数目；

n'——专业施工队总数；

k——各专业施工队之间的流水步距；

z_1——第一施工层内各施工过程间的技术间歇时间和组织间歇时间之和；

$\sum t_d$——搭接时间总和。

【例 3-4】某分部工程由Ⅰ、Ⅱ、Ⅲ3 个施工过程组成，划分为 6 个施工段，3 个施工过程在每个施工段上的流水节拍各自相等，分别为 3d、2d 和 1d，试安排流水施工，并绘制流水施工进度计划表。

【解】根据工程特点，按成倍节拍流水施工方式组织流水施工。

（1）确定流水步距：$k=$ 最大公约数$\{3,2,1\}=1\text{d}$

（2）计算专业施工队数目：$b_{\text{I}}=3/1=3$ 个；$b_{\text{II}}=2/1=2$ 个；$b_{\text{III}}=1/1=1$ 个

（3）计算工期：$T=(m+n'-1)k=(6+6-1)\times 1=11\text{d}$

（4）绘制流水施工进度计划表（图 3-9）。

施工过程	专业工作队号	施工进度(d)										
		1	2	3	4	5	6	7	8	9	10	11
Ⅰ	Ⅰa		①			④						
	Ⅰb			②			⑤					
	Ⅰc				③			⑥				
Ⅱ	Ⅱa				①		③		⑤			
	Ⅱb					②		④		⑥		
Ⅲ	Ⅲa						①	②	③	④	⑤	⑥

图 3-9　【例 3-4】流水施工进度计划表

【例 3-5】某两层现浇钢筋混凝土工程，施工过程分为安装模板、绑扎钢筋和浇筑混凝土三个施工过程。已知每个施工过程在每层每个施工段上的流水节拍分别为 $t_{模}=2\text{d}$，$t_{扎}=2\text{d}$，$t_{浇}=1\text{d}$。当安装模板施工队转移到第二结构层的第一施工段时，须待第一层第一施工段的混凝土养护 1d 后才能进行施工。在保证各施工队连续施工的条件下，试安排流水施工，并绘制流水施工进度计划表。

【解】根据工程特点，按成倍节拍流水施工方式组织流水施工。

（1）确定流水步距：$k=$ 最大公约数$\{2,2,1\}=1\text{d}$

（2）计算专业施工队数目：$b_{模}=2/1=2$ 个；$b_{扎}=2/1=2$ 个；$b_{浇}=1/1=1$ 个

计算专业施工队总数目 n'：$n'=\sum_{j=1}^{3}b_j=(2+2+1)=5$ 个

（3）确定每层的施工段数目：$m_{\min}=n'+\dfrac{Z_{\max}+C_{\max}}{k}=(5+1/1)=6$ 段

(4) 计算工期：$T=(m+n'-1)k_1=(6\times2+5-1)\times1=16\text{d}$

(5) 绘制流水施工进度计划表（图 3-10）。

施工层数	施工过程	专业工作队号	1	2	3	4	5	6	7	8	9	10	11	12	13	14	15	16
Ⅰ	安装模板	Ⅰa	①		③		⑤											
		Ⅰb		②		④		⑥										
	绑扎钢筋	Ⅱa			①		③		⑤									
		Ⅱb				②		④		⑥								
	浇筑混凝土	Ⅲa					①	②	③	④	⑤	⑥						
Ⅱ	安装模板	Ⅰa						C	①		③		⑤					
		Ⅰb								②		④		⑥				
	绑扎钢筋	Ⅱa									①		③		⑤			
		Ⅱb										②		④		⑥		
	浇筑混凝土	Ⅲa											①	②	③	④	⑤	⑥

（表头“1”至“16”所在列上方标注：施工进度(d)）

图 3-10 【例 3-5】流水施工进度计划表

3.5 分别流水施工

3. 分别流水施工

分别流水施工是指无节奏流水施工或异节奏异步距流水施工的组织方式，各施工过程在每个施工段上的流水节拍无特定规律。由于没有固定节拍、成倍节拍的时间约束，在进度安排上比较自由、灵活，分别流水施工是实际工程中最常见、应用最普遍的一种流水施工组织方式。

组织分别流水施工时，先将拟建工程分解为若干个施工过程，每个施工过程成立一个专业施工队，然后按划分施工段的原则，在工作面上划分出若干施工段，用一般流水施工的方法组织流水施工。

(1) 组织特点

1）各个施工过程在各个施工段上的流水节拍彼此不等，也无特定规律。

2）所有施工过程之间的流水步距彼此不等，流水步距与流水节拍的大小及相邻施工过程的相应施工段节拍差有关。

3）每个施工过程在每个施工段上均由一个专业施工队独立完成作业，即专业施工队数目 n' 等于施工过程数 n 。

4）专业施工队能够连续作业，施工段可能有闲置。

5）各个施工过程的施工速度不一定相等，也无特定规律。

一般来说，固定节拍、成倍节拍流水施工通常只适用于一个分部或分项工程中。对于一个单位工程或大型复杂工程，往往很难要求按照相同的或成倍的时间参数组织流水施工。而分别流水施工的组织方式没有固定约束，允许某些施工过程的施工段闲置，因此能够适应各种结构各异、规模不等、复杂程度不同的工程对象，具有更广泛的应用范围。

（2）确定流水步距

分别流水施工中，流水步距的大小是没有规律的，彼此不等。流水步距的计算方法有很多，主要有图上分析法、分析计算法和潘特考夫斯基法，其中潘特考夫斯基法比较简捷、实用。

潘特考夫斯基法又称为“累加数列错位相减取最大差法”，是由潘特考夫斯基首先提出来的。这种方法概括为：首先把每个施工过程在各个施工段上的流水节拍依次累加，逐段求和，得出各施工过程流水节拍的累加数列。再将相邻的两个施工过程的累加数列的后者均向后错一位，分别相减，得到一个新的差数列。差数列中的最大数值即为这两个相邻施工过程的流水步距，其计算方法如下。

1）计算各施工过程在各个施工段上流水节拍的累加数列计算公式

$$a_{j,i}=\sum_{i=1}^{m}t_j^i(1\leqslant j\leqslant n,1\leqslant m) \tag{3-13}$$

式中　$a_{j,i}$——第 j 个施工过程的累加数列第 i 项的值，当 $j=1,2,\cdots,n$ 时，分别取 $i=1,2,\cdots,m$，即可得施工过程 j 的累加数列。

2）求相邻两个累加数列的错位相减差数列计算公式

$$\Delta a_{j,j+1}^i=a_{j,i}-a_{j+1,i-1}(1\leqslant j\leqslant n-1,1\leqslant m) \tag{3-14}$$

式中　$\Delta a_{j,j+1}^i$——流水节拍累加数列 j 和 $j+1$ 相减的差数列的第 i 项值；

$a_{j,i}$——流水节拍累加数列 j 的第 i 项值；

$a_{j+1,i-1}$——流水节拍累加数列 $j+1$ 的第 $i-1$ 项值，当 $i=1$ 时，$a_{j+1,0}=0$。

（3）确定相邻两个施工过程的流水步距计算公式

$$K_{j,j+1}=\max\Delta a_{j,j+1}^i(1\leqslant j\leqslant n-1,1\leqslant m)$$

式中　$K_{j,j+1}$——施工过程 j 和 $j+1$ 之间的流水步距；

$\Delta a_{j,j+1}^i$——流水节拍累加数列 j 和 $j+1$ 相减的差数列的第 i 项值。

【例 3-6】某一分部工程划分为 5 个施工段组织流水施工，包括Ⅰ、Ⅱ、Ⅲ、Ⅳ4 个施工过程，分别由 4 个专业施工队负责施工，每个施工过程在各个施工段上的流水节拍见表 3-2，试确定流水步距。

流水节拍表　　**表 3-2**

施工过程	施工段				
	①	②	③	④	⑤
Ⅰ	2	2	3	2	2
Ⅱ	1	3	2	2	2
Ⅲ	2	2	3	1	4
Ⅳ	3	2	2	3	2

【解】根据已知的流水节拍，确定采取无节奏流水施工组织方式。

（1）计算各施工过程流水节拍的累加数列。

施工过程Ⅰ流水节拍 $a_{\mathrm{I},i}$ 累加为：2，4，7，9，11

施工过程Ⅱ流水节拍 $a_{\mathrm{II},i}$ 累加为：1，4，6，8，10

施工过程Ⅲ流水节拍 $a_{\mathrm{III},i}$ 累加为：2，4，7，8，12

施工过程Ⅳ流水节拍 $a_{\text{Ⅳ},i}$ 累加为：3，5，7，10，12

（2）求两个相邻累加数列的差数列。

$$
\begin{array}{lcccccc}
\text{Ⅰ与Ⅱ} & 2 & 4 & 7 & 9 & 11 & \\
\quad -) & & 1 & 4 & 6 & 8 & 10 \\
\hline
\quad \Delta a^{i}_{\text{Ⅰ},\text{Ⅱ}}: & 2 & 3 & 3 & 3 & 3 & -10
\end{array}
$$

$$
\begin{array}{lcccccc}
\text{Ⅱ与Ⅲ} & 1 & 4 & 6 & 8 & 10 & \\
\quad -) & & 2 & 4 & 7 & 8 & 12 \\
\hline
\quad \Delta a^{i}_{\text{Ⅱ},\text{Ⅲ}}: & 1 & 2 & 2 & 1 & 3 & -12
\end{array}
$$

$$
\begin{array}{lcccccc}
\text{Ⅲ与Ⅳ} & 2 & 4 & 7 & 8 & 12 & \\
\quad -) & & 3 & 5 & 7 & 10 & 12 \\
\hline
\quad \Delta a^{i}_{\text{Ⅱ},\text{Ⅲ}}: & 2 & 1 & 2 & 1 & 2 & -12
\end{array}
$$

（3）确定流水步距。

$K_{\text{Ⅰ},\text{Ⅱ}} = \max\{2,3,3,3,3,-10\} = 3$

$K_{\text{Ⅱ},\text{Ⅲ}} = \max\{1,2,2,1,2,-12\} = 2$

$K_{\text{Ⅲ},\text{Ⅳ}} = \max\{2,1,2,1,2,-12\} = 2$

（4）计算工期。

分别流水施工的工期可按下式计算

$$
T = \sum_{j=1}^{n-1} K_{j,j+1} + \sum_{i=1}^{m} t_{\mathrm{n}}^{i} + \sum t_{\mathrm{g}} + \sum t_{\mathrm{z}} + \sum t_{\mathrm{d}} \tag{3-15}
$$

式中 T——流水施工工期；

m——施工段数目；

n——施工过程数目；

$K_{j,j+1}$——施工过程 j 和 $j+1$ 之间的流水步距；

$\sum t_{\mathrm{n}}^{i}$——最后一个施工过程在各个施工段上的流水节拍之和；

$\sum t_{\mathrm{g}}$——技术间歇时间总和；

$\sum t_{\mathrm{z}}$——组织间歇时间总和；

$\sum t_{\mathrm{d}}$——搭接时间总和。

【例 3-7】 某工程包括Ⅰ、Ⅱ、Ⅲ、Ⅳ、Ⅴ5 个施工过程，划分为 4 个施工段组织流水施工，分别由 5 个专业施工队负责施工，每个施工过程在各个施工段上的工程量、定额与专业施工队人数见表 3-3。按规定，施工过程Ⅱ完成后，至少要养护 2d 才能进行下一个过程施工，施工过程Ⅳ完成后，其相应施工段要留 1d 的时间进行准备工作。为了早日完工，允许施工过程Ⅰ、Ⅱ之间搭接施工 1d。试编制流水施工组织方案，并绘制流水施工进度计划表。

某工程有关资料表　　　　表 3-3

施工过程	产量定额	各施工段的工程量					班组人数
		单位	第一段	第二段	第三段	第四段	
Ⅰ	8m²/工日	m³	238	160	164	315	10
Ⅱ	1.5m³/工日	m³	23	68	118	66	15
Ⅲ	0.4t/工日	t	6.5	3.3	9.5	16.1	8
Ⅳ	1.3m³/工日	m³	51	27	40	38	10
Ⅴ	5m³/工日	m³	148	203	97	53	10

【解】(1) 计算每个施工过程在各施工段上的流水节拍。由式 (3-4) 有

$$t_{\mathrm{I}}^{1} = \frac{Q_j^i}{S_j^i R_j^i N_j^i} = 238/(8 \times 10 \times 1)$$

$$t_{\mathrm{I}}^{2} = \frac{Q_j^i}{S_j^i R_j^i N_j^i} = 160/(8 \times 10 \times 1)$$

$$t_{\mathrm{I}}^{3} = \frac{Q_j^i}{S_j^i R_j^i N_j^i} = 164/(8 \times 10 \times 1)$$

$$t_{\mathrm{I}}^{4} = \frac{Q_j^i}{S_j^i R_j^i N_j^i} = 315/(8 \times 10 \times 1)$$

同理，可求出所有的流水节拍 (表 3-4)。

流水节拍汇总　　　　表 3-4

施工过程	施工段			
	第一段	第二段	第三段	第四段
	流水节拍/d			
Ⅰ	3	2	2	4
Ⅱ	1	3	5	3
Ⅲ	2	1	3	5
Ⅳ	4	2	3	3
Ⅴ	3	4	2	1

由此可知，应组织分别流水施工。

(2) 用潘特考夫斯基法求相邻施工过程的流水步距。每个施工过程的流水节拍累加数列如下：

施工过程Ⅰ流水节拍 $a_{\mathrm{I},i}$ 累加为：3，5，7，11

施工过程Ⅱ流水节拍 $a_{\mathrm{II},i}$ 累加为：1，4，9，12

施工过程Ⅲ流水节拍 $a_{\mathrm{III},i}$ 累加为：2，3，6，11

施工过程Ⅳ流水节拍 $a_{\mathrm{IV},i}$ 累加为：4，6，9，12

施工过程Ⅴ流水节拍 $a_{\mathrm{V},i}$ 累加为：3，7，9，10

两个相邻累加数列的差数如下：

Ⅰ与Ⅱ	3	5	7	11	
一)		1	4	9	12
$\Delta a^{i}_{\text{Ⅰ},\text{Ⅱ}}$：	3	4	3	2	−12

Ⅱ与Ⅲ	1	4	9	12	
一)		2	3	6	11
$\Delta a^{i}_{\text{Ⅱ},\text{Ⅲ}}$：	1	2	6	6	−11

Ⅲ与Ⅳ	2	3	6	11	
一)		4	6	9	12
$\Delta a^{i}_{\text{Ⅱ},\text{Ⅲ}}$：	2	−1	0	2	−12

Ⅲ与Ⅳ	4	6	9	12	
一)		3	7	9	10
$\Delta a^{i}_{\text{Ⅱ},\text{Ⅲ}}$：	4	3	2	3	−10

确定流水步距如下：

$$K_{\text{Ⅰ},\text{Ⅱ}}=\max\{3,4,3,2,-12\}=4\text{d}$$
$$K_{\text{Ⅱ},\text{Ⅲ}}=\max\{1,2,6,6,-11\}=6\text{d}$$
$$K_{\text{Ⅲ},\text{Ⅳ}}=\max\{2,-1,0,2,-12\}=2\text{d}$$
$$K_{\text{Ⅳ},\text{Ⅴ}}=\max\{4,3,2,3,-10\}=4\text{d}$$

（3）计算工期。由式（3-15）得：

$$T=\sum_{j=1}^{n-1}K_{j,j+1}+\sum_{i=1}^{m}t_{\text{n}}^{i}+\sum t_{\text{g}}+\sum t_{\text{z}}+\sum t_{\text{d}}=(4+6+2+4)-(3+4+2+1)+2+1-1=28\text{d}$$

（4）绘制流水施工进度计划表（图 3-11）。

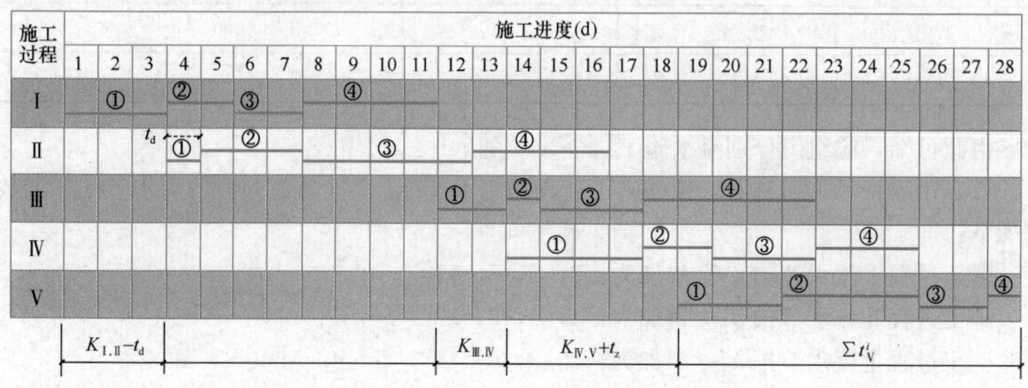

图 3-11 ［例 3-7］流水施工进度计划表

通过对不同流水施工组织的作用原理的学习，可以发现不同的流水施工组织方式适用的情况各不相同。这些组织方式的理念在学习和工作中也得到了充分的应用。如在云贵山区之间架设的北盘江大桥所需攻克由于季风、冻雨和地质灾害等自然气候所带来的建设难题，而横跨在青岛市胶州湾上的胶州湾大桥则需要面对海面浮冰、海水腐蚀、涌浪暗流等自然气候条件所带来的建设难题，由此可以看出，同类型的工程项目所面对的自然条件有很大差异。只有根据现实情况因地制宜地制定施工组织方式，才能实现成功。

3.4　流水施工组织程序及排序优化

1. 流水施工组织程序

（1）把工程对象划分为若干个施工阶段

每一拟建工程都可以根据其工程特点及施工工艺要求划分为若干个施工阶段（或分部工程），如建筑物可划分为基础工程、主体工程、围护结构工程和装饰工程等施工阶段。然后，分别组织各施工阶段的流水施工。

（2）确定各施工阶段的主导施工过程并组织专业工作班组

组织一个施工阶段的流水施工时，往往可按施工顺序划分成许多个分项工程。组织某些由多个工种组成的分项工程流水施工时，往往按专业工种划分成若干个由专业工种（专业工作班组）进行施工的施工过程。

参加流水的施工过程的多少对流水施工的组织影响很大，组织流水施工时不可能也没有必要将所有分项工程都组织进去。每一个施工阶段总有几个对工程施工有直接影响的主导施工过程（如混合结构主体施工、砌墙和楼板施工等）。应首先将这些主导施工过程确定下来，其他施工过程则可根据实际情况与主导施工过程合并。实际施工中，还应根据施工进度计划作用、分部（分项）工程施工工艺的不同来确定主导施工过程。

（3）划分施工段

1）施工段可根据流水施工的原理和工程对象的特点来划分。

2）在无层间施工时，施工段数与主导施工过程（或作业班组）数之间一般无约束关系，但组织等步距异节奏流水施工时，必须满足式 $b_{i,\max} \leqslant A \cdot N$ 的要求。

3）对于有层间施工（如多、高层建筑）的流水施工，应考虑工作面的形成和保持作业班组的连续施工，所划分的施工段数必须满足式 $A \cdot N \geqslant n$ 的要求。当组织等步距异节奏流水施工时，由于同一施工过程可能有多个作业班组，式 $A \cdot N \geqslant n$ 中的施工过程数 n 的含义应转换成作业班组总数 $\sum b_i$ 。

4）组织多层等节奏或等步距异节奏流水施工时，如需考虑技术间隙时间或组织间隙时间，所需的最少施工段数计算公式如下，并取整数。

$$A \cdot N \geqslant \sum b_i + \frac{\sum t_g + \sum t_z}{K}$$

应该注意，“有层间”的含义并不单纯指多层建筑结构层之间的层间关系，即使在单层建筑中，某些施工过程也可能有层间关系。如单层工业厂房预制构件叠浇施工时，下层构件施工完毕后才能为上层构件施工提供工作面，组织预制构件的流水施工应按有层间关系来考虑，施工段主要以预制构件的多少来划分。

（4）确定施工过程的流水节拍

施工过程的流水节拍可按式 $t_i=\frac{Q_i}{S_iR_i}=\frac{Q_iZ_i}{R_i}=\frac{P_i}{R_i}$ 进行计算。流水节拍的大小对工期影响较大。从该式可知，减小流水节拍最有效的方法是提高劳动效率（即增大产量定额 S_i 或减小时间定额 Z_i）。增加工人数 R_i 也可减小流水节拍，但劳动人数增加到一定程度必然会达到最小工作面，此时的流水节拍即为最小的流水节拍，正常情况下不可能再缩短。同样，根据最小劳动组合可确定最大的流水节拍。据此就可确定出完成该施工过程最多可安排和至少应安排的工人数。然后，根据现有条件和施工要求确定合适的人数求得流水节拍，该流水节拍在最大和最小流水节拍之间。

（5）确定施工过程间的流水步距

流水步距可根据流水形式来确定。流水步距的大小对工期影响也较大，在可能的情况下，组织搭接施工也是缩短流水步距的一种方法。在某些流水施工过程中，增大那些流水节拍较小的一般施工过程的流水节拍，或将次要施工过程组织成间断施工，反而能缩短流水步距。有时，还能使施工更加合理。

（6）组织整个工程的流水施工

各施工阶段（分部工程）的流水施工都组织好后，根据流水施工原理和各施工阶段之间的工艺关系，经综合考虑后，把它们综合组织起来就形成整个工程完整的流水施工，最后绘出流水施工进度计划表。

2. 流水施工排序优化

工程排序优化是在施工过程排序固定的条件下，寻求施工项目或施工段的最优排列顺序，并使总工期最短。其实质就是加工对象和加工过程及其排列顺序的优化，也称为流程优化。它通常分为单向工程排序优化和双向工程排序优化两种。由于施工过程排序是固定不变的，施工项目排序是可变的，因此施工项目排序优化属于单向工程排序优化问题。工程排序优化的方法主要有穷举法、图解法和约翰逊规则等方法。

（1）基本排序

任何两个工程项目（或施工段）的排列顺序均称为基本排序。如 A 和 B 两个工程项目的基本排序有 $A \rightarrow B$ 和 $B \rightarrow A$ 两种。前者称为正基本排序，后者称为逆基本排序。

（2）基本排序流水步距

任何两个工程项目 A 和 B，先后投入第 i 个施工过程开始施工的时间间隔，称为基本排序流水步距，即工程 A 与 B 之间的流水步距，并以 $K_{i,i+1}$ 表示。如：$A \rightarrow B$ 基本排序流水步距记为 $K_{\mathrm{A,B}}$，$B \rightarrow A$ 基本排序流水步距记为 $K_{\mathrm{B,A}}$。

（3）工程排序模式

在组织工程排序时，若干工程项目（或施工段）排列顺序的全部可能组合模式均称为工程排序。

【例 3-8】某群体工程 A、B、C 三栋楼，它们都依次经过砌墙、支模、混凝土工程三个施工过程，各个工程项目在各个施工过程上的持续时间分别为：

甲（砌墙）：$t_{\mathrm{A}}=2\mathrm{d}$、$t_{\mathrm{B}}=4\mathrm{d}$、$t_{\mathrm{C}}=5\mathrm{d}$；

乙（支模）：$t_{\mathrm{A}}=3\mathrm{d}$、$t_{\mathrm{B}}=4\mathrm{d}$、$t_{\mathrm{C}}=3\mathrm{d}$；

丙（混凝土工程）：$t_{\mathrm{A}}=4\mathrm{d}$、$t_{\mathrm{B}}=3\mathrm{d}$、$t_{\mathrm{C}}=2\mathrm{d}$。

如以上工程项目排序顺序是可变的，那么如何安排它们的排列顺序，才能使计算总工期最短?

【解】该工程应组织成无节奏流水施工。

条件中有 A、B、C 三栋楼及砌墙、支模、混凝土工程 3 个施工过程，可确定此工程可采用栋间流水施工，施工段数为 3，施工过程数为 3。由排列组合可知，施工段数的组合有 ABC、ACB、BAC、BCA、CAB、CBA 六种，本题基本排序项较少，所以可以采用穷举法计算六种情况的工期。分别求出全部工程项目各种可能基本排序的流水步距 $K_{i,i+1}$ 和工期 T。

(1) ABC 工程项目排列顺序。

$$\begin{array}{rrrrr} & 2 & 6 & 11 & \\ -) & & 3 & 7 & 10 \\ \hline & 2 & 3 & 4 & -10 \end{array} \qquad \begin{array}{rrrrr} & 3 & 7 & 10 & \\ -) & & 4 & 7 & 9 \\ \hline & 3 & 3 & 3 & -9 \end{array}$$

① 施工过程的流水步距。

计算得

$K_{甲、乙} = \max\{2,3,4,-10\}\text{d} = 4\text{d}$，$K_{乙、丙} = \max\{3,3,3,-9\}\text{d} = 3\text{d}$

② 计算工期。

$T = \Sigma K_{i,i+1} + \Sigma t_n^h + \Sigma Z_1 + \Sigma G - \Sigma C = 4+3+4+3+2 = 16\text{d}$

(2) ACB 工程项目排列顺序。

① 施工过程的流水步距。

$$\begin{array}{rrrrr} & 2 & 7 & 11 & \\ -) & & 3 & 6 & 10 \\ \hline & 2 & 4 & 5 & -10 \end{array} \qquad \begin{array}{rrrrr} & 3 & 6 & 10 & \\ -) & & 4 & 6 & 9 \\ \hline & 3 & 2 & 4 & -9 \end{array}$$

计算得

$K_{甲、乙} = \max\{2,4,5,-10\}\text{d} = 5\text{d}$，$K_{乙、丙} = \max\{3,2,4,-9\}\text{d} = 4\text{d}$

② 计算工期。

$T = \Sigma K_{i,i+1} + \Sigma t_n^h + \Sigma Z_1 + \Sigma G - \Sigma C = 5+4+4+3+2 = 18\text{d}$

(3) BAC 工程项目排列顺序。

$$\begin{array}{rrrrr} & 4 & 6 & 11 & \\ -) & & 4 & 7 & 10 \\ \hline & 4 & 2 & 4 & -10 \end{array} \qquad \begin{array}{rrrrr} & 4 & 7 & 10 & \\ -) & & 3 & 7 & 9 \\ \hline & 4 & 4 & 3 & -9 \end{array}$$

① 施工过程的流水步距。

计算得

$K_{甲、乙} = \max\{4,2,4,-10\}\text{d} = 4\text{d}$，$K_{乙、丙} = \max\{4,4,3,-9\}\text{d} = 4\text{d}$

② 计算工期。

$T = \Sigma K_{i,i+1} + \Sigma t_n^h + \Sigma Z_1 + \Sigma G - \Sigma C = 4+4+4+3+2 = 17\text{d}$

(4) BCA 工程项目排列顺序。

① 施工过程的流水步距。

$$\begin{array}{rrrrr} & 4 & 9 & 11 & \\ -) & & 4 & 7 & 10 \\ \hline & 4 & 5 & 4 & -10 \end{array} \qquad \begin{array}{rrrrr} & 4 & 7 & 10 & \\ -) & & 3 & 5 & 9 \\ \hline & 4 & 4 & 5 & -9 \end{array}$$

计算得

$K_{甲、乙} = \max\{4,5,4,-10\}\mathrm{d} = 5\mathrm{d}$，$K_{乙、丙} = \max\{4,4,5,-9\}\mathrm{d} = 5\mathrm{d}$

②计算工期。

$T = \sum K_{i,i+1} + \sum t_n^h + \sum Z_1 + \sum G - \sum C = 5+5+4+3+2 = 19\mathrm{d}$

(5) CAB 工程项目排列顺序。

① 施工过程的流水步距。

$$\begin{array}{rrrrr} & 5 & 7 & 11 & \\ -) & & 3 & 6 & 10 \\ \hline & 5 & 4 & 5 & -10 \end{array} \qquad \begin{array}{rrrrr} & 3 & 6 & 10 & \\ -) & & 2 & 6 & 9 \\ \hline & 3 & 4 & 4 & -9 \end{array}$$

计算得

$K_{甲、乙} = \max\{5,4,5,-10\}\mathrm{d} = 5\mathrm{d}$，$K_{乙、丙} = \max\{3,4,4,-9\}\mathrm{d} = 4\mathrm{d}$

② 计算工期。

$T = \sum K_{i,i+1} + \sum t_n^h + \sum Z_1 + \sum G - \sum C = 5+4+4+3+2 = 18\mathrm{d}$

(6) CBA 工程项目排列顺序。

① 施工过程的流水步距。

$$\begin{array}{rrrrr} & 5 & 9 & 11 & \\ -) & & 3 & 7 & 10 \\ \hline & 5 & 6 & 4 & -10 \end{array} \qquad \begin{array}{rrrrr} & 3 & 7 & 10 & \\ -) & & 2 & 5 & 9 \\ \hline & 3 & 5 & 5 & -9 \end{array}$$

计算得

$K_{甲、乙} = \max\{5,6,4,-10\}\mathrm{d} = 6\mathrm{d}$，$K_{乙、丙} = \max\{3,5,5,-9\}\mathrm{d} = 5\mathrm{d}$

② 计算工期。

$T = \sum K_{i,i+1} + \sum t_n^h + \sum Z_1 + \sum G - \sum C = 6+5+4+3+2 = 20\mathrm{d}$

经计算比较，按照 ABC 工程项目排列顺序时，T=16d，即工期最短，绘制的流水施工进度计划，如图 3-12 所示。

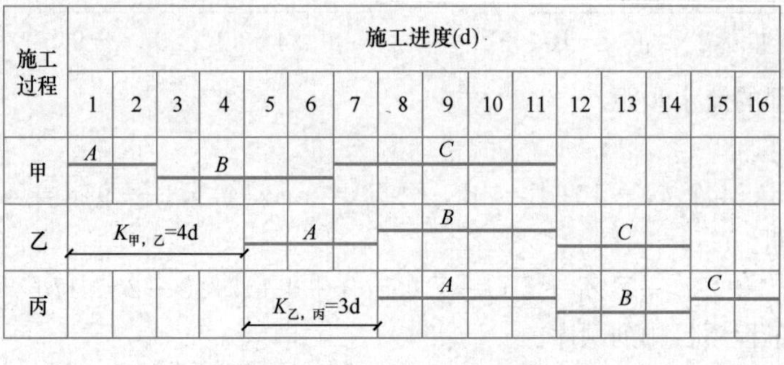

施工过程	施工进度(d)															
	1	2	3	4	5	6	7	8	9	10	11	12	13	14	15	16
甲	A		B						C							
乙	$K_{甲,乙}$=4d					A			B				C			
丙					$K_{乙,丙}$=3d				A				B		C	

图 3-12　流水施工进度计划

通过对工程项目工期优化知识的学习可知，在理论知识的基础上创新能够对工程项目标产生积极的作用，甚至某种突破性创新能够对国家未来的发展起到积极关键的作用。以地铁隧道修建目前使用最为高效的方式是盾构法，需要采用盾构机这种大型机械。我国作为基建大国，对于地铁隧道的修建需求也极大，过去该类机械制造的核心技术一直被国外垄断，因此我国决定自主研发盾构机以突破技术封锁，经过 3 年的研发，成功制造了第一台完全国产的盾构机并充分运用到工程项目建设中，为工程项目工期管理提供了保障。

3.5　流水施工组织案例分析

土木工程施工中，流水施工是一种行之有效的科学组织施工的计划方法。编制施工进度计划时应根据施工对象的特点，选择适当的流水施工方式组织施工，以保证施工的节奏性、均衡性以及连续性。具体的做法是将单位工程先分解为分部工程，然后根据分部工程的各施工过程的劳动量的大小、施工班组人数来选择流水施工方式。若分部工程的施工过程数目不多（3～5 个），可以通过调整班组人数使各施工过程的流水节拍相等，从而采用等节奏流水施工方式。这是一种较理想、合理的流水方式。若分部工程的施工过程数目较多，要使其流水节拍相等较困难，则可考虑流水节拍的规律，选择等步距异节奏、异步距异节奏、无节奏的流水施工方式。

某工程主体为九层现浇钢筋混凝土框架结构，采用筏形基础，各施工过程持续时间计算见表 3-5。

某工程各施工过程持续时间计算　　表 3-5

序号	施工过程	单位	劳动力量 P(工日或台班)	班制 b	施工段数 m	流水节拍 t(d)	人或机械数 R	计算过程	备注
1	机械挖土方	台班	10	2	1	5	1		不参与流水
2	CFG 桩处理地基	工日	79	2	1	4	10		不参与流水
3	褥垫层施工	工日	30	1	1	2	5		不参与流水
4	绑扎筏形基础钢筋	工日	109	1	3	3	12		
5	支设筏形基础模板	工日	82	3	3	3	9		
6	浇筑筏形基础混凝土	工日	98	3	3	3	11		
7	回填土	工日	149	3	3	3	17	$t=P/(mRb)$	
8	搭设脚手架	工日	310	2	3	3	20		不参与流水
9	绑扎柱钢筋	工日	140	1	3	4	12		
10	支设柱、梁、板模板	工日	1300	2	3	9	25		
11	浇筑柱混凝土	工日	210	2	3	1	50		
12	绑扎梁、板钢筋	工日	743	2	3	5	25		
13	浇筑梁、板混凝土	工日	942	2	3	3	50		
14	拆模板	工日	370	1	3	5	25		不参与流水
15	砌筑墙体	工日	1200	1	3	8	50		不参与流水

1. 施工方案

本工程遵循的施工顺序为：先地下后地上，先主体后围护，先土建工程后安装设备，先结构工程后装饰工程。主体结构自下而上逐层分段流水施工。根据工程的施工条件，全工程分三个阶段进行施工：第一阶段为基础工程阶段；第二阶段为结构工程阶段；第三阶段为装饰工程阶段。

（1）基础工程阶段

基础工程阶段分为机械挖土方、CFG 桩处理地基、褥垫层施工、绑扎筏形基础钢筋、支设筏形基础模板、浇筑筏形基础混凝土、回填土七个施工过程。其中，机械挖土方、CFG 桩处理地基、褥垫层施工三个施工过程不参与流水。考虑到验槽工作的要求、处理地基后的静载试验的要求和垫层施工的特点，不能分段施工，也不能搭接施工（验槽、静载试验针对的是建筑物整体地基状况），因此以上三个施工工程不能纳入流水，可以进行依次施工。

1）基础工程流水工期。

七个施工过程中，只有绑扎筏形基础钢筋、支设筏形基础模板、浇筑筏形基础混凝土、回填土四个施工过程参与流水，即 $n=4$。由于基础施工不存在分施工层问题，所以 m、n 的关系不受限制，这里取 $m=3$；组织等节奏流水施工，$K=t=3$，工期计算如下：

$$T=(m+n-1)K+t_{挖土}+t_{CFG桩}+t_{垫层}=[(3+4-1)\times3+5+4+2]\text{d}=29\text{d}$$

2）基础工程流水施工进度计划如图 3-13 所示。

序号	施工过程	劳动量(工日或台班)	班制 b	施工段数 m	流水节拍 t(d)	人或机械数量 R	施工进度(d)																												
							1	2	3	4	5	6	7	8	9	10	11	12	13	14	15	16	17	18	19	20	21	22	23	24	25	26	27	28	29
1	机械挖土方	10	2	1	5	1																													
2	CFG桩处理地基	89	2	1	4	10																													
3	褥垫层施工	30	1	1	2	15																													
4	绑扎筏形基础钢筋	109	1	3	3	12																													
5	支设筏形基础模板	82	1	3	3	9																													
6	浇筑筏形基础混凝土	98	1	3	3	11																													
7	回填土	149	1	3	3	17																													

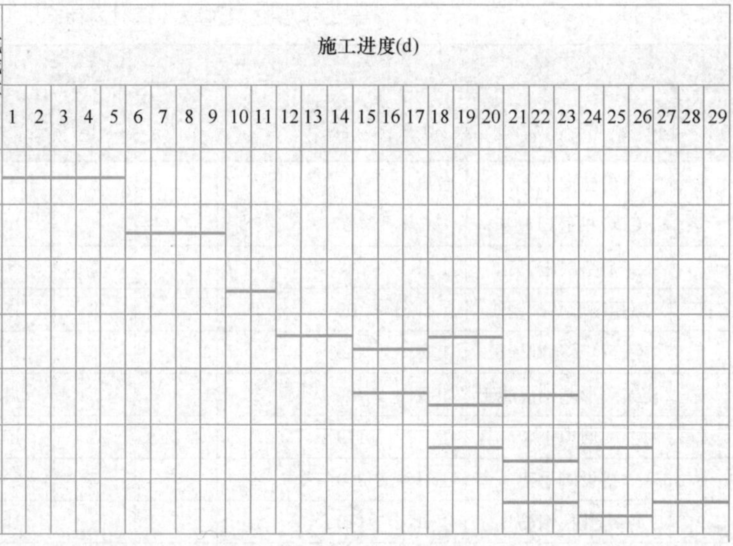

图 3-13 基础工程流水施工进度计划

（2）结构工程阶段

结构工程阶段包括搭设脚手架，绑扎柱钢筋，支设柱、梁、板模板，浇筑柱混凝土，绑扎梁、板钢筋，浇筑梁、板混凝土，拆模板，砌筑墙体。其中，搭设脚手架、拆模板和砌筑墙体三个施工过程只根据工艺要求进行有效的穿插或搭接施工即可，不纳入流水。

所以，八个施工工程中只有绑扎柱钢筋，支设柱、梁、板模板，浇筑柱混凝土，绑扎梁、板钢筋，浇筑梁、板混凝土五个施工过程参与流水。由于主体工程存在层间关系，所以要求 $m \geqslant n$，如果 $m \geqslant 6$，将导致工作面太小，不利于提高劳动生产率，所以上述五个施工过程需要根据工艺特点进行施工过程的合并。绑扎柱钢筋和绑扎梁、板钢筋实际是一个施工队，支设柱模板和支设梁、板模板实际是一个施工队，现浇混凝土实际也是一个施工队，即对绑扎钢筋、支模板、浇筑混凝土三个施工过程组织流水施工即可。但是，由于框架柱施工工艺是：绑扎钢筋→支模板→浇筑混凝土；而梁、板的施工工艺是：支模板→绑扎钢筋→浇筑混凝土；以上两种施工工艺顺序不一致。因此，可按图 3-14 组织施工。

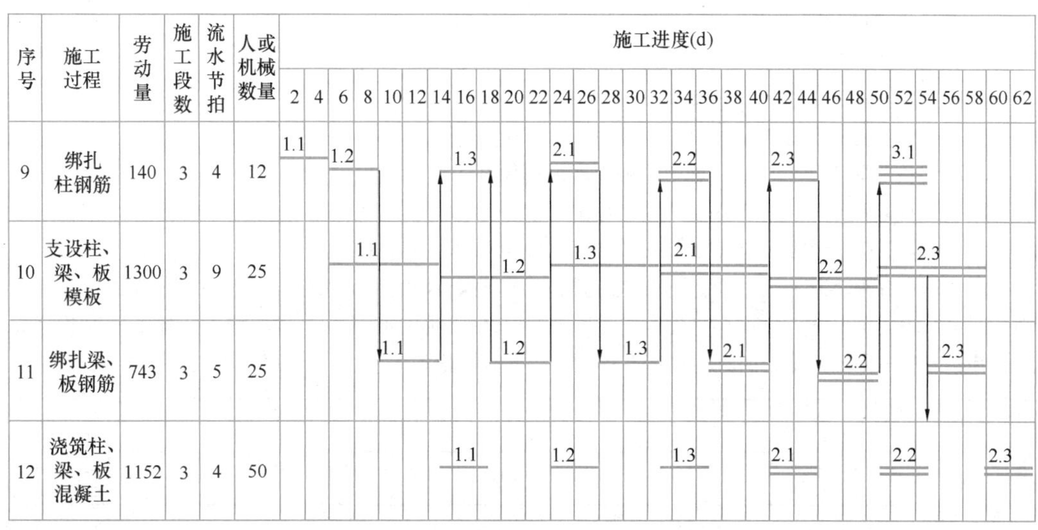

序号	施工过程	劳动量	施工段数	流水节拍	人或机械数量
9	绑扎柱钢筋	140	3	4	12
10	支设柱、梁、板模板	1300	3	9	25
11	绑扎梁、板钢筋	743	3	5	25
12	浇筑柱、梁、板混凝土	1152	3	4	50

图 3-14　某框架结构工程阶段施工进度计划

（3）装饰工程阶段

按自上而下的施工顺序进行，要求工序搭接合理，并尽可能与主体结构工程安排交叉作业，以缩短工期，该装饰工程划分为 3 个施工段，9 个施工层，以保证相应的工作队在施工段与施工层间组织有节奏、连续、均衡的施工。其中第一施工段为 1—5 轴，第二施工段为 6—10 轴；第三施工段为 11—15 轴。

2. 施工顺序

（1）基础工程

基础工程施工顺序为：放线→挖土→地基处理→做垫层→筏形基础→回填土。

（2）结构工程

结构工程阶段的工作包括搭设脚手架、绑扎钢筋、支模板、浇筑混凝土、墙体砌筑和门窗安装。主导工序为绑扎柱钢筋→支设柱、梁、板模板→绑扎梁、板钢筋→浇筑柱、梁、板混凝土。

（3）装饰工程

该阶段具有施工内容多、劳动量消耗大且手工操作多、消耗时间长等特点。屋面工程施工顺序为：保温层施工并找坡→找平层→卷材防水层。由于受劳动力最大限额的限制，装饰工程和屋面工程应搭接施工，遵循先湿后干的施工程序。为了保证装饰工程的施工质量，在主体完成至第5层时，楼地面、顶棚抹灰、内墙抹灰从第4层至第1层穿插进行立体交叉施工搭接流水施工，顺序为楼地面→顶棚抹灰→内墙抹灰。主体全部完成后开始外墙贴瓷砖施工并穿插进行从第9层到第5层的楼地面、顶棚抹灰、内墙抹灰施工。其中，在抹灰前平行搭接门窗安装。完成楼梯瓷砖面层后，进行玻璃、油漆、全部喷白工程。水电安装在装饰工程之间穿插进行。

思考题

1. 什么是流水施工？常用的表示方法是什么？

2. 简述横道图的特点与存在的问题。

3. 简述常用的建筑施工组织方式有哪些。

4. 简述流水施工的技术经济效果。

5. 简述流水施工类型有哪些。

6. 简述流水施工作业中划分施工一般应遵循的原则。

7. 简述确定流水节拍和流水步距应考虑的要求。

8. 什么是固定节拍流水施工、成倍节拍流水施工和分别流水施工？

9. 某分部工程有Ⅰ、Ⅱ、Ⅲ这3个施工过程，4个施工段组织流水施工，各施工过程的流水节拍详见下表。按规定，施工过程Ⅰ完成后，至少要养护2d才能进行下一个过程施工，施工过程Ⅱ完成后，其相应施工段要留1天的时间进行准备工作。求流水施工工期。

施工过程	施工段			
	①	②	③	④
Ⅰ	3	5	4	3
Ⅱ	3	4	4	2
Ⅲ	4	3	3	4

10. 某分部工程的4个施工过程（Ⅰ、Ⅱ、Ⅲ、Ⅳ）组成，分为6个施工段。流水节拍均为3d，施工过程Ⅱ、Ⅲ有技术间歇时间2d，但施工过程Ⅳ需提前1d插入施工（即搭接时间为1d），试计算该分部工程的工期。

11. 某工程包括三幢结构相同的砖混住宅楼，组织单位工程流水施工，以每幢住宅楼为一个施工段。已知：

（1）地面±0.000以下部分按土方开挖、基础施工、底层预制板安装、回填土四个施工过程组织固定节拍流水施工，流水节拍为2周。

（2）地上部分按主体结构、装修、室外工程组织加快的成倍节拍流水施工，各由专业工作队完成，流水节拍分别为4周、4周、2周。如果要求地上部分与地下部分最大限度地搭接，均不考虑间歇时间，试计算该工程总工期为多少周？并绘制流水施工进度计划表。

12. 某广场地下车库工程，建筑面积18000m^2。建设单位和某施工单位根据《建设工程施工合同（示范文本）》GF—99—0201签订了施工承包合同，合同工期140d。工程实施过程中发生了下列事件：

事件一：施工单位将施工作业划分为 A、B、C、D 四个施工过程，分别由指定的专业班组进行施工，每天一班工作制，组织无节奏流水施工，流水施工参数见下表：

施工过程 / 流水节拍（d） / 施工段	A	B	C	D
Ⅰ	12	18	25	12
Ⅱ	12	20	25	13
Ⅲ	19	18	20	15
Ⅳ	13	22	22	14

事件二：项目经理部根据有关规定，针对水平混凝土构件模板（架）体系，编制了模板（架）工程专项施工方案，经过施工项目负责人批准后开始实施，仅安排施工项目技术负责人进行现场监督。

问题：事件一中，计算 A、B、C、D 四个施工过程之间的流水步距？

事件一中，计算流水施工的计划工期是多少天？能否满足合同工期的要求？

事件二中，指出专项施工方案实施中有哪些不妥之处？说明理由。

案例实操题

工程概况

（1）总体概况

本工程为×××项目位于成都市双流区×××街道×××社区，共包含2个地块，项目规划建设净用地面积63822m²，规划总建筑面积约16.54万m²，包括办公产业用房及配套设施。

×××项目1号地块，规划建设净用地面积38333m²，规划总建筑面积115458.67m²，地上建筑面积73654.99m²，地上计入容积率的建筑面积61003.96m²，包括办公建筑面积49320.25m²，配套设施建筑面积11683.71m²，地上不计入容积率的建筑面积为首层架空部分12651.03m²。地下室共4层，建筑面积41803.68m²；建筑高度：1号楼35.0m，2号楼1单元26.6m，2号楼2单元30.8m，3号楼1单元18.9m，3号楼2单元23.1m，3号楼3单元21.7m，3号楼4单元17.5m。

×××项目2号地块，规划建设净用地面积25489.00m²，规划总建筑面积48877.90m²，地上建筑面积32078.15m²，地上计入容积率的建筑面积27550.21m²，包括办公建筑面积25373.26m²，配套设施建筑面积2176.95m²，地上不计入容积率的建筑面积为首层架空部分4527.94m²。地下室共3层，建筑面积16799.75m²；建筑高度：1号楼35.0m，2号楼10.8m，3号楼18.9m。

（2）模板支撑体系工程概况

本方案适用于搭设高度在3.6～7.2m支模架，采用轮扣式脚手架搭设。根据《建筑施工承插型轮扣式模板支架安全技术规程》T/CCIAT 0003—2019要求搭设高度大于5m，或楼板厚度大于350mm，或梁截面面积大于0.5m²时，应组织专家论证。本方案需要进行专家论证的支模构件包括搭设高度为5～8m的板和梁以及集中线荷载超过20kN/m的超限梁。搭设高度超过8m的支模架区域采用普通钢管脚手架搭设，具体搭设部位和要求详见《高大模板支撑体系专项施工方案》。

1）板模板概况

① 板厚度统计

部位	板厚（mm）	层高（m）	计算厚度（mm）	计算高度（m）
1-1 号楼	120、130、140、150、160、180、200	3.6、4.2、5.1、5.2、5.8、6.2、7.2	200	7.2
1-2 号楼一单元				
1-2 号楼二单元				
1-3 号楼一单元				
1-3 号楼二单元				
1-3 号楼三单元				
1-3 号楼四单元				
1-3 号楼音乐盒子				
2-1 号楼				
2-3 号楼				
1 号地地下室 B2、B1 层				
1 号地地下室 M2、M1 层				
2 号地地下室 B2 层				
2 号地地下室 M2、M1 层				

② 板模板设计

钢筋混凝土现浇板及叠合楼板的模板采用 12mm 厚木胶合模板铺设，小梁 40mm×40mm×2.5mm 方管垂直于板的长方向设置，小梁间距按最终计算结果确定；主梁采用 ϕ48.3mm×3.6mm 钢管（验算时按 ϕ48mm×2.8mm 计算），立杆与梁模板的支撑体系共用，梁两侧立杆距梁边预留≤300mm 作为施工操作面。主梁在立杆顶部用可调支座顶托顶紧，每个可调支座顶托内设置两根钢管作为主梁。

2）柱模板概况

部位	尺寸(mm×mm)	层高(m)	计算尺寸(mm×mm)	计算高度(mm)
1-1 号楼	400×400、400×450、500×500、500×600、500×700、500×800、550×800、600×600、600×700、600×800、600×900、700×700、700×800、700×900、800×800、800×950、900×900、900×950、950×950、700×1400、800×1800、800×1800、900×1700、1000×1800、1500×1600	3.6、4.2、5.1、5.3、5.8、6.2、7.2	900×900 950×950 1000×1800 1500×1600	7.2
1-2 号楼一单元				
1-2 号楼二单元				
1-3 号楼一单元				
1-3 号楼二单元				
1-3 号楼三单元				
1-3 号楼四单元				
1-3 号楼音乐盒子				
2-1 号楼				
2-3 号楼				
1 号地地下室 B2、B1 层				
1 号地地下室 M2、M1 层				
2 号地地下室 B2 层				
2 号地地下室 M2、M1 层				

柱模板设计

柱模板采用 12mm 厚木胶合模板拼装，小梁采用 40mm×40mm×2.5mm 方管垂直设置，小梁间距按最终计算结果确定。截面尺寸≤1000mm×1000mm 的柱主梁采用 80mm×18mm 方圆扣；截面尺寸＞1000mm×1000mm的采用ϕ48.3mm×3.6mm（验算时按ϕ48mm×2.8mm计算）钢管，合并根数为2根，横向布置，地面以上1/2柱高以下处设双螺母。对拉螺杆直径14mm，间距由计算确定，对拉螺杆穿过混凝土柱的部分采用塑料套管包裹（与人防墙相连柱不得采用塑料套管包裹），混凝土浇筑完成后拆（切）除。混凝土模板拆除及局部修补完成后，应及时进行螺杆洞口封堵，以避免因对拉螺杆长期外露造成积灰、积水等，进而影响拉杆孔洞的封堵质量。

3）墙模板概况

① 墙模板尺寸统计

厚度（mm）	层高（m）	计算尺寸（mm）	计算高度（m）	备注
200/250/300/350/400/450/500	3.6、4.2、5.1、5.3、5.8、6.2、7.2	500	6.2	

② 墙模板设计

墙体小梁采用40mm×40mm×2.5mm方管，小梁间距200mm，竖向布置；主梁采用ϕ48.3mm×3.6mm钢管（验算时按ϕ48mm×2.8mm计算），合并根数为2根，水平布置，对拉螺杆直径14mm，间距由计算确定。对拉螺杆直径14mm，间距由计算确定。对拉螺杆穿过混凝土剪力墙的部分采用塑料套管包裹，混凝土外墙、地下室覆土高度以下、女儿墙及屋面泛水高度范围内、防水涂膜区域等必须采用带止水环的三段式对拉螺杆，其余部位的混凝土外墙采用普通穿墙对拉螺杆（人防墙体不得使用塑料套管包裹），混凝土模板拆除及局部修补完成后，应及时进行螺杆洞口封堵，以避免因对拉螺杆长期外露造成积灰、积水等，从而影响拉杆孔洞的封堵质量。

<table>
<tr><th>部位</th><th>尺寸(mm×mm)</th><th>层高(m)</th><th>计算尺寸(mm×mm)</th><th>计算高度(m)</th></tr>
<tr><td>1-1号楼</td><td rowspan="14">200×400、200×500、200×600、200×700、200×750、200×800、200×1200、200×1400、200×1600、250×400、250×500、250×600、250×800、250×1200、250×1300、300×500、300×600、300×650、300×700、300×750、300×800、300×900、300×1000、300×1200、300×1300、300×1400、300×1500、350×600、350×700、350×750、350×800、350×900、350×1000、350×1050、350×1100、350×1200、350×1300、350×1350、400×600、400×650、400×800、400×900、400×1000、400×1100、400×1150、400×1200、400×1250、400×1250、450×800、450×850、450×900、450×1000、450×1100、500×600、500×700、500×750、500×800、500×900、500×1000、550×700、550×800、550×900
以下为超限梁：300×1950、300×2150、350×2000、350×2200、400×1320、400×1400、400×1450、400×1500、400×2050、400×2150、400×2200、450×1250、450×1350、450×2150、500×1100、500×1150、500×1200、500×1300、500×1350、500×1400、500×1450、500×1500、500×1550、500×2000、500×2150、500×2250、550×1000、550×1150、550×1200、550×1350、550×1600、550×2000、600×900、600×950、600×1000、600×1150、600×1200、600×1350、600×1500、600×2000、650×1000、650×1050、650×1150、650×1350、650×1500、700×850、700×1000、700×1200、700×1300、700×1350、700×1500、700×1850、700×2150、700×2350、750×850、750×1200、750×1500</td><td rowspan="14">3.6、4.2、5.1、5.3、5.8、6.2、7.2</td><td rowspan="14">450×800（最大截面积0.36m²）
500×1000（最大截面积0.5m²）
750×1000（最大截面积0.75m²）
750×2400（最大截面积1.8m²）</td><td rowspan="14">7.2</td></tr>
<tr><td>1-2号楼一单元</td></tr>
<tr><td>1-2号楼二单元</td></tr>
<tr><td>1-3号楼一单元</td></tr>
<tr><td>1-3号楼二单元</td></tr>
<tr><td>1-3号楼三单元</td></tr>
<tr><td>1-3号楼四单元</td></tr>
<tr><td>1-3号楼音乐盒子</td></tr>
<tr><td>2-1号楼</td></tr>
<tr><td>2-3号楼</td></tr>
<tr><td>1号地地下室B2、B1层</td></tr>
<tr><td>1号地地下室M2、M1层</td></tr>
<tr><td>2号地地下室B2层</td></tr>
<tr><td>2号地地下室M2、M1层</td></tr>
</table>

4）梁模板概况

梁模板设计

梁模板采用12mm厚木胶合模板拼装，小梁采用40mm×40mm×2.5mm方管平行于梁跨设置，小梁间距按最终计算结果确定，主梁采用ϕ48.3mm×3.6mm（验算时按ϕ48mm×2.8mm计算）钢管，合并根数为2根，垂直于小梁方向布置，高度超过1m的梁1/2梁高以下处设双螺母。对拉螺杆直径14mm，间距由计算确定，对拉螺杆穿过混凝土梁的部分采用塑料套管包裹（与人防墙相连梁不得采用塑料套管包裹），混凝土浇筑完成后拆（切）除。混凝土模板拆除及局部修补完成后，应及时进行螺杆洞口封堵，以避免因对拉螺杆长期外露造成积灰、积水等，进而影响拉杆孔洞的封堵质量。

（3）施工要求

1）质量要求：本工程质量目标按所签订的合同要求执行，达到国家现行标准规范要求。模板工程是影响工程质量的最关键的因素，为了满足规范要求，要精心优化模板设计，利用先进、合理的模板体系和施工方法，满足工程高质量的要求。

2）安全要求：死亡事故为0，重伤事故为0，新发职业病例为0，火灾事故为0，疫情事故为0。

3）环保要求：满足国家安全生产、文明施工的法律、法规。

4）工期要求：模板工程计划开始时间为2022年6月初开始搭设，计划完成时间为2023年1月初。分项工程计划总工期：220d。

（4）施工地的气候特征和季节性天气

本项目位于成都市高新区，属于中亚热带季风气候，全年气候较温和湿润。冬季，最冷月一月平均气温为5.5℃左右，阴雨天气多但是降水量很小，体感阴冷。春季回暖迅速，连阴雨减少，雨量增大。夏季气温较高，最热月平均气温25℃左右，夏季暴雨多，雨量大，是主汛期。秋季连阴雨，天气湿凉，9月为秋雨季节。

要求：请根据以上信息编制针对该工程其中分部工程模板工程专项施工方案的流水施工图。

案例实操题
参考答案3

拓展习题3

第4章 网络计划技术

【本章重难点】双代号网络图的组成及绘制、双代号网络计划时间参数计算及双代号时标网络计划；单代号网络计划时间参数计算及搭接网络计划；网络计划的优化。

【学习目标】了解网络计划技术概述（网络计划技术的原理、网络计划的分类）；掌握双代号网络计划（双代号网络图的组成及绘制、双代号网络计划时间参数计算、双代号时标网络计划）；熟悉单代号网络图（单代号网络图的组成、单代号网络计划时间参数计算、单代号搭接网络计划）；掌握网络计划的优化。

【素质目标】形成正确的时间价值观；培养学生工作中的计划执行能力和尽职履行工作职业道德；培养严谨的时间观念和工作态度。

现代工程项目具有投资规模大、技术复合性强、构成内容多等特点，在工程承发包过程中，建设主体如何根据施工工艺和技术、各项建设内容之间的逻辑关系在时间上进行合理的计划，以确保建筑项目能够在合同规定的时间内完，这就需要网络计划技术。因此，本章主要讲解网络计划技术在施工过程中的应用。

4.1 网络计划技术概述

1. 网络计划技术的原理

网络计划技术的原理是：首先，绘制工程施工网络图来表达各施工过程的开展顺序及其相互之间的逻辑关系，并通过网络计划时间参数的计算找出关键工作及关键线路；接着在有限资源条件的限制下，不断改善网络计划，寻求最优方案，在网络计划的具体实施过程中严格监督和控制，以保证工程能以最小的消耗取得最大的经济效益。

2. 横道计划与网络计划的比较

横道计划与网络计划的区别主要体现在横道图和网络图的表示方法、优缺点的不同（表 4-1）。横道图是以横向线条结合时间坐标表示各项工作施工的起始点和先后顺序，整个计划由一系列的横道线条组成。网络图是以加注作业时间的箭线和节点组成的网状图形来表示工程施工进度的计划。

3. 网络计划的分类

（1）按表示方法分类：单代号网络计划和双代号网络计划

单代号网络计划是以单代号表示法绘制的网络计划。图中的每个节点表示一项工作，箭线仅用来表示各项工作间相互制约、相互依赖的逻辑关系。计划评审技术和决策网络计划等就是采用的单代号网络计划。

双代号网络计划是以双代号表示法绘制的网络计划。图中的箭线及其两端节点编号表示工作。目前，工程中大多采用双代号网络计划。

（2）按性质分类：肯定型网络计划和非肯定型网络计划

肯定型网络计划是指工作、工作之间的逻辑关系，各项工作的持续时间都是确定的、单一的数值，整个网络计划有确定的计划总工期。

非肯定型网络计划是指工作、工作之间的逻辑关系和工作持续时间，三者中一项或多项不肯定的网络计划。在这种网络计划中，各项工作的持续时间只能按概率方法确定出三个值，整个网络计划无确定的计划总工期。计划评审技术和图示评审技术属于非肯定型网络计划。

横道计划与网络计划的区别　　表 4-1

	优点	缺点
横道计划	① 编制容易，简单明了、直观易懂，便于统计资源需要量。 ② 结合时间坐标，各项工作的起止时间、作业持续时间、工程进度、总工期都能清晰反映。 ③ 流水情况排列整齐有序，表示清楚	① 只表明已有的静态状况，不能反映出各项工作之间相互联系、相互制约的生产和协作关系。 ② 不能明确反映关键线路和可以灵活使用的时间，无法进行合理的组织安排和指导施工。 ③ 不能应用计算机计算各种时间参数，更不能对计划进行科学的调整与优化
网络计划	① 相关工作组成有机的整体，能全面而明确地反映出各项工作之间相互依赖、相互制约的关系。 ② 通过时间参数的计算，反映出整个工程的整体情况，指出关键工作和关键线路。 ③ 能显示机动时间，对于缩短工期和更好地使用人力和设备资源较为有利。 ④ 能够利用计算机绘图、计算和跟踪管理。 ⑤ 在计划实施过程中能进行有效的控制与调整，保证以最小的消耗取得最大的经济效果	① 流水施工的情况很难在网络计划上全面反映出来，不如横道图那么直观、明了。 ② 绘图较麻烦，表达不够直观，且不易显示资源平衡情况等

(3) 按有无时间坐标分类：时标网络计划和非时标网络计划

时标网络计划是指以时间坐标为尺度绘制的网络计划。图中，每项工作箭线的水平投影长度与其持续时间成正比，以虚箭线表示虚工作，以波形线表示工作与其紧后工作之间的时间间隔。

非时标网络计划是指不按时间坐标绘制的网络计划图中，工作箭线长度与持续时间无关，可按绘图需要绘制。通常，绘制的网络计划都是非时标网络计划。

(4) 按目标分类：单目标网络计划和多目标网络计划

单目标网络计划是指只有一个终点节点的网络计划，即其网络图只有一个最终目标。如一个建筑物的施工进度计划只具有一个工期目标的网络计划。

多目标网络计划是指终点节点不止一个的网络计划。此种网络计划具有若干个独立的最终目标。

(5) 按工作衔接特点分类：普通网络计划、搭接网络计划和流水网络计划

普通网络计划是指各项工作间的关系均按首尾衔接关系绘制的网络计划，如单代号网络计划、双代号网络计划和概率网络计划。

搭接网络计划是指按照各种规定的搭接时距绘制的网络计划，其网络图既能反映各种搭接关系，又能反映相互衔接关系，如前导网络计划。

流水网络计划是指充分反映流水施工特点的网络计划，包括横道流水网络计划、搭接流水网络计划和双代号流水网络计划。

(6) 按层次分类：总网络计划、局部网络计划和单位工程网络计划

总网络计划是以整个计划任务为对象编制的网络计划，如群体网络计划或单项工程网

络计划。

局部网络计划是以计划任务的某一部分或某一施工阶段为对象编制的网络计划，如分部工程网络计划。

单位工程网络计划是以一个单位工程为对象编制的网络计划。

4.2 双代号网络计划

双代号网络计划是一种以箭线及两端节点的编号来表示工作的网络图，易于绘制成带有时间坐标的网络计划而便于优化和使用，但逻辑关系表达比较复杂，常需要使用虚工作。

1. 双代号网络图的组成及绘制

(1) 双代号网络图的组成

双代号网络图主要由工作、节点和线路三个要素组成。

1) 工作

工作（也可称为“工序”或“活动”）是指计划任务按需要粗细程度划分而成的一个消耗时间及资源的子项目或子任务。它表示的范围可大可小，主要根据工程性质、规模大小、和客观需要来确定。一般来说，建筑安装工程施工进度计划中的控制性计划，工作可分解到分部工程，而实施性计划分解到分项工程。

工作根据其完成过程中需要消耗时间和资源的程度不同，可分为三种类型：

① 需要消耗时间和资源的工作，如砌筑安装、运输类、制备类施工过程。

② 需要消耗时间但不消耗资源的工作，如混凝土的养护。

③ 既不消耗资源又不消耗时间的工作。

前两种工作称为“实工作”。而第三种是用来表达相邻前后工作之间逻辑关系而虚设的工作，故此称为“虚工作”。工作的表示方法如图 4-1 所示。

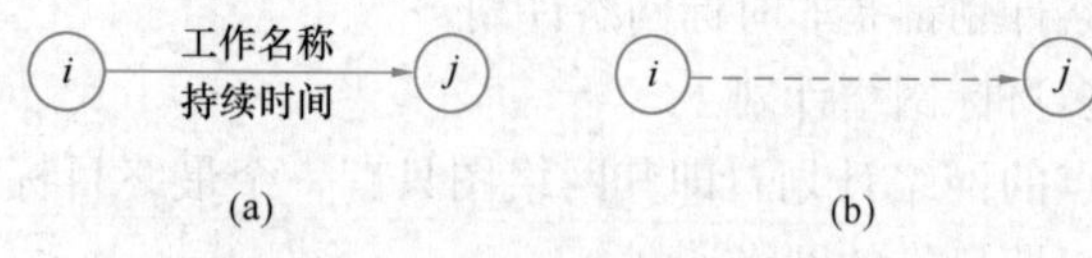

图 4-1 双代号网络工作的表示方法
(a) 实工作；(b) 虚工作

工作由两个标有编号的圆圈和箭杆表达，箭尾表示工作开始，箭头表示工作结束。在非时标网络计划中，箭杆长度按美观和需要而定，其方向尽可能由左向右画出。在时标网络计划中，箭杆长度的水平投影长度应与工作持续时间成正比例画出。

按照网络图中工作之间的相互关系可将工作分为以下几种类型：

① 紧前工作：紧排在本工作之前的工作。

② 紧后工作：紧排在本工作之后的工作。

③ 起始工作：没有紧前工作的工作。

④ 结束工作：没有紧后工作的工作。

2) 节点

节点是指双代号网络图中工作开始或完成的时间点，即网络图中箭线两端标有编号的封闭图形，它表示前面若干项工作的结束，也表示后面若干项工作的开始。对于一个完整的网络计划而言，标志着网络计划开始的节点，称为“起点节点”，是网络图的第一个节点，表示一项任务的开始。标志网络计划结束的节点，称为“终点节点”，是网络图的最后一个节点，表示一项任务的完成。节点关系如图 4-2 所示。

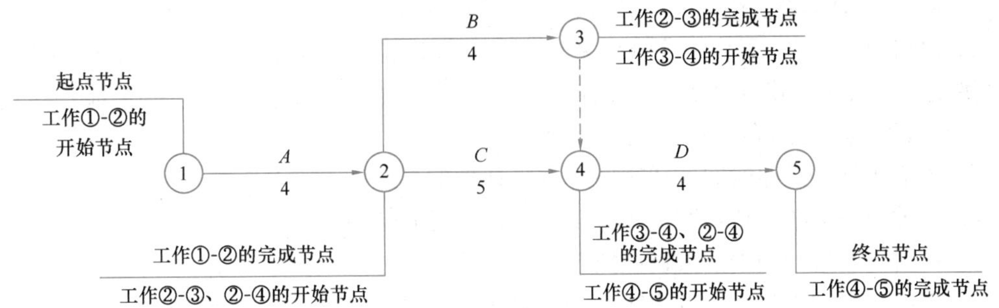

图 4-2　双代号网络工作阶段关系示意图

节点表示的是工作开始或完成的时刻，因此它既不消耗时间，也不消耗资源，仅标志其紧前工作的结束或限制其结束，也标志着其紧后工作的开始或限制其开始。在双代号网络图中，为了检查和识别各项工作，计算各项时间参数，必须对每个节点进行编号，从而利用工作箭杆两端节点的编号来代表一项工作。

节点编号的方法如图 4-3 所示，按照编号方向，可分为沿水平方向编号和沿垂直方向编号两种；按编号是否连续，分为连续编号和间断编号两种。

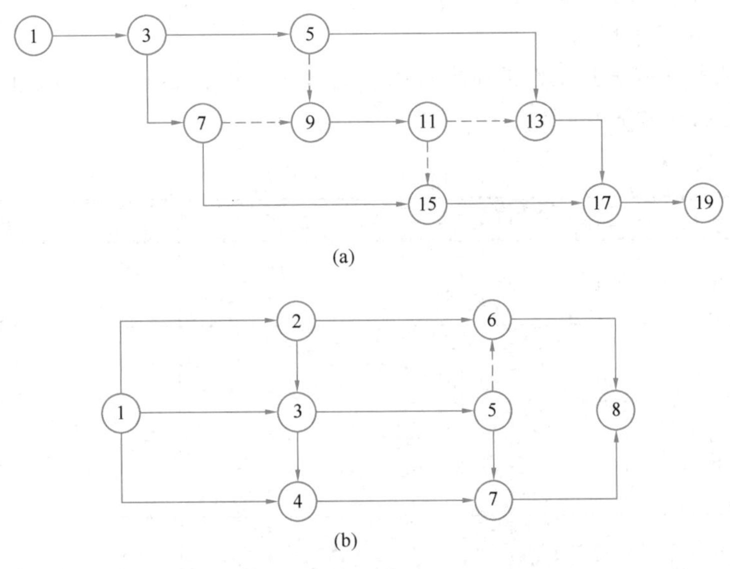

图 4-3　节点编号的方法示意图

（a）水平编号（间断编号）；（b）垂直编号（连续编号）

3）线路

网络图中从起点节点开始，沿箭线方向连续通过一系列箭线与节点，最后到达终点节点所经过的通路，称为线路。对于一个网络图而言，线路的数目是确定的。完成某条线路的全部工作所必需的总持续时间，称为线路时间，它代表该线路的计划工期，可按下式计算：

$$T_s = \sum D_{i-j} \tag{4-1}$$

式中 T_s ——第 s 条线路的线路时间；

D_{i-j} ——第 s 条线路上某项工作 $i-j$ 的持续时间。

根据时间的不同，可将线路分为关键线路和非关键线路两种，线路时间最长的线路称为关键线路，其余线路称为非关键线路。

关键线路具有如下的性质：

① 关键线路的线路时间，代表整个网络计划的总工期。

② 关键线路上的工作，称为关键工作，均无时间储备。

③ 在同一网络计划中，关键线路至少有一条。

④ 当计划管理人员采取技术组织措施，缩短某些关键工作持续时间，有可能将关键线路转化为非关键线路。

非关键线路具有如下的性质：

① 非关键线路的线路时间，仅代表该条线路的计划工期。

② 非关键线路上的工作，除关键工作外，其余均为非关键工作。

③ 非关键工作均有时间储备可利用。

④ 由于计划管理人员工作疏忽，拖延了某些非关键工作的持续时间，非关键线路可能转化为关键线路。

4.1 双代号网络计划的绘制规则

(2) 双代号网络图的绘制

1) 绘图基本规则

① 必须正确表达工作的逻辑关系，既简易又便于阅读和技术处理。工作间的逻辑关系表示方法见表 4-2。

工作间的逻辑关系表示方法　　表 4-2

序号	工作之间的逻辑关系	双代号表示方法	单代号表示方法
1	A、B 两项工作依次施工		
2	A、B、C 三项工作同时开始工作		
3	A、B、C 三项工作同时结束工作		
4	A、B、C 三项工作，A 完成后，B、C 才能开始		

续表

序号	工作之间的逻辑关系	双代号表示方法	单代号表示方法
5	A、B、C 三项工作，C 只能在 AB 完成后才能开始	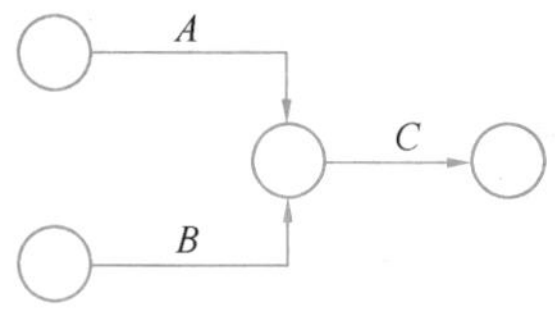	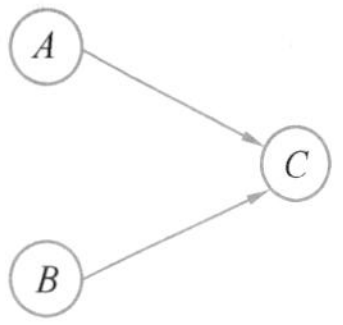
6	A、B、C、D 四项工作，A 完成后，C 才能开始，A、B 完成后，D 才能开始	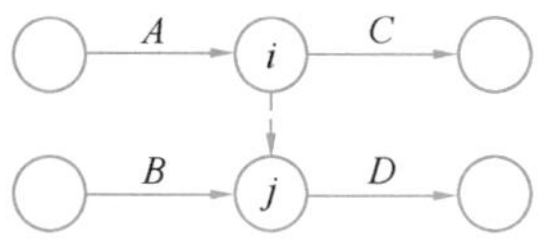	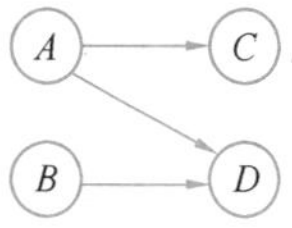
7	A、B、C、D 四项工作，A、B 完成后才能开始，C、D 才能开始	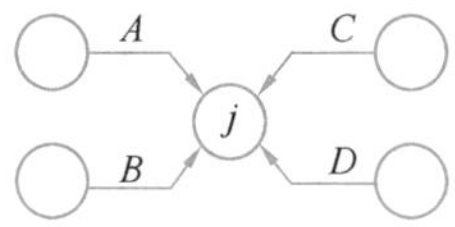	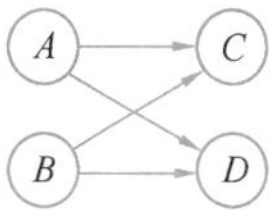
8	A、B、C、D、E 五项工作，A、B 完成后，C 才能开始，B、D 完成后，E 才能开始	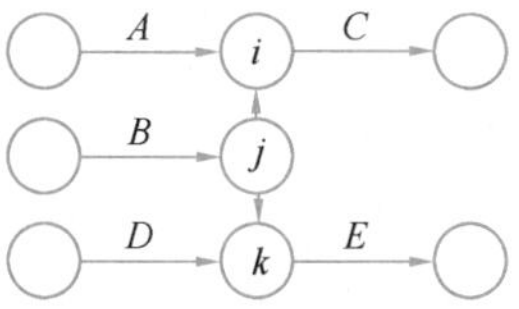	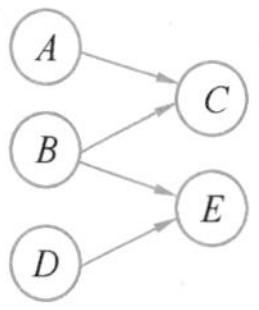
9	A、B、C、D、E 五项工作，A、B、C 完成后，D 才能开始，B、C 完成后，E 才能开始	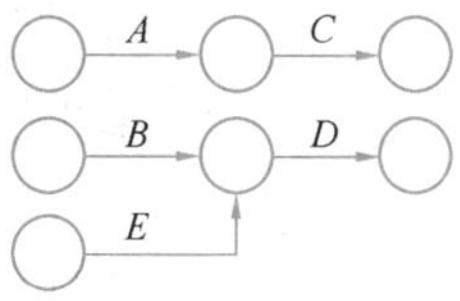	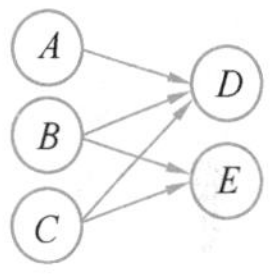
10	A、B 两项工作，分成三个施工段，进行平行搭接流水施工	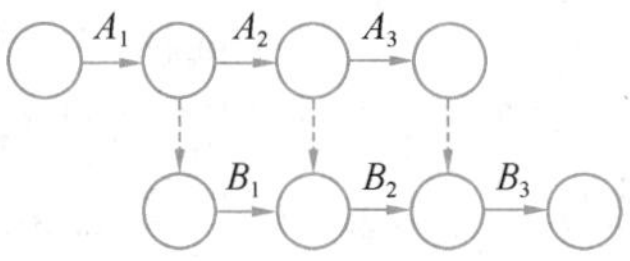	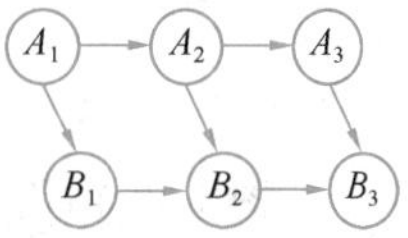

② 网络图必须具有能够表明基本信息的明确标识，数字或字母均可，如图 4-4 所示。

③ 工作或节点的字母代号或数字编号，在同一项任务的网络图中，不允许重复使用，或者说，网络图中不允许出现编号相同的不同工作，如图 4-5 所示。

④ 在同一网络图中，只允许有一个起点节点和一个终点节点，不允许出现没有紧前工作的“尾部节点”或没有紧后工作的“尽头节点”，如图 4-6 所示。因此，除起点节点和终点节点外，其他所有节点都要根据逻辑关系，前后用箭线或虚箭线连接起来。

⑤ 在肯定型网络计划的网络图中，不允许出现封闭循环回路。所谓封闭循环回路，是指从一个节点出发沿着某一条线路移动，又回到原出发节点，即在网络图中出现了闭合

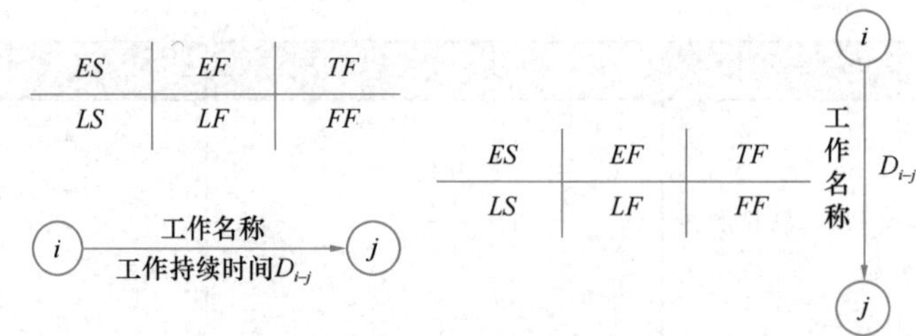

图 4-4　双代号网络标识

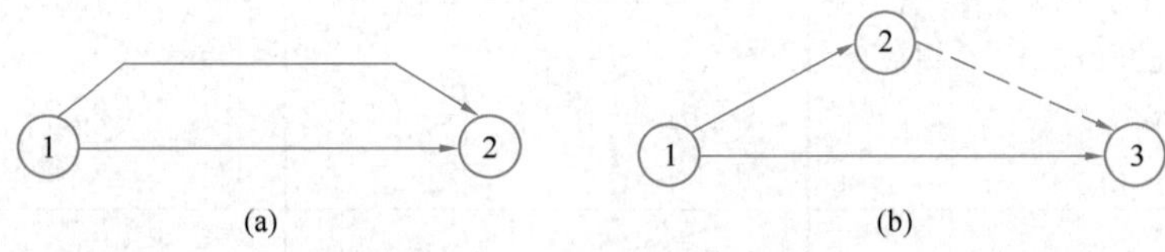

图 4-5　重复编号示意图

（a）错误；（b）正确

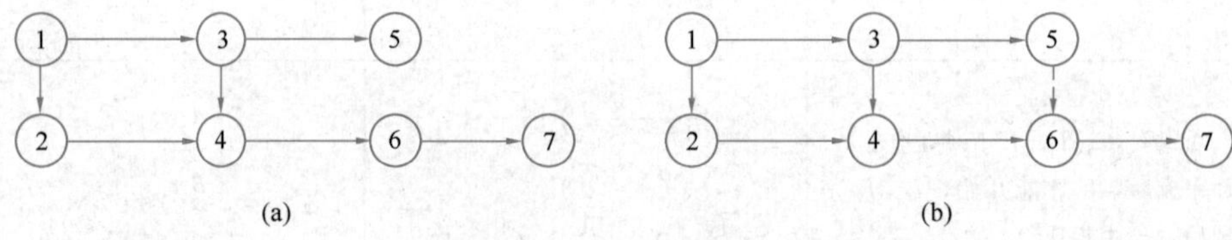

图 4-6　终点节点示意图

（a）错误；（b）正确

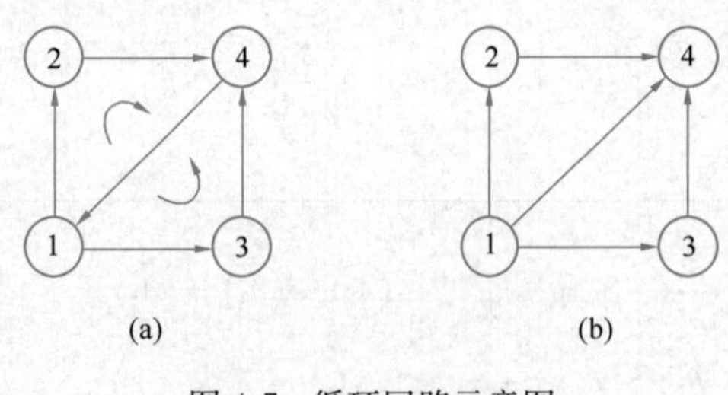

图 4-7　循环回路示意图

（a）错误；（b）正确

的循环路线，如图 4-7 所示。

⑥ 网络图的主方向是从起点节点到终点节点的方向，在绘制网络图时应优先选择由左至右的水平走向。因此，工作箭线方向必须优先选择与主方向相应的走向，或选择与主方向垂直的走向，如图 4-8 所示。

⑦ 代表工作的箭线，其首尾必须都有节点，即网络图中不允许出现没有开始节点的工作或没有完成节点的工作，如图 4-9 所示。

⑧ 绘制网络图时，应尽量避免箭线的交叉。当箭线的交叉不可避免时，通常选用“桥”画法或“指向”画法，如图 4-10 所示。

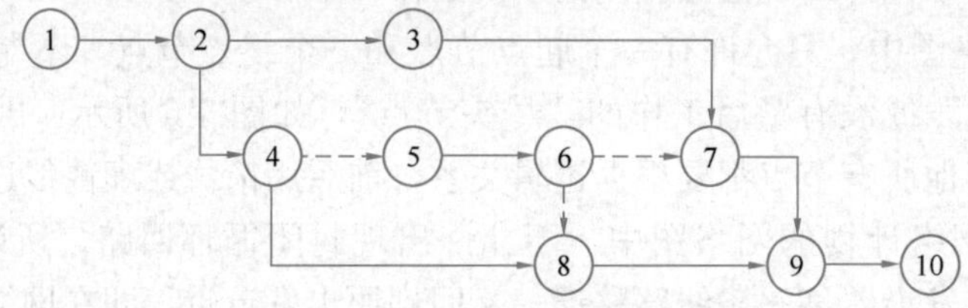

图 4-8　工作箭线画法示意图

图 4-9　无开始节点示意图

（a）错误；（b）正确

图 4-10　无开始节点示意图

（a）过桥法；（b）指向法

⑨ 网络图应力求减去不必要的虚工作，如图 4-11 所示。

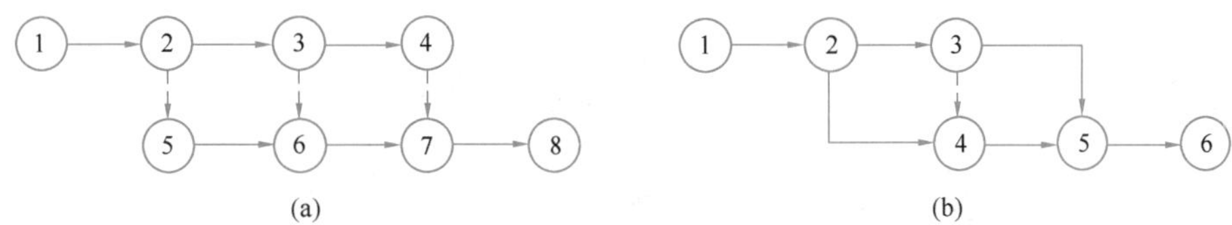

图 4-11　虚工作点示意图

（a）有多余虚工作；（b）无多余虚工作

2）绘图应注意问题

① 布图方法：在保证网络图逻辑关系正确的前提下，要重点突出、层次清晰、布局合理。关键线路应尽可能布置在中心位置，用粗箭线或双箭线画出；密切相关的工作尽可能相邻布置，避免箭线交叉；尽量采用水平箭线或垂直箭线。

② 断路方法：断路法有两种：在网络图的水平方向，采用虚工作将无逻辑关系的某相邻工作隔断的一种断路方法，称为“横向断路法”。在网络图的竖直方向，采用虚工作将没有逻辑关系的某些相邻工作隔断的一种方法，称为“纵向断路法”。一般来说，横向断路法主要用于非时标网络图，纵向断路法主要用于时标网络图。

【例 4-1】某工程由支模板、绑钢筋、浇混凝土三个分项工程组成，它在平面上划分为Ⅰ、Ⅱ、Ⅲ三个施工段，各分项工程在各个施工段上的持续时间依次为 4d、2d 和 4d，已知其双代号网络图（图 4-12），试判断该网络图的正确性。

【解】判断网络图的正确与否，应从网络图是否符合工艺逻辑关系要求、是否符合施工组织程序要求、是否满足空间逻辑关系要求三个方面分析。图 4-12 符合前两个方面的要求，但不满足空间逻辑关系要求，因为第Ⅲ施工段支模板不应受第Ⅰ施工段绑钢筋的制约，同样第Ⅲ施工段绑钢筋也不应受第Ⅰ施工段浇混凝土的制约，说明空间逻辑关系标注有误。这种情况下，就应采用虚工作在线路上隔断无逻辑关系的各项工作，即采用断路法。图 4-12 所示网络图可用两种断路方法修正（图 4-13）。

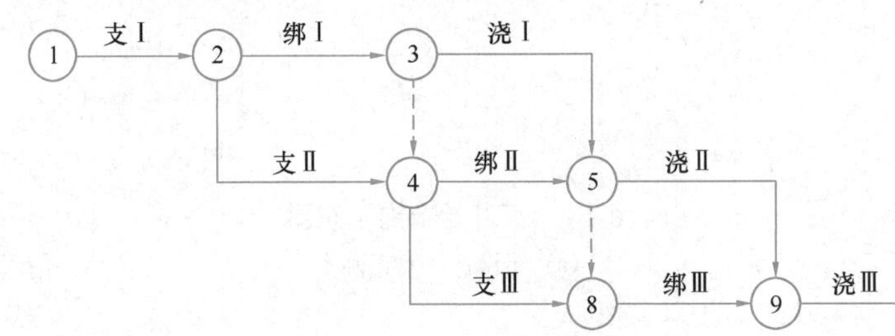

图 4-12　某工程双代号网络图

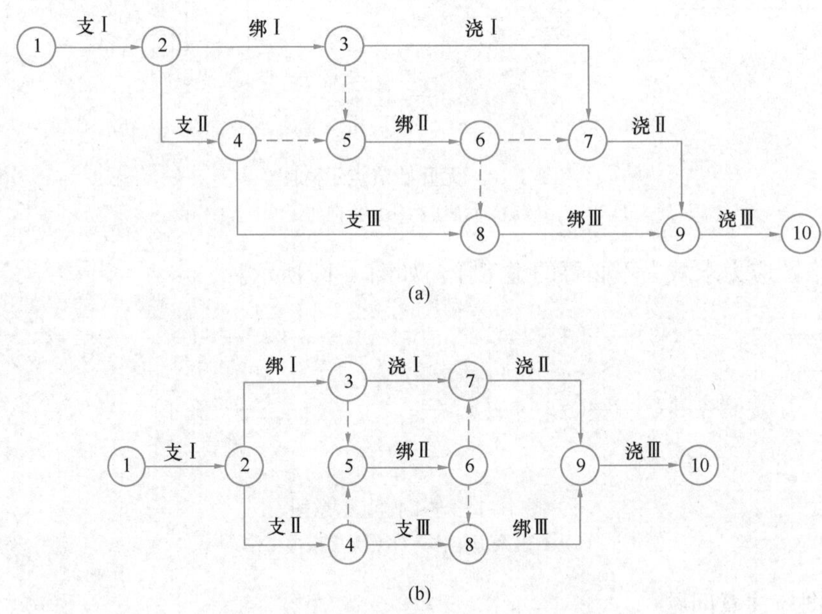

图 4-13　断路法示意图

（a）横向断路法；（b）纵向断路法

③ 网络图的分解：当网络图的工作数目很多时，可将其分解为几块在一张或若干张图上来绘制。各块之间的分界点，宜设在箭杆和节点较少的部位，或按照施工部分、日历时间来分块。分界点的节点编号要相同，且该节点应画成双层圆圈。

（3）网络图的绘制步骤

① 按选定的网络图类型和已确定的排列方式，决定网络图的合理布局。

② 从起始工作开始，由左至右依次绘制。只有当先行工作全部绘制完成后，才能绘制下一步工作，直到结束工作全部绘制完成为止。

③ 检查工作和逻辑关系有无错漏，并进行修正。

④ 按网络图绘图规则的要求完善网络图。

⑤ 按网络图的编号要求将节点编号。

（4）建筑安装工程施工进度网络计划的排列方法

为了使网络计划更确切地反映建筑工程施工特点，绘图时可根据不同的工程情况、组织和使用要求灵活排列，以简化层次，使各个工作之间在工艺上、组织上和逻辑关系上清晰。建筑工程施工进度网络计划常采用下列几种排列方法。

① 按工种排列法。它是将同一工种和各项工作排列在同一水平方向上的方法。图 4-14 所示，此时网络计划突出表示工种的连续作业。

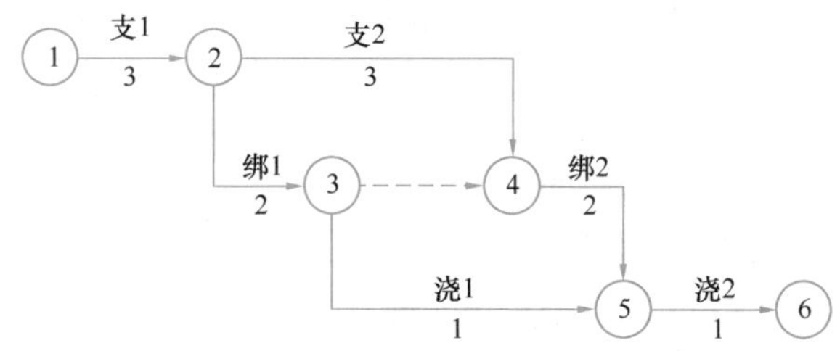

图 4-14 按工种排列法示意图

② 按施工段排列法。它是将同一施工段的各项工作排列在同一水平方向上的方法。如图 4-15 所示，此时网络计划突出表示工作面的连续作业。

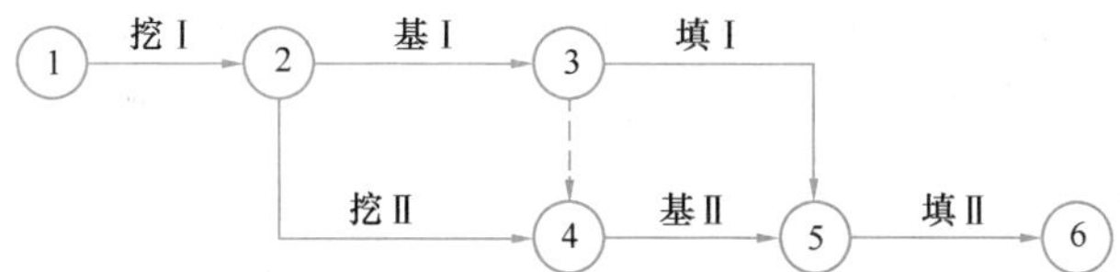

图 4-15 按施工段排列法示意图

③ 按施工层排列法。它是将同一施工层的各项工作排列在同一水平方向上的方法如内装修工程按楼层流水施工自上而下进行，如图 4-16 所示。

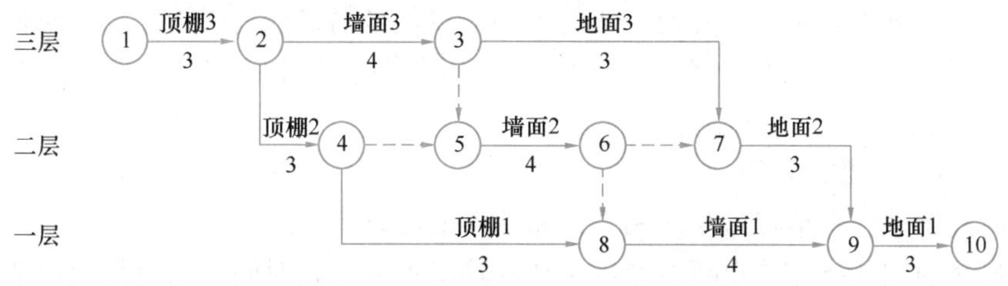

图 4-16 按施工层排列法示意图

④ 其他排列方法。网络图的其他排列方法有按施工或专业单位排列法、按栋号排列法、按分部工程排列法等。

2. 双代号网络计划时间参数计算

（1）概述

网络计算的目的在于确定各项工作和各个节点的时间参数，从而确定关键工作和关键线路，为网络计划的执行、调整和优化提供必要的时间概念。时间参数计算的内容主要包括工作持续时间；节点最早时间和最迟时间；工作最早开始时间和最早完成时间、最迟开始时间和最迟完成时间；工作的总时差、自由时差、相关时差和独立时差。

时间参数计算的方法有很多种，如分析计算法、图算法、矩阵法、表上计算法和电算法等。本书主要对分析计算法、图算法和电算法加以介绍。

（2）分析计算法

分析计算法是根据各项时间参数计算公式，列式计算时间参数的方法。

1）工作持续时间的计算

在肯定型网络计划中，工作的持续时间是采用单时计算法计算的，可按下式计算：

$$D_{i-j}=\frac{Q_{i-j}}{S_{i-j}R_{i-j}N_{i-j}}=\frac{P_{i-j}}{R_{i-j}N_{i-j}} \tag{4-2}$$

式中 D_{i-j} ——工作 $i-j$ 的持续时间；

Q_{i-j} ——工作 $i-j$ 的工程量；

S_{i-j} ——完成工作 $i-j$ 的计划产量定额；

R_{i-j} ——完成工作 $i-j$ 所需工人数或机械台数；

N_{i-j} ——完成工作 $i-j$ 的工作班次；

P_{i-j} ——工作 $i-j$ 的劳动量或机械台班数量。

在非肯定型网络计划中，由于工作的持续时间受很多变动因素影响，无法确定出肯定数值，因此只能凭计划管理人员的经验和推测，估计出三种时间，据以得出期望持续时间计算值，即按三时估计法计算，可按下式计算

$$D^{e}_{i-j}=\frac{a_{i-j}+4m_{i-j}+b_{i-j}}{6} \tag{4-3}$$

式中 D^{e}_{i-j} ——工作 $i-j$ 的期望持续时间计算值；

a_{i-j} ——工作 $i-j$ 的最短估计时间；

b_{i-j} ——工作 $i-j$ 的最长估计时间；

m_{i-j} ——工作 $i-j$ 的最可能估计时间。

由于网络计划中持续时间确定方法的不同，双代号网络计划就被分成了两种类型。采用单时估计法时属于关键线路法（CPM），采用三时估计法时则属于计划评审技术（PERT）章节主要针对 CPM 进行介绍。

2）节点时间参数的计算

节点时间参数包括节点最早时间 ET 和节点最迟时间 LT。

节点最早时间是指该节点所有紧后工作的最早可能开始时间。它应是以该节点为完成节点的所有工作最早全部完成的时间。

由于起点节点代表整个网络计划的开始，为计算简便，可令 $ET=0$，实际应用时，可将其换算为日历时间。其他节点的最早时间可用下式计算

$$ET_j=\max\{ET_i+D_{i-j}\} \quad (i<j) \tag{4-4}$$

式中 ET_j ——工作 $i-j$ 的完成节点 j 的最早时间；

ET_i ——工作 $i-j$ 的开始节点 i 的最早时间；

D_{i-j} ——工作 $i-j$ 的持续时间。

综上所述，节点最早时间应从起点节点开始计算，令 $ET_1=0$，然后按节点编号递增的顺序进行，直到终点节点为止。

节点最迟时间是指该节点所有紧前工作最迟必须结束的时间，它是一个时间界限。它应是以该节点为完成节点的所有工作最迟必须结束的时间。若迟于这个时间，紧后工作就

要推迟开始，整个网络计划的工期就要延迟。

由于终点节点代表整个网络计划的结束，因此要保证计划总工期，终点节点的最迟时间应等于此工期。若总工期有规定，可令终点节点的最迟时间 LT_{n} 等于规定总工期 T，即 $LT_{\mathrm{n}}=T$；若总工期无规定，则可令终点节点的最迟时间 LT_{n} 等于按终点节点最早时间计算出的计划总工期，即 $LT_{\mathrm{n}}=ET_{\mathrm{n}}$。而其他节点的最迟时间可用下式计算

$$LT_i=\min\{LT_j-D_{i-j}\} \tag{4-5}$$

式中　LT_i——工作 $i-j$ 开始节点 i 的最迟时间；

LT_j——工作 $i-j$ 完成节点 j 的最迟时间；

D_{i-j}——工作 $i-j$ 的持续时间。

综上所述，节点最迟时间的计算是从终点节点开始，首先确定 LT_{n}，然后按照节点编号递减的顺序进行，直到起点节点为止。

节点最早时间和节点最迟时间的计算规律可用图 4-17 来表示。

3）工作时间参数的计算

工作的时间参数包括工作最早开始时间 ES 和最早完成时间 EF、工作最迟开始时间 LS 和最迟完成时间 LF。

对于任何工作 $i-j$ 来说，其各项时间参数计算，均受到该工作开始节点的最早时间 ET_i、工作完成节点的最迟时间 LT_j 和工作持续时间 D_{i-j} 的控制。

图 4-17　节点时间参数计算规律示意图

由于工作最早开始时间 ES_{i-j} 和最早完成时间 EF_{i-j} 反映工作 $i-j$ 与前面工作的时间关系，受开始节点 i 的最早时间限制，因此，ES_{i-j} 和 EF_{i-j} 的计算应以开始节点的时间参数为基础；工作的最迟开始时间 LS_{i-j} 和最迟完成时间 LF_{i-j} 反映 $i-j$ 工作与其后面工作的时间关系，受完成节点 j 的最迟时间的限制。因此 LS_{i-j} 和 LF_{i-j} 的计算应以完成节点的时间参数为基础，其计算方法如下：

4.2 工作相关时差、独立时差计算

$$\begin{cases} ES_{i-j}=ET_i \\ EF_{i-j}=ES_{i-j}+D_{i-j} \end{cases} \tag{4-6}$$

$$\begin{cases} LFi-j=LTj \\ LS_{i-j}=LF_{i-j}-D_{i-j} \end{cases} \tag{4-7}$$

4.3 工作总时差、自由时差计算

4）工作时差的确定

时差反映工作在一定条件下的机动时间范围，通常分为总时差、自由时差、相关时差和独立时差。

① 工作的总时差 工作的总时差是指在不影响工期和有关时限的前提下，一项工作可以利用的机动时间，即在保证本工作以最迟完成时间完工的前提下，允许该工作推迟其最早开始时间或延长其持续时间的幅度。$i-j$ 工作的总时差可按下式计算

$$TF_{i-j}=LT_j-ET_i-D_{i-j}=LF_{i-j}-EF_{i-j}=LS_{i-j}-ES_{i-j} \tag{4-8}$$

由式（4-8）看出，对于任何一项工作 $i-j$ 可以利用的最大时间范围为 LT_j-ET_i，其总时差可能有三种情况：

$LT_j-ET_i>D_{i-j}$，即 $TF_{i-j}>0$，说明该项工作存在机动时间，为非关键工作。

$LT_j-ET_i=D_{i-j}$，即 $TF_{i-j}=0$，说明该项工作不存在机动时间，为关键工作。

$LT_j - ET_i < D_{i-j}$，即 $TF_{i-j} < 0$，说明该项工作有负时差，计划工期长于规定工期，应采取技术组织措施予以缩短，确保计划总工期。

②工作的自由时差 工作的自由时差是指在不影响其紧后工作最早开始和有关时限的前提下，一项工作可以利用的机动时间，即在不影响紧后工作按最早开始时间开工的前提下，允许该工作推迟其最早开始时间或延长其持续时间的幅度。工作 $i-j$ 的自由时差 FF_{i-j} 可按下式计算

$$FF_{i-j} = ET_j - ET_i - D_{i-j} = EF_i - EF_{i-j} \tag{4-9}$$

4.4 工作最迟开始时间、最迟完成时间计算

4.5 工作最早开始时间、最早完成时间的计算

由式（4-9）看出，对于任何一项工作 $i-j$，可以自由利用的最大时间范围为 $ET_j - ET_i$，其自由时差可能出现下面三种情况：

$ET_j - ET_i > D_{i-j}$，即 $FF_{i-j} > 0$，说明工作有自由利用的机动时间。

$ET_j - ET_i = D_{i-j}$，即 $FF_{i-j} = 0$，说明工作无自由利用的机动时间。

$ET_j - ET_i < D_{i-j}$，即 $FF_{i-j} < 0$，说明计划工期长于规定工期，应采取措施予以缩短，以保证计划总工期。

工作的相关时差是指可以与紧后工作共同利用的机动时间，即在工作总时差中，除自由时差外，剩余的那部分时差。工作 $i-j$ 的相关时差 IF_{i-j} 可按下式计算：

$$IF_{i-j} = TF_{i-j} - FF_{i-j} = LT_j - ET_i \tag{4-10}$$

工作的独立时差是指为本工作所独有而其紧前、紧后工作不可差可用的时差，即在不影响紧后工作按照最早开始时间开工的前提下，允许该工作推迟其最迟开始时间或延长其持续时间的幅度，可按下式计算：

$$DF_{i-j} = ET_j - LT_i - D_{i-j} = FF_{i-j} - IF_{h-i} \quad (i < j) \tag{4-11}$$

式中 DF_{i-j}——工作 $i-j$ 的独立时差；

IF_{h-j}——紧前工作 $h-i$ 的相关时差。

对于任何一项工作 $i-j$，它可以独立使用的最大时间范围为 $ET_j - LT_i$，其独立时差可能有以下三种情况：

$ET_j - LT_i > D_{i-j}$ 即 $DF_{i-j} > 0$，说明工作有独立使用的机动时间。

$ET_j - LT_i = D_{i-j}$ 即 $DF_{i-j} = 0$，说明工作无独立使用的机动时间。

$ET_j - LT_i < D_{i-j}$ 即 $DF_{i-j} < 0$，此时取 $DF_{i-j} = 0$。

综上所述，四种工作时差的形成条件和相互关系如图 4-18 所示。

① 工作的总时差对其紧前工作与紧后工作均有影响。总时差与自由时差、相关时差和独立时差之间具有如下的关系：

$$TF_{i-j} = FF_{i-j} + IF_{i-j} = IF_{h-i} + DF_{i-j} + IF_{i-j} \tag{4-12}$$

② 一项工作的自由时差只限于本工作利用，不能转移给紧后工作利用，对紧后工作的时差无影响，但对其紧前工作有影响，如动用，将使紧前工作时差减少。

③ 一项工作的相关时差对其紧前工作无影响，但对紧后工作的时差有影响，如动用，将使紧后工作的时差减少或消失。它可以转让给紧后工作，变为其自由时差被利用。

④ 一项工作的独立时差只能被本工作使用，如动用，对其紧前工作和紧后工作均无影响。

5）关键线路的确定

关键工作和关键线路的确定方法有如下几种：

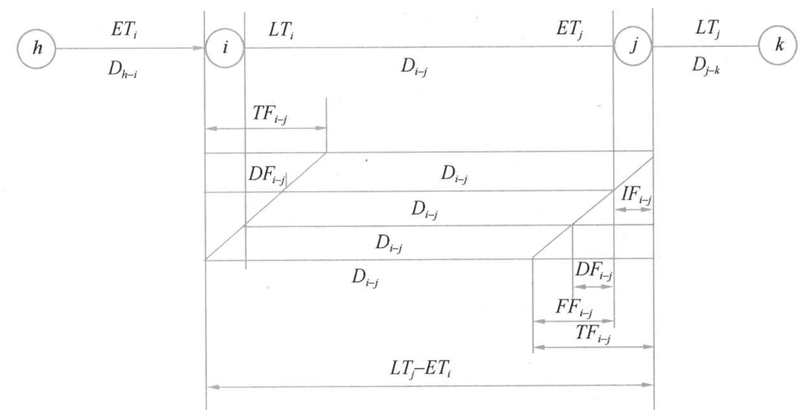

图 4-18　四种工作时差的形成条件和相互关系示意图

① 通过计算所有线路的线路时间 T_s 来确定。线路时间最长的线路即为关键线路，位于其上的工作即为关键工作。

②通过计算工作的总时差来确定。若 $TF_{i-j}=0$（$LT_n=EN_n$ 时）或 $TF_{i-j}=$ 规定工期 − 计划工期（$LT_n=$ 规定工期）时，则该项工作 $i-j$ 为关键工作，所组成的线路为关键线路。

③通过计算节点时间参数来确定。若工作 $i-j$ 的开始节点时间 $ET_i=LT_i$，完成节点时间 $ET_j=LT_j$，且 $ET_i-LT_i=D_{i-j}$ 时，则该项工作为关键工作，所组成的线路为关键线路。

通常在网络图中用粗实线或双线箭杆将关键线路标出。

【例 4-2】试用分析法计算图 4-19 所示双代号网络计划的各项时间参数。

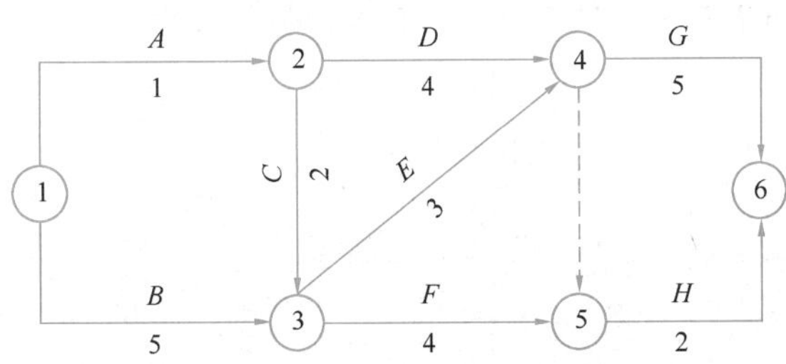

图 4-19　双代号网络计划

【解】1）计算 ET_j。令 $ET_1=0$，按式（4-4）可得：

$$ET_2=ET_1+D_{1-2}=0+1=1$$

$$ET_3=\max\begin{Bmatrix}ET_2+D_{2-3}\\ET_1+D_{1-3}\end{Bmatrix}=\max\begin{Bmatrix}1+2\\0+5\end{Bmatrix}=5$$

$$ET_4=\max\begin{Bmatrix}ET_2+D_{2-4}\\ET_3+D_{3-4}\end{Bmatrix}=\max\begin{Bmatrix}1+4\\5+3\end{Bmatrix}=8$$

$$ET_5=\max\begin{Bmatrix}ET_3+D_{3-5}\\ET_4+D_{4-5}\end{Bmatrix}=\max\begin{Bmatrix}5+4\\8+0\end{Bmatrix}=9$$

$$ET_6 = \max\begin{Bmatrix} ET_4 + D_{4-6} \\ ET_5 + D_{5-6} \end{Bmatrix} = \max\begin{Bmatrix} 8+5 \\ 9+2 \end{Bmatrix} = 13$$

2）计算 LT_i 。令 $LT_6 = ET_6 = 13$，按式（4-5）得：

$$LT_5 = LT_6 - D_{5-6} = 13 - 2 = 11$$

$$LT_4 = \min\begin{Bmatrix} LT_6 - D_{4-6} \\ LT_5 - D_{4-5} \end{Bmatrix} = \min\begin{Bmatrix} 13-5 \\ 11-0 \end{Bmatrix} = 8$$

$$LT_3 = \min\begin{Bmatrix} LT_5 - D_{3-5} \\ LT_4 - D_{3-4} \end{Bmatrix} = \min\begin{Bmatrix} 11-4 \\ 8-3 \end{Bmatrix} = 5$$

$$LT_2 = \min\begin{Bmatrix} LT_3 - D_{2-3} \\ LT_4 - D_{2-4} \end{Bmatrix} = \min\begin{Bmatrix} 5-2 \\ 8-4 \end{Bmatrix} = 3$$

$$LT_1 = \min\begin{Bmatrix} LT_3 - D_{1-3} \\ LT_2 - D_{1-2} \end{Bmatrix} = \min\begin{Bmatrix} 5-5 \\ 3-1 \end{Bmatrix} = 0$$

3）计算 ES_{i-j}、EF_{i-j}、LF_{i-j} 和 LS_{i-j} 。分别按式（4-6）、式（4-7）计算得：

工作 1-2：$ES_{1-2} = ET_1 = 0$

$EF_{1-2} = ES_{1-2} + D_{1-2} = 0 + 1 = 1$

$LF_{1-2} = LT_2 = 3$

$LS_{1-2} = LF_{1-2} - D_{1-2} = 3 - 1 = 2$

工作 1-3：$ES_{1-3} = ET_1 = 0$

$EF_{1-3} = ES_{1-3} + D_{1-3} = 0 + 5 = 5$

$LF_{1-3} = LT_3 = 5$

$LS_{1-3} = LF_{1-3} - D_{1-3} = 5 - 5 = 0$

工作 2-3：$ES_{2-3} = ET_2 = 1$

$EF_{2-3} = ES_{2-3} + D_{2-3} = 1 + 2 = 3$

$LF_{2-3} = LT_3 = 5$

$LS_{2-3} = LF_{2-3} - D_{2-3} = 5 - 2 = 3$

工作 2-4：$ES_{2-3} = ET_2 = 1$

$EF_{2-4} = ES_{2-4} + D_{2-4} = 1 + 4 = 5$

$LF_{2-4} = LT_4 = 8$

$LS_{2-4} = LF_{2-4} - D_{2-4} = 8 - 4 = 4$

工作 3-4：$ES_{3-4} = ET_3 = 5$

$EF_{3-4} = ES_{3-4} + D_{3-4} = 5 + 3 = 8$

$LF_{3-4} = LT_4 = 8$

$LS_{3-4} = LF_{3-4} - D_{3-4} = 8 - 3 = 5$

工作 3-5：$ES_{3-5} = ET_3 = 5$

$EF_{3-5} = ES_{3-5} + D_{3-5} = 5 + 4 = 9$

$LF_{3-5} = LT_5 = 11$

$LS_{3-5} = LF_{3-5} - D_{3-5} = 11 - 4 = 7$

工作 4-6：$ES_{4-6} = ET_4 = 8$

$EF_{4-6} = ES_{4-6} + D_{4-6} = 8 + 5 = 13$

$LF_{4-6}=LT_6=13$

$LS_{4-6}=LF_{4-6}-D_{4-6}=13-5=8$

工作 5-6：$ES_{5-6}=ET_5=9$

$EF_{5-6}=ES_{5-6}+D_{5-6}=9+2=11$

$LF_{5-6}=LT_6=13$

$LS_{5-6}=LF_{5-6}-D_{5-6}=13-2=11$

4）计算 TF_{i-j}、FF_{i-j}、IF_{i-j} 和 DF_{i-j}。按式（4-8）～式（4-11）计算得：

工作 1-2：$TF_{1-2}=LS_{1-2}-ES_{1-2}=2-0=2$

$FF_{1-2}=ET_2-EF_{1-2}=1-1=0$

$IF_{1-2}=TF_{1-2}-FF_{1-2}=2-0=2$

$DF_{1-2}=ET_2-LT_1-D_{1-2}=1-0-1=0$

工作 1-3：$TF_{1-3}=LS_{1-3}-ES_{1-3}=0-0=0$

$FF_{1-3}=ET_3-EF_{1-3}=5-5=0$

$IF_{1-3}=TF_{1-3}-FF_{1-3}=0-0=0$

$DF_{1-3}=ET_3-LT_1-D_{1-3}=5-0-5=0$

工作 2-3：$TF_{2-3}=LS_{2-3}-ES_{2-3}=3-1=2$

$FF_{2-3}=ET_3-EF_{2-3}=5-3=2$

$IF_{2-3}=TF_{2-3}-FF_{2-3}=2-2=0$

$DF_{2-3}=ET_3-LT_2-D_{2-3}=5-3-2=0$

工作 2-4：$TF_{2-3}=LS_{2-4}-ES_{2-4}=4-1=3$

$FF_{2-4}=ET_4-EF_{2-4}=8-5=3$

$IF_{2-4}=TF_{2-4}-FF_{2-4}=3-3=0$

$DF_{2-4}=ET_4-LT_2-D_{2-4}=8-3-4=1$

工作 3-4：$TF_{3-4}=LS_{3-4}-ES_{3-4}=5-5=0$

$FF_{3-4}=ET_4-EF_{3-4}=8-8=0$

$IF_{3-4}=TF_{3-4}-FF_{3-4}=0-0=0$

$DF_{3-4}=ET_4-LT_3-D_{3-4}=8-5-3=0$

工作 3-5：$TF_{3-5}=LS_{3-5}-ES_{3-5}=7-5=2$

$FF_{3-5}=ET_5-EF_{3-5}=9-9=0$

$IF_{3-5}=TF_{3-5}-FF_{3-5}=2-0=2$

$DF_{3-5}=ET_5-LT_3-D_{3-5}=9-5-4=0$

工作 4-6：$TF_{4-6}=LS_{4-6}-ES_{4-6}=8-8=0$

$FF_{4-6}=ET_6-EF_{4-6}=13-13=0$

$IF_{4-6}=TF_{4-6}-FF_{4-6}=0-0=0$

$DF_{4-6}=ET_6-LT_4-D_{4-6}=13-8-5=0$

工作 5-6：$TF_{5-6}=LS_{5-6}-ES_{5-6}=11-9=2$

$FF_{5-6}=ET_6-EF_{5-6}=13-11=2$

$IF_{5-6}=TF_{5-6}-FF_{5-6}=2-2=0$

$DF_{5-6}=ET_6-LT_5-D_{5-6}=13-11-2=0$

5）判断关键工作和关键线路。根据 $TF_{i-j}=0$ 得，工作 1-3、工作 3-4、工作 4-6 为关键工作，所组成的线路①→③→④→⑥为关键线路。

6）确定计划总工期 $T=ET_{\mathrm{n}}=LT_{\mathrm{n}}=13$

（3）图算法

图算法是按照各项时间参数计算公式的程序，直接在网络图上计算时间参数的方法。由于计算过程在图上直接进行，不需列计算式，既快又不易出差错，计算结果直接标在网络图上便于检查和修改，是一种比较常用的计算方法。

1）各种时间参数在图上的表示方法

节点时间参数通常标注在节点的上方或下方，其标注方法如图 4-20 所示。工作时间参数通常标注在工作箭杆的上方或左侧。

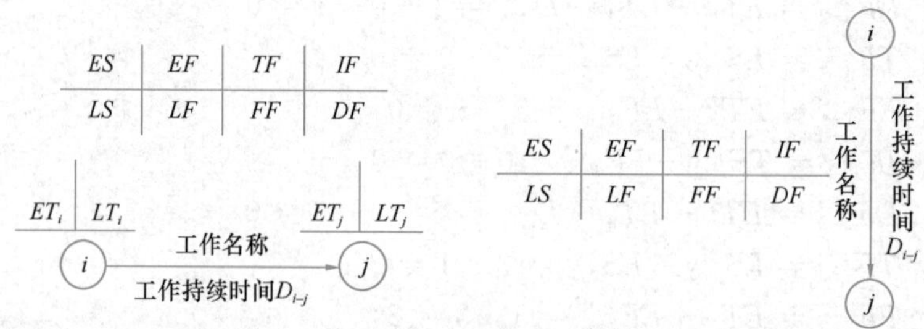

图 4-20　时间参数标注方法

2）计算方法

图算法的计算方法与顺序同分析计算法相同，计算时随时将计算结果填入图中相应位置。

【例 4-3】试按图算法计算图 4-19 所示双代号网络计划的各项时间参数。

【解】

1）画出各项时间参数计算图例，并标注在网络图上。

2）计算节点时间参数。

① 节点最早时间 ET。假定 $ET_1=0$，利用式（4-4），按节点编号递增顺序，由前向后计算，并随时将计算结果标注在图例中标 ET 的相应位置。

② 节点最迟时间假定 $LT_6=ET_6=13$，利用式（4-5），按节点编号递减顺序由后向前进行，并随时将结果标注在图例中 LT 所示位置。

③ 工作时间参数。工作时间参数可根据节点时间参数，分别用式（4-6）～式（4-11）计算出来，并分别随时标在图例中所示各个位置。

3）判断关键工作和关键线路，用粗实线标在图上。

4）确定计划总工期，标在图上。

上述计算结果如图 4-21 所示。

3. 双代号时标网络计划

（1）双代号时标网络计划的概念与特点

1）概念

双代号时标网络计划是综合应用横道图时间坐标和网络计划的原理，汲取了两者的长

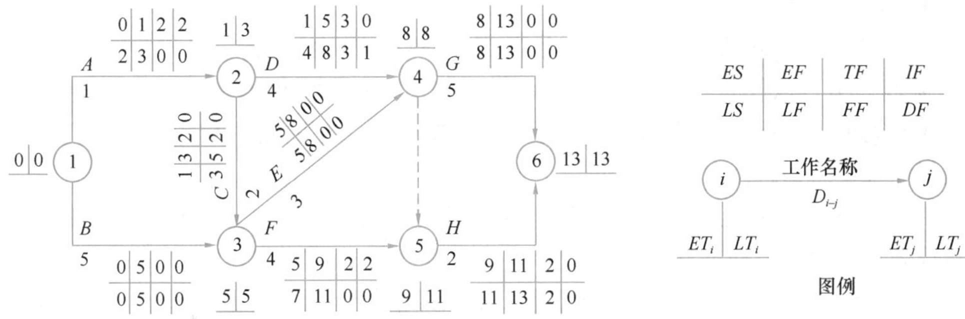

图 4-21　图算法示意图

处，使其结合起来应用的一种网络计划方法。

2）双代号时标网络计划特点

① 箭线长短与时间有关，双代号时标网络计划必须以水平时间坐标为尺度表示工作时间。时标的时间单位应根据需要在编制网络计划之前确定，可为时、天、周、月或季。

② 双代号时标网络计划应以实箭线表示工作，以虚箭线表示虚工作，以波形线表示工作的时差。若按最早开始时间编制网络图，其波形线所表示的是工作的自由时差。

③ 节点中心必须对准相应的时标位置。虚工作尽可能以垂直方式的虚箭线表示，若按最早开始时间编制，有时出现虚箭线占用时间情况，其原因是工作面停歇或班组工作不连续。

④ 双代号时标网络图可直接在坐标下方绘出资源动态图。

⑤ 双代号时标网络图不会产生闭合回路。

⑥ 双代号时标网络图修改不方便。

（2）双代号时标网络计划的编制方法

时标网络计划可按最早时间编制，也可按最迟时间编制，一般安排计划宜早不宜迟，因此通常是按最早时间编制。

按最早时间编制时标网络计划，其编制方法有直接和间接两种绘制法。

1）直接绘制法

直接绘制法是不计算网络时间参数，直接在时间坐标上进行绘图的方法。其编制步骤和方法如下：

① 定坐标线。编制时标网络计划之前，应先按已确定的时间单位绘出时标计划表。时标可标注在时标计划表的顶部或底部，时标的长度单位必须注明。必要时，可在顶部时标之上或底部时标之下加注日期的对应时间。时标计划表中部的刻度线宜为细线，为使图面清楚，此线也可以不画或少画。时标计划表格式宜基本符合表 4-3 的规定。

时标计划表　　　　表 4-3

日历											
时间单位	1	2	3	4	5	6	7	8	9	10	11
网络计划											
时间单位	1	2	3	4	5	6	7	8	9	10	11

② 将起点定位于时标表的起始刻度线上。

③ 按工作持续时间长短在时标表上绘制起点节点的外向箭线。

④ 除起点节点以外的其他节点必须在其所有内向箭线绘出以后，定位在这些内向箭线中完成时间最迟的那根箭线末端。其他内向箭线长度不足以到达该节点时，用波形线补足，波形线长度就是自由时差的大小。

⑤ 用上述方法从左至右依次确定其他节点位置，直至终点节点定位绘完，箭线尽量以水平线表示，以斜线和垂直线辅助表示。

⑥ 工艺上或组织上有逻辑关系的工作，要用虚箭线表示。若虚箭线占用时间，说明工作面停歇或人工窝工。

绘图口诀：箭线长短坐标限，曲直斜平应相连；

箭杆到齐画节点，画完节点补波线；

零杆尽量画垂直，否则安排有缺陷。

2）间接绘制法

间接绘制方法是先计算网络计划时间参数，再根据时间参数在时间坐标上进行绘制的方法。

其步骤如下：

① 绘制无时标网络计划草图，计算时间参数，确定关键工作及关键线路。

② 根据需要确定时间单位并绘制时标横轴。时间可标注在时标网络图的顶部或底部，时标的长度单位必须注明。

③ 根据网络图中各节点的最早的时间（或各工作的最早开始时间），从起点节点开始将各节点（或各工作的起点节点）逐个定位在时间坐标的纵轴上。

④ 依次在各节点绘出箭线长度及时差。

绘制时宜先画关键工作、关键线路，再画非关键工作。箭线最好画成水平或由水平线和竖直线组成的折线箭线，以表示其持续时间；如箭线画成斜线，则以其水平投影长度为其持续时间；如箭线长度不够与该工作的终点节点直接相连，则用波形线从箭线端部画至终点节点处。波形线的水平投影长度，即为该工作的时差。

⑤ 用虚箭线连接其工艺和组织逻辑关系。在时标网络计划中，有时会出现虚线的投影长度不等于零的情况，其水平投影长度为该虚工作与前、后工作的公共时差，可用波形线表示。

⑥ 把时差为零的箭线从起点节点到终点节点连接起来，并用粗线或双箭线或彩色箭线表示，即形成时标网络计划的关键路线。

3）举例

根据已知双代号网络图用直接绘制出时标网络图（按最早开始时间绘制）。

【例 4-4】图 4-22 为双代号网络图，将其改绘制成的时标网络图，如图 4-23 所示。

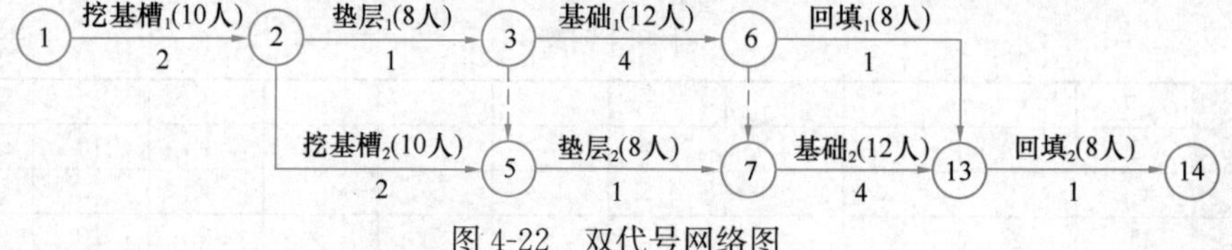

图 4-22　双代号网络图

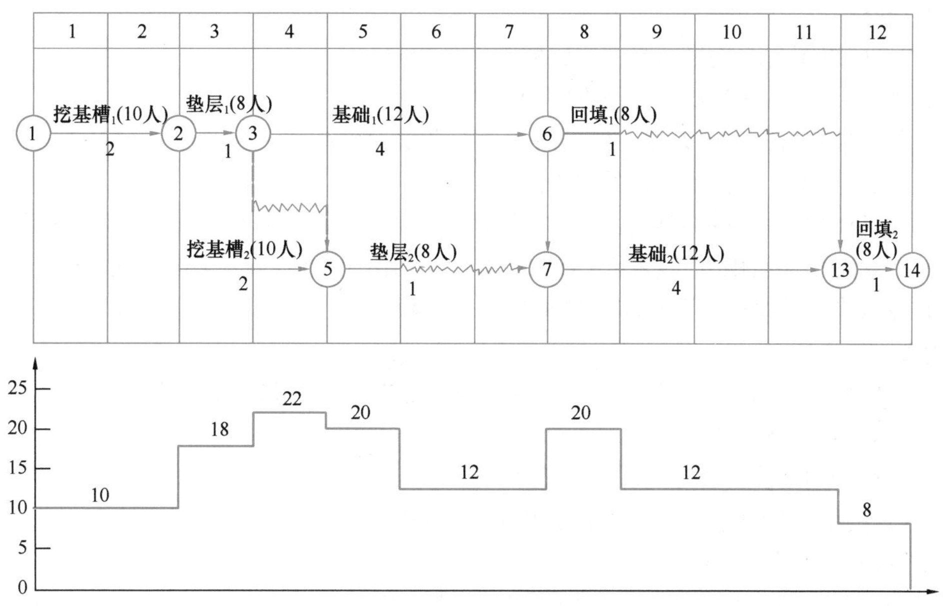

图 4-23　时标网络图

4.3　单代号网络图

单代号网络图是网络计划的另一种表达方式，如图 4-24 所示。

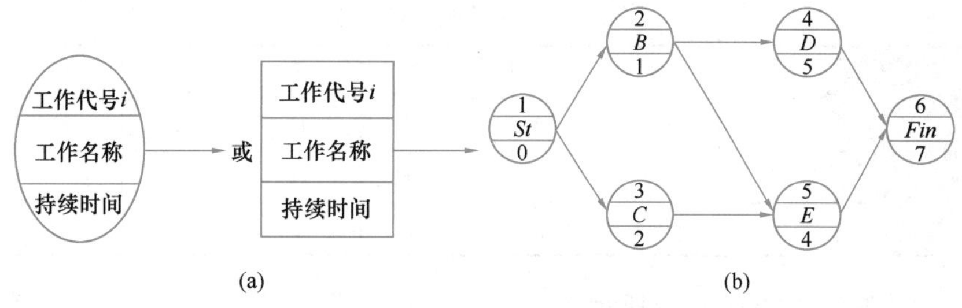

图 4-24　单代号网络图

(a) 工作的表示方法；(b) 计划（或工程）的表示方法

1. 单代号网络图的组成

(1) 单代号网络图是由节点、箭线和线路三个基本要素组成。

1) 节点

单代号网络图中每一个节点表示一项工作，宜用圆圈或矩形表示。节点所表示的工作名称、持续时间和工作代号均标注在节点内。如图 4-24 (a) 所示。

2) 箭线

单代号网络图中，箭线表示工作之间的逻辑关系，箭线可画成水平直线、折线或斜线。箭线水平投影的方向自左向右，表示工作的进行方向。在单代号网络图中，没有虚箭线。

3）线路

单代号网络图与双代号网络图线路的含义是相同的。

（2）单代号网络图与双代号网络图的区别

1）单代号网络图作图方便，图面简洁，不必增加虚箭线，因此产生逻辑错误的可能性较小，在此点上，弥补了双代号网络图的不足。

2）在双代号网络图中节点表示工作的开始或结束，在单代号网络图中节点表示工作。

3）在双代号网络图中箭线表示工作，在单代号网络图中箭线表示工作之间的逻辑关系。

4）在双代号网络图中两个节点的编号代表一项工作，在单代号网络图中一个节点的编号代表一项工作。

5）单代号网络图具有便于说明，容易被非专业人员理解和易于修改的优点。

（3）单代号网络图的绘制

1）单代号网络图各种逻辑关系的表示方法

单代号网络图各种逻辑关系的表示及与双代号表示方法的对比，见表 4-1。

2）绘图规则及注意事项

单代号网络图的绘图规则及注意事项基本同双代号网络图，所不同的是：一个单代号网络图也只应有一个起点节点和一个终点节点，否则需增加虚拟的起点节点和终点节点，如图 4-24（b）所示。但需要注意的是，若单代号网络图只有一项无内向箭线的工作，就不必增设虚拟的起点节点；若只有一项无外向箭线的工作，就不必增设虚拟的终点节点。

3）绘图示例

根据表 4-4 中各项工作的逻辑关系，绘制单代号网络图。

某工程各项工作的逻辑关系　　表 4-4

工作代号	A	B	C	D	E	F	G	H
紧前工作	—	—	A	AB	B	CD	D	DE
紧后工作	CD	DE	F	FGH	H	—	—	—
持续时间	3	2	5	7	4	1	10	6

此例题的绘制结果如图 4-25 所示。

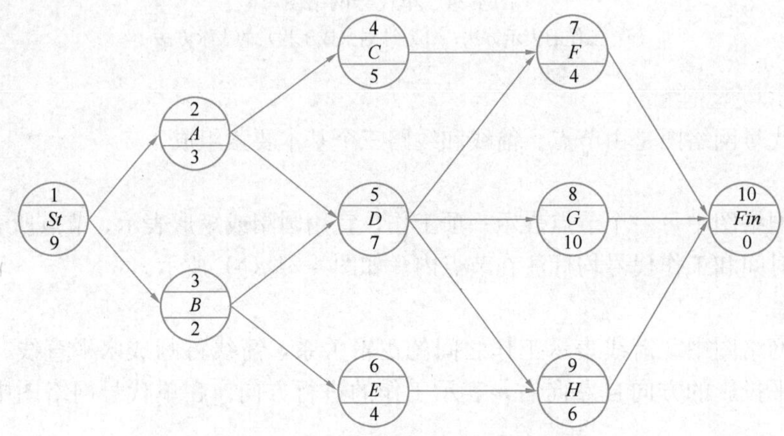

图 4-25　单代号网络图的绘制示例

2. 单代号网络计划时间参数计算

（1）单代号网络计划的各项时间参数及其代表符号

单代号网络计划的时间参数与双代号网络计划相似的，主要包括以下内容：工作持续时间 D_i；工作最早开始时间 ES_i；工作最早完成时间 EF_i；工作最迟开始时间 LS_i；工作最迟完成时间 LF_i；总时差 TF_i；自由时差 FF_i；计算工期 T_c；要求工期 T_r；计划工期 T_p；时间间隔 $LAG_{i,j}$。

（2）单代号网络计划时间参数的标注形式

单代号网络计划时间参数的标注形式如图 4-26、图 4-27 所示。

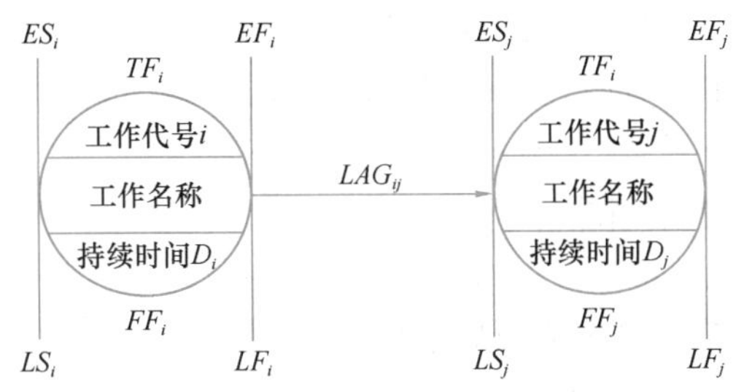

图 4-26　圆圈表示节点

工作代号i	ES_i	EF_i
工作名称	TF_i	FF_i
持续时间D_i	LS_i	LF_i

LAG_{ij} →

工作代号j	ES_j	EF_j
工作名称	TF_j	FF_j
持续时间D_j	LS_j	LF_j

图 4-27　方框表示节点

（3）单代号网络计划时间参数的计算

第一种计算方法：

计算步骤是：计算 ES_i 和 EF_i →确定 T_c →计算 T_p →计算 $LAG_{i,j}$ →计算 TF_i →计算 FF_i →计算 LS_i 和 LF_i。

1）工作最早开始时间的计算应符合下列规定：

① 工作 i 的最早开始时间 ES_i 应从网络计划的起点节点开始，顺着箭线方向依次逐项计算。

② 当起点节点 i 的最早开始时间 ES_i 无规定时，不论起点节点代表的是实工作还是虚工作，其值均应等于零，即：

$$ES_i = 0 \quad (i = 1) \tag{4-13}$$

③ 其他工作的最早开始时间 ES_i 应为：

$$ES_i = ES_h + D_h \tag{4-14}$$

或

$$ES_i = \max\{ES_h + D_h\} \tag{4-15}$$

式中　ES_h——工作 i 的各项紧前工作 h 的最早开始时间；

　　　D_h——工作 i 的各项紧前工作 h 的持续时间。

2）工作 i 的最早完成时间 EF_i 应按下式计算：

$$EF = ES_i + D_i \tag{4-16}$$

故式（4-14）和式（4-15）可变为如下形式：

$$ES_i = EF_h \tag{4-17}$$

$$ES_i = \max(EF_h) \tag{4-18}$$

式中　EF_h——工作 i 的各项紧前工作 h 的最早完成时间。

3）网络计划计算工期 T_c 应按下式计算：

$$T_c = EF_n \tag{4-19}$$

式中　EF_n——终点节点 n 的最早完成时间。

网络计划计划工期 T_p 的计算同双代号网络计划，即按式（4-6）、式（4-7）确定。

相邻两项工作 i 和 j 之间的时间间隔 $LAG_{i,j}$ 的计算应符合下列规定：

① 当终点节点为虚拟节点时，其时间间隔应为：

$$LAG_{i,n} = T_p - EF_i \tag{4-20}$$

② 其他节点之间的时间间隔应为：

$$LAG_{i,j} = ES_j - EF_i \tag{4-21}$$

4）工作总时差的计算应符合下列规定：

① 工作 i 的总时差 TE 应从网络计划的终点节点开始，逆着箭线方向依次逐项计算。当部分工作分期完成时，有关工作的总时差必须从分期完成的节点开始逆向逐项计算。

② 终点节点所代表工作 n 的总时差 TF_n 值应为：

$$TF_n = T_p - EF_n \tag{4-22}$$

③ 其他工作 i 的总时差 TF_i 应为：

$$TF_i = \min\{TF_j + LAG_{i,j}\} \tag{4-23}$$

5）工作 i 的自由时差 FF_i 的计算应符合下列规定：

① 终点节点所代表工作 n 的自由时差 FF_n 应为：

$$FF_n = T_p - EF_n \tag{4-24}$$

② 其他工作 i 的自由时差 FF_i，应为：

$$FF_i = \min\{LAG_{i,j}\} \tag{4-25}$$

6）工作 i 的最迟完成时间 LF_i 应按下式计算：

$$LF_i = EF_i + TF_i \tag{4-26}$$

7）工作 i 的最迟开始时间 LS_i，应按下式计算：

$$LS_i = ES_i + TF_i \tag{4-27}$$

第二种计算方法：

计算步骤是：计算 ES_i 和 EF_i→确定 T_c→计算 T_p→计算 LS_i 和 LF_i→计算 $LAG_{i,j}$→计算 TF_i→计算 FF_i

1）计算工作的最早开始时间和最早完成时间、网络计划工期的计算与第一种计算步骤相同。

2）计算工作的最迟完成时间和最迟开始时间

① 工作 i 的最迟完成时间 LF_i，应从网络计划的终点节点开始，逆着箭线方向依次逐项计算。当部分工作分期完成时，有关工作的最迟完成时间应从分期完成的节点开始逆向逐项计算。

② 终点节点 n 所代表工作的最迟完成时间 LF_n，应按网络计划的计划工期 T_p 确定，即：

$$LF_n = T_p \tag{4-28}$$

③ 其他工作 n 的最迟完成时间 LF_i 应为：

$$LF_i = LF_j - D_j \tag{4-29}$$

或

$$LF_i = \min\{LF_j - D_j\} \tag{4-30}$$

④ 工作 i 的最迟开始时间 LS，应按下式计算：

$$LS_i = LF_i - D_i \tag{4-31}$$

故式（4-29）和式（4-30）可变为如下形式：

$$LF_i = LS_i \tag{4-32}$$

$$LF_i = \min\{LS_i\} \tag{4-33}$$

（4）关键工作和关键线路的确定

1）关键工作的确定

单代号网络计划关键工作的确定方法与双代号网络计划相同，即总时差最小的工作为关键工作。

2）关键线路的确定

在单代号网络计划中，从始至终所有工作之间的时间间隔均为零的线路为关键线路。

【例 4-5】计算图 4-28 所示单代号网络图的时间参数，并找出关键工作和关键线路。

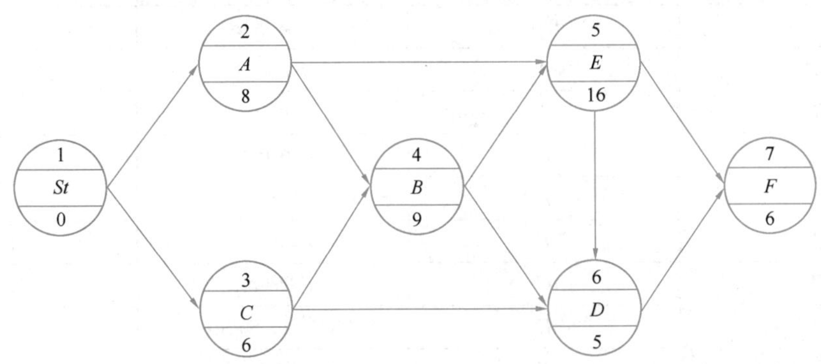

图 4-28　单代号网络图

【解】按照第一种计算步骤（也可按第二种步骤），用图上计算法计算各时间参数，结果如图 4-29 所示。通过判断，图 4-29 中的关键工作为："1""2""4""5""6""7"共 6 项，关键线路为：1—2—4—5—6—7。

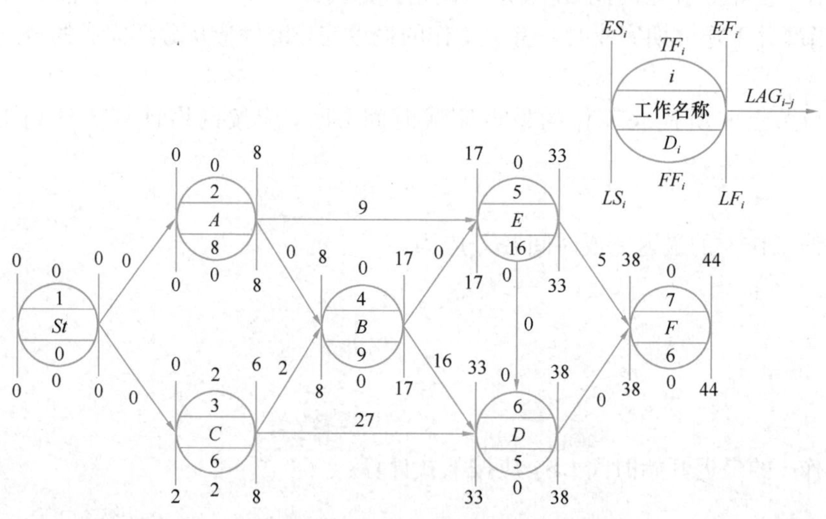

图 4-29　单代号网络时间参数计算示例

3. 单代号搭接网络计划

在一般的网络计划（单代号网络计划或双代号网络计划）中，工作之间的关系只能表示成依次衔接的关系，即任何一项工作都必须在它的紧前工作全部结束后才能开始，也就是必须按照施工工艺顺序和施工组织的先后顺序进行施工。但是在实际施工过程中，有时为了缩短工期，只要紧前工作开始一段时间并能为紧后工作提供一定的开工条件，紧后工作就可以提前插入与紧前工作同时施工，这种工作之间的关系称为搭接关系。

【例 4-6】某分部工程有 *A*、*B*、*C*、*D*、*E*、*F*、*G* 七项工作（表 4-5），试绘制单代号搭接网络图。

某分部工程的七项工作及搭接关系　　　　**表 4-5**

工作名称	紧前工作	搭接关系	持续时间/d
A	开始	一般搭接	6
B	*A*	*STS*=2	7
C	*A*	*STS*=7	10
D	*A*	一般搭接	10
	B	*FTS*=3	
E	*B*	*FTF*=10	15
F	*C*	*FTF*=15	20
G	*D*	*FTF*=2，*STS*=3	10
	E	一般搭接	
	F	*STS*=2	

【解】根据条件绘制的单代号搭接网络计划如图 4-30 所示。

单代号搭接网络计划是用节点表示工作，而箭线及其上面的时距符号表示相邻工作之间的逻辑关系，用这种网络图（单代号搭接网络图）表示工作之间的搭接关系比较简单。它的

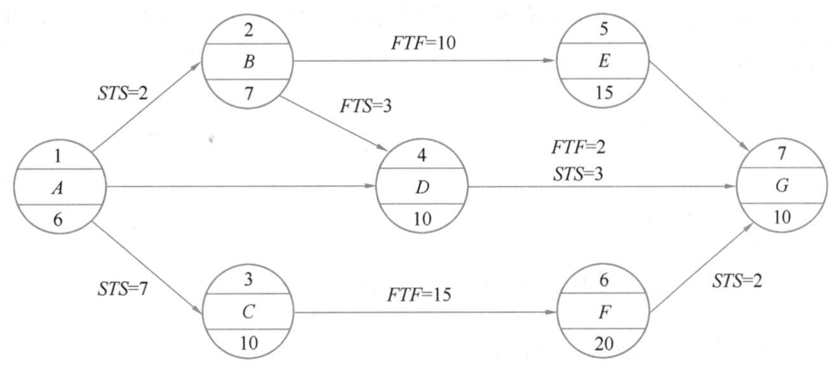

图 4-30　某分部工程单代号搭接网络计划

优点是能表示一般网络计划中不能表达的多种搭接关系，缺点是计算过程相对比较复杂。

（1）搭接关系

单代号搭接网络计划的搭接关系主要是通过两项工作之间的时距来表示的。时距表示时间的重叠和间歇，时距的产生和大小取决于工艺要求和施工组织上的需要。用以表示搭接关系的时距有五种分别是：结束到开始的关系、开始到开始的关系、结束到结束的关系、开始到结束的关系和混合搭接关系。

1）结束到开始的关系（*FTS* 搭接关系）

结束到开始的关系是通过前项工作结束到后项工作开始之间的时距（*FTS*）来表达的，如图 4-31 所示。

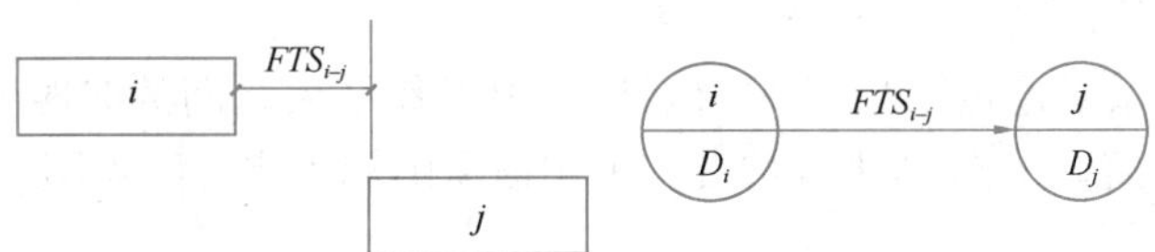

图 4-31　*FTS* 型时间参数示意图

FTS 搭接关系的时间参数计算公式如下：

$$ES_j = EF_i - FTS_{i-j}$$
$$LS_j = LF_i - FTS_{i-j}$$

当 $FTS = 0$ 时，表示两项工作之间没有时距，即为普通网络图中的逻辑关系。

例如，某混凝土现浇楼板工程在楼板浇筑后要求养护一段时间，然后才可从事其后续工作的施工。若用横道图和单代号网络图表示，可参照图 4-32。

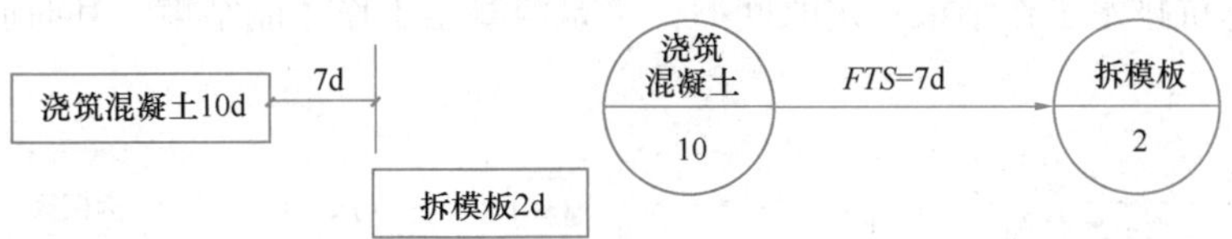

图 4-32　*FTS* 型时间参数表示

2）开始到开始的关系（*STS* 搭接关系）

开始到开始的关系是通过前项工作开始到后项工作开始之间的时距（*STS*）来表达的，

表示在工作 A 开始经过一个规定的时距（STS）后，工作 B 才能开始进行，采用横道图和单代号网络图表达，如图 4-33 所示。

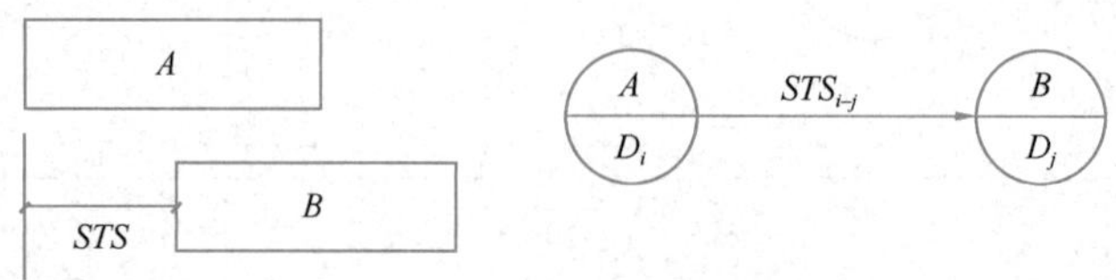

图 4-33　*STS* 型时间参数示意图

STS 搭接关系的时间参数计算公式如下：

$$ES_j = ES_i + STS_{i-j}$$
$$LS_j = LS_i + STS_{i-j}$$

例如，对于某道路工程中的铺设路基和浇筑路面，当路基工作开始一定时间且为路面工作创造一定条件后，路面工程才可以开始进行。铺设路基与浇筑路面之间的搭接关系就是开始到开始（STS）关系，如图 4-34 所示。

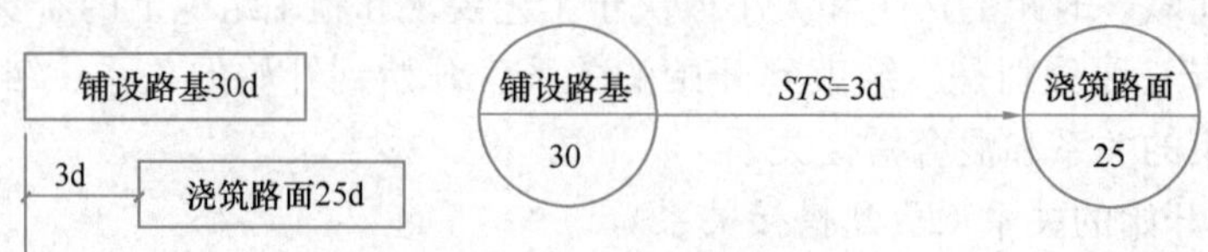

图 4-34　*STS* 型时间参数表示

3）结束到结束的关系（FTF 搭接关系）

结束到结束关系是通过前项工作结束到后项工作结束之间的时距（FTF）来表达的，表示在工作 A 结束后，工作 B 才可结束。可用横道图和单代号网络图表示（图 4-35）。

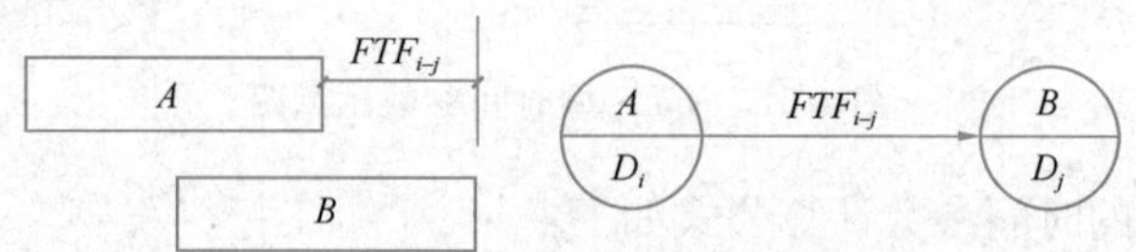

图 4-35　*FTF* 型时间参数示意图

FTF 搭接关系的时间参数计算公式如下：

$$EF_j = EF_i + FTF_{i-j}$$
$$LF_j = LF_i + FTF_{i-j}$$

例如，基坑排水工作结束一定时间后，浇筑混凝土工作才能结束，其时间参数表示如图 4-36 所示。

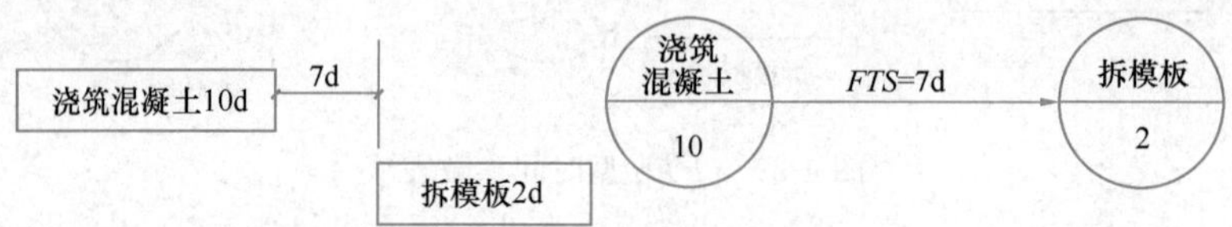

图 4-36　*FTF* 型时间参数表示

4）开始到结束的关系（STF 搭接关系）

开始到结束的关系是通过前项工作开始到后项工作结束之间的时距（STF）来表达的，它表示 A 工作开始一段时间（STF）后，B 工作才可结束，用横道图和单代号网络图表（图 4-37）。

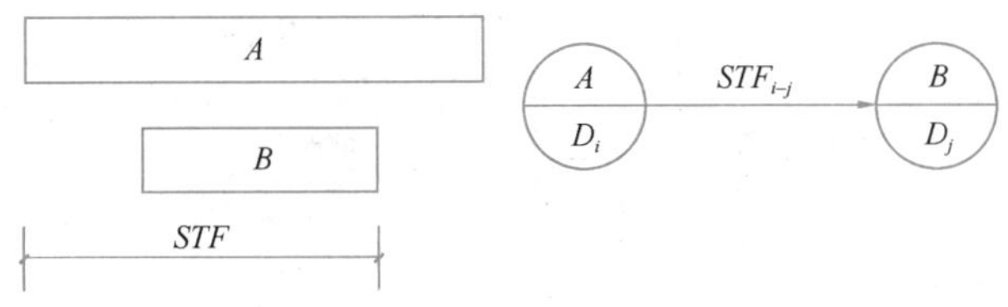

图 4-37　STF 型时间参数示意图

STF 搭接关系的时间参数计算公式如下：

$$EF_j = ES_i + STF_{i-j}$$

$$LF_j = LS_i + STF_{i-j}$$

5）混合搭接关系

混合搭接关系指两项工作之间同时存在上述四种关系中的两种关系时，这种具有双重约束的工作关系即构成混合搭接关系；常见的混合搭接关系有以下四种。

① 同时存在 STS 和 FTF 搭接关系，即两项工作之间的相互关系是通过前项工作 i 的开始到后项工作项 j 开始（STS），及前项工作 i 的结束到后项工作 j 的结束（FTF）双重时距来控制的。两项工作的开始时间必须保持一定的时距要求，而且两者结束时间也必须保持一定的时距要求，其关系如图 4-38 所示。

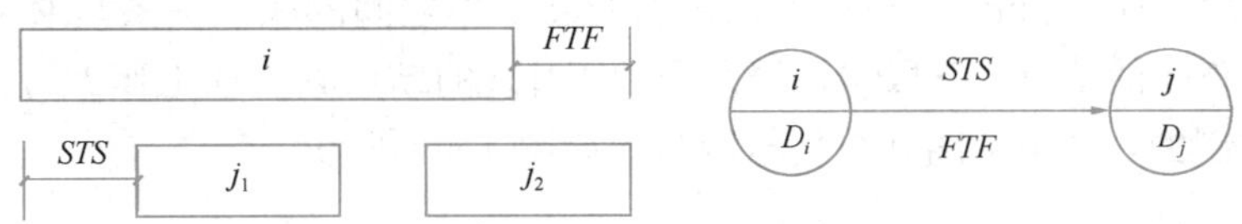

图 4-38　STS 和 FTF 混合型时间参数示意图

该种混合搭接关系中的时间参数计算关系如下。

a. 按 STS 搭接关系：

$$ES_j = ES_i + STS_{i-j}$$

$$LS_j = LS_i + STS_{i-j}$$

b. 按 FTF 搭接关系：

$$EF_j = EF_i + FTF_{i-j}$$

$$LF_j = LF_i + FTF_{i-j}$$

在利用上式计算最早时间时，选取其中最大者作为工作 j 的最早时间；计算最迟时间时，选取其中最小者作为工作 j 的最迟时间。

【例 4-7】某道路工程，工作 i 是修筑路基，工作 j 是修筑路面层，组织两项工作时，要求路基工作至少开始一定时距（$STS = 4$d）以后，才能开始修筑路面层；而且面层工作不允许在路基工作完成之前结束，必须延后于路基完成一个时距（$FTF = 2$d）才能结束，如图 4-39 所示。问路面工作的 ES_j 和 EF_j 各是多少？

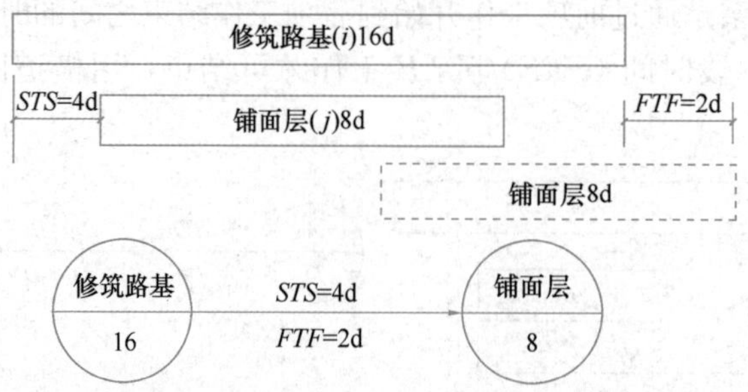

图 4-39　STS 和 FTF 混合型时间参数示意图

【解】

a. 按 STS 搭接关系。

$$ES_j = ES_i + STS_{i-j} = (0+4)\mathrm{d} = 4\mathrm{d}$$
$$EF_j = ES_j + D_j = (4+8)\mathrm{d} = 12\mathrm{d}$$

b. 按 FTF 搭接关系。

$$EF_j = EF_i + FTF_{i-j} = (16+2)\mathrm{d} = 18\mathrm{d}$$
$$ES_j = EF_j - D_j = (18-8)\mathrm{d} = 10\mathrm{d}$$

若要同时满足上述两者关系，必须选择其中的最大值，即 $ES_j = 10\mathrm{d}$，$EF_j = 18\mathrm{d}$。

对于混合搭接关系，由于工作之间的制约关系，可能会出现工作不连续的情况。这时，要按间断型算法来计算。

② 同时存在 STF 和 FTS 搭接关系。即两项工作之间的相互关系是通过前项工作的开始到后项工作 j 的结束（STF），以及前项工作 i 的结束到后项工作 j 的开始（FTS）双重时距来控制的，其横道图和单代号网络图如图 4-40 所示。

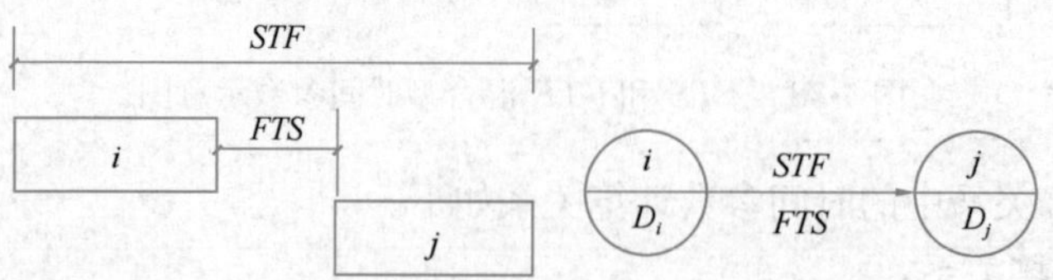

图 4-40　STF 和 FTS 混合型时间参数示意图

该种混合搭接关系中的时间参数计算关系如下。

a. 按 STF 搭接关系。

$$EF_j = ES_i + STF_{i-j}$$
$$LF_j = LS_i + STF_{i-j}$$

b. 按 FTS 搭接关系。

$$ES_j = EF_i + FTS_{i-j}$$
$$LS_j = LF_i + FTS_{i-j}$$

在利用上式计算最早时间时，选取其中最大者作为工作 j 的最早时间；计算最迟时间时，选取其中最小者作为工作 j 的最迟时间。

③ 同时存在 STS 和 STF 搭接关系。即两项工作之间的相互关系是通过前项工作 i 的

开始到后项工作 j 的开始（STS），以及前项工作 i 的开始到后项工作 j 的结束（STF）双重时距来控制的，其横道图和单代号网络图如图 4-41 所示。

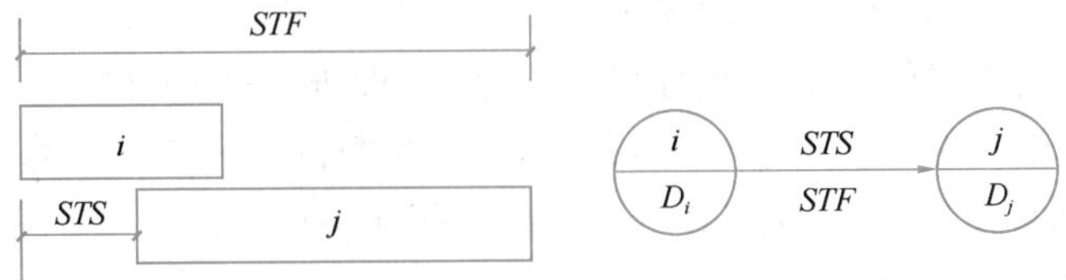

图 4-41　STS 和 STF 混合型时间参数示意图

该种混合搭接关系中的时间参数计算关系如下。

a. 按 STS 搭接关系。

$$ES_j = ES_i + STS_{i-j}$$
$$LS_j = LS_i + STS_{i-j}$$

b. 按 STF 搭接关系。

$$EF_j = ES_i + STF_{i-j}$$
$$LF_j = LS_i + STF_{i-j}$$

④ 同时存在 FTS 和 FTF 搭接关系。即两项工作之间的相互关系是通过前项工作 i 的结束到后项工作 j 的开始（FTS），以及前项工作的结束到后项工作 j 的结束（FTF）双重时距来控制的，其横道图和单代号网络图如图 4-42 所示。

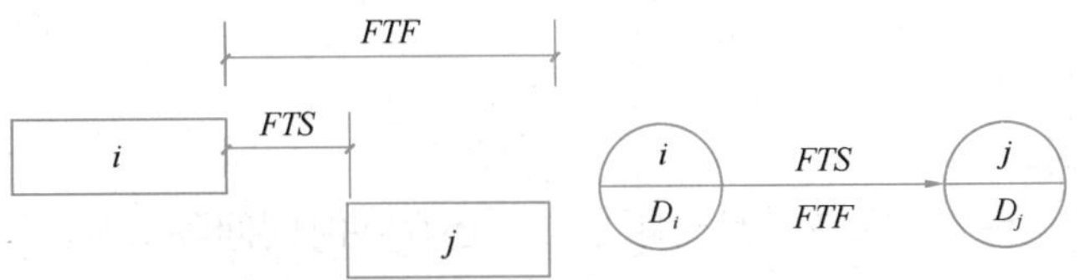

图 4-42　FTS 和 FTF 混合型时间参数示意图

该种混合搭接关系中的时间参数计算关系如下。

a. 按 FTS 搭接关系。

$$ES_j = ES_i + FTS_{i-j}$$
$$LS_j = LF_i + FTS_{i-j}$$

b. 按 FTF 搭接关系。

$$EF_j = ES_i + FTF_{i-j}$$
$$LF_j = LF_i + FTF_{i-j}$$

在利用上式计算最早时间时，选取其中最大者作为工作 j 的最早时间；计算最迟时间时，选取其中最小者作为工作 j 的最迟时间。

（2）单代号搭接网络计划时间参数的计算

单代号搭接网络计划时间参数的计算应在确定各工作持续时间和各项工作之间的时距关系之后进行。计算的主要参数也是工作时间和机动时间，其总体计算思路同单代号网络计划。但由于相邻工作之间增加了搭接关系，且有多种搭接形式，与之相对应的相邻工作之间工作参数较多，计算也较为复杂。

1）计算工作最早时间

① 计算最早时间参数必须从起点节点开始依次进行，只有紧前工作计算完毕，才能计算本工作。

② 工作最早开始时间应按下列步骤进行。

首先，起点节点的工作最早开始时间都应为 0，即 $ES_i = 0$($i =$ 起点节点编号)。

其次，其他工作 j 的最早开始时间（ES_j）根据时距按下列公式计算：

第三，相邻时距为 STS_{i-j} 时，$ES_j = ES_i + STS_{i-j}$；

第四，相邻时距为 FTF_{i-j} 时，$ES_j = ES_i + D_i + FTF_{i-j} - D_j$；

第五，相邻时距为 STF_{i-j} 时，$ES_j = ES_i + STF_{i-j} - D_j$；

第六相邻时距为 FTS_{i-j} 时，$ES_j = ES_i + D_i + FTS_{i-j}$。

③ 当出现最早开始时间为负值时，应将该工作 j 与起点节点用虚箭线相连接，并确定其时距 $STS_{起点,j} = 0$。

④ 工作 j 的最早完成时间按公式 $EF_j = ES_i + D_j$ 计算。

⑤ 当有两种以上的时距（有两项或两项以上紧前工作）限制工作之间的逻辑关系时，应分别计算其最早时间，取其最大值。

⑥ 搭接网络计划中，如果中间工作为的最早完成时间为所有工作中的最大值，则该中间工作 k 应与终点节点用虚箭线相连接，并确定其时距 $FTF_{k,终点} = 0$。

⑦ 搭接网络计划计算工期 T_c 由与终点相联系的工作的最早完成时间的最大值决定。

⑧ 网络计划的计划工期 T_p 的计算应按下列情况分别确定。

当已规定了要求工期 T_r 时，$T_p < T_r$

当未规定要求工期时，$T_p = T_c$。

2）计算时间间隔

相邻两项工作 i 和 j 之间在满足时距之外，还存在时间间隔 LAG_{i-j}，应按下式计算。

$$LAG_{i-j} = \min\begin{Bmatrix} ES_i - EF_i - FTS_{i-j} \\ ES_j - ES_i - STS_{i-j} \\ EF_j - EF_i - FTF_{i-j} \\ EF_j - ES_i - STF_{i-j} \end{Bmatrix}$$

3）计算工作总时差

工作 i 的总时差应从网络计划的终点节点开始逆着箭线方向依次逐项计算。当部分工作分期完成时，有关工作的总时差必须从分期完成的节点开始逆向逐项计算。

首先，终点节点所代表的工作 n 的总时差 TF_n 值应为：$TF_n = T_p - EF_n$

其次，其他工作 i 的总时差 TF_i，应为：$TF_i = \min\{T_j - LAG_{i-j}\}$

4）计算工作自由时差

首先，终点节点所代表的工作 n 的自由时差 FF_n 应为：$FF_n = T_p - EF_n$

其次，其他工作 i 的自由时差 FF_i，应为：$FF_i = \min\{LAG_{i-j}\}$

5）计算工作最迟完成时间

工作 i 的最迟完成时间应从网络计划的终点节点开始逆着箭线方向依次逐项计算。当部分工作分期完成时，有关工作的最迟完成时间应从分期完成的节点开始逆向逐项计算。

① 终点节点所代表的工作 n 的最迟完成时间 LF_n，应按网络计划的计划工期 T_p 确定，即 $LF_n = T_p$。

② 其他工作 i 的最迟完成时间 LF_i 应为：$LF_i = EF_i - TF_i$。

6）计算工作最迟开始时间

工作 i 的最迟开始时间 LS_i 应按以下公式计算：

$$LS_i = LF_i - D_i$$

或

$$LS_i = ES_i - TF_i$$

7）关键工作和关键线路的确定

① 确定关键工作

关键工作是总时差最小的工作。搭接网络计划中工作总时差最小的工作，即具有的机动时间最小的工作，如果延长其持续时间就会影响计划工期，因此为关键工作。当计划工期等于计算工期时，工作的总时差最小为零。当有要求工期且要求工期小于计算工期时，总时差最小值为负值；当要求工期大于计算工期时，总时差最小值为正值。

② 确定关键线路

关键线路是自始至终全部由关键工作组成的线路或线路上总的工作持续时间最长的线路。该线路在网络图上应用粗线、双线或彩色线标注。在单代号搭接网络计划中，从起点节点开始到终点节点均为关键工作，且所有工作的时间间隔均为 0 的线路应为关键线路。

【例 4-8】计算图 4-43 所示的单代号搭接网络计划的时间参数。

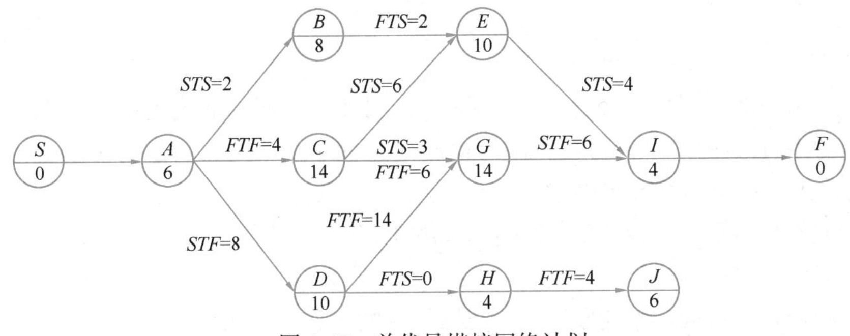

图 4-43 单代号搭接网络计划

【解】

根据单代号搭接网络计划的计算方法，在已知的各种时距的基础上，分步骤计算工作的最早时间、最迟时间、相邻工作之间的时间间隔、工作时差。计算结果如图 4-44 所示。

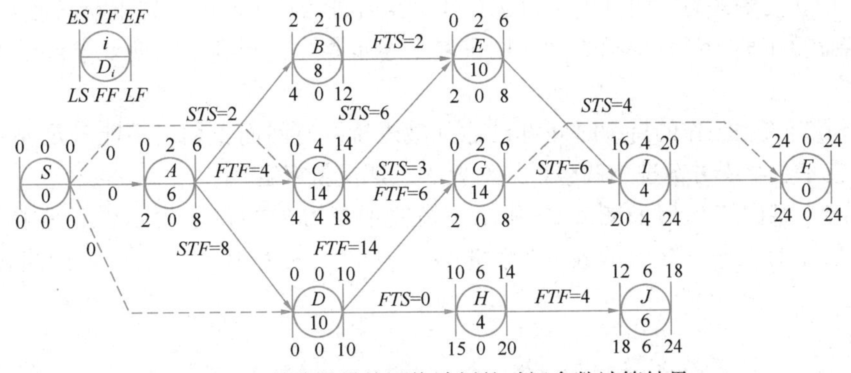

图 4-44 单代号搭接网络计划的时间参数计算结果

4.4 网络计划的优化

网络计划的优化是指通过不断改善网络计划的初始方案，在满足既定约束条件下，利用最优化原理按照某一衡量指标（时间、成本、资源等）来寻求满意方案。由于网络计划一般用于大中型的计划，其施工过程和节点较多，优化时须进行大量烦琐的计算，因而要真正实现网络的优化，有效地指导实际工程，必须借助计算机。

网络计划的优化目标按计划任务的需要和条件可分为三个方面：工期目标、费用目标和资源目标。根据优化目标的不同，网络计划的优化相应分为工期优化、费用优化和资源优化三种。

在 2020 年 2 月 4 日，中国武汉“火神山”医院在短短 10d 内顺利建成并接受患者入住，展示了中国速度。而如何在短时间内创造奇迹，则与科学的利用网络计划密切相关。火神山施工的负责人介绍，1 月 23 日当晚中建三局迅速调集了武汉市正在加班的五个建设项目中的 1400 多名工人开始场地平整等工作，在后续的工作中不断优化修改原本的网络计划，将“抢工期”放在第一位，奉献自我假期时间，才让工程得以在 10d 完成，及时解决了迫在眉睫的公共安全问题。该项目从专业人士到一线作业人员，充分利用和遵从事先安排的网络计划，本着爱党报国、敬业奉献、服务人民、科学工作的精神，让项目创造了世界奇迹。

1. 工期优化

工期优化也称时间优化，其目的是当网络计划计算工期不能满足要求工期时，通过不断压缩关键线路上关键工作的持续时间等措施，达到缩短工期、满足要求的目的。

1）选择优化对象应考虑的因素

① 缩短持续时间对质量和安全影响不大的工作；

② 有备用资源的工作；

③ 缩短持续时间时应增加的资源、费用最少的工作。

2）工期优化的步骤

① 找出网络计划的关键线路并计算出工期；

② 按要求工期计算应缩短的时间；

③ 选择应优先缩短持续时间的关键工作；

④ 将应优先缩短持续时间的关键工作压缩至合理的持续时间，并重新确定关键线路；

⑤ 若计算工期仍超过要求工期，则重复上述步骤，直到满足工期要求或已不能再缩短为止；

⑥ 当所有关键工作的持续时间都已达到最短持续时间而工期仍不能满足要求时，应对计划的技术、组织方案进行调整，或对要求工期重新审定。

【例 4-9】某网络计划如图 4-45 所示。箭线上括号外的数字为工作正常持续时间，括号内的数字为工作压缩后的最短持续时间，计划工期为 100d。试对该网络计划进行工期优化。

【解】

按照工期优化的步骤进行优化。

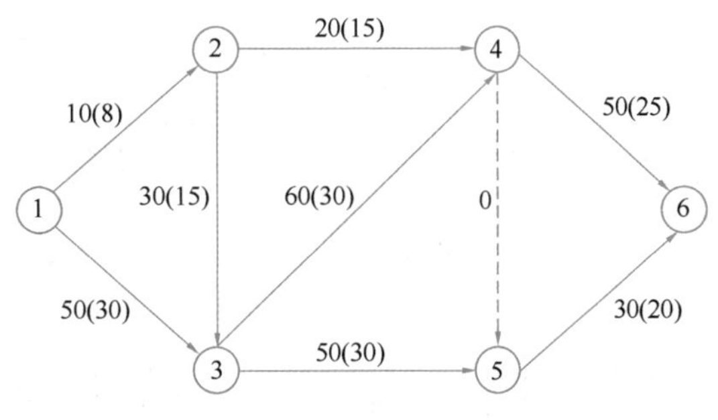

图 4-45　网络计划

（1）计算并找出网络计划的计算工期、关键线路及关键工作。

用工作的正常持续时间计算节点的最早时间和最迟时间，计算结果如图 4-46 所示，关键线路用粗箭线表示。

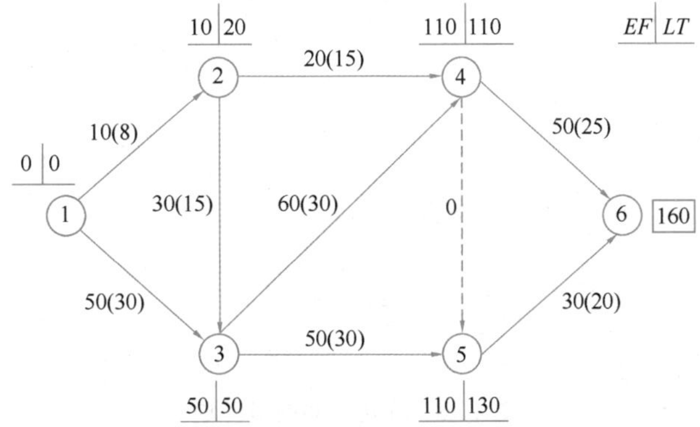

图 4-46　网络计划的节点时间

从图 4-46 可以看出，关键线路为①→③→④→⑥，关键工作为①—③、③—④、④—⑥。

（2）按要求工期计算应缩短的时间。

计算工期为 160d，计划工期为 100d，则应缩短的工期为 60d。

（3）确定关键工作能缩短的持续时间。

关键工作的最短持续时间如图 4-46 中括号内数字所示。关键工作①—③可缩短 20d，③—④可缩短 30d，④—⑥可缩短 25d，共计可缩短 75d，但考虑工期优化的原则，因缩短工作④—⑥后增加的劳动力较多，故仅缩短 10d。

（4）重新计算网络计划的计算工期。

重新计算的网络计划工期如图 4-47 所示，图中的关键线路为①→②→③→⑤→⑥，关键工作为①—②、②—③、③—⑤、⑤—⑥，工期为 120d。

（5）因计算工期仍然超过计划工期，继续压缩关键线路上的关键工作的持续时间。

按计划工期要求尚需压缩 20d，选择工作②—③、③—⑤较宜。用最短工作持续置换工作②—③和工作③—⑤的正常持续时间，重新计算网络计划，如图 4-48 所示，经计算，关键线路为①→③→④→⑥，工期 100d，满足要求。

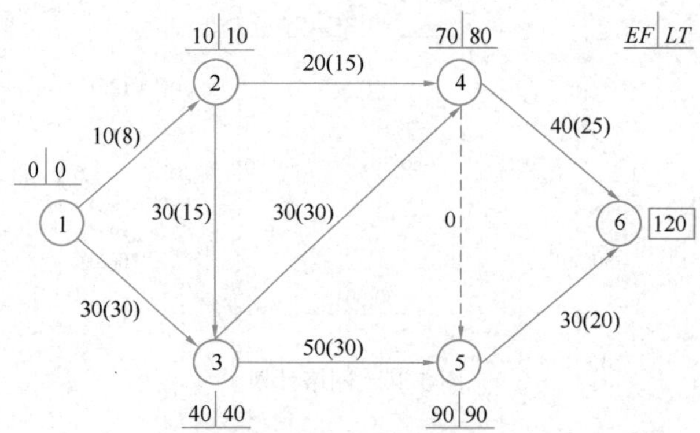

图 4-47　网络计划第一次调整结果

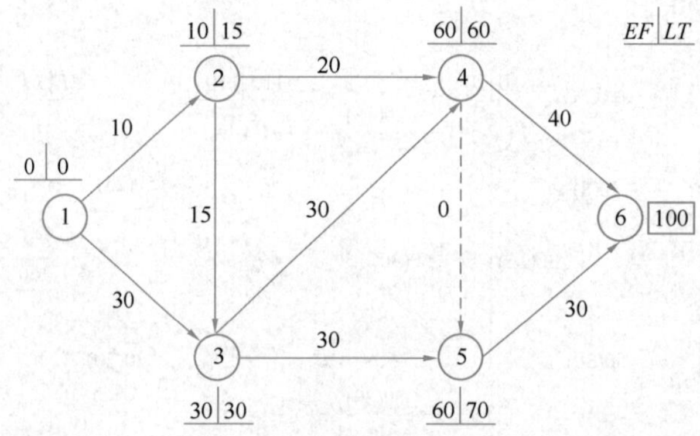

图 4-48　优化后的网络计划

2. 工期-费用优化

工程的成本和工期是相互联系和制约的，在生产效率一定的条件下，要缩短工期（与正常工期相比）、提高施工速度，就必须投入更多的人力、物力和财力，使工程某些方面的费用增加，却又能使诸如管理费等一些费用减少，因此应用网络计划进行费用优化需要同时考虑这两方面的因素，寻求最佳运行组合。

工期-费用优化又称为工期－成本优化，是通过对不同工期时的工程总费用进行比较分析，从中寻求工程总费用最低时的最优工期：

1）优化应考虑的原则

① 在既定工期的前提下，确定项目的最低费用。

② 在既定的最低费用限额下完成项目计划，确定最佳工期。

③ 若需要缩短工期，则考虑如何使增加的费用最小。

④ 若新增一定数量的费用，则应考虑可将工期缩短到多少。

2）费用优化的步骤

① 按工作正常持续时间找出关键工作和关键线路。

② 计算各项工作的费用率。

$$C_{i-j}=\frac{CC_{i-j}-CN_{i-j}}{DN_{i-j}-DC_{i-j}} \tag{4-34}$$

式中 C_{i-j}——工作 $i-j$ 的费用率；

CC_{i-j}——将工作 $i-j$ 的持续时间缩短为最短持续时间后，完成该工作所需的直接费用；

CN_{i-j}——在正常条件下完成工作，$i-j$ 所需的直接费用；

DN_{i-j}——工作 $i-j$ 的正常持续时间；

DC_{i-j}——工作 $i-j$ 的最短持续时间。

单代号网络计划按下式计算。

$$C_i = \frac{CC_i - CN_i}{DN_i - DC_i} \tag{4-35}$$

式中 C_i——工作 i 的费用率；

CC_i——将工作 i 的持续时间缩短为最短持续时间后，完成该工作所需的直接费用；

CN_i——在正常条件下完成工作 i 所需的直接费用；

DN_i——工作 i 的正常持续时间；

DC_i——工作 i 的最短持续时间。

③ 在网络计划中找出费用率（或组合费用率）最低的一项关键工作或一组关键工作（把这种工作组合称为“最小切割”），将“最小切割”作为缩短持续时间的对象。

④ 缩短“最小切割”的持续时间，其缩短值必须符合以下几个原则：

不能将缩短时间的工作压缩成非关键工作。

缩短后其持续时间不小于最短持续时间。

双代号网络计划按下式计算。

⑤ 计算相应增加的总费用 C_i。

⑥ 考虑工期变化带来的间接费及其他损益，在此基础上计算总费用。

⑦ 重复上述③～⑥的步骤，一直计算到总费用最低为止。

3. 资源优化

资源优化是指通过改变工作的开始时间和完成时间，使资源按照时间的分布符合优化目标。通常分两种模式：资源有限、工期最短的优化，工期固定、资源均衡的优化。

1）资源优化的前提条件

① 优化过程中，不改变网络计划中各项工作之间的逻辑关系。

② 优化过程中，不改变网络计划中各项工作的持续时间。

③ 网络计划中各工作单位时间所需资源数量为合理常量。

④ 除明确可中断的工作外，优化过程中一般不允许中断工作，应保持其连续性。

2）资源有限、工期最短的优化模式

该优化是指在资源有限时，保持各个工作的日资源需要量（即强度）不变，寻求工期最短的施工计划。其优化步骤如下。

① 计算网络计划每个时间单位的资源需用量。

② 从计划开始日期起，逐个检查每个时间单位资源需用量是否超过资源限量，如果在整个工期内每个时间单位均能满足资源限量的要求，则方案就编制完成，否则必须进行计划调整。

③ 分析超过资源限量的时段，按公式计算 $D_{m'-n',i'-j'}$，确定新的安排顺序。

首先，对双代号网络计划，计算公式如下。

$$\begin{aligned} D_{m'-n',i'-j'} &= \min\{D_{m-n,i-j}\} \\ D_{m-n,i-j} &= EF_{m-n} - LS_{i-j} \end{aligned} \tag{4-36}$$

式中 $D_{m'-n',i'-j'}$——在各种顺序安排中，最佳顺序安排所对应的工期延长时间的最小值；

$D_{m-n,i-j}$——在资源冲突中的诸工作中工作 $i-j$ 安排在工作 $m-n$ 之后进行，工期所延长的时间。

其次，对单代号网络计划，计算公式如下。

$$\begin{aligned} D_{m',i'} &= \min\{D_{m,i}\} \\ D_{m,i} &= EF_{m} - LS_{i} \end{aligned} \tag{4-37}$$

式中 $D_{m',i'}$——在各种顺序安排中，最佳顺序安排所对应的工期延长时间的最小值；

$D_{m,i}$——在资源冲突中的诸工作中，工作 i 安排在工作 m 之后进行，工期所延长的时间。

④ 在最早完成时间（$EF_{m'-n'}$ 或 $EF_{m'}$）最小值和最迟开始时间（$LS_{i'-j'}$ 或 $LS_{i'}$）最大值同属一个工作时，应找出最早完成时间（$EF_{m'-n'}$ 或 $EF_{m'}$）值为次小、最迟开始时间（$LS_{i'-j'}$ 或 $LS_{i'}$）为次大的工作，分别组成两个顺序方案，再从中选取较小者进行调整。

⑤ 绘制调整后的网络计划，重复上述步骤，直到满足要求：

3）工期固定、资源均衡的优化模式

该优化模式是在保持工期不变的前提下，使资源分布尽量均衡，即在资源需要量的动态曲线上，尽可能不出现短时间的高峰和低谷，力求每个时段的资源需用量接近于平均值。

工期固定、资源均衡优化的方法有削高峰法、均方差优化法，下面介绍削高峰法、削高峰法是利用时差降低资源高峰值，从而获得资源消耗量尽可能均衡的优化方案；用削高峰法进行优化的步骤如下。

① 计算网络计划每个时间单位的资源需用量。

② 确定削高峰目标，其值等于每个时间单位资源需用量的最大值减一个单位资源量。

③ 找出高峰时段的最后时间（T_h）及有关工作的最早开始时间（ES_{i-j} 或 ES_i）和总时差（TF_{i-j} 或 TF_i）。

④ 按下列公式计算有关工作的时间差值（ΔT_{i-j} 或 ΔT_i）

对双代号网络计划，计算公式如下：$\Delta T_{i-j} = TF_{i-j} - (T_h - ES_{i-j})$

对单代号网络计划，计算公式如下：$\Delta T_i = TF_i - (T_h - ES_i)$

应优先以时间差值最大的工作为调整对象，使其最早开始时间等于 T_h。

⑤ 当峰值不能再减少时，即得到优化方案；否则，重复进行以上步骤。

思 考 题

1. 简述网络计划技术原理和优缺点。
2. 网络计划有哪些分类？
3. 简述双代号网络图中“工作”的理解。
4. 简述双代号网络图中“线路”的理解。

5. 简述双代号网络图绘制的基本规则。

6. 双代号网络计划有哪些时间参数？其基本含义是什么？

7. 简述双代号时标网络计划的概念与特点。

8. 简述单代号网络图的组成及规则。

9. 什么是网络计划的优化？简述工期优化考虑的因素及步骤。

10. 简述工期-费用优化的原则及步骤。

11. 简述资源优化的前提条件。

案例实操题

项目概况

（1）建筑概况

本工程为××分公司科研办公楼，位于××市××路与××路交叉口向西200m路北，框-剪结构，地下1层，地上12层，其中裙房3层；地下室层高3.75m，1～3层层高4.5m，4～12层层高3.9m，建筑总高度49m，总建筑面积27993.3m²；室内设计标高±0.000相当于绝对标高132.95m，室内外高差450mm；±0.000以下采用实心砖，M10水泥砂浆砌筑；±0.000以上内墙采用轻质加气混凝土砌块，外墙采用防水型蒸压混凝土砌块，M5水泥砂浆砌筑，保温层采用80mm厚聚苯板；外墙装饰面为花岗石，局部为玻璃幕墙；门窗采用断桥铝合金门窗；耐火等级为一级，建筑耐久年限一级，为二类建筑；地下室防水等级二级，屋面防水等级Ⅱ级。安装由高低压配电系统、照明及配电系统、动力配电及控制系统、空调配电及控制系统、防雷与接地系统、弱电系统、消防报警系统、给水排水系统、空调通风系统、消防水系统、喷淋系统、安保监控系统等组成一体化工程。

（2）结构概况

本工程为天然地基基础，基础为有梁800mm厚筏形基础；抗震设防类别为丙类，抗震设防烈度为7度，结构安全等级为二级。上部主体为框架-剪力墙结构，地基基础设计等级为乙级；基础采用强度等级为C40P6钢筋混凝土；有梁筏板混凝土等级分别有C30、C35、C40；钢筋：HPB300、HRB335、HRB400；本工程部分（E/①-⑭、D/①-⑭、C/①-⑭、F/④-⑪）纵向框架梁采用了无粘结预应力混凝土技术，预应力筋为Φ^s15.24高强度低松弛钢绞线；地下室人防部分建筑面积3133m²，为二等人员掩蔽所，分为两个防护单元，结构按核6级甲类防空地下室。

（3）工程功能介绍

该科研办公楼是××分公司在××新建的科研基地，该办公楼是集办公和科研于一体的现代化综合办公楼。该工程地下室人防部分战时为核6级甲类防空地下室，平时为地下停车库。地下室非人防部分为设备安装机房，设置有冷冻机房、高低压配电室、水泵房、消防水池、弱电机房、风机房等。一层为现代化综合资料室，2、3层为入口大厅及办公室和会议室及信息中心办公室和机房，4层为普通办公室和300人多媒体会议室。5～10层为普通办公室，11层为局长办公室，12层为办公室和阅览室。屋面为水箱间和电梯机房。

（4）工程特点介绍

本工程地基为天然地基，基坑深4.8m，施工采用一次性大开挖。基础筏板为有梁式基础筏板，基础及主体设置沉降和温度后浇带设置较多。本工程东西长纵向框架梁采用无粘结预应力混凝土技术，预应力筋为Φ^s15.24高强度低松弛钢绞线，解决超长框梁温度裂缝问题。主体结构工程采用清水混凝土。本工程为现代化科研办公楼工程，中央空调、弱电、信息化等一系列安装项目较多，因此，工程施工组织和水电土建交叉为工程较为重要的一方面。

（5）工程目标

1）质量目标

质量目标：鲁班奖。

2）工期目标

开工日期：2006 年 10 月 1 日。

工期目标：450 日历天。

3）安全目标

安全目标：安全标准化工程。

采取切实可行的安全措施，加大安全防护投入，在本工程中杜绝死亡及重伤事故，轻伤频率控制在 3‰以下。

4）文明施工目标

确保省级安全文明工地。

采取切实可行的措施，加大文明施工的现场投入，确保本工程在文明工地评比中获得省级文明工地称号。

5）环保目标

施工过程中采取必要的措施，减少水污染、噪声污染、粉尘污染、环境生态的破坏和对周围居民正常生活的影响。

6）科技进步目标

在工程施工中积极采用新技术、新材料和新工艺，确保达到河南省新技术推广应用示范工程，争创中华人民共和国住房和城乡建设部新技术推广应用示范工程。

7）保修服务目标

严格按照国家保修期限进行保修，并在此基础上延长一年。

要求：请根据以上项目信息绘制简版施工进度网络计划图。

案例实操题
参考答案4

拓展习题4

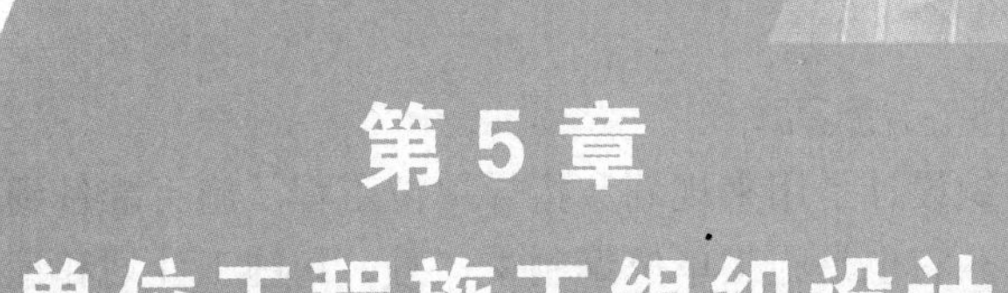

第5章 单位工程施工组织设计

【本章重难点】单位工程施工进度计划与资源需要量计划；单位工程施工平面图设计内容、依据、原则和步骤。

【学习目标】了解单位工程施工组织设计概述；熟悉工程概况与施工部署；熟悉施工方案内容及施工安排；掌握单位工程施工进度计划与资源需要量计划（施工进度计划和资源需要量计划）；掌握单位工程施工平面图设计（设计内容、设计依据、设计原则、设计步骤）；了解单位工程投标阶段的施工组织设计；熟悉单位工程施工组织设计的技术经济分析。

【素质目标】培养学生做事的严谨性；增强节约用地、生态保护、绿色低碳、安全文明、节约成本的理念。

随着建设项目功能的复杂化，建设内容多元化，针对单位工程的科学、合理的施工组织设计对项目目标的完成度影响越来越大。单位工程施工组织设计需要结合工程实际情况，以承包合同和设计图纸以及国家相关法律法规为依据，在保证质量和安全的前提下，秉承技术先进、经济合理的原则，去合理地运用人力、物力、财力等资源，使项目产生最大的效益。如何开展单位工程施工组织设计工作，按照什么程序开展完成对应的设计内容，则是本章需要重点学习的内容。

5.1 单位工程施工组织设计概述

1. 单位工程施工组织设计的理解

单位工程施工组织设计是用来规划和指导单位工程从施工准备到竣工验收全过程施工活动的技术经济文件。它也是施工单位编制季、月、旬施工计划和编制劳动力、材料、机械设备等供应计划的主要依据。它通常是在施工图完成并进行会审后，由项目负责人主持编制，报上级主管部门审批。

（1）设计任务

单位工程施工组织设计的任务，是依据施工组织总设计对单位工程的规划安排，结合工程实际及相关资料，选择确定合理的施工方案，提出具体的质量、安全、进度、成本保证措施；编制进度计划，确定科学、合理的各分部分项工程间的搭接配合关系，以实现工期目标；计算各种资源需要量，落实资源供应，做好施工作业准备工作；设计符合施工现场情况的平面布置图，使施工现场平面布置科学、紧凑、合理。

（2）设计文件内容

单位工程施工组织设计的内容，需根据拟建工程的性质、特点及规模，同时考虑施工要求及条件进行编制，无须千篇一律，但单位工程施工组织设计必须真正起到指导现场施工的作用。一般包括下列内容：

1）编制依据

编制依据作为单位工程施工组织设计的组成部分，它主要说明组织拟建项目施工方案依据的法律法规、国家标准、地方及企业的有关规定、工程设计文件、施工合同或招标投标文件、操作规程或施工工法、规范和技术标准等。

2）工程概况

工程概况主要包括：工程主要情况、各专业设计简介和工程施工条件等。

3）施工部署

施工部署主要包括：工程施工目标，项目组织机构设置，人员岗位职责，施工任务划分，施工流水段划分，选择合理的施工机械和施工方法，确定总的施工顺序及施工流向等。对于工程施工的重点和难点应进行分析，包括组织管理和施工技术两个方面。对于工程施工中开发和使用的新技术、新工艺应做出部署，对新材料和新设备的使用提出技术及管理要求。对主要分包工程施工单位的选择要求及管理方式，应进行简要说明。

4）施工进度计划

施工进度计划主要包括：划分施工过程；计算工程量、劳动量、机械台班量、施工班组人数、每天工作班次、工作持续时间；确定分部分项工程（施工过程）施工顺序及搭接关系，绘制进度计划表、保证进度计划实施的措施等。

5）施工准备与资源配置计划

施工准备与资源需要量计划主要包括：施工前的技术准备、现场准备、机械设备、劳动力、工具、材料、构件和半成品构件的准备，并编制准备工作和资源需要量计划表。资源需要量计划宜细化到专业工种。

6）施工方案

一般，单位工程施工方案并入施工部署，复杂的分部分项工程在施工前需单独编制专项工程施工方案。至于哪些工程需编制专项工程施工方案，可按照各地区行政主管部门的规定执行。施工方案主要包括：主要分部分项工程施工方法与施工机械选择、施工段的划分、施工顺序的确定、技术、组织措施制定等。施工方案的选择要遵循先进性、可行性和经济性兼顾的原则，应结合工程的具体情况和施工工艺、工法等考虑。

7）施工平面图

施工平面图设计主要包括垂直运输机械、临时加工场地、机具、材料、构件仓库与堆场的布置及临时水电管网、临时道路、临时设施用房的布置等。施工现场平面布置图一般按地基基础、主体结构、装修装饰与机电设备安装三个阶段分别绘制。

8）技术经济指标分析

技术经济指标分析主要包括工期指标、质量指标、安全指标、文明施工、降低成本等指标的分析。

（3）单位工程施工组织设计编制原则与程序

1）单位工程施工组织设计编制原则

① 满足施工组织总设计的要求

若单位工程属于群体工程中的一部分，在编制时应满足施工组织总设计对工期、质量及成本目标的要求。

② 尽可能选用先进施工技术

选用施工新技术应从项目实际出发，在调查研究的基础上，经过科学分析和技术经济论证，既要考虑其先进性，更要考虑其适用性和经济性。先进的施工技术能够提高劳动生产率，保证工程质量，加快施工进度，降低施工成本，减轻劳动强度。

③ 尽可能组织各个专业工种的合理搭接

土木工程施工对象越来越复杂、智能化水平越来越高，因而完成一个工程的施工所需要的工种越来越多，相互之间的影响及对工程施工进度的影响也越来越大。施工组织设计要有预见性和计划性，既要使各施工过程、专业工种顺利进行施工，又要使它们尽可能实现搭接，以缩短工期。

④ 尽可能优选施工方案

完成一项单位工程的施工方案有许多种，但需要对主要分部工程的施工方案和主要施工机械的选择进行论证和技术经济分析，尽可能选择既经济又先进且符合现场实际、适合本项目的施工方案。

⑤ 确保工程质量、施工安全和文明施工

在单位工程施工组织设计中，应根据工程条件拟定保证质量、降低成本和安全施工的措施，务必要求切合实际、有的放矢，同时提出文明施工及保护环境的措施。

例如，鄂州市市民中心项目开工以来，严格落实各项标准和制度，以打造绿色文明安全工地、建设和谐施工环境作为施工现场的管理目标，项目严格执行新版局安全文明标准化防护图册，落实施工现场安全防护标准化建设，建设期间接待 40 余次建筑同行观摩交流，荣获“2017 年度建设工程项目施工安全生产标准化建设工地”称号。

施工现场情况复杂，在建设项目的施工现场，安全文明施工设施可以充分发挥警示和引导作用使施工人员需要充分发挥主观能动性，有效增强安全文明意识，增强职业道德意识，正确认识安全生产和文明施工在思想层面的重要作用，规范施工安全生产工作，更好地保证建筑职工人身安全和健康。

2）单位工程施工组织设计的编制程序

单位工程施工组织设计的编制程序是指在施工组织设计编制过程中应遵循的编制内容的先后顺序及其相互制约的关系。根据工程的特点和施工条件的不同，其编制程序繁简不一，一般单位工程的编制程序，如图 5-1 所示。

2. 单位工程施工组织设计的编制依据

（1）项目施工所在地区行政主管部门的批准文件，建设单位（业主）对工程的要求或所签订的施工合同，竣工日期，质量等级，技术要求，验收办法等。

（2）勘察施工现场所得到的资料，如水准点、地形、地质、地上地下障碍物、交通运输、水、电、通风等。

（3）国家及建设地区现行的有关法律、法规和文件规定，现行施工质量验收规范，安全操作规程，质量评定标准等文件。

（4）项目施工图、标准图及会审记录材料。

（5）施工组织总设计。若单位工程是建设项目的一个组成部分时，必须按施工组织总设计有关内容及要求编制。

（6）项目工程预算文件及有关定额。应有详细的分部分项工程的工程量，必要时应有分层、分段的工程量及劳动定额。

（7）建设单位可能提供的条件，如供水、供电、施工道路、施工场地及临时设施等条件。

（8）施工企业的生产能力、机具设备状况、技术水平等。

（9）本地区劳动力及与本工程有关的资源供应状况。

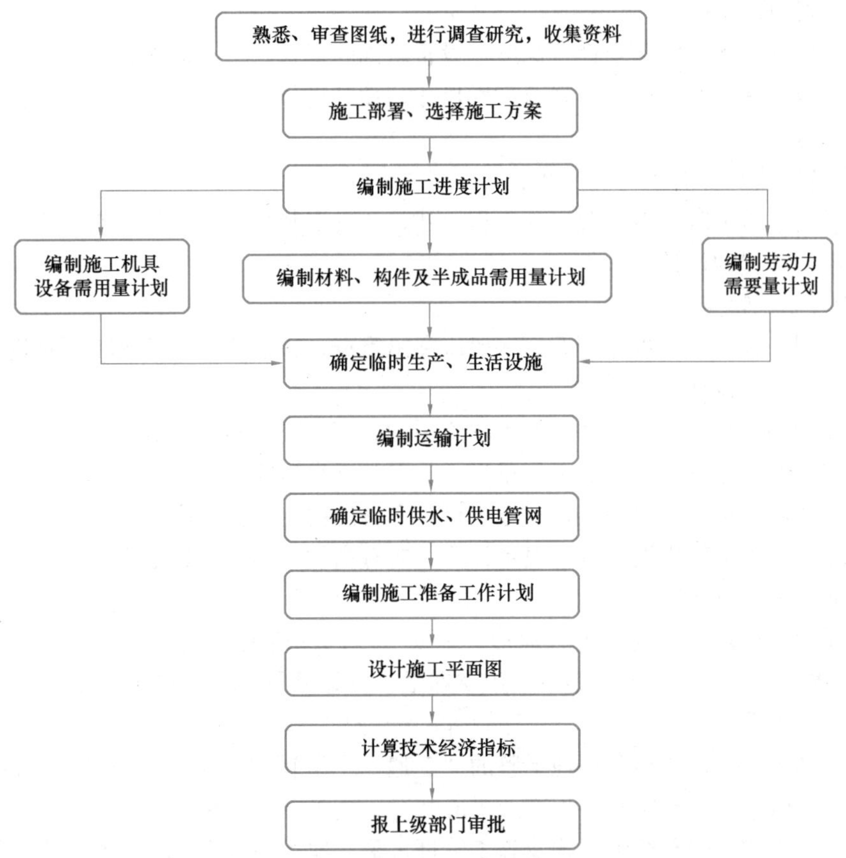

图 5-1　单位工程施工组织设计的编制程序

5.2　工程概况与施工部署

1. 工程概况

单位工程施工组织设计中的工程概况是对拟建工程的工程特点、建设地点特征和施工条件等所做的一个简要、突出重点的文字介绍。

(1) 工程特点

工程特点包括对工程建设概况、建筑设计概况、结构设计概况、设备安装及智能系统设计特点、工程施工特点这五方面的介绍。

1) 工程建设概况

主要介绍拟建工程的建设单位，工程名称、性质、用途、作用和建设目的，资金来源及工程投资额，开工、竣工日期，设计单位，施工单位，施工图纸情况，施工合同，主管部门的有关文件或要求，以及组织施工的指导思想等。

2) 建筑设计概况

主要说明拟建工程的建筑面积、平面形状和平面组合情况，层数、层高、总高度、总长度和总宽度等尺寸及室内外装修的情况，并附有拟建工程的平面、立面、剖面简图。

3）结构设计概况

主要说明基础构造特点及埋置深度，设备基础的形式，桩基础的根数及深度，主体结构的类型，墙、柱、梁、板的材料及截面尺寸，预制构件的类型、重量及安装位置，楼梯构造及形式等。

4）设备安装及智能系统设计特点

主要说明建筑采暖与卫生及煤气工程，建筑电气安装工程，通风与空调工程，电梯安装、智能系统工程的设计要求。

5）工程施工特点

主要说明工程施工的重点所在，一般应突出重点，抓住关键，使施工顺利进行，提高施工单位的经济效益和管理水平。

不同类型的建筑、不同条件下的工程施工均有其不同的施工特点。例如，砖混结构住宅建筑的施工特点是砌砖和抹灰工程量大，水平与垂直运输量大等。又如，现浇钢筋混凝土高层建筑的施工特点主要是结构和施工机具设备的稳定性要求高，钢材加工量大，混凝土浇筑难度大，脚手架搭设要进行设计计算，要有高效率的垂直运输设备等。

(2) 建设地点特征

一般需说明拟建工程的位置、地形、地质（不同深度的土质分析、结冻期及冻层厚度），地下水位、水质，气温及冬季、雨季期限，主导风向、风力和地震烈度等特征。

(3) 施工条件

主要包括水、电、道路及场地平整的“三通一平”情况，施工现场及周围环境情况，当地的交通运输条件，预制构件生产及供应情况，施工单位机械、设备、劳动力的落实情况，内部承包方式，劳动组织形式及施工管理水平，现场临时设施、供水、供电问题的解决等。

2. 施工部署

施工部署是施工组织设计的中心环节，是对整个建设项目实施过程做出的统筹规划和全面安排，它主要解决工程施工中全局性的重大战略问题。

(1) 确定施工管理目标

工程施工管理目标应根据施工合同、招标文件以及本单位对工程管理目标的要求确定，包括进度、质量、安全、环境和成本等目标。当单位工程施工组织设计作为施工组织总设计的补充时，各项目标的确定应满足施工组织总设计中确定的施工总体目标。

根据施工合同的约定和政府行政主管部门的要求，制定工期、质量、安全和环境保护等方面的管理目标。

1）工期目标应以施工合同或施工组织总设计的要求为依据制定，并确定各主要施工阶段（如各分部工程完成节点）的工期控制目标。

2）质量目标应按合同约定要求为依据，制定出总目标和分解目标。质量总目标通常有：确保市优、省优，争创国优（如鲁班奖、国家优质工程金质奖和银质奖）；分解目标指各分部（分项）工程拟达到的质量等级（优良、合格）。

3）安全目标应按政府主管部门和企业要求以及合同约定，制定出事故等级、伤亡率、事故频率的限制目标。

4）环境保护属于安全文明施工的一部分，主要从施工场地的平面优化、施工现场的噪声控制、大气环境（主要是施工粉尘）控制、现场临时生产和生活废水的处理、施工垃圾的堆放和处理等方面制定环境保护的目标。例如，广东陆丰甲湖湾电厂新建工程配套码头工程突破传统水工建设理念，采用预制超高分子量聚乙烯护轮坎、封闭皮带机廊道等节能环保设计，实现了项目与自然环境的和谐统一，建成后能有效地满足广东东南部地区电力需求，对区域经济发展以及海陆丰革命老区的振兴建设具有重大意义，充分体现了科技是第一生产力的理念，以科技推动了建筑业高质量发展。

（2）确定施工程序

根据建设项目总目标要求，确定工程分期分批施工的合理开展程序，应主要考虑以下几个方面。

1）在保证工期的前提下，尽量实行分期分批施工

在保证工期的前提下实行分期分批建设，既可以使每一个具体项目迅速建成，尽早投入使用，又可在全局上取得施工的连续性和均衡性，以减少暂设工程数量，降低工程成本，充分发挥项目建设投资的效果。

2）统筹安排各类项目施工

安排施工项目先后顺序，应按照各工程项目的重要程度，优先安排如下工程：

① 按生产工艺要求，必须先期投入生产或起主导性作用的各程项目。

② 工程量大、施工难度大、施工工期长的工程项目。

③ 为施工顺利进行所必需的工程项目，如运输系统、动力系统等。

④ 供施工使用的工程项目，如钢筋、木材、预制构件等各种加工厂、混凝土搅拌站等附属企业及其他为施工服务的临时设施。

⑤ 生产上需先期使用的机修、车床、办公楼及部分家属宿舍等。

3）注意施工顺序的安排

建筑施工活动之间交错搭接地进行时，要注意必须遵循一定的顺序。一般工程项目均应按先地下后地上、先深后浅、先干线后支线的原则进行安排。如地下管线和筑路的程序，应先铺管线后筑路。

4）注意季节对施工的影响

不同季节对施工有很大影响，它不仅影响施工进度，而且还影响工程质量和投资效益，在确定工程开展程序时，应特别注意。例如，大规模的土方工程和深基础工程施工一般要避开雨季；寒冷地区的工程施工，最好在入冬时转入室内作业和设备安装。

（3）确定项目管理组织机构和岗位职责

项目管理组织机构应根据工程的规模、复杂程度、专业特点、施工企业类型、人员素质、管理水平等设置足够的岗位，其人员组成以组织机构图的形式列出，明确各岗位人员的职责。某单位工程项目管理组织机构图如图 5-2 所示。

（4）分析工程的重点和难点

根据工程目标和施工单位的情况，应对工程施工的重点和难点进行分析，包括组织管理和施工技术两个方面。施工方法选择应着重考虑影响整个单位工程的分部（分项）工程，例如工程量大、施工技术复杂或对工程质量起关键作用的各种工程。

此外，施工部署还应对工程施工中开发和使用的新技术、新工艺做出安排，对新材料

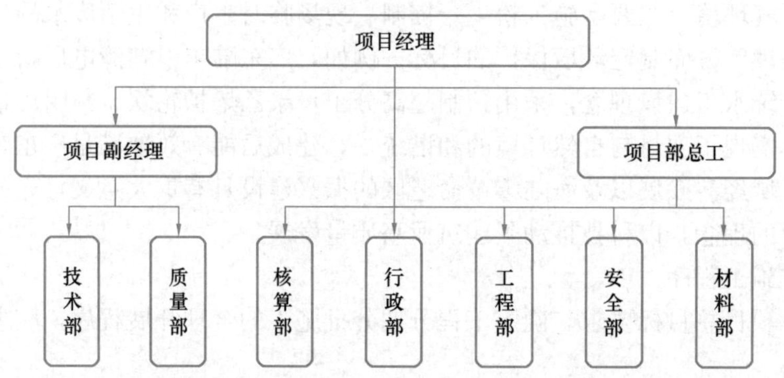

图 5-2 某单位工程项目管理组织机构图

和新设备的使用提出技术及管理要求，并对主要分包工程施工单位的选择要求及管理方式进行简要说明。

5.3 施工方案内容及施工安排

1. 施工方案的内容

施工方案是以分部（分项）工程或专项工程为主要对象编制的施工技术与组织方案，用以具体指导其施工过程。对达到一定规模的危险性较大的分部（分项）工程，必须编制专项施工方案或专项施工组织设计。

（1）施工方案内容

1）工程概况

施工方案的工程概况包括工程主要情况、设计简介和工程施工条件三个方面。分部（分项）工程或专项工程施工方案，在施工组织设计中已包含的内容可省略。

2）编制依据

相关法律、法规、规范性文件、标准、规范及图纸（国标图集）、施工组织设计等。

3）施工安排

① 工程施工目标包括进度、质量、安全、环境和成本等目标，各项目标应满足施工合同、招标文件和总承包单位对工程施工的要求。

② 工程施工顺序及施工流水段划分。

③ 针对工程的重点和难点安排施工，并简述主要管理和技术措施。

④ 根据分部（分项）工程或专项工程的规模、特点、复杂程度、目标控制和总承包单位的要求设置项目管理机构，该机构各种专业人员配备齐全、完善项目管理网络，建立健全岗位责任制。

4）施工进度计划

分部（分项）工程或专项工程施工进度计划应按照施工安排，并结合总承包单位的施工进度计划进行编制。其编制应内容全面、安排合理、科学实用，反映出各施工区段或各工序之间的搭接关系、施工期限和开始、结束时间。

5）施工准备与资源配置计划

施工方案的施工准备与资源配置计划的主要内容同单位工程施工组织设计，只是施工方案针对的是分部（分项）工程或专项工程，在施工准备阶段，除了要完成本项工程的施工准备外，还需注重与前后工序的相互衔接。

施工准备应包括技术准备、现场准备和资金准备。

资源配置计划应包括劳动力配置计划和物资配置计划。

6）施工方法及工艺要求

施工方法是工程施工期间所采用的技术方案、工艺流程、组织措施、检验手段等。它直接影响施工进度、质量、安全以及工程成本。其内容应比施工组织总设计和单位工程施工组织设计的相关内容更细化。

例如，装配式施工的方式遵循了绿色、生态、节能和环保的理念，把传统建造方式内的大量施工作业转移至工厂内进行，显著提升建筑生产施工效率，同时具有污染小、安全性高等优点。由此可见，建筑施工技术水平的不断提高使施工质量和效率得到飞跃，促进新方案、新工艺的发展，对建筑行业的发展有巨大贡献。

首先，明确分部（分项）工程施工方法，施工工艺的技术参数、工艺流程、施工方法、检查验收等要求。涉及结构安全的专项方案或专项工程施工方法必须进行施工力学计算，并在方案中附相关计算书及相关图纸。

其次，对易发生质量通病、易出现安全问题、施工难度大、技术含量高的分项工程（工序）等应编制相关施工工法。

再次，对开发和使用的新技术、新工艺以及采用的新材料、新设备应通过必要的试验或论证并制定计划。对于工程中推广应用的新技术、新工艺、新材料和新设备，尽量采用目前国家和地方推广的。当然，也可以根据工程具体情况由企业自主创新。对于企业创新的技术和工艺，要制订理论和试验研究实施方案，并组织鉴定评价。

最后，对季节性施工方案应提出具体要求。根据施工地点的实际气候特点，提出具有针对性的施工措施。施工过程中，还应根据气象部门的预报资料，对具体措施细化。

7）施工安全保证措施

包括组织保障（例如，专职安全生产管理人员、特种作业人员）、技术措施、应急预案、监测监控等。

（2）危险性较大的分部（分项）工程施工方案

根据《建设工程安全生产管理条例》（国务院第393号令）及《危险性较大的分部分项工程安全管理办法》（建办质〔2018〕31号文）规定，危险性较大的分部（分项）工程范围包括：

① 基坑支护、土方开挖工程与降水工程

危险性较大：开挖深度超过3m（含3m）；开挖深度虽未超过3m，但地质条件、周围环境和地下管线复杂，或影响毗邻建、构筑物安全的基坑（槽）的土方开挖、支护、降水工程。

超过一定规模的危险性较大：开挖深度超过5m（含5m）的基坑（槽）的土方开挖、支护、降水工程。

② 模板工程

危险性较大：各类工具式模板工程，包括大模板、滑模、爬模、飞模等工程；混凝土模板支撑工程，搭设高度 5m 及以上，搭设跨度 10m 及以上。施工总荷载 10kN/m^2 及以上，集中线荷载 15kN/m^2 及以上，高度大于支撑水平投影宽度且相对独立无连系构件的混凝土模板支撑工程；承重支撑体系，用于钢结构安装等满堂支撑体系。

超过一定规模的危险性较大：包括滑模、爬模、飞模、隧道模等工程；混凝土模板支撑工程：搭设高度 8m 及以上，或搭设跨度 18m 及以上，或施工总荷载（设计值）15kN/m^2 及以上，或集中线荷载（设计值）20kN/m 及以上；承重支撑体系：用于钢结构安装等满堂支撑体系，承受单点集中荷载 7kN 及以上。

③ 起重吊装工程

危险性较大：采用非常规起重设备、方法，且单件起吊重量在 10kN 及以上的起重吊装工程；采用起重机械进行安装的工程；起重机械设备安装、拆卸。

超过一定规模的危险性较大：采用非常规起重设备、方法，且单件起吊重量在 100kN 及以上的起重吊装工程；起重量 300kN 及以上，或搭设总高度 200m 及以上，或搭设基础标高在 200m 及以上的起重机械安装和拆卸工程。

④ 脚手架工程

危险性较大：搭设高度 24m 及以上的落地式钢管脚手架工程（包括采光井、电梯井脚手架）；附着式升降脚手架工程；悬挑式脚手架工程；高处作业吊篮；卸料平台、操作平台工程；异形脚手架工程。

超过一定规模的危险性较大：搭设高度 50m 及以上落地式钢管脚手架工程；提升高度在 150m 及以上的附着式升降脚手架工程或附着式升降操作平台工程；分段架体搭设高度 20m 及以上的悬挑式脚手架工程。

⑤ 拆除工程

危险性较大：可能影响行人、交通、电力设施、通信设施或其他建（构）筑物安全的拆除工程。

超过一定规模的危险性较大：码头、桥梁、高架、烟囱、水塔或拆除中容易引起有毒有害气（液）体或粉尘扩散、易燃易爆事故发生的特殊建筑、构筑物的拆除工程；文物保护建筑、优秀历史建筑或历史文化风貌区影响范围内的拆除工程。

⑥ 暗挖工程

危险性较大：采用矿山法、盾构法、顶管法施工的隧道、洞室工程。

超过一定规模的危险性较大：采用矿山法、盾构法、顶管法施工的隧道、洞室工程。

⑦ 其他

危险性较大：建筑幕墙安装工程；钢结构、网架和索膜结构安装工程；人工挖孔桩工程；水下作业工程；装配式建筑混凝土预制构件安装工程；采用新技术、新工艺、新材料、新设备可能影响工程施工安全，尚无国家、行业及地方技术标准的分部分项工程。

超过一定规模的危险性较大：施工高度 50m 及以上的建筑幕墙安装工程；跨度 36m 及以上的钢结构安装工程，或跨度 60m 及以上的网架和索膜结构安装工程；开挖深度 16m 及以上的人工挖孔桩工程；水下作业工程；重量 1000kN 及以上的大型结构整体顶升、平移、转体等施工工艺；采用新技术、新工艺、新材料、新设备可能影响工程施工安全，尚无国家、行业及地方技术标准的分部分项工程。

(3) 专项方案与论证

施工单位应当在危险性较大的分部(分项)工程施工前编制专项方案，并附具安全验算结果，经施工单位技术负责人、总监理工程师签字后实施；对于超过一定规模的危险性较大的分部分项工程，施工单位应当组织专家对专项方案进行论证。除《建设工程安全生产管理条例》中规定的分部(分项)工程外，施工单位还应根据项目特点和地方政府部门有关规定，对具有一定规模的重点、难点分部(分项)工程进行相关论证，例如施工临时用电专项方案。

2. 施工安排顺序

(1) 施工开展程序的确定

1) 民用建筑

按照常规施工方法时的施工程序应遵循“先地下后地上，先主体后围护，先结构后装饰、先土建后设备安装”的原则来确定。

① 先地下后地上。指的是在地上工程施工之前，把管道、线路等地下设施和土方工程、基础工程全部完成或基本完成，以免对地上部分产生干扰。

② 先主体后围护。主要指结构中主体与围护的关系。一般来说，多层建筑主体结构与围护结构以少搭接为宜，而高层建筑则应尽量交叉搭接施工，以便有效地缩短工期。

③ 先结构后装饰。主要指先进行主体结构施工，后进行装饰工程施工。就一般情况而言，高层建筑则应交叉搭接施工缩短工期。

④ 先土建后设备安装。指的是处理好土建与水、暖、电、卫等设备安装的施工顺序。

上述施工程序随着我国施工技术的发展以及企业经营管理水平的提高，特别是随着建筑工业化的不断发展，有些施工程序也将发生变化。例如，逆做法施工的工程，地下、地上同时施工，大大缩短了工期；又如，装配式结构施工，已由工地生产逐渐转向工厂生产，结构与装饰可在工厂内同时完成。

2) 工业厂房

① 先土建，后设备(封闭式施工)。工业建筑的土建与设备安装的施工顺序与厂房的性质有关，如精密工业厂房，一般要求土建、装饰工程完工之后安装工艺设备；重型工业厂房则有可能先安装设备，后建厂房或设备安装与土建同时进行，这样的厂房设备一般体积很大，若厂房建好以后，设备无法进入，如发电厂的主厂房。

“封闭式”施工方案的优点是厂房基础施工和构件预制的工作面较宽敞，便于布置起重机开行路线，可加快主体结构的施工进度；设备基础在室内施工，不受气候的影响，可提前安装厂房内的桥式吊车为设备基础施工服务。其主要缺点是设备基础的土方工程施工条件较差，不利于采用机械化施工；不能提前为设备安装提供条件，因而工期较长；出现某些重复性工作，例如厂房内部回填土的重复挖填和临时运输道路的重复铺设等。

② 先设备，后土建(开敞式施工)。该方案的优缺点与“封闭式”施工正好相反。

确定单层工业厂房的施工方案时，应根据具体情况进行分析。一般而言，当设备基础较浅或其底部标高不低于柱基且不靠近柱基时，宜采用“封闭式”施工方案；而当设备基础体积较大、埋置较深，采用“封闭式”施工对主体结构的稳定性有影响时，则应采用“开敞式”施工方案。对某些大而深的设备基础，若采用特殊的施工方法(如沉井)，仍可采用“封闭式”。当土建工程为设备安装创造了条件，同时又采取防止设备被砂浆、垃圾等污染损坏的措施时，主体结构与设备安装工程可以同时进行。

(2) 流水施工组织

1) 划分施工段

① 基础工程：少分段或不分段，便于不均匀地基的统一处理。当结构平面较大时，可以考虑 2～3 个单元为一段；

② 主体工程：2～3 个单元为一段，小面积的栋号平面内不分段，可以进行栋号间的流水；

③ 屋面工程：一般不分段，也可在高低层或伸缩缝处分段；

④ 装饰工程：外装饰以层分段或每层再分 2～3 段；内装饰每单元为一段或每层分 2～3段。

2) 流水施工的组织方式

建筑物（或构筑物）在组织流水施工时，应根据工程特点、性质和施工条件组织全等节拍、成倍节拍和分别流水等施工方式。例如：一般多层框架结构在竖向上需划分施工层，在平面上划分成若干施工段，组织平面和竖向上的流水施工。

(3) 施工起点流向的确定

施工流向是指施工活动在空间上的展开顺序。单层建筑需确定平面上的流向，多层建筑除确定平面流向外，还需确定竖向流向。也就是说，多层建筑施工项目在平面上和竖向上各划分为若干施工段，施工流向就是确定各施工段施工的先后顺序。例如，图 5-3 所示为多层建筑物层数不等时的施工流向示意图。其中，图 5-3（a）为从层数多的第Ⅱ段开始施工，再进入较少层数的施工段Ⅰ（或Ⅲ）进行施工，然后再依次进入第二层、第三层顺序施工；图 5-3（b）为从有地下室的第Ⅱ段开始施工，接着进入一层的第Ⅲ段施工，继而又从第一层的第Ⅰ段开始，由下至上逐层逐段依此顺序进行施工。采取这两种施工顺序组织施工时，能使各施工过程的工作队在各施工段上（包括各层的施工段）连续施工。

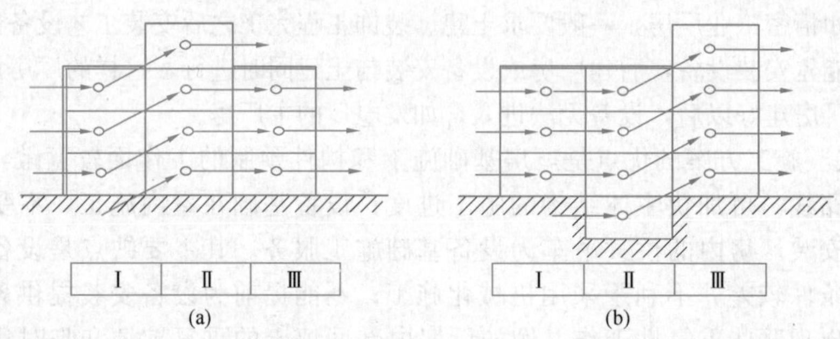

图 5-3　层数不等的多层房屋施工流向

1) 确定施工起点流向应考虑的因素

① 从生产工艺流程考虑，应对先投产的部位先施工。拟建项目的工艺流程，往往是确定施工流向的关键因素，首先施工影响后续生产工艺试车投产的部位，这样可以提前发挥基本建设投资的效果。

② 从施工技术考虑，应对技术复杂、工程量大、工期长的部位先施工。一般，技术

复杂、施工进度较慢、工期较长的区段和部位应先施工。一旦前导施工过程的起点流向确定了，后续施工过程也就随之而定了。如单层工业厂房的土方挖土工程的起点流向决定柱基础施工起点流向和预制、吊装施工过程的起点流向。

③ 根据施工条件、现场环境情况，对条件具备（如材料、图纸、设备供应等）的先行施工。工程现场条件和施工方案，施工场地的大小，道路布置和施工方案中采用的施工方法和机械也是确定施工起点和流向的主要因素。例如，土方工程边开挖边余土外运，则施工起点应由离道路远到近的方向进展。

④ 从沉降等因素考虑，应先高后低，先深后浅进行施工。如基础有深浅之分时，应按先深后浅的顺序进行施工。

⑤ 从分部分项工程的特点及其相互关系考虑。例如卷材屋面防水工程施工前，必须在保温层与找平层施工完成，且必须干燥后方可铺贴卷材防水；在大面积铺贴前，需要先施工细部附加层，后大面积施工；考虑每幅卷材长向搭接翘起渗漏隐患，卷材搭接必须顺着水流方向，即由檐口到屋脊方向逆着水流方向铺贴卷材。

2）工程施工流向举例——多层建筑的室内装饰工程起点和流向

根据装饰工程的工期、质量、安全、使用要求以及施工条件，其施工起点流向一般分为：自上而下、自下而上及自中而下再自上而中三种。

① 室内装饰工程自上而下的施工起点流向，通常是指主体结构工程封顶，做好屋面防水层后，从顶层开始，逐层往下进行。图 5-4（a）所示为水平向下的流向，这种起点流向是在主体结构完成，并做好屋面防水层后进行施工，所以不担心沉降、雨季渗漏影响，并且各工序之间交叉少，便于组织安全施工；其缺点是不能与主体施工搭接，因而工期较长。图 5-4（b）所示为垂直向下的流向，其优点除上述外，还减少了装饰后期同层施工洞口堵砌的工序，消除了施工洞口后期装饰色差、接槎、裂缝等质量缺陷；缺点是工作面小，不利于提高工作效率，工期较长。

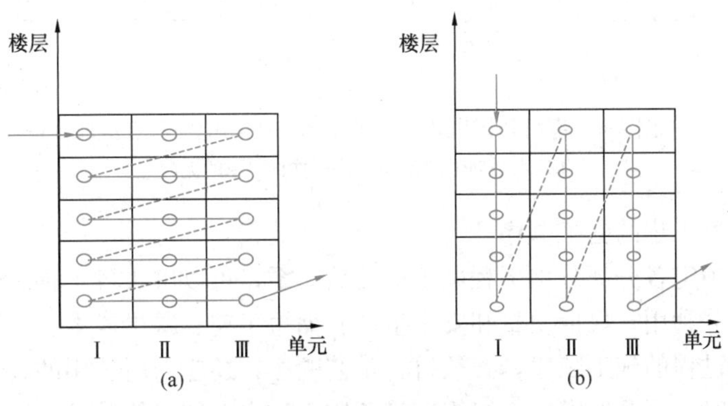

图 5-4　室内装饰工程自上而下的施工起点流向

（a）水平向下的流向；（b）垂直向下的流向

② 室内装饰工程自下而上的起点流向，是指当主体结构工程施工到 3 层以上时，装饰工程从一层开始。逐层向上进行，其施工流向如图 5-5 所示，有水平向上和垂直向上两种情况。此种起点流向的优点是可以和主体砌墙工程进行交叉施工，使工期缩短；缺点是工序之间交叉多，需要预防影响装饰工程质量的施工用水渗漏和雨水问题。

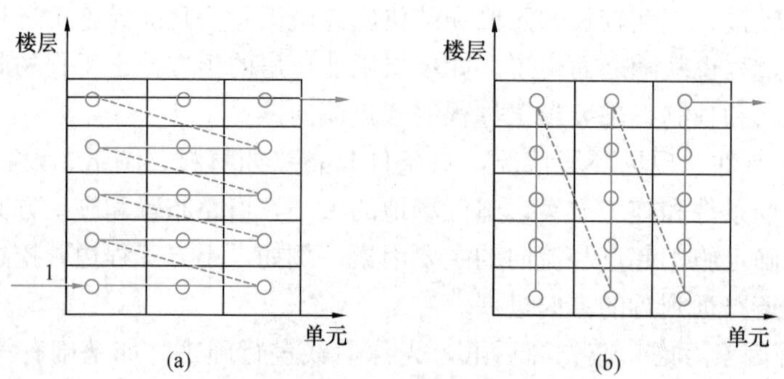

图 5-5 室内装饰工程自下而上的施工起点流向

(a) 水平向上的流向；(b) 垂直向上的流向

③ 自中而下再自上而中的起点流向，综合了上述两者的优缺点，适用于中、高层建筑的装饰工程，如图 5-6 所示。

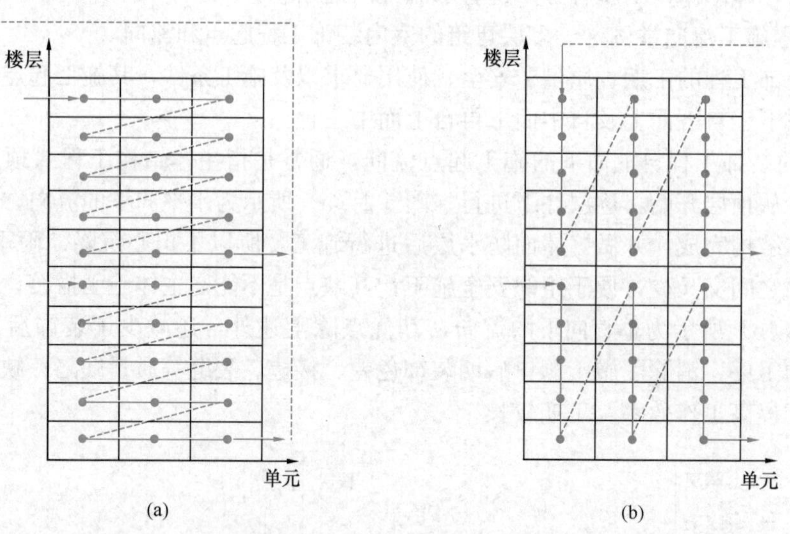

图 5-6 室内装饰工程自中而下再自上而中的起点流向

(a) 水平向下的流向；(b) 垂直向下的流向

（4）分部分项工程的施工顺序

施工顺序是确定各分部分项工程施工的先后关系，可以解决各工种之间在时间上的搭接、施工空间充分利用，保证质量和安全生产、缩短工期、减少成本。

确定各施工过程的施工顺序，必须符合工艺顺序，还应与所选用的施工方法和施工机械协调一致；同时，还要考虑施工组织、施工质量、安全技术的要求，以及当地气候条件等因素。其目的是更好地按照施工的客观规律组织施工，使各施工过程的工作队紧密配合，进行平行、搭接、穿插施工。

1）确定施工顺序的原则

① 必须符合施工工艺的要求。建筑物在建造过程中，各分部分项工程之间存在着一定的工艺顺序关系。它随着建筑物结构和构造的不同而变化，应在分析建筑物各分部分项工程之间的工艺关系的基础上确定施工顺序。例如：基础工程未做完，其上部结构就不能

进行，垫层需在土方开挖验槽后才能施工。

② 必须与施工方法协调一致。例如：在装配式单层工业厂房施工中，采用分件吊装法，则施工顺序是先吊装柱、再吊装梁、最后吊装各个节间的屋架及屋面板等；采用综合吊装法，则施工顺序为一个节间全部构件吊装完成后，再依次吊装下一个节间。

③ 必须考虑施工组织的要求。例如：有地下室的建筑，其地下室地面可以安排在地下室顶板施工前进行，也可以安排在地下室顶板施工后进行。从施工组织方面考虑，前者施工较方便，上部空间宽敞，可以利用吊装机械直接将地面施工用的材料运送到地下室。而后者材料运输就比较困难，但前者地面成品保护比较困难。

④ 必须考虑施工质量的要求。安排施工顺序时，要以保证和提高工程质量为前提。影响工程质量时，要重新安排施工顺序或采取必要的技术措施。例如：建筑电气的灯具、开关插头面板安排在室内涂料粉刷完成后进行，否则容易造成电气设备的污染。

⑤ 必须考虑当地的气候条件。例如：雨期施工到来前，应尽量先做基础工程、室外工程、门窗玻璃工程，为地上工程和室内工程施工创造条件，改善工人的劳动环境，有利于保证工程质量。

⑥ 必须考虑安全施工的要求，尤其是立体交叉、平行搭接施工的安全问题。

2）施工顺序举例

例一：现浇钢筋混凝土结构房屋

现浇钢筋混凝土结构房屋一般可划分为地下工程（包括基础工程）、主体结构工程，围护工程和装饰工程等。

① 地下工程的施工顺序（±0.000以下）

地下工程一般指设计标高（±0.000）以下的所有工序项目，一般的浅基础的施工顺序为：放线→挖土（基础开挖深度较大、地下水位较高，则在挖土前尚应进行降水及土壁支护工作）→清除地下障碍物→打钎验槽→软弱地基处理（需要时）→垫层→地下室底板防水施工（需要时）→基础施工（钢筋混凝土基础施工包括绑扎钢筋→支撑模板→浇筑混凝土→养护→拆模）→一次回填土→地下室施工→地下室外墙防水施工→二次回填土及地面垫层。

② 主体结构工程的施工顺序

全现浇钢筋混凝土框架的施工顺序一般为：绑扎柱钢筋→支设柱模→浇筑柱混凝土→支设梁、板模板→绑扎梁、板钢筋→浇筑梁、板混凝土。

③ 围护工程的施工顺序

围护工程的施工包括砌体工程、门窗安装。砌体工程包括搭设砌筑用脚手架、砌筑等分项工程。不同的分项工程之间可组织平行、搭接、立体交叉流水施工，脚手架应配合砌筑工程搭设，在室外装饰后、做散水前拆除。

④ 屋面工程

屋面工程目前大多数采用卷材防水屋面，其施工顺序总是按照屋面构造的层次，由下向上逐层施工。一般依次施工隔汽层→保温层→找坡→找平层→涂刷基层处理剂→细部的加强层（例如，突出屋面设施的根部、排气道、分格缝等）→卷材防水层→保护层。屋面工程在主体结构完成后开始，并应尽快完成，为顺利进行室内装饰工程创造条件。

⑤ 装饰工程的施工顺序

一般的装饰包括抹灰、勾缝、饰面、喷浆、门窗扇安装、玻璃安装、油漆等。其中抹灰是主导工程。装饰工程没有一定严格的顺序，但须考虑装饰工程与主体结构、各装饰工艺的先后顺序关系。

a. 主体结构工程与装饰工程的施工顺序关系

在工程施工流向中已经阐述。

b. 室内与室外装饰工程的先后顺序关系

室内与室外装饰工程的先后顺序与施工条件和气候条件有关。可以先室外后室内，也可以先室内后室外或室外室内同时平行施工。但当采用单排脚手架砌墙时，由于脚手架拉墙杆的脚手眼需要填补，所以至少在同一层须做完室外墙面粉刷后，再做内墙粉刷。

c. 顶棚、墙面与楼地面抹灰的顺序关系

同一层内抹灰工作不宜交叉进行，顶棚、墙面与地面抹灰的顺序可灵活安排。一般有两种方式，第一种：楼地面抹灰→顶棚抹灰→墙面抹灰；第二种：顶棚抹灰→墙面抹灰→楼地面抹灰。

第一种方法，先楼地面后顶棚、墙面，有利于收集落地灰以节约材料，但顶棚、墙面抹灰脚手架易损坏地面，应做好成品保护；第二种方法，先顶棚、墙面后楼地面，则必须将结构层上的落地灰清扫干净再做楼地面，以保证楼地面面层的质量。

另外，为保证和提高施工质量，楼梯间的抹灰和踏步抹面通常在其他抹灰工作完工以后，自上而下地进行，内墙涂料必须待顶棚、墙面抹灰干燥后方可进行。

d. 室内精装饰工程的施工顺序

室内精装饰工程的施工顺序一般为：砌隔墙→安装门窗框→防水房间防水施工→楼（地）面抹灰→顶棚抹灰→墙面抹灰→楼梯间及踏步抹灰→墙、地贴面砖→安门窗扇→木装饰→顶棚、墙体涂料→木制品油漆→铺装木地板→检查整修。

⑥ 水、电、暖、卫、燃等与土建的关系

水、电、暖、卫、燃等工程须与土建工程中有关分部分项工程交叉施工，且应紧密配合。

a. 基础工程施工时，应将上下水管沟和暖气管沟的垫层、墙体做好后再回填土，不具备条件时应预留位置；

b. 主体结构施工时，应在砌墙和现浇钢筋混凝土楼板的同时，预留上下水、燃气，暖气立管的孔洞及配电箱等设备的孔洞，预埋电线管、接线盒及其他预埋件；

c. 装饰装修施工前，应完成各种管道、水暖、卫的预埋件，设备箱体的安装等，应敷设好电气照明的墙内暗管、接线盒及电线管的穿线；

d. 室外上下水及暖燃等管道工程可安排在基础工程前或主体结构完工后进行。

例二：装配式单层工业厂房

装配式单层工业厂房的施工，一般分为基础工程、预制工程、吊装工程、围护装饰工程和设备安装工程等施工阶段。

① 基础工程阶段

a. 厂房基础：挖土→混凝土垫层→杯形基础扎筋→支模→浇混凝土→养护→拆模→回填土。

b. 设备基础：采用开敞式施工方案时，设备基础与杯形基础同时施工；采用封闭式施工方案时，设备基础在结构完工后施工。

② 预制构件工程阶段

a. 柱：地胎模→扎筋→支侧模→浇混凝土（安木芯模）→养护→拆模→翻身吊装；

b. 屋架：砖底模→扎筋、埋管→支模（安预制腹杆）→浇混凝土→抽芯→养护→穿预应力筋、张拉、锚固→灌浆→养护→翻身吊装。

③ 吊装工程阶段

a. 单件法吊装：准备→吊装柱子→吊装基础梁、吊车梁、连系梁→吊装屋盖系统；

b. 综合法吊装：准备→吊装第一节间柱子→吊装第一节间基础梁、吊车梁、连系梁→吊装第一节间屋盖系统→吊装第二节间柱子→……→结构安装工程完成。

④ 围护、屋面、装饰工程阶段

围护：砌墙（搭脚手架）、浇筑圈梁、安门窗框；

装饰：安门窗扇→内外墙勾缝→顶墙喷浆→门窗油漆玻璃→地面、勒脚、散水。

⑤ 设备安装阶段

设备安装，由于专业性强、技术要求高等，一般由专业公司分包安装。

上面所述现浇钢筋混凝土结构和装配式单层工业厂房的施工顺序，仅适用于一般情况。建筑施工顺序的确定既是一个复杂的过程，因此，必须针对每一个工程施工特点和具体情况，合理确定施工顺序。

3. 施工方案的选择

施工方案的选择是施工组织设计的核心内容。施工方案的选择是否合理，将直接影响到工程进度、施工质量、安全生产和工程成本。其内容包括确定施工起点流向、施工展开程序、主要分部（项）工程的施工方法和施工机械。

（1）确定施工流向和划分施工段

施工流向是指单位工程在平面上或竖向上施工开始的部位和进展的方向。对单层建筑物要确定出分段（跨）在平面上的施工流向。通常，工业厂房从施工角度来看，从其任何一端开始施工都是一样的。但是，按照生产工艺的顺序来施工，可以保证设备安装工程分期进行，从而达到分期完工、分期投产，提前发挥投资效益的目的。对多层建筑物，除了应确定每层平面上的流向外，还应确定其层或单元在竖向上的施工流向。后者主要是指装修工程，不同的施工流向可产生不同的质量、时间和成本效果。施工流向应当优选。确定施工流向应考虑以下因素：生产使用的先后，施工区段的划分，与材料、构件、土方的运输方向不发生矛盾，适应主导工程（工程量大、技术复杂、占用时间长的施工过程）的合理施工顺序。具体应注意以下几点：

① 工业厂房的生产工艺往往是确定施工流向的关键因素，故影响试车投产的工段应先施工。

② 建设单位对生产或使用要求在先的部位应先施工。

③ 技术复杂、工期长的区段或部位应先施工。

④ 当有高低跨并列时，应从并列处开始施工；屋面防水施工，应按先低后高的顺序施工；当基础埋深不同时，应依照先深后浅的顺序施工。

⑤ 根据施工现场条件确定。如土方工程边开挖边余土外运，施工的起点一般应选定在离道路远的部位，按由远而近的流向施工。

装饰工程分为室外装饰工程和室内装饰工程。通常，室外装饰工程施工流向是自上而下的，而室内装饰工程可以自上而下（图 5-7），也可以自下而上（图 5-8）。

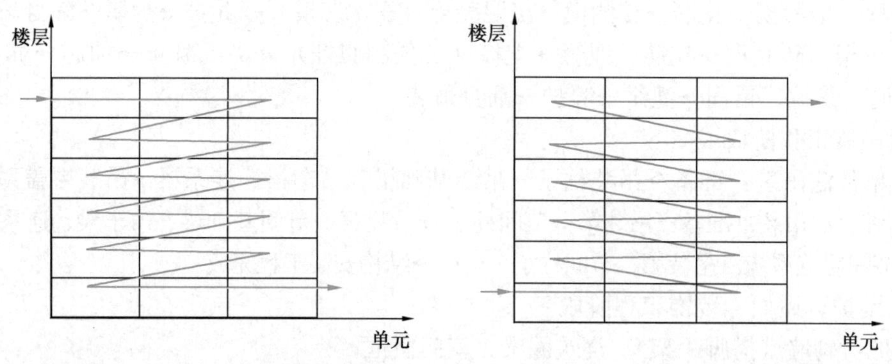

图 5-7　室内装饰自上而下的流向　　图 5-8　室内装饰自下而上的流向

装饰工程采用自上而下的施工流向，通常主体结构封顶、屋面防水层完成后，从顶层开始向下施工。其优点是主体结构完成后有一定沉降时间，且防水层已做好，容易保证装饰工程质量不受沉降和下雨等情况影响，且工序之间交叉少，便于施工和成品保护；缺点是不能与主体工程搭接施工，工期较长。

装饰工程采用自下而上的施工流向，通常主体结构工程施工到三层以上时，装饰工程从一层开始施工。主体与装饰工程交叉施工可节省工期，但由于工序交叉多、成品保护难，质量和安全不易保证。因此，必须采取一定的技术组织措施，来保证质量和安全。组织好立体交叉作业，可大大缩短工期。

（2）施工展开程序

单位工程的施工展开程序是指不同施工阶段、分部工程或专业工程之间所固有、密不可分的先后施工次序。它既不可颠倒，也不能超越。施工中，通常应遵守的程序有：

① 先地下后地上。工程施工时，通常应首先完成管道、管线等地下设施，土方工程和基础工程，然后开始地上工程施工。但是，逆作法施工除外。

② 先主体后围护。通常是指框架结构和排架结构的建筑中，应先施工主体结构，后施工围护结构。高层建筑物应搭接施工，以有效地节约时间。

③ 先结构后装饰。施工时，先进行主体结构施工，然后进行装饰工程施工。为了缩短施工工期，也有结构工程先行一段时间后，装饰工程随后搭接进行施工。例如，有些临街工程采用在上部主体结构施工时，下部一层或数层先行装修后即开门营业的做法，使装修与结构搭接施工，加快了进度，提高了投资效益。其缺点是：工序交叉多，成品保护难，需要采取一定的技术组织措施，来保证质量和安全。对于多层民用建筑物，结构与装修以不搭接施工为宜。

④ 先土建后设备。是指土建施工应先于水、暖、电、卫等建筑设备的施工。也可安排穿插施工，尤其是在装修阶段，要从质量、节约的角度处理好两者的关系。

（3）选择施工方法和施工机械

由于建筑产品的多样性、地区性和施工条件的不同，所以一个单位工程的施工过程、施工机械和施工方法的选择也是多种多样的。正确地拟订施工方法和施工机械，是选择施工方案的核心内容，它直接影响施工进度、施工质量和安全及施工成本。

1）选择施工方法

选择施工方法时，应重点解决影响整个工程施工的分部（项）工程的施工方法。如在主体工程施工中占重要地位的、工程量大的分部（项）工程，施工技术复杂或采用新结构、新技术、新工艺及对质量起关键作用的分部（项）工程，特种结构工程或由专业施工单位施工的特殊专业工程的施工方法。而对于人们熟悉、工艺简单的分项工程，则加以概括说明。提出应注意的特殊问题即可，不必拟定详细的施工方法。

土石方工程施工方法选择内容：

① 计算土石方工程量，确定开挖或爆破方法，选择相应的施工机械。当采用人工开挖时，应按工期要求确定劳动力数量，并确定如何分区分段施工。当采用机械开挖时，应选择机械挖土的方式，确定挖掘机型号、数量和行走线路，以充分利用机械能力，达到最高的挖土效率。

② 地形复杂的地区进行平整场地时，确定土石方的调配方案。

③ 基坑深度低于地下水位时，应选择降低地下水位的方法，确定降低地下水所需的设备。

④ 当基坑较深时，应根据土壤类别确定边坡放坡坡度、土壁支护方法，确保安全地施工。

基础工程施工方法选择内容：

① 基础需设施工缝时，应明确留设位置、技术要求。

② 确定浅基础的垫层、混凝土和钢筋混凝土基础施工的技术要求，或有地下室时防水施工的技术要求。

③ 确定桩基础的施工方法和施工机械。

砌筑工程施工方法选择内容：

① 应明确砖墙的砌筑方法和质量要求。

② 明确砌筑施工中的流水分段和劳动力组合形式等。

③ 确定脚手架搭设方法和技术要求。

混凝土及钢筋混凝土工程施工方法选择内容：

① 确定混凝土工程施工方案，如滑模法、爬升法或其他方法。

② 确定模板类型和支模方法。重点应考虑提高模板周转利用次数，节约人力和降低成本。对于复杂工程，还需进行模板设计和绘制模板放样图或排列图。

③ 钢筋工程应选择恰当的加工、绑扎和焊接方法。例如，钢筋做现场预应力张拉时，应详细制定预应力钢筋的加工、运输、安装和检测方案。

④ 选择混凝土的制备方案，是采用商品混凝土，还是现场制备混凝土。确定搅拌、运输及浇筑顺序和方法，选择泵送混凝土和普通垂直运输混凝土机械。

⑤ 选择混凝土搅拌、振捣设备的类型和规格，确定施工缝的留设位置。

⑥ 如采用预应力混凝土应确定预应力混凝土的施工方法、控制应力和张拉设备。

结构吊装工程施工方法选择内容：

① 根据选用的机械设备确定结构吊装方法，安排吊装顺序、机械位置、开行路线及构件的制作、拼装场地。

② 确定构件的运输、装卸、堆放方法，所需的机具、设备的型号、数量和运输道路的要求。

装饰工程施工方法选择内容：

① 围绕室内外装修，确定采用工厂化、机械化等施工方法。

② 确定工艺流程和劳动力组织方案。

③ 确定所需机械设备，确定材料堆放、平面布置和储存要求。

现场垂直、水平运输施工方法选择的内容：

① 确定垂直运输量（有标准层的要确定标准层的运输量），选择垂直运输方式、脚手架的形式及搭设方式。

② 水平运输方式及设备的型号、数量，配套使用的专用工具、设备（如混凝土车、灰浆车、料斗、砖车、砖笼等），确定地面和楼层上水平运输的行驶路线。

③ 合理地布置垂直运输设施的位置，综合安排各种垂直运输设施的任务和服务范围及混凝土后台上料方式。

2）选择施工机械

选择施工机械时，应注意以下几点：

① 首先，选择主导工程的施工机械。如地下工程的土方机械，主体结构工程的垂直、水平运输机械，结构吊装工程的起重机械等。

② 选择辅助施工机械时，必须充分发挥主导施工机械的生产效率，要使两者的台班生产能力协调一致，并确定出辅助施工机械的类型、型号和台数。例如，土方工程中自卸汽车的载重量应为挖掘机斗容量的整数倍，汽车的数量应保证挖掘机连续工作，充分发挥挖掘机的效率。

③ 为便于施工机械化管理，同一施工现场的机械型号尽可能少，当工程量大而且集中时，应选用专业化施工机械；当工程量小而分散时，可选择多用途施工机械。

④ 尽量选用施工单位的现有机械、以减少施工的投资额，提高现有机械的利用率，降低成本。当现有施工机械不能满足工程需要时，则购置或租赁所需新型机械。

（4）拟定技术组织措施

技术组织措施是通过采取技术方面和组织方面的具体措施，达到保证工程施工质量，按期完成施工进度、有效控制工程成本的目的。

1）保证质量措施。保证质量的关键是对所涉及的工程中经常发生的质量通病制定防范措施，从全面质量管理的角度，把措施定到实处，建立质量管理保证体系。例如，采用新工艺、新材料、新技术和新结构，需制定有针对性的技术措施。认真制定保证放线定位正确无误的措施，确保地基基础特别是特殊、复杂地基基础施工正确无误的措施，保证主体结构关键部位的质量措施，复杂工程的施工技术措施等。

2）安全施工措施。安全施工措施应贯彻安全操作规程，对施工中可能发生安全问题的环节进行预测，其主要内容包括：

① 预防自然灾害措施。包括防台风、防雷击、防洪水、防地震等的措施。

② 防火、防爆措施。包括大风天气严禁施工现场明火作业，明火作业要有安全保护，氧气瓶防振、防晒和乙炔气罐严禁回火等措施。

③ 劳动保护措施。包括安全用电、高处作业、交叉施工、防暑降温、防冻防寒和防

滑防坠落，以及防有害气体等措施。

④ 特殊工程安全措施。如采用新结构、新材料或新工艺的单项工程，要编制详细的安全施工措施。

⑤ 环境保护措施。环境保护措施包括有害气体排放、现场生产污水和生活污水排放，以及现场树木和绿地保护等。

3）降低成本措施。降低成本措施包括节约劳动力、节约材料、节约机械设备费用、节约工具费用、节约间接费用等。针对工程量大、有采取措施的可能和有条件的项目，提出措施，计算出经济效果指标，最后加以分析、评价和决策。一定要正确处理降低成本、提高质量和缩短工期三者的关系。

4）季节性施工措施。当工程施工跨越冬期或雨期时，要制定冬期、雨期施工措施，要在防淋、防潮、防泡、防拖延工期等方面分别采用疏导、遮盖、合理储存、改变施工顺序、避雨施工等措施。

5）防止环境污染的措施。为了保护环境，防止在城市施工中造成污染，在编制施工方案时应提出防止污染的措施，主要应对以下方面提出措施：

① 防止施工废水（如搅拌机冲洗废水、灰浆水等）污染环境的措施；

② 防止废气产生（如熟化石灰等）污染环境的措施；

③ 防止垃圾、粉尘（如运输土方与垃圾、散装材料堆放等）污染环境的措施；

④ 防止噪声（如混凝土搅拌、振捣等）污染措施。

4. 施工方案的技术经济评价

施工方案是在对工程概况和特点进行分析的基础上，确定施工顺序和施工流向，选择施工方法和施工机械。前两项属于施工组织方面的，后两项属于施工技术方面的。然而，在施工方法中有施工顺序问题（如单层工业厂房施工中，柱和屋架的预制排列方法与吊装顺序和开行路线有关），施工机械选择中也有组织问题（如挖掘机与汽车的配套计算）。施工技术是施工方案的基础，同时又需满足施工组织方面的要求。而施工组织将施工技术从时间和空间上联系起来，从而反映对施工方案的指导作用，两者相互联系又互相制约。

施工方案进行技术经济评价是选择最优施工方案的重要途径。因为任何一个分部分项工程，一般都会有几个可行的施工方案。而施工方案技术经济评价的目的就是在它们之间进行优选，选出一个工期短、质量好、材料省、劳动力安排合理、成本低的最优方案。常用的施工方案技术经济分析方法有定性分析和定量分析两种。

（1）定性分析

这种方法是根据经验对施工方案的优劣进行分析和评价。如工期是否合理，可按工期定额进行分析；流水段的划分是否适当，要看它是否给流水施工组织带来方便等。定性评价方法比较方便，但不精确，决策易受主观因素的影响。定性分析通常主要从以下几个指标来评价：

1）工人在施工操作上的难易程度和安全可靠性；

2）保证质量措施的可靠性；

3）为后续工程创造有利施工条件的可能性；

4）利用现有或取得施工机械设备的可能性；

5）为现场文明施工创造有利条件的可能性；

6）施工方案对冬期、雨期施工的适应性。

（2）定量分析

施工方案的定量分析是通过计算主要的技术经济指标，进行综合分析比较，选择出各项指标较好的施工方案。这种方法比较客观，但指标的确定和计算比较复杂。定量评价的一般方法有：

1）指标比较法

指标比较法分为单指标指标比较法和多指标指标比较法，指标比较法主要用于在待比较的方案中，有一个方案的某项或多项指标均优于其他的方案、优劣对比明显时的情况。应用时要注意应选用适当的指标，以保证指标的可比性。如果各个方案的指标优劣不同，则不应该采用该方法。主要的评价指标有以下几种：

① 工期指标。当要求工程尽快完成以便尽早投入生产或使用时，选择施工方案就要在确保工程质量、安全和成本较低的条件下，优先考虑缩短工期。例如，在钢筋混凝土工程主体施工时，采用增加模板的套数来缩短主体工程的施工工期。

② 机械化程度指标。考虑施工方案时应尽量提高施工机械化程度，降低工人的劳动强度。积极扩大机械化施工的范围，把机械化施工程度的高低，作为衡量施工方案优劣的重要指标。

$$\text{施工机械化程度}=\frac{\text{机械完成的实物工程量}}{\text{全部实物工程量}}\times 100\% \tag{5-1}$$

③ 主要材料消耗指标。反映若干施工方案的主要材料节约情况。

④ 降低成本指标。可以综合反映不同施工方案的经济效果，一般可以降低成本额和降低成本率，常采用降低成本率的方法，即：

$$\gamma_c=\frac{C_0-C}{C_0} \tag{5-2}$$

式中 γ_c——降低成本率；

C_0——预算成本；

C——计划成本。

⑤ 投资额指标。拟定的施工方案需要增加新的投资时，如购买新的施工机械或设备，则需要增加投资额指标进行比较，其中以投资额指标低的方案为好。

【例 5-1】某涵洞工程混凝土总需要量为 5000m^3，混凝土工程施工有两种方案可供选择。A 方案为现场制作，B 方案为购买商品混凝土。已知商品混凝土的平均单价为 410 元/m^3，现场混凝土的单价计算公式为：

$$C=C_1/Q+C_2\times T/Q+C_3 \tag{5-3}$$

式中 C——现场制作混凝土的单价（元/m^3）；

C_1——现场搅拌站一次性投资，本工程为 200000 元；

C_2——搅拌站设备的租金及维修费（与工期有关的费用，元/月），本工程为 15000 元/月；

C_3——现场搅拌混凝土所需的费用（与混凝土数量有关的费用），本工程为 320 元/m^3；

Q——现场搅拌混凝土的数量（m^3）；

T——工期（月）。

问题：(1) 若混凝土浇筑工期不同时，A、B 两个方案哪一个较经济？

(2) 当混凝土浇筑工期为 12 个月时，现场制作混凝土的数量最少为多少立方米才比购买商品混凝土经济？

(3) 假设现场临时道路需架设一根 9.9m 长的现浇钢筋混凝土梁跨越一个河道，可采用三种设计方案。该三种方案分别采用 A、B、C 三种不同的现场制作混凝土，有关数据见表 5-1。试选择一种最经济的方案。

各方案基础数据　　表 5-1

方案	断面尺寸（mm）	钢筋含量（kg/m³）	不同种类混凝土费用（元/m³）	模板费用	钢筋费用
1	300×900	95	220	梁侧模 21.4 元/m²，梁底模 24.8 元/m²	钢筋及制作绑扎为 3390 元/t
2	500×600	80	230		
3	300×800	105	225		

【解】此题干 (1)、(2) 选择的是工期、成本指标；(3) 选择的是费用指标。

(1) 采用的方案与工期的关系，当 A、B 两个方案成本相同时，工期 T 满足：

$200000/5000+15000\times T/5000+320=410$，即 $T=16.67$ 月时，A、B 两个方案成本相同；当工期 $T<16.67$ 月时，A 方案比 B 方案经济；当工期 $T>16.67$ 月时，B 方案比 A 方案经济。

(2) 当工期为 12 个月时，现场制作混凝土的最少数量 x 满足：

$200000/x+15000\times 12/x+320=410$，即 $x=4222.22\text{m}^3$；即当 $T=12$ 个月时，现场制作混凝土的数量必须大于 4222.22m^3，才比购买商品混凝土经济。

(3) 三种方案的费用计算见表 5-2。

三种方案费用计算表　　表 5-2

分项工程组成		方案一	方案二	方案三
混凝土	工程量（m³）	2.673	2.970	2.376
	单价（元/m³）	220	230	225
	费用小计（元）	588.06	683.10	534.60
钢筋	工程量（kg）	253.94	237.60	249.60
	单价（元/kg）	3.39		
	费用小计（元）	860.86	805.46	845.74
梁侧模板	工程量（m²）	17.82	11.88	15.84
	单价（元/m²）	21.4	21.4	21.4
	费用小计（元）	381.35	254.23	338.98
梁底模板	工程量（m²）	2.97	4.95	2.97
	单价（元/m²）	24.8	24.8	24.8
	费用小计（元）	73.66	122.76	73.66
费用合计（元）		1903.93	1865.55	1792.98

由表 5-2 的计算结果可知，第三种方案的费用最低，为最经济的方案。

2）综合指标分析法

综合指标分析法是用一个综合指标作为评价方案优劣的标准。综合指标是以多指标为基础，将各指标按照一定的计算方法进行综合后得到的。

综合指标的计算方法有多种，常用的计算方法是：首先根据多指标中各个指标在评价中重要性的相对程度，分别定出它们的“权值”(W_i)，最重要者“权值”最大，再用同一指标依据其在各方案中的优劣程度定出其相应的“指数”C_{ij}、指标越优其“指数”就越大。设有 m 个方案和 n 种指标，则第 j 方案的综合指标值为：

$$A_j = \sum C_{ij} W_i \tag{5-4}$$

综合指标 A_j 值最大者为最优方案。综合指标提供了方案综合效果的定量值，为最后决策提供了科学的依据。但是，由于权值 W_i 和指数 C_{ij} 的确定涉及因素较多，特别是受人的认识程度的影响很大，有时亦会掩盖某些不利因素。尤其当不同方案的综合指标相近时，应以单指标为主，把单指标与多指标分析结合起来进行方案评价，并应考虑社会影响、技术进步和环境因素等实际条件，实事求是地选择较优方案。

3）评分法

这种方法是组织专家对施工方案进行评分，采用加权计算法计算各方案的总分，以总分高者为优。常用的有：0-1 评分法、0-4 评分法、环比评分法。

4）价值指数方法

价值指数方法是以方案的功能分析为研究方法，通过技术与经济相结合的方式，评价并优化、改进方案，从而达到提高方案价值的目的。价值分析并不是单纯以追求降低成本为唯一的目的，也不片面追求提高功能，而是力求正确处理好功能与成本的对立统一关系，提高它们之间的比值，研究功能与成本的最佳配置。

在价值指数方法中，价值是一个核心的概念。价值是指研究对象所具有的功能与获得这些功能的全部费用之比，用公式可表示为：价值＝功能/费用。下面结合【例 5-2】阐述价值指数方法的应用。

【例 5-2】背景：承包商 B 在某高层住宅楼的现浇楼板施工中，拟采用钢木组合模板体系或小钢模体系施工。经专家讨论，决定从模板总摊销费用（F_1）、楼板浇筑质量（F_2）、模板人工费（F_3）、模板周转时间（F_4）、模板装拆便利性（F_5）五个技术经济指标对两个方案进行评价，并采用 0-1 评分法对各技术经济指标的重要程度进行评分，其部分结果见表 5-3，两方案各技术经济指标的得分见表 5-4。

指标重要程度评分表　　表 5-3

	F_1	F_2	F_3	F_4	F_5
总摊销费用 F_1	×	0	1	1	1
楼板浇筑质量 F_2		×	1	1	1
模板人工费 F_3			×	0	1
模板周转时间 F_4				×	1
模板装拆便利性 F_5					×

经造价工程师估算，钢木组合模板在该工程的总摊销费用为 40 万元，楼板的模板人工费为 8.5 元/m^2；小钢模在该工程的总摊销费用为 50 万元，楼板的模板人工费为 6.8

元/m²。该住宅楼的楼板工程量为2.5万m²。

技术经济指标得分表 表5-4

指标方案	钢木组合模板	小钢模体系
总摊销费用 F_1	10	8
楼板浇筑质量 F_2	8	10
模板人工费 F_3	8	10
模板周转时间 F_4	10	7
模板装拆便利性 F_5	10	9

问题：(1) 试确定各技术经济指标的权重（计算结果保留三位小数）。

(2) 若以楼板工程单方模板费用作为成本比较对象，用价值指数法选择较经济的模板体系。

(3) 若该承包商准备参加另一幢高层办公楼的投标，为提高竞争能力，公司决定模板总摊销费用仍按本住宅楼考虑，其他条件均不变。该办公楼的现浇楼板工程量至少要达到多少平方米才应采用小钢模体系？

【解】(1) 根据0-1评分法的计分办法，将空缺部分补齐后再计算各技术经济指标得分，进而确定其权重。见表5-5。0-1评分法的特点是：两指标（或功能）相比较时，较重要的指标得1分，另一较不重要的指标得0分。在应用0-1评分法时还需注意，采用0-1评分法确定指标重要程度得分时，会出现合计得分为零的指标（或功能），需要将各指标合计得分分别加1进行修正后，再计算其权重。根据0-1评分法的计分办法，两指标（或功能）相比较时，较重要的指标得1分，另一较不重要的指标得0分。例如，在表5-3中，F_1 相对于 F_2 较不重要，得0分（已给出），而 F_2 相对于 F_1 较重要，故应得1分，填入表5-5。各技术经济指标得分和权重的计算结果见表5-5。

重要程度指标权重计算表 表5-5

	F_1	F_2	F_3	F_4	F_5	得分	修正得分	权重
总摊销费用 F_1	×	0	1	1	1	3	4	4/15=0.267
楼板浇筑质量 F_2	1	×	1	1	1	4	5	5/15=0.333
模板人工费 F_3	0	0	×	0	1	1	2	2/15=0.133
模板周转时间 F_4	0	0	1	×	1	2	3	3/15=0.200
模板装拆便利性 F_5	0	0	0	0	×	0	1	1/15=0.067
合计						10	15	1

(2) 价值指数法选择经济模板体系

1) 计算两方案的功能指数，结果见表5-6。

2) 计算两方案的成本指数。

① 钢木组合模板的单方模板费用为：40/2.5+8.5=24.5元/m²；小钢模的单方模板费用为：50/2.5+6.8=26.8元/m²。

功能指数计算表　　表 5-6

技术经济指标	权重	钢木组合模板	小钢模体系
总摊销费用 F_1	0.267	10×0.267=2.67	8×0.267=2.14
楼板浇筑质量 F_2	0.333	8×0.333=2.66	10×0.333=3.33
模板人工费 F_3	0.133	8×0.133=1.06	10×0.133=1.33
模板周转时间 F_4	0.200	10×0.200=2	7×0.200=1.4
模板装拆便利性 F_5	0.067	10×0.067=0.67	9×0.067=0.60
合计	1	9.06	8.80
功能指数		9.06/(9.06+8.8)=0.507	8.8/(9.06+8.8)=0.493

② 钢木组合模板的成本指数为：24.5/(24.5+26.8)=0.478；小钢模的成本指数为：26.8/(24.5+26.8)=0.522。

3）计算两方案的价值指数。

钢木组合模板的价值指数为：价值=功能/费用=0.507/0.478=1.061；小钢模的价值指数为：价值=功能/费用=0.493/0.522=0.944。因为钢木组合模板的价值指数高于小钢模的价值指数，故应选用钢木组合模板体系。

（3）单方模板费用函数为：

$$C = C_1/Q + C_2 \tag{5-5}$$

式中　C——单方模板费用（元/m²）；

C_1——模板总摊销费用（万元）；

C_2——平方米楼板的模板人工费（元/m²）；

Q——现浇楼板工程量（万 m²）。

则：钢木组合模板的单方模板费用为：$C_{钢木} = 40/Q + 8.5$；小钢模的单方模板费用为：$C_{小钢模} = 50/Q + 6.8$。令该两模板体系的单方模板费用之比（即成本指数之比）等于其功能指数之比：

$(40/Q + 8.5)/(50/Q + 6.8) = 0.507/0.493$；

即 $0.507\times(50 + 6.8Q) - 0.493\times(40 + 8.5Q) = 0$，$Q = 7.58$ 万 m²。

因此，该办公楼的现浇楼板工程量至少达到 7.58 万 m²，才应采用小钢模体系。

5.4　单位工程施工进度计划与资源需要量计划

1. 施工进度计划

5.1 单位工程施工进度计划

单位工程施工进度计划是在已确定的施工方案的基础上，根据规定工期和各种资源供应条件，遵循各施工过程合理的施工顺序，用横道图或网络图描述工程从开始施工到全部竣工建筑施工组织与管理各施工过程在时间和空间上的安排和搭接关系。在此基础上，可以编制劳动力计划、材料供应计划、成品半成品计划、机械设备需用量计划等。因此，施工进度计划是施工组织设计中一项非常重要的内容。通常有两种表示方法，即横道图和网络图。

（1）单位工程施工进度计划的编制依据

编制进度计划主要依据下列资料：

1）施工工期要求及开工、竣工日期。

2）经过审批的建筑总平面图、地形图、单位工程施工图、设备及基础图、采用的标准图及技术资料。

3）施工组织总设计对本单位工程的有关规定。

4）施工条件、劳动力、材料、构件及机械供应条件，分包单位情况等。

5）主要分部（项）工程的施工方案。

6）劳动定额、机械台班定额及本企业施工水平。

7）其他有关要求和资料。

（2）单位工程施工进度计划的编制程序

单位工程施工进度计划的编制程序如图5-9所示。

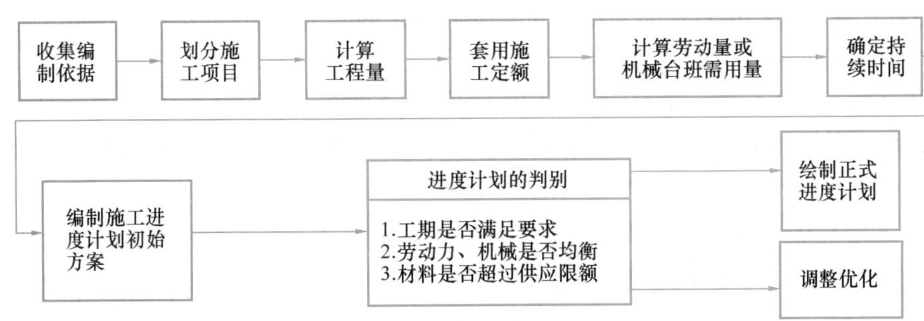

图5-9　单位工程施工进度计划的编制程序

（3）单位工程施工进度计划的编制步骤

1）划分施工过程。施工过程是进度计划的基本组成单元。根据结构特点、施工方案及劳动组织确定拟建工程施工过程，包括直接在建筑物（或构筑物）上进行施工的所有分部（项）工程，一般不包括加工厂的构配件制作和运输工作。

确定施工过程时，应注意以下几个问题：

① 施工过程划分的粗细程度，主要取决于施工进度计划的客观需要。编制控制性进度计划，施工过程可划分得粗一些，通常只列出分部工程名称，如单层厂房的控制性施工进度计划，可只列出土方工程、基础工程、预制工程、吊装工程和装修工程。编制实施性施工进度计划时，项目要划分得细一些，特别是其中的主导工程和主要分部工程，应尽量详细且不漏项，以便指导施工。如上述的单层厂房的实施性进度计划中，预制工程可分为柱子预制、吊车梁预制等，而各种构件预制又分为支撑模板、绑扎钢筋、浇筑混凝土等。

② 施工过程的划分要结合所选择的施工方案。施工方案不同，施工过程名称、数量和内容也会有所不同。如某深基坑施工，当采用放坡开挖时，其施工过程有井点降水和挖土两项；当采用钢板桩支护时，其施工过程包括井点降水、打板桩和挖土三项。

③ 适当简化施工进度计划内容，避免工程项目划分过细、重点不突出。编制时，可考虑将某些穿插性分项工程合并到主要分项工程中去，如安装门窗框可以并入砌墙工程；对于在同一时间内，由同一工程队施工的过程可以合并为一个施工过程；而对于次要的零星分项工程，可合并为其他工程一项。

④ 水、暖、电、卫工程和设备安装工程通常由专业施工队负责施工，因此，施工进

度计划中只要反映出这些工程与土建工程如何配合即可，不必细分。

⑤ 所有施工过程应大致按施工顺序先后排列，所采用的施工项目名称可参考现行定额手册上的项目名称。

总之，划分施工过程要粗细得当。最后，根据所划分的施工过程列出施工过程一览表。

2）计算工程量。工程量应针对划分的每一个施工段分段计算。实际工程中，一般先编制工程预算书，工程量可直接套用施工图预算的工程量，但应注意某些项目的工程量应按实际情况调整。如“砌筑砖墙”一项，要将预算中按内墙、外墙以及不同墙厚、不同砌筑砂浆品种和强度等级计算的工程量进行汇总。工程量计算时，应注意以下几个问题：

① 各分部（项）工程的工程量计算单位应与现行定额手册所规定的单位一致，避免计算劳动力、材料和机械台班数量时须进行换算而产生错误。

② 结合选定的施工方法和安全技术要求计算工程量。

③ 结合施工组织要求，分区、分段和分层计算工程量。

④ 计算工程量时，尽量考虑编制其他计划时使用工程量数据的方便，做到一次计算，多次使用。

3）确定劳动量和机械台班数量。计算劳动量或机械台班数量时，可根据各分部（项）工程的工程量、施工方法和现行的劳动定额，结合实际情况加以确定。一般应按下式计算

$$P = \frac{Q}{S} \text{ 或 } P = QH \tag{5-6}$$

式中 P——劳动量（工日）或机械台班数量；

Q——某分部（项）工程的工程量；

S——产量定额，即单位工日或台班完成的工程量；

H——时间定额。

S、H 根据施工单位的实际水平确定，也可以参照施工定额水平确定。

【例 5-3】某工程一层砖墙砌筑工程量为 855m³，时间定额为 0.83 工日/m³，则可求得砌墙消耗劳动量为

$$P = QH = 855\text{m}^3 \times 0.83 \text{ 工日}/\text{m}^3 = 709.65 \text{ 工日} \approx 710 \text{ 工日}$$

若已知砌筑砖墙产量定额为 1.205m³/工日，则完成砌筑量 855m³ 所需的总劳动量为 $P = \frac{Q}{S} = \frac{855}{1.205}$ 工日 $= 709.54$ 工日

使用定额，有时会遇到施工进度计划中所列施工过程的工作内容与定额中所列项目不一致的情况，这时应予以调整。通常有下列两种情况：

① 施工进度计划中的施工过程所含内容为若干分项工程的综合，此时可将定额做适当扩大，求出加权平均产量定额，使其适应施工进度计划中所列的施工过程，其计算公式为

$$S = \frac{Q_1 + Q_2 + \cdots + Q_n}{\frac{Q_1}{S_1} + \frac{Q_2}{S_2} + \cdots + \frac{Q_n}{S_n}} = \frac{\sum_{i=1}^{n} Q_i}{\sum_{i=1}^{n} \frac{Q_i}{S_i}} \tag{5-7}$$

式中 Q_1，Q_2，…，Q_n——同一性质各个不同类型分项工程的工程量；

S_1，S_2，…，S_n——同一性质各个不同类型分项工程的产量定额；

S——综合产量定额。

② 有些新技术或特殊的施工方法，无定额可遵循。此时，可将类似项目的定额进行换算，或根据试验资料确定，或采用三点估计法计算。三点估计法的计算公式为

$$S = \frac{1}{6}(a + 4m + b) \tag{5-8}$$

式中　S——综合产量定额；

a——最乐观估计的产量定额；

b——最保守估计的产量定额；

m——最可能估计的产量定额。

4）确定各施工过程的持续时间。计算各施工过程的持续时间一般有两种方法：

① 根据配备在某施工过程上的施工工人数量及机械数量来确定作业时间，计算公式为

$$t = \frac{P}{RN} \tag{5-9}$$

式中　P——劳动量或机械台班数量；

t——完成某施工过程的持续时间；

R——该施工过程所需的劳动量或机械台班数；

N——每天工作班数。

例如，某工程砌筑砖墙，需要总劳动量 160 工日，一班制工作，每天施工人数为 23 人，则施工天数为 $t = \frac{P}{RN} = \frac{160}{23 \times 1}\text{d} = 6.956\text{d}$

确定施工持续时间，应考虑施工人员和机械所需的工作面。增加施工人数和机械数量可以缩短工期，但它有一个限度。超过了这个限度。工作面不充分，生产效率必然会下降。

② 根据工期要求倒排进度。根据规定总工期、定额工期及施工经验，确定各施工过程的施工时间；然后，再按各施工过程需要的劳动量或机械台班数，确定各施工过程需要的机械台数或工人数。计算公式为

$$R = \frac{P}{tN} \tag{5-10}$$

计算时，首先按一班制考虑，若算得的机械台班数或工人数超过工作面所能容纳的数量时可增加工作班次或采取其他措施，使每班投入的机械数量或人数减少到可能与合理的范围。

5）确定施工顺序。施工顺序是在施工方案中确定的施工流向和施工程序的基础上，按照所选施工方法和施工机械的要求确定的。由于施工顺序是在施工进度计划中最后定案的（编制施工进度计划往往要对施工顺序进行反复调整），所以最好在编制施工进度计划时具体研究确定施工顺序。

确定施工顺序是为了按照施工的技术规律和合理的组织关系，解决各项目或施工过程之间在时间上的先后顺序和搭接关系，以做到保证质量、安全施工、充分利用空间、争取时间和合理安排工期的目的。

工业建筑与民用建筑的施工顺序不同。同是工业建筑或民用建筑，其施工顺序也难以做到完全相同。因此设计施工顺序时，必须根据工程的特点、技术和施工组织的要求及施

工方案等进行研究。然而，从许多大的方面看，施工顺序的确定也有许多共性。

确定施工顺序应考虑以下因素：

① 遵循施工程序。施工顺序应在不违背施工程序的前提下确定。

② 符合施工工艺。施工顺序应与施工工艺顺序相一致，如现浇钢筋混凝土柱梁的施工顺序为：支模板→绑钢筋→浇混凝土→养护→拆模板。

③ 与施工方法和施工机械的要求相一致，不同的施工方法和施工机械会使施工过程的先后顺序有所不同。如建造装配式单层厂房，采用分件吊装法的施工顺序是先吊装全部柱子再吊装全部吊车梁，最后吊装所有屋架和屋面板。采用综合吊装法的顺序是：吊装完一个节间的柱子、吊车梁、屋架和屋面板后，再吊装另一个节间的构件。

④ 考虑工期和施工组织的要求。如地下室的混凝土地坪，可以在地下室的楼板铺设前施工，也可以在楼板铺设后施工。但从施工组织的角度来看，前一方案便于利用安装楼板的起重机向地下室运送混凝土，因此宜采用此方案。

⑤ 考虑施工质量和安全要求。如基础回填土，必须在砌体达到必要的强度以后才能开始；否则，砌体的质量会受到影响。

⑥ 不同地区的气候特点不同，安排施工过程应考虑到气候特点对工程的影响。如土方工程施工应避开雨季，以免基坑被雨水浸泡或遇到地表水而增加基坑开挖的难度。

由此可知，施工顺序的确定受多种因素影响，须从该项目的全局出发，多层次、多角度、全方位地思考，最终制订出科学、合理的施工顺序。

6）编制施工进度计划的初始方案。各施工过程的施工顺序和施工天数确定之后，应按照流水施工的原则，根据施工方案划分的施工段组织流水施工，找出并安排控制工期的主导施工过程，使其尽可能连续施工。而其他施工过程根据工艺合理性尽量穿插、搭接或平行作业，最后将各施工段的流水作业图表最大限度地搭接起来，即得到单位工程施工进度计划的初始方案。

7）施工进度计划的检查与调整。无论采用流水作业法还是网络计划技术，对施工进度计划的初始方案均应进行检查、调整和优化。其主要内容有：

① 各施工过程的施工顺序、平行搭接和技术组织间歇是否合理。

② 编制的工期能否满足合同规定的工期要求。

③ 劳动力和物资资源方面是否能保证均衡、连续施工。

根据检查结果，对不满足要求的进行调整，如增加或缩短某施工过程的持续时间，调整施工方法或施工技术组织措施等。通过调整，在满足工期的条件下，达到使劳动力、材料、设备需要趋于均衡，以及主要施工机械利用率合理的目的。

此外，在施工进度计划执行过程中，往往会因人力、物力及现场客观条件的变化而打破原定计划，因此在施工过程中应经常检查和调整施工进度计划。近年来，计算机已广泛应用于施工进度计划的编制、优化和调整，尤其是在优化和快速调整方面，更能发挥其计算迅速的优势。

2. 资源需要量计划

施工进度计划确定后，可根据各工序及持续期间所需资源编制出材料、劳动力、构件、加工品、施工机具等资源需要量计划，作为有关职能部门按计划调配的依据，以利于及时组织劳动力和技术物资的供应，确定工地临时设施，保证施工进度计划的顺利进行。

（1）劳动力需要量计划

将各施工过程所需要的主要工种劳动力，根据施工进度的安排进行叠加，就可编制出主要工种劳动力需要量计划，见表5-7。它的作用是为施工现场的劳动力调配提供依据。

劳动力需要量计划　　表5-7

序号	工种名称	总劳动量/工日	每月劳动力需要量/工日						
			1	2	3	4	5	6	…

（2）主要材料需要量计划

材料需要量计划主要为组织备料、确定仓库或堆场面积、组织运输之用。其编制方法是，将施工预算中工料分析表或进度表中各施工过程所需的材料，按材料名称、规格、使用时间并考虑到各种材料消耗进行计算汇总而得，见表5-8。

主要材料需要量计划表　　表5-8

序号	材料名称	规格	需要量		供应时间	备注

（3）构件、配件和半成品需要量计划

建筑结构构件、配件和其他加工半成品的需要量计划，主要用于落实加工订货单位，并按照所需规格、数量、时间，组织加工、运输和确定仓库或堆场，可根据施工图和施工进度计划编制，见表5-9。

构件、配件和半成品需要量计划　　表5-9

序号	构件、配件及半成品名称	规格	图号	需要量		使用部位	加工单位	供应日期	备注
				单位	数量				

（4）施工机械需要量计划

根据施工方案和施工进度计划确定施工机械的类型、数量、进场时间。其编制方法是将施工进度计划表中每个施工过程、每天所需的机械类型、数量和施工日期进行汇总，以得出施工机械需要量计划，见表5-10。

施工机械需要量计划　　表5-10

序号	机械名称	类型、型号	需要量		货源	使用起止时间	备注
			单位	数量			

(5) 施工进度计划分析

施工进度计划分析的目的是，看该进度计划是否满足规定要求，技术经济效果是否良好。可使用的指标主要有以下几项：

1) 提前时间

$$提前时间=上级要求或合同规定工期-计划工期$$

2) 节约时间

$$节约时间=定额工期-计划工期$$

3) 劳动力不均衡系数

$$劳动力不均衡系数=\frac{高峰人数}{平均人数}$$

$$平均人数=\frac{每日人数之和}{总工期}$$

劳动力不均衡系数在2以内为好，超过2则不正常。

4) 单位工程单方用工数

$$单位工程单方用工数=\frac{总用工数(工日)}{建筑面积(m^2)}$$

5) 总工日节约率

$$总工日节约率=\frac{施工预算用工数(工日)-计划用工数(工日)}{施工预算用工数(工日)}\times 100\%$$

6) 大型机械单方台班用量（以吊装机械为主）

大型机械台班用量（台班）

$$大型机械单方台班用量=\frac{大型机械台班用量(台班)}{建筑面积(m^2)}$$

7) 建安工人日产值

$$建安工人日产值=\frac{计划施工工程工作量(元)}{进度计划日期\times 每日平均人数(工日)}$$

上述指标以前三项为主。

5.5 单位工程施工平面图设计

5.2 单位工程施工平面图设计

单位工程施工平面图是施工时施工现场的平面规划与布置图，它是单位工程施工组织设计的主要组成部分，既是布置施工现场的依据，也是施工准备工作的一项重要依据。它是实现文明施工、节约并合理利用土地，减少临时设施费用的先决条件，因此，在施工组织设计中，对施工平面图设计应予以重视。如果单位工程是拟建建筑群的组成部分，它的施工平面图就属于全工地施工平面图的一部分。在这种情况下，它要受到全场性施工总平面图的约束。

1. 单位工程施工平面图的设计内容

单位工程施工平面图是用以指导单位工程施工的现场平面布置图，它涉及与单位工程有关的空间问题，是施工总平面图的组成部分。单位工程施工平面图设计的主要依据是单位工程的施工方案和施工进度计划，一般按 1∶200～1∶500 的比例采用计算机绘制。根据工程情况，施工平面图也可按地基基础、主体结构、装饰装修和机电设备安装等阶段分别绘制。其设计内容主要如下。

（1）建筑总平面图上已建和拟建的地上地下的一切建筑物、构筑物及其他设施（道路和各种管线等）的位置和尺寸；

（2）测量放线标桩位置、地形等高线和土方取弃场地；

（3）自行式起重机的开行路线、轨道式起重机的轨道布置和固定式垂直运输设施的位置；

（4）各种搅拌站、加工厂以及材料、构件，机具的仓库或堆场；

（5）生产和生活用临时设施的布置；

（6）场内道路的布置和引入的铁路、公路和航道位置；

（7）临时给水排水管线、供电线路、蒸汽及压缩空气管道等布置；

（8）一切安全及防火设施的位置。

2. 单位工程施工平面图的设计依据

进行施工平面图设计前，应认真研究施工方案，对施工现场作深入、细致的调查研究，并对原始资料进行周密分析，使设计与施工现场的实际情况相符，从而起到指导施工现场空间布置的作用。设计所依据的资料主要有三方面。

（1）当地原始资料

1）自然条件资料。自然条件资料包括地形资料、工程地质及水文地质资料、气象资料等。该类资料主要用于确定各种临时设施的位置，布置施工排水系统，确定易燃，易爆以及有碍人体健康设施的位置，安排冬期、雨期施工期间放置设备的地点。

2）技术经济条件资料。技术经济条件资料包括交通运输、供水供电、地方物资资源、生产及生活基地情况等。该类资料主要用于确定仓库位置、材料及构件堆场，布置水、电管线和道路，现场施工可利用的生产和生活设施等。

（2）建筑设计资料

1）建筑总平面图。建筑总平面图包括一切地上、地下拟建和已建的房屋和构筑物等设施。根据建筑总平面图可确定临时房屋和其他设施的位置，并获得修建工地临时运输道路和解决施工排水等所需资料。

2）地下和地上管道位置。一切已有或拟建的管道，在施工中应尽可能地考虑予以利用。若对施工有影响，则需考虑提前拆除或迁移，同时应避免把临时建筑物布置在拟建的管道上面。

3）建筑区域的竖向设计和土方调配图。这与布置水、电管线和安排土方的挖填及确定取土、弃土地点有紧密联系。

4）有关施工图资料。

（3）施工资料

1）施工方案。根据施工方案确定起重机械、施工机具、构件预制及堆场的位置、数量和场地。

2）单位工程施工进度计划。由施工进度计划掌握施工阶段的开展情况，进而对施工现场分阶段布置规划，节约施工用地。

3）各种材料、半成品、构件等的需要量计划。它们可以为确定各种仓库、堆场的面积和位置提供依据。

3. 单位工程施工平面图的设计原则

（1）设置紧凑、少占地

在确保能安全、顺利施工的条件下，现场布置与规划要尽量紧凑，少征用施工用地。既能节省费用，也有利于管理。

（2）尽量缩短运距，减少二次搬运

各种材料、构件等根据施工进度安排，有计划地组织分期分批进场；合理安排生产流程，将材料、构件尽可能地布置在使用地点附近，需进行垂直运输者，应尽可能地布置在垂直运输机械附近或有效控制范围内，以减少搬运费用和材料损耗。

（3）尽量少建临时设施，所建临时设施应方便使用

在能保证施工顺利进行的前提下，应尽量减少临时建筑物或者有关设施的搭建，以降低临时设施费用；应尽量利用已有或拟建的房屋、道路和各种管线为施工服务；对必需修建的房屋尽可能采用装拆或临时固定式；布置时不得影响正式工程的施工，避免反复拆建；各种临时设施的布置，应便于生产使用和生活使用。

（4）要符合劳动保护、安全防火、保护环境、文明施工等要求

现场布置时，应尽量将生产区与生活区分开；要保证道路通畅，机械设备的钢丝绳、缆风绳及电缆、电线、管道等不得妨碍交通；易燃设施（如木工棚、易燃品仓库）和有碍人体健康的设施应布置在下风处并远离生活区；要依据有关要求设置各种安全、消防、环保等设施。淞沪路-三门路项目作为2017年度的上海市“明星工地”获得者，将市民的放心、舒心和称心放在所有工作的首位。工程建设中构建了一套“数字化工地管理系统”，对项目的人员、设备、安全生产、文明施工及质量控制实现数字化管理，管理人员可实时线上督查文明施工，实现现场自检、自查和自督，有效地提升了现场的文明施工水平。道路施工规划为“占一还一”——向淞沪路闸殷路附近的一块空地“借道”做一条临时通行的新车道，让原有的道路被“平移”到边上的新路去，减少对主干道淞沪路的交通通行影响。项目建设本身是以人为主题的，通过对社会与自然环境进行人工改造从而实现人的特殊需求的一个过程，在这个过程中应树立“以人为本”的科学的工程发展观，不能与人民群众的根本利益相违背。

4. 单位工程施工平面图的设计步骤

单位工程施工平面图的设计步骤如图5-10所示。

（1）垂直运输机械的布置

垂直运输机械的位置直接影响到仓库、材料堆场、砂浆和混凝土搅拌站的位置，以及场内道路和水电管网的布置等，它是施工现场布置的核心，应首先予以考虑。由于各种起重机械的性能不同，其布置方式也不相同。

1）塔式起重机

塔式起重机可分为固定式、轨道式、附着式和内爬式四种。其中，轨道式塔式起重机可沿轨道两侧全幅作业范围进行吊装，是一种集起重、垂直提升和水平输送三种功能为一体的机械设备。一般沿建筑物长向布置，其位置尺寸取决于建筑物的平面形状、尺寸，构

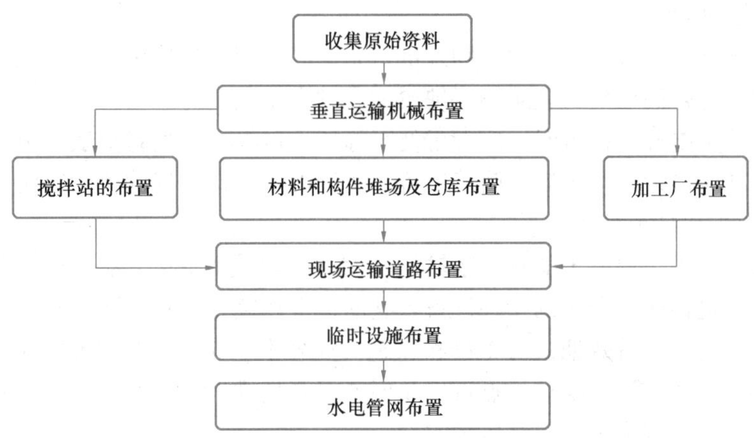

图 5-10　单位工程施工平面图的设计步骤

件质量、起重机的性能及四周的施工现场条件等。

固定式和附着式塔式起重机不需铺设轨道，宜将其布置在需吊装材料和构件堆场一侧，从而将其布置在起重机的服务半径之内。内爬式起重机布置在建筑物的中间，通常设置在电梯井内。

在确定塔式起重机服务范围时，最好将建筑物平面尺寸包括在塔式起重机服务范围内，以保证各种构件与材料直接运到建筑物的设计部位上，尽可能不出现死角；如果实在无法避免，则要求死角越小越好，同时在死角上不应出现吊装质量最大、最高的预制构件。

2）自行无轨式起重机械

自行无轨式起重机械分履带式、轮胎式和汽车式三种。它一般不作垂直提升运输和水平运输之用，而专做构件装卸和起吊各种构件之用，适用于装配式单层工业厂房主体结构的吊装，亦可用于混合结构大梁等较重构件的吊装。其吊装的开行路线及停机位置主要取决于建筑物的平面布置、构件质量、吊装高度和吊装方法等。

3）固定式垂直运输机械

固定式垂直运输机械（井架、龙门架）的布置，主要根据机械性能、工程的平面形状和尺寸、施工段划分情况、材料来向和已有运输道路情况而定。布置的原则是充分发挥起重机械的能力，并使地面和楼面的水平运距最小。布置时，应考虑以下几个方面：

① 当工程各部位的高度相同时，应布置在施工段的分界线附近。

② 当工程各部位的高度不同时，可布置在高低分界线较高部位一侧。

③ 井架、龙门架的位置以布置在窗口处为宜，以避免砌墙留槎和减少井架拆除后的修补工作。

④ 井架、龙门架的数量要根据施工进度、垂直提升的构件和材料数量、台班工作效率等因素计算确定，其服务范围一般为 50～60m。

⑤ 卷扬机的位置不应距离起重机械太近，以保证司机的视线能够看到整个升降过程。一般要求，此距离大于建筑物的高度，水平距外脚手架 3m 以上。

⑥ 井架应立在外脚手架之外，并有一定的距离为宜，一般取 5～6m。

4）外用施工电梯

外用施工电梯是一种安装于建筑物外部，施工期间用于运送施工人员及建筑物器材的垂直运输机械。它是高层建筑施工不可缺少的关键设备之一。

确定外用施工电梯的位置时，应考虑便于施工人员上下和物料集散；由电梯口至各施工处的平均距离应最近；便于安装附墙装置；接近电源，有良好的夜间照明。

5）混凝土泵和泵车

高层建筑施工中，混凝土的垂直运输量巨大，通常采用泵送方法进行。混凝土泵是在压力推动下沿管道输送混凝土的一种设备，它能一次连续完成水平运输和垂直运输，配以布料杆或布料机还可以有效地进行布料和浇筑；混凝土泵布置时宜考虑设置在场地平整，道路畅通、供料方便，距离浇筑地点近以及便于配管且排水、供水、供电方便的地方，同时在混凝土泵作用范围内不得有高压线。

（2）确定搅拌站、材料和构件堆场、仓库、加工厂的布置

搅拌站、各种材料、构件的堆场或仓库的位置应尽量靠近使用地点或塔式起重机服务范围之内，并考虑到运输和装卸的方便。

1）当起重机布置位置确定后，再布置材料、构件的堆场及搅拌站。材料堆放应尽量靠近使用地点，减少或避免二次搬运，并考虑运输及卸料方便，基础施工时使用的各种材料可堆放在基础四周，但不宜距基坑（槽）边缘太近，以防压塌土壁。

2）当采用固定式垂直运输机械时，则材料、构件堆场应尽量靠近垂直运输机械，以缩短地面水平运距；当采用轨道式塔式起重机时，材料、构件堆场及搅拌站出料口等均应布置在塔式起重机有效起吊服务范围之内；当采用无轨自行式起重机时，材料、构件堆场及搅拌站的位置，应沿着起重机的并行路线布置，且应在起重臂的最大起重半径范围之内。

3）预制构件的堆放位置要考虑到吊装顺序，先吊装的放在上面，后吊装的放在下面。预制构件的进场时间应与吊装就位密切配合，力求直接卸到其就位的位置，避免二次搬运。

4）搅拌站的位置应尽量靠近使用地点或靠近垂直运输机械。有时，在浇筑大型混凝土基础时，为减少混凝土运输，可将混凝土搅拌站直接设在基础边缘，待基础混凝土浇完后再转移，砂、石堆放及水泥仓库应紧靠搅拌站布置。同时，搅拌站的位置还应考虑到使这些大宗材料的运输和装卸较为方便。

5）加工厂（如木工棚、钢筋加工棚）宜布置在建筑物四周稍远位置，且应有一定的材料、成品的堆放场地；石灰仓库、淋灰池的位置应靠近搅拌站，并设在下风向；沥青堆放场的位置应远离易燃物品，也应设在下风向。

（3）现场运输道路的布置

现场运输道路应进行硬化处理，宜利用拟建道路路基作为临时道路路基。现场道路布置时，应保证行驶畅通并有足够的转弯半径。运输道路最好围绕建筑物布置成一条环形道路。单车道路宽不小于3.5m，双车道路宽不小于6m。道路两侧一般应结合地形设置排水沟，深度不小于0.4m，底宽不小于0.3m。

（4）临时设施的布置

临时设施是施工期间临时搭建、租赁及使用的各种建（构）筑物，一般分为生产、办

公和生活性临时设施。生产性临时设施有钢筋加工棚、木工房、水泵房、仓库等；办公和生活性临时设施有办公室、会议室、宿舍、食堂、工人休息室、水房、厕所等。施工现场临时设施、临时道路的设置应科学合理，并应符合安全、消防、节能、环保等有关规定。施工区、材料加工及存放区应与办公区、生活区划分清楚，并应采取相应的隔离措施。

1）生产性临时设施（如钢筋加工棚和木工加工棚）宜布置在建筑物四周稍远位置，且有一定的材料、半成品堆放场地。

2）一般情况下，办公室应靠近施工现场，设于工地入口处，亦可根据现场实际情况选择合适的地点设置；工人休息室应设在工人作业区；宿舍应布置在安全的上风向一侧。

3）施工现场应设置水冲式或移动式厕所，厕所地面应硬化，门窗应齐全并通风良好。厕所面积应根据施工人员数量设置。厕所应设专人负责，定期清扫、消毒，化粪池应及时清掏。高层建筑施工超过8层时，宜每隔4层设置临时厕所。

4）食堂应设置在远离厕所、垃圾站、有毒有害场所等有污染源的地方。食堂制作间、锅炉房、可燃材料库房及易燃易爆危险品库房等应采用单层建筑，应与宿舍和办公用房分别设置，并应按相关规定保持安全距离。临时用房内设置的食堂、库房和会议室应设在首层。

5）施工现场应设置封闭式建筑垃圾站。办公区和生活区应设置封闭式垃圾容器。生活垃圾应分类存放，并应及时清运、消纳。

（5）水电管网的布置

1）施工水网的布置

① 施工用的临时给水管一般由建设单位的或自行布置的干管接到用水地点。布置时应力求管网总长度最短，管径的大小和水龙头数目需视工程规模大小而定。管道可埋置于地下，也可以铺设在地面上，视当时的气温条件和使用期限的长短而定。其布置形式有环形、枝形和混合式三种。

② 供水管网应该按防火要求布置室外消火栓。消火栓应沿道路设置，距道路应不大于2m，距建筑物外墙不应小于5m，也不应大于25m。消火栓的间距不应超过120m，工地消火栓应设有明显的标志，且周围3m以内不准堆放建筑材料。

③ 为了排除地面水和地下水，应及时修通永久性下水道，并结合现场地形在建筑物周围设置排泄地面水和地下水沟渠。

2）施工供电布置

① 为了维修方便，施工现场一般采用架空配电线路，且要求现场架空线与施工建筑物水平距离不小于10m，线与地面距离不小于6m，跨越建筑物或临时设施时，垂直距离不小于2.5m。

② 现场线路应尽量架设在道路的一侧，且尽量保持线路水平，以免电杆受力不均。在低压线中，电杆间距应为25～40m，分支线及引入线均应由电杆处接出，不得由两杆之间接线。

③ 单位工程施工用电应在全场性施工总平面图中一并考虑。一般情况下，将计算出的施工期间的用电总数提供给建设单位解决，不另设变压器。只有独立的单位工程施工时，才根据计算出的现场用电量选用变压器，其位置应远离交通要道口处，布置在现场边缘高压线接入处，四周用钢丝网围住。

5.6　单位工程投标阶段的施工组织设计

1. 单位工程投标阶段施工组织设计的作用

（1）施工组织设计是承包单位编制投标书的一个重要组成部分，是承包单位获取中标的一个重要条件。投标书通常由三部分组成：资质标书、商务标书和技术标书。投标竞争中，报价、工期、质量等级等定量指标即商务标书具有巨大的竞争力，在评标、定标中起着重要作用。但是，商务标书中的定量指标需要施工组织设计制订严密的组织措施、先进的施工方法和进度计划等来实现。尤其是重要工程或科技含量较高的特殊工程，常采用分阶段投标。首先，进行施工技术投标，对所有标书中的施工技术方案进行分析、论证，淘汰一批不合格的施工企业，选择施工管理严密、技术方案先进、可靠的施工投标企业进行第二轮竞争，即商务标的竞争。

（2）投标书中的施工组织设计是投标单位对该施工项目的认识程度、理解程度和重视程度的标志。只有投标单位对该项工程施工图内容、结构、现场情况和有关要求研究透彻的情况下，才能编制出符合实际、高质量的施工组织设计。因此，施工组织设计编制质量是业主评定投标单位能否中标的关键因素。例如，某一新建工程的招标书中说明施工用电由建设单位负责从邻厂接入工地。现场踏勘时，某投标单位了解到邻厂每周有一天停电，因此编制施工组织设计时增设一台自备发电机，以保证工程的连续施工；而其他投标单位不仅忽视了这一点，还提出如因供电等原因造成工期延误，费用增加等应由建设单位负责。相比之下，增设自备发电机的投标单位保证施工工期的可靠性大，在评标中将占有较大的优势。因此，编制施工组织设计时应站在全局的高度看问题、想办法、作决策，从整体的利益出发，做到高瞻远瞩；同时，也需考虑局部细节的问题，有针对性地提出解决方案。

（3）投标书中的施工组织设计是施工企业中标后指导施工的纲领性文件。

（4）中标后，投标书中的施工组织设计应作为与业主方签订合同的依据。标书中提供的各种施工技术方案、技术措施和相应数据等，应作为施工投标单位向业主方做出的承诺，中标后施工单位将受此约束。

2. 施工投标阶段编制施工组织设计的注意事项

投标阶段施工组织设计的内容除按 5.1～5.6 节介绍的要求进行编制外，还应注意以下几点：

（1）内容简洁，重点突出。在编制施工组织设计前，首先要研究工程设计特点，其次研究工程现场情况，再次要了解业主对工程建设要求的重点。例如，某中外合资项目进行邀请招标，由三家实力很强的施工单位参加投标。业主最关心的是这项工程的工期，而三家投标书中的施工工期都是 11 个月，但其中两家施工单位在施工组织设计中对工程的特点分析不明确，具体措施比较简单，对确保施工工期只采用通用化的语言描述，“采用平行流水、立体交叉施工方法，确保工期 11 个月完成……”，而另一施工单位对如何确保 11 个月施工工期方面编制得比较详细，认真分析工程的特点，明确影响工程进度的关键所在，有针对性地提出了相应的技术措施。这家施工单位根据中外合资工程的特点，编制了两份工程进度表，一份是中方人员常用的横道图形式表达的工程进度表，一份是外方人员熟悉的网络图形式表达的工程进度表，明确表达了关键性线路，从而大大增强了确保 11 个月施工工期的可靠性和可信度。结果，这家施工单位在评标中获得中外业主和评委的一致好评而一举中标。

(2) 施工组织设计中应尽量采用先进施工技术和先进施工设备。评标过程中，富有经验的业主方和评委们根据标书中提供的施工组织设计来研究、论证其商务标提供的定量指标的可靠性和合理性，然后做出决策。先进的施工技术和施工设备的应用，不仅显示了投标企业的技术水平、管理水平和企业实力，而且大大增加了标书中承诺的定量指标的可信度，有效地提高了竞争力，增加了中标机会。

(3) 施工组织设计应避免“三化”。所谓“三化”，即内容简单化、措施公式化、进度计划理想化。这种施工组织设计只起到摆设和陪衬作用，在招标竞争中只会削弱自己的竞争实力。

1) 内容简单化。投标书中的施工组织设计，必须与报价、工期、质量等级等定量指标相辅相成、互为补充。同时，要求内容主次分明。对于重要的分部（项）工程的施工方案要做多方案比较、分析，择优选用，施工质量的保证措施要具体、可行，以增强评委和业主的信任。

2) 措施公式化。即所涉及的技术措施缺乏针对性，将通用性的质量保证措施、安全保证措施等拼凑套用。提供这种公式化的施工组织设计、说明投标方对该工程项目认识、理解、研究深度不够，只能降低和削弱投标方的竞争力。

3) 进度计划理想化。未考虑该投标工程的物资供应条件及施工过程的合理搭接与排序，仅凭以前的工程经验套用已有的其他工程的进度计划或制订脱离实际的理想进度。

(4) 认真进行答辩。答辩虽然不属于施工组织设计的内容，但它涉及施工组织设计、可以看作是施工组织设计的延伸内容，在评标定标中起着很重要的作用。施工阶段投标答辩与投标文件具有同等的法律效力。当几家投标单位的标书比较接近，评委和业主难以取舍时，将通过答辩来好中选优。因此，投标单位在完成标书后，还应做好充分的答辩准备。投标答辩一般从以下两方面进行：

1) 对信誉好、施工方案合理、工期满足要求的投标单位，通常在进行报价方面的答辩后决定取舍。

2) 当投标单位在报价上较为接近，难分上下时，通常在进行施工工期或施工技术方案方面的答辩后决定取舍。对施工工期的答辩，应以施工组织设计中相应的技术措施作论述依据，以提高其说服力和可信度。对施工技术方案的答辩，重点应对所采用的技术措施，特别是新技术、新结构、新材料、新工艺的应用方面，关键部分的阐述应明确、概念清晰、层次分明、重点突出。

3. 招标投标阶段施工组织设计的评价

建筑工程施工中评标、定标可采用综合评定法、计分法、系数法、协商议标法或投票法进行。对施工组织设计的评定，一般采用综合评定法、计分法。

(1) 综合评定法（定性分析法）。综合评定法是根据招标文件中确定的评标原则在充分阅读标书、认真分析标书优劣的基础上，经评委充分讨论并进行综合评价后确定中标单位的评标定标方法。若评委意见分歧较大，不能取得一致意见，可以采用投票法决定中标单位。对施工组织设计采用综合评定法，重点应对其拟订的各项计划及相应措施，从可行性、针对性、先进性、经济性等诸方面进行分析、评价、综合论证，其优劣程度可一目了然。

(2) 计分法（定量分析法）。计分法是根据评标原则中确定的评分标准分别打分，得分汇总后，根据得分总和评定技术标书中的施工组织设计。

计分法常采用百分比，各评价要素权重可根据实际情况确定。

【例 5-4】评标组对某工程确定了评标办法的分值。

总分为 100 分。其中：工程造价 40 分；质量等级目标 10 分；工期目标 10 分；施工组织设计 30 分；社会信誉 10 分。

为了能全面、真实地评价施工组织设计，又将其所占分值进一步细化。表 5-11 为评标组对该工程三个标书中的施工组织设计进行定量评价的分值汇总表。

施工组织设计定量评价分值汇总表　　表 5-11

评价内容	权重	评价指标	标准分	投标单位及得分		
				A	B	C
施工工期	15%	工期	6	6	6	6
		开竣工时间	3	1	3	3
		进度管理手段	6	6	5	4
工程质量	30%	质量目标	5	5	5	5
		技术措施	10	8.8	9.0	8.3
		质量保证体系	15	13.6	13.4	12.6
施工方案	20%	基础	4	4	4	4
		主体	10	9	9	9
		装修	6	5	4.5	5
安全措施	10%	组织措施	3	3	3	3
		技术措施	5	3.7	4	3.8
		安全教育	2	1	1	1
组织机构	10%	机构设置	3	3	3	3
		人员配备	7	6.3	5.5	5.9
设备安装	15%	电气系统	7.5	5.6	4.9	2.5
		给水排水系统、暖通系统	7.5	5.25	4.5	2.5
总分			100	86.25	84.8	78.6

5.7 单位工程施工组织设计的技术经济分析

1. 技术经济分析目的

施工组织设计的技术经济分析是指从技术和经济两个方面对所做施工组织设计的优劣进行客观的评价。对其在技术上是否可行、在经济上是否合理，进行评价，为不断地改进和提高施工组织设计水平，科学地选择技术经济效果最佳的施工组织设计方案提供重要的依据。

2. 技术经济分析的要求

单位工程施工组织设计的技术经济分析是建立在所编制的施工组织设计基础上的。因此，在进行技术经济分析时，要求以施工组织设计中的一案一表一图（施工方案，施工进度计划表，施工平面图）为中心，从施工技术角度上分析论证是否可行；从经济角度上，除了以施工方案中的要求和国家有关规定及工程实际需要为前提，进行定性分析论证外，还要灵活运用定量方法，运用一些主要指标、辅助指标和综合指标，进行定量分析，进一步论证在经济上是否合理。

3. 技术经济分析的指标体系与重点分析内容

（1）技术经济分析指标体系

不同的建筑工程，由于施工、管理、质量等方面的要求不一样，在进行技术经济分析时，所选用的分析评价指标也不相同，通常可按图 5-11 中所列的指标体系进行选用。

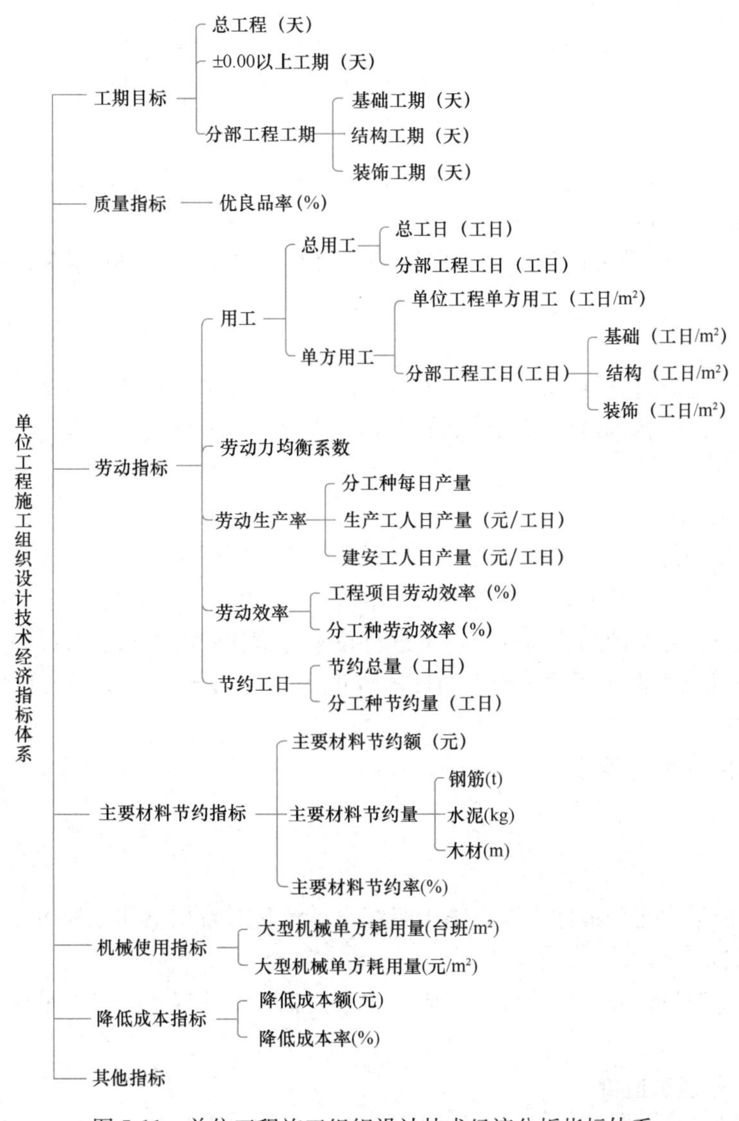

图 5-11 单位工程施工组织设计技术经济分析指标体系

（2）技术经济分析的重点

① 基础工程分析的重点：土石方工程，基坑支护工程，现浇混凝土工程，打桩工程，降水及排水防水工程。

② 主体结构工程分析的重点：垂直运输机械的选择，脚手架的架设，模板与支撑，绑扎钢筋，现浇混凝土施工工艺，特殊分项工程施工方案等。

③ 屋面工程及装饰工程应分析：分项工程的施工工艺，材料选用，制定的质量保证措施和节约材料措施等。

单位工程施工组织设计中除了工期、质量及成本外，劳动力的使用、场地的占有和利用，临时设施、新技术、新设备、新材料、新工艺的采用等，在需要时也可以作为重点进行技术经济分析，以保证全面、准确地对设计进行评价。

4. 技术经济分析方法

（1）定性分析法

定性分析法是结合施工实际经验，从施工技术要求的指标入手，对不同的单位工程施工组织设计进行分析和比较的方法，通常用以下几个指标来进行比较：

① 工期是否适当。可按一般规律或要求工期进行分析。

② 选择的施工机械是否适当。主要看它是否满足要求，机械提供是否可能等。

③ 流水施工段划分是否适当。是否给流水施工带来方便。

④ 施工平面图布置是否合理。主要看场地是否合理利用，临时设施费用是否正常，能否为文明施工创造条件。

（2）定量分析法

定量分析法是通过计算单位工程施工组织设计中的几个主要技术经济指标，然后进行综合比较，从中选择技术经济指标最优的方案的方法。定量分析法一般有下列两种计算分析方法：

① 多指标比较法。

多指标比较法是以各方案中的若干个指标为基础，根据各指标重要性的相对程度，分别定出指标的权重值，然后依据各指标在不同方案中体现出来的优劣程度定出相应的分值，从而计算出各方案的综合指标值，来进行技术经济比较的方法。假设各个指标的权重为 W_i，而在不同的方案中所体现出来的优劣程度为 C_{ij}，（$i=1$，2，…，n 个指标；$j=1$，2，…，m 个方案）

则综合指标 A 的计算公式为

$$A=\frac{n}{2}C_{ij}W_i \tag{5-11}$$

综合指标值最大者为最优方案，施工组织设计评价时常用下列几种指标：

a. 工期指标：

选择施工组织设计时，在确保工程质量和安全施工的前提下，应尽量地缩短工期（满足要求）。

b. 单位面积建筑造价：

单位面积建筑造价包括人工、材料机械费用和施工管理费等。

$$每平方米造价=\frac{建筑总造价}{建筑总面积}(元/m^2)$$

这里，建筑总造价是实际施工造价，而不是预算造价。

c. 降低成本指标：

降低成本指标是一个重要指标，它综合反映出工程项目或分部工程由于采用不同施工方案而产生的不同经济效果，通常用降低成本额或降低成本率表示：

$$降低成本额=预算成本-计划成本$$

$$降低成本率=\frac{降低成本额}{预算成本}\times 100\%$$

d. 施工机械化程度：

$$施工机械化程度=\frac{机械完成的实物量}{全部实际量}\times 100\%$$

进行多指标比较时，有两种情况应区别对待：一个方案的各项指标明显优于另一个方案，则可直接进行分析比较。另一种情况是几个方案的指标优劣有穿插，互有优势，则应以各项指标为基础，将各项指标的值按照一定的计算方法进行综合后，得到一个综合指标值进行分析比较。

② 单指标比较性。

单指标比较法是用同一指标，对各个方案优劣进行比较的方法。

思　考　题

1. 什么是单位工程施工组织设计？简述其设计文件的内容。
2. 简述单位工程施工组织设计编制原则与依据。
3. 简述单位工程施工组织中工程概况的主要内容。
4. 单位工程施工组织中施工部署确定目标有哪些？
5. 什么是施工方案？简述单位工程施工组织中施工方案的内容。
6. 危险性较大的分部（分项）工程包括哪些内容？其施工方案如何审批？
7. 如何进行民用建筑施工顺序的安排？
8. 简述单位工程施工组织中确定施工起点流向应考虑的因素。
9. 简述确定分部分项工程施工顺序的原则。
10. 简述单位工程施工组织方案中安全施工措施包括的主要内容。
11. 如何对单位工程施工组织中施工方案的技术经济进行评价？
12. 简述单位工程施工进度计划的编制依据。
13. 简述单位工程施工组织中资源需要量计划包括的内容。
14. 什么是单位工程施工平面图？简述其设计内容。
15. 简述单位工程施工平面图的设计依据和原则。
16. 简述单位工程投标阶段的施工组织设计的作用及注意内容。
17. 简述单位工程施工组织设计的技术经济分析的重点。

案例实操题

项目概况

（1）总体简介

序号	项目	内容
1	工程名称	××国际中心
2	工程地址	北京××区
3	建设单位	北京××房地产开发有限公司
4	设计单位	北京市××工程设计有限公司
5	监理单位	××咨询公司
6	监督单位	北京市××监督站
7	施工总包	
8	分包项目	土方、复合地基、消防、电梯等
9	资金来源	自筹
10	合同承包范围	基础、结构、设备安装、初装修、外装修及给水排水、电气安装等
11	工期	2002年11月15日—2004年6月18日
12	质量目标	长城杯

（2）建筑设计简介

<table>
<tr><th>序号</th><th>项目</th><th colspan="4">内容</th></tr>
<tr><td>1</td><td>建筑功能</td><td colspan="4">公寓</td></tr>
<tr><td>2</td><td>建筑特点</td><td colspan="4">整个建筑在地下室1～4号楼及车库连为一体，出地面后
1、3号楼为16层，2、4号楼为31层</td></tr>
<tr><td rowspan="3">3</td><td rowspan="3">建筑面积</td><td>总建筑面积（m²）</td><td>87890</td><td>占地面积（m²）</td><td>6593</td></tr>
<tr><td>地下建筑面积（m²）</td><td>10963</td><td>地上建筑面（m²）</td><td>76927</td></tr>
<tr><td colspan="2">标准层建筑面积（m²）</td><td colspan="2">3200</td></tr>
<tr><td>4</td><td>建筑层数</td><td>地上层数</td><td>31/16</td><td>地下层数</td><td>4</td></tr>
<tr><td rowspan="8">5</td><td rowspan="8">建筑层高</td><td rowspan="4">地下部位层高（m）</td><td colspan="2">地下一层</td><td>3.60</td></tr>
<tr><td colspan="2">地下二层</td><td>3.60</td></tr>
<tr><td colspan="2">地下三层</td><td>3.55</td></tr>
<tr><td colspan="2">地下四层</td><td>3.6</td></tr>
<tr><td rowspan="4">地上部位层高（m）</td><td colspan="2">首层</td><td>2.8</td></tr>
<tr><td colspan="2">二层</td><td>2.8</td></tr>
<tr><td colspan="2">标准层</td><td>2.8</td></tr>
<tr><td colspan="2">机房设备间</td><td>4.85</td></tr>
<tr><td rowspan="3">6</td><td rowspan="3">建筑高度</td><td>绝对标高</td><td>±0.000=40.80m</td><td>室内外高差</td><td>1.2m</td></tr>
<tr><td>基底标高</td><td>−16.300m</td><td>最深基坑</td><td>−19.8m</td></tr>
<tr><td>檐口高度</td><td>89.9m</td><td>建筑总高</td><td>98.8m</td></tr>
</table>

续表

<table>
<tr><th>序号</th><th>项目</th><th colspan="4">内容</th></tr>
<tr><td rowspan="2">7</td><td rowspan="2">建筑平面</td><td>横轴编号</td><td>1-1 轴～14-4 轴</td><td>纵轴编号</td><td>A-1 轴～D-G 轴</td></tr>
<tr><td>横轴距离</td><td>150700mm</td><td>纵轴距离</td><td>43750mm</td></tr>
<tr><td>8</td><td>建筑防火</td><td colspan="4">一级耐火等级</td></tr>
<tr><td>9</td><td>墙面保温</td><td colspan="4">外墙内保温</td></tr>
<tr><td rowspan="5">10</td><td rowspan="5">外装修</td><td>檐口</td><td colspan="3">外墙砖</td></tr>
<tr><td>外墙装修</td><td colspan="3">主体 1～2 层挂贴花岗石；3～顶层瓷质外墙砖</td></tr>
<tr><td>门窗工程</td><td colspan="3">铝合金窗，双层中空安全玻璃</td></tr>
<tr><td>屋面工程</td><td>不上人屋面</td><td colspan="2">银粉保护层屋面</td></tr>
<tr><td>主入口</td><td colspan="3">配合精装设计施工</td></tr>
<tr><td rowspan="7">11</td><td rowspan="7">内装修</td><td>顶棚</td><td colspan="3">板底刮腻子喷涂顶棚</td></tr>
<tr><td>地面工程</td><td colspan="3">细石混凝土楼地面</td></tr>
<tr><td>内墙</td><td colspan="3">水泥砂浆墙面、喷浆饰面</td></tr>
<tr><td rowspan="2">门窗工程</td><td>普通门</td><td colspan="2">室内为木门、门连窗为铝合金门</td></tr>
<tr><td>特种门</td><td colspan="2">防火卷帘门、钢质防火门、户门为三防门</td></tr>
<tr><td>楼梯</td><td colspan="3">C20 细石混凝土</td></tr>
<tr><td>公用部分</td><td colspan="3">精装修施工</td></tr>
<tr><td rowspan="4">12</td><td rowspan="4">防水工程</td><td>地下</td><td colspan="3">SBS 卷材Ⅲ＋Ⅲ</td></tr>
<tr><td>屋面</td><td colspan="3">3mm 厚 SBS 卷材＋3 厚 SBS 防水涂料</td></tr>
<tr><td>厕浴间</td><td colspan="3">1.5 厚聚氨酯</td></tr>
<tr><td>屋面防水等级</td><td colspan="3">二级</td></tr>
<tr><td>15</td><td>电梯</td><td colspan="4">华升富士达客梯</td></tr>
</table>

（3）结构设计概况

<table>
<tr><th>序号</th><th>项目</th><th colspan="3">内容</th></tr>
<tr><td rowspan="2">1</td><td rowspan="2">结构形式</td><td>基础结构形式</td><td colspan="2">筏形基础</td></tr>
<tr><td>主体结构形式</td><td colspan="2">剪力墙结构</td></tr>
<tr><td rowspan="2">2</td><td rowspan="2">土质、水位</td><td>基底以上土质分层情况</td><td colspan="2">杂填土；砂质粉土②层，粉砂、细砂③层；砂质粉土、黏质粉土④层；粉砂、细砂⑤层；粉砂、细砂⑥层</td></tr>
<tr><td>地下水位</td><td>地下承压水</td><td>18.33～22.27</td></tr>
<tr><td rowspan="2">3</td><td rowspan="2">地基</td><td>持力层以下土质类别</td><td colspan="2">卵石、圆砾层</td></tr>
<tr><td>地基承载力</td><td colspan="2">220kPa</td></tr>
<tr><td rowspan="2">4</td><td rowspan="2">地下防水</td><td>混凝土自防水</td><td colspan="2">抗渗等级 P8</td></tr>
<tr><td>材料防水</td><td colspan="2">防水等级为二级
选用 3 厚 SBS 双层</td></tr>
</table>

续表

序号	项目	内容	
5	混凝土强度等级	公寓基础底板	C35P8
		地下室墙体	C45P8
		地下室楼板	C30
		车库基础、墙体、楼板	C30P8、C30
		车库框架柱	C50
		垫层	C20
		首层～十三层墙体	C45
		十四～二十一层墙体	C40
		二十一层以上墙体	C30
		地上所有楼板	C30
		其他	C30
6	抗震等级	工程设防烈度	8度
		框架抗震等级	三级
		剪力墙抗震等级	一级
7	钢筋类别	HPB300级	ϕ6、ϕ8、ϕ10
		HRB335级	ϕ12、ϕ14、ϕ16、ϕ18、ϕ20、ϕ22、ϕ25、ϕ32
8	钢筋接头形式	搭接	ϕ18以下（含）
		直螺纹	ϕ20以上
9	结构尺寸	公寓底板厚度	1250
		车库底板厚度	250
		外墙厚度	450/350/300
		内墙厚度	300/250/200
		柱断面尺寸	700mm×700mm
		梁断面尺寸	300mm×700mm
		楼板厚度	180mm/150mm
10	楼梯、坡道结构形式	楼梯结构形式	现浇混凝土
		坡道结构形式	现浇混凝土
11	人防设置等级	六级人防、防化等级丁级	
12	建筑物沉降观测	按《建筑变形测量规范》JGJ 8—2016进行二级沉降观测	
13	室外水池	消防水池规划在二期工程东侧4层，配楼地下二层建设	

（4）专业设计概况

序号	项目		设计要求	系统做法	管线类别
1	给水排水系统	上水	—	热熔连接	内筋塑料管
		中水	—	丝接	镀锌钢管
		下水	螺旋管管材	粘接	UPVC塑料管

续表

序号	项目		设计要求	系统做法	管线类别
1	给水排水系统	热水	集中供热	焊接连接	无缝钢管
		饮用水	—	热熔连接	PP-R 管
		消防用水	消火栓	焊接连接	焊接钢管
2	消防系统	消防	消防喷洒	丝接、沟槽连接	镀锌钢管
		排烟	报警启动	风机安装	风道
		报警	手动，自动	两总线	焊接钢管，线槽
		监控	烟感，温感	两总线	焊接钢管，线槽
3	空调通风	空调	盘管式	焊接连接	无缝钢管
		通风	正压送风、补风	法兰连接	镀锌钢板
		冷冻	制冷水机	—	无缝钢管
4	电力系统	照明		放射式与树干式结合	母线
		动力		放射式	桥架、电缆，焊管
		弱电			线槽、焊管
		避雷	二类防雷	92DQ13TSJT-36	扁铁、柱内主筋
5	设备安装	电梯	八部	落地明装、墙上暗装	桥架，电缆
		配电柜		落地明装、墙上暗装	桥架，电缆
		水箱	搪瓷钢板	组装	—
		污水塔	—	—	—
		冷却塔	—	—	—
6	通信		综合布线	五类八芯双绞线	线槽、焊管
7	供暖	自供暖	—	—	—
		集中供	铸铁散热器	焊接连接	无缝钢管
8	等电位		等电位接地	等电位连接	镀锌圆钢、扁钢

（5）施工现场条件

序号	项目	情况简介
1	地理位置	北京市朝阳区光华西里
2	环境地貌	原为住宅区，施工场地平坦
3	地上、地下物情况	地上部分无建筑物，地下部位有地下室基础
4	三通一平状况	现场达到三通一平
5	现场水电供应点，可供应量	现场西侧有箱式变压器，容量 500kV·A
6	待解决问题	正式水源

要求：根据以上项目情况，编写合理的施工技术准备计划。

案例实操题
参考答案5

拓展习题5

第6章 施工组织总设计

【本章重难点】施工总进度及资源配置计划；全场性暂设工程（全场性暂设工程的内容、施工总平面图）。

【学习目标】了解施工组织总设计概述；熟悉建设工程概况及总体施工部署；掌握施工总进度及资源配置计划；掌握全场性暂设工程（全场性暂设工程的内容、施工总平面图）；熟悉主要技术经济指标（施工总工期、施工总成本、施工总质量、施工安全、施工效率、临时工程、材料使用指标、综合机械化程度和预制化程度）。

【素质目标】培养学生大局观和整体观；培养学生的组织协调能力；增强中国特色社会主义道路自信、理论自信、制度自信、文化自信；认识到科学技术是第一生产力，科技推动行业和经济发展。

建设项目呈现出投资规模大型化、建设主体多元化、工程界面交织复杂化、技术标准高科技化、设备装置多层次化等特点。如何面对众多主体、复杂工作界面组织协调和不断提高的技术要求，科学、合理地组织各种可能的施工生产要求，项目开工之前的模拟优化组合配置，保证项目开工后的施工活动能有秩序、高效率、科学合理地进行，从而达到优质、低耗、高效、安全和文明生产的目的。这就需要应用于施工全过程，集技术、经济、管理和合同于一体的较为全面的施工计划和合同文件，即施工组织总设计文件。那么，施工组织总设计包含哪些具体工作呢？在其具体工作中应该注意哪些要点？又该从哪些指标对施工组织总设计方案进行评价呢？

6.1　施工组织总设计概述

1. 施工组织总设计的作用与内容

6.1 施工组织总设计概述

（1）施工组织总设计的作用

1）从全局出发，为整个建设项目或建筑群体工程的施工做出全面战略部署；

2）为做好施工准备工作，组织施工力量、技术和物资资源的供应提供依据；

3）为组织全局施工提供科学方案和实施步骤；

4）为施工企业编制项目施工计划和单位工程施工组织设计提供依据；

5）为建设单位或业主编制工程建设计划提供依据；

6）为确定设计方案的施工可行性和经济合理性提供依据。

（2）施工组织总设计的内容

施工组织总设计的内容主要包括工程概况、施工部署、施工总进度计划、施工准备与资源配置计划、主要施工方法，施工现场平面布置、主要施工管理计划和主要技术经济指标分析等基本内容。

2. 施工组织总设计编制依据和程序

（1）施工组织总设计的编制依据

1）计划文件及有关合同

计划文件及有关合同主要包括：国家批准的基本建设计划文件，可行性研究报告，概预算指标和投资计划，工程项目一览表，分期分批投产交付使用的项目期限，工程所需材料和设备的订货计划，建设项目所在地区行政主管部门的批准文件，建设单位对施工的要求，施工单位上级主管部门下达的施工任务计划，招标投标文件及工程承包合同或协议，进口设备和材料的供货合同等。

2）设计文件及有关资料

设计文件及有关资料主要包括：已批准的建设项目初步设计、扩大初步设计或技术设计的设计说明书、建设地区区域平面图、建筑总平面图、建筑竖向设计图等相关图纸、总概算或修正概算。

3）工程勘察和调查资料

工程勘察和调查资料主要包括：建设地区地形、地貌、工程地质、水文、气象等自然条件资料；可能为建设项目服务的建筑安装企业、建筑材料企业、预制加工企业、预拌混凝土供应企业的人力、设备、技术和管理水平等技术经济资料；建设地区能源、交通运输和水、电供应情况；当地政治、经济、文化、卫生等社会生活条件资料。

4）现行工程建设法规、规范、规程和有关技术标准

主要包括国家现行的建设法规、施工及验收规范、操作规程，现行的相关国家标准、行业标准、地方标准及企业施工工艺标准，定额、技术规定和技术经济指标等。

5）类似建设工程项目的施工组织总设计、参考资料和有关经验总结

(2) 施工组织总设计的编制程序

施工组织总设计的编制程序是依据其各项内容的内在联系确定的，其编制程序如图 6-1所示。

需要说明的是，以上程序中有些顺序必须遵守，不可逆转，如：

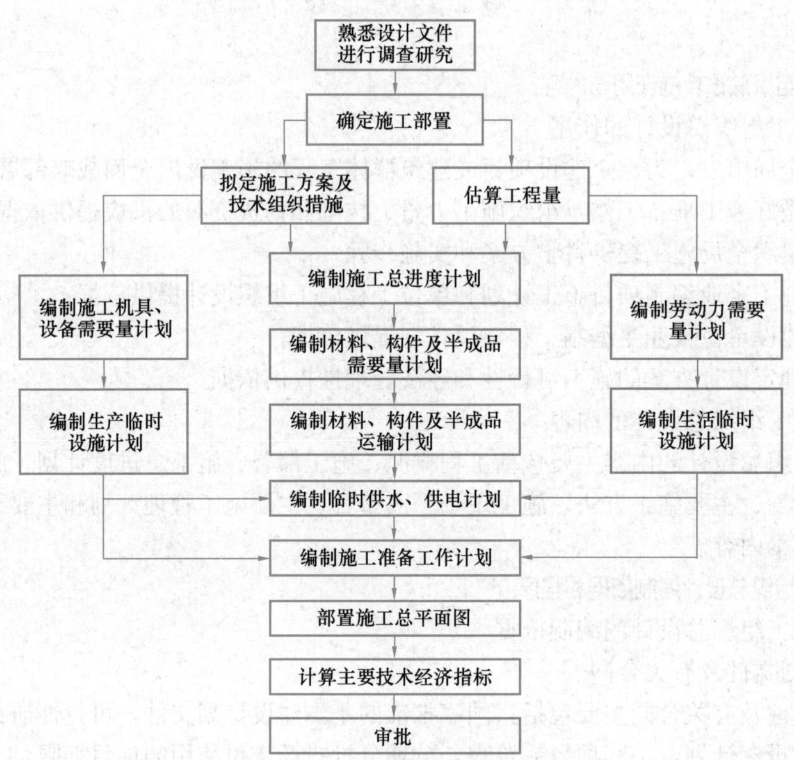

图 6-1　施工组织总设计的编制程序

1）拟定施工方案后才可编制项目总进度计划，因为进度的安排取决于施工方案；

2）编制施工总进度计划后才可编制资源需要量计划，因为资源需要量计划要反映各种资源在时间上的需求。

而有些顺序应该根据具体项目确定，如确定施工的总体部署和拟定施工方案两者有紧密的联系，可以交叉进行。

6.2　建设工程概况及总体施工部署

1. 建设工程概况

6.2 建设工程概况及总体施工部署

建设工程概况是对整个建设项目的总说明和总分析，是对拟建设项目或建筑群做的一个简明扼要、突出重点的文字介绍，为了清晰易读，宜采用图表说明。

（1）建设项目主要情况

建设项目主要情况涵盖以下方面：

1）项目名称、性质（工业或民用，项目的使用功能）、地理位置和建设规模（包括项目占地总面积、投资规模或产量、分期分批建设范围等）；

2）项目的建设、勘察、设计和监理等相关单位的情况；

3）项目设计概况，包括建筑面积、建筑高度、建筑层数、结构形式、建筑结构及装饰用料、建筑抗震设防烈度、安装工程和机电设备的配置等；

4）项目承包范围及主要分包工程范围；

5）施工合同或招标文件对项目施工的重点要求；

6）其他应说明的情况。

（2）项目主要施工条件

施工组织总设计中，应对项目的主要施工条件进行以下情况的说明：

1）项目建设地点气象状况：气温、雨、雪、风和雷电等气象情况，冬、雨季的期限，土的冻结深度等；

2）项目施工区域地形地貌和水文地质：施工场地地形变化和绝对标高、地质构造、土的性质和类别、地基土承载力、地下水位及水质等；

3）项目施工区域施工障碍物：施工区域地上、地下管线及相邻地上、地下建（构）筑物情况；

4）与项目施工有关的道路、河流状况：可利用的永久性道路、通行（通航）标准、河流流量、最高洪水位和枯水期水位等；

5）当地建筑材料、设备供应和交通运输等服务能力状况，如建设项目的主要材料、特殊材料和生产工艺设备供应条件及交通运输条件；

6）当地供电、供水、供热和通信能力状况，根据当地供电、供水、供热和通信情况，按照施工需求，描述相关资源的提供能力及解决方案；

7）其他与施工有关的主要因素。

2. 施工部署和施工方案的编制

施工部署是对整个建筑项目进行施工的统筹规划和全面安排，它主要解决影响建筑项目全局的重大战略问题。

施工部署的内容和侧重点根据建筑项目的性质、规模和客观条件不同而有所不同。一般应包括：确定建筑项目的施工机构；明确各参加单位的任务分工和施工准备工作；确定项目开展的程序、拟定主要建筑物的施工方案。

（1）明确项目管理机构和任务分工

明确项目管理组织目标、组织内容和组织机构形式，建立统一的工程指挥系统，组建综合或专业承包单位，合理划分每个承包单位的施工区域或划分若干个单项工程，明确主导施工项目和穿插施工项目。

（2）确定项目开展程序

根据合同总工期要求合理安排工程开展的程序，即单位工程或分部工程之间的先后开工、平行或搭接关系，确定工程开展程序的原则是：

1）在满足合同工期要求的前提下，分期分批施工。合同工期是施工时间的总目标，不能随意改变。当有些工程在编制施工组织总设计时没有签订合同，则应保证总工期控制在定额工期之内。在此前提下，可以将单位工程或分部工程之间进行合理的分期分批施工，并进行合理的搭接。施工期长、技术复杂、施工难度大的工程应提前安排施工；急需和关键的工程应先期施工和交工，如供水设施、排水干线、输电线路及交通道路等。

2）统筹安排，保证重点，兼顾其他，确保工程项目按期投产。按生产工艺要求起主导作用或先期投入生产的工程应优先安排，并注意工程交工的配套或使用和在建工程的施工互不妨碍，使建成的工程能投产，生产、施工两方便，尽早发挥先期施工部分的投资效益。

3）所有工程项目均应按照“先地下、后地上，先深后浅，先干线、后支线”的原则进行安排。例如，地下管线和修筑道路的程序应是先铺设管线，后在管线上修筑道路。

4）要考虑季节对施工的影响，把不利于某季节施工的工程，提前到该季节来临之前或推迟到该季节终了之后施工，并应保证工程进度和质量。例如，大规模土方工程和深基础工程施工应避开雨季；寒冷地区的房屋施工尽可能在入冬前封闭，使冬季可在室内作业或进行设备安装。

（3）拟定主要项目的施工方案

施工组织总设计中要拟定一些主要工程项目的施工方案。这些项目通常是工程量大、施工难度大、工期长，对整个建筑项目起关键控制性作用及影响全局的特殊分项工程。其目的是进行技术和资源的准备工作，同时也为了施工顺利开展和现场的合理布置。施工方案的内容包括施工方法、施工工艺流程、施工机械设备等。

1）施工方法与工艺流程的确定要兼顾技术的先进性和经济的合理性，尽量采用工厂化和机械化，即能在工厂预制或在市场上可以采购到成品的不在现场制造，能采用机械施工的应尽量不进行手工作业。重点应解决以下问题：

① 单项工程中的关键分部工程。要通过技术经济比较确定其关键分部工程的施工方法与工艺流程。如深基坑支护结构、地下水的处理方式、大跨度梁施工方法的选择等。

② 主要工种工程的施工方法。确定主要工种工程（如桩基础、结构安装、预应力混凝土工程等）的施工方法，主要依据施工规范，明确针对本工程的技术措施，做到提高生产效率，保证工程质量与施工安全，降低造价。

2）主要施工机械的选择是否合理，既影响工程进度，又影响工程成本，应根据施工现场情况和工程结构情况，合理选择机械型号和数量，尽可能做到一机多用，连续使用。特别是大型机械，应做到统一调度、集中使用。如果机械设备采用租赁形式，则进退场时间应做到严格控制，以节约机械费用。

对主要施工机械的选择确定后，应列出机械进退场计划表，以便各方认真予以执行。

（4）施工准备工作计划

施工准备工作是完成建筑项目的重要阶段，它直接影响项目施工的经济效果，必须优先安排。根据项目开展程序和主要工程项目施工方案，编制好全场性的施工准备工作计划。主要内容包括：

1）安排好场内外运输、施工用主干道、水电来源及引入方案。

2）安排好场地平整方案、全场性排水方案。

3）安排现场区域内的测量工作，设置永久性测量标志，为放线定位做好准备。

4）安排好生产和生活基地建设。包括钢筋、木材加工厂，金属结构制作加工厂及职工生活设施等。

5）安排建筑材料、成品、半成品的货源和运输、储存方式。

6）编制新材料、新技术、新工艺、新结构的试制试验计划。

7）冬期、雨期施工所需要的特殊准备工作。

安排时应注意充分利用已有的加工厂、基地，不足时再扩建。

6.3 施工总进度及资源配置计划

1. 施工总进度计划

施工总进度计划是以建设项目或群体工程为对象，对全工地的所有单位工程施工活动进行的时间安排。即根据施工部署的要求，合理确定工程项目施工的先后顺序、开工和竣工日期、施工期限和它们之间的搭接关系。施工总进度计划是整个建设项目的控制性进度安排，是总体施工部署在时间上的体现。它是施工组织总设计中的主要内容，也是现场施工管理的中心内容。如果施工总进度计划不合理，那么将会导致人力、物力的使用不均衡，延误工期，甚至还会影响工程质量和施工安全。因此，正确地编制施工总进度计划是保证各项目以及整个建设工程按期交付使用、充分发挥投资效益、降低建筑工程成本的重要条件。

（1）施工总进度计划的编制原则

1）合理安排各单位工程的施工顺序，保证在劳动力、物资以及资源消耗量最少的情况下，按规定工期完成施工任务。

2）处理好配套建设安排，充分发挥投资效益。在工业建设项目施工安排时，要认真研究生产车间和辅助车间之间、原料与成品之间、动力设施和加工部门之间、生产性建筑和非生产性建筑之间的先后顺序，有意识地做好协调配套，形成完整的生产系统；民用建筑也要解决好供水、供电、供暖、通信、市政、交通等工程的同步建设。

3）区分各项工程的轻重缓急，分批开工，分批竣工，把工艺调试在前、占用工期较长、工程难度较大的项目排在前面。所有单位工程都要考虑土建工程、安装工程的交叉作业，组织流水施工，既能保证重点，又能实现连续、均衡施工。

4）充分考虑当地气候条件，尽可能减少冬期、雨期施工的附加费用。如大规模土方和深基础施工应避开雨期，现浇混凝土结构应避开冬期，高空作业应避开风期等。

5）总进度计划的安排还应遵守技术法规、标准，符合安全、文明施工的要求，并应尽可能做到各种资源的均衡供应。

（2）施工总进度计划的内容

施工总进度计划应依据施工合同、施工进度目标，有关技术经济资料，并按照总体施工部署确定的施工顺序和空间组织等进行编制：

施工总进度计划的内容应包括编制说明，施工总进度计划表（图），分期（分批）实施工程的开工、竣工日期，工期一览表等。施工总进度计划宜优先采用网络计划，网络计划应按国家现行标准要求进行编制。

（3）施工总进度计划的编制步骤和方法

6.3 施工总进度计划的编制步聚和方法

1）计算工程项目的工程量

施工总进度计划主要起控制总工期的作用，因此在列工程项目一览表时，项目划分不宜过细。通常，按分期（分批）投产顺序和工程开展顺序列出工程项目，并突出每个系统中的主要工程项目。一些附属项目及临时设施可以合并列出。

根据批准的总承建工程项目一览表，按工程开展程序和单位工程计算主要实物工程量。此时，计算工程量的目的是选择施工方案和主要的施工、运输机械，初步规划主要施工过程和流水施工，估算各项目的完成时间并计算劳动力及技术物资的需要量。因此，工程量只需粗略地计算即可。

计算工程量可按初步（或扩大初步）设计图纸并根据各种定额手册进行计算。常用的定额、资料如下。

① 万元（十万元）投资工程量、劳动力及材料消耗扩大指标。

② 概算指标和扩大结构定额。

③ 已建房屋、构筑物的资料。

除建设项目本身外，还必须计算主要的全场性工程的工程量，例如铁路及道路长度、地下管线长度、场地平整面积。这些数据可以从建筑总平面图上求得。

2）确定施工期限

单位工程的施工期限应根据施工单位的技术力量、管理水平、机械化施工程度等具体条件及施工项目的建筑结构类型、工程规模、施工条件及施工现场环境等因素加以确定。此外，还应参考有关的工期定额来确定各单位工程的施工期限，但总工期应控制在合同工期以内。

3）确定开工时间、竣工时间和搭接关系

确定各主要单位工程的施工期限后，就可具体确定各单位工程的开工时间、竣工时间，并安排各单位工程搭接施工的时间，尽量使主要工种的工人能连续、均衡地施工。在具体安排时，应着重考虑以下几点。

① 同一时期开工的项目不宜过多，以避免分散有限的人力、物力。

② 力求使主要工种、施工机械及土建中的主要分部（分项）工程连续施工。

③ 尽量使劳动力、技术物资在全工程上均衡消耗，避免出现短时间高峰和长时间低谷的现象，以利于劳动力的调度和原材料的供应。

④ 满足生产工艺的要求。根据工艺确定分期（分批）建设方案，合理安排各个建筑物的施工顺序和衔接关系，做到土建施工、设备安装和试生产在时间与量的比例上均衡、合理，实现生产一条龙。

⑤ 确定一些后备工程，调节主要项目的施工进度。如宿舍、办公楼、附属设施和辅助设施等作为调剂项目，穿插在主要项目的流水中，以便在保证重点工程项目的前提下实现均衡施工。

4）编制施工总进度计划

施工总进度计划可使用文字说明、里程碑表、工作量表、横道计划、网络计划等方法。作业性进度计划必须采用网络计划方法或横道计划方法。横道图表达施工总进度计划时，项目的排列可按施工总体方案所确定的工程展开程序排列横道图，并标明各施工项目开工时间、竣工时间及其施工持续时间。

采用时间坐标网络图表达施工总进度计划，不仅比横道图更加直观、明了，而且还可以表达出各施工项目之间的逻辑关系。

5）施工总进度计划的调整和修正

施工总进度计划编制完后，尚需检查各单位工程的施工时间和施工顺序是否合理，总工期是否满足规定的要求，劳动力、材料及设备需要量是否出现较大的不均衡现象等。有时，需要对施工总进度计划进行必要的修正和调整。并且，在贯彻执行过程中，也应随着施工的进展变化及时进行必要的调整。

有些建设项目的施工总进度计划是跨几个年度的。此时，还需要根据每年的基本建设投资情况调整施工总进度计划。

施工进度安排好以后，把同一时期各项单位工程的工作量加在一起，用一定的比例画在总进度表的底部，即可得出建设项目的投资曲线。根据投资曲线，可以大致地判断各个时期的工程量情况。如果在曲线上存在着较大的低谷或高峰，则需调整个别单位工程的施工速度或开工时间、竣工时间，以便消除低谷或高峰，使各个时期的工作量尽量达到均衡。此外，投资曲线也能大致地反映不同时期的劳动力和物资的消耗情况。

2. 总体施工准备与主要资源配置计划

（1）资源需要量计划

施工总进度编制好以后，就可以编制各种主要资源需要量计划。各项资源需要量计划是做好劳动力及物资的供应、平衡、调配、落实的依据，其主要内容有：

1）劳动力需要量计划

劳动力需要量计划是保证工程项目施工进度的重要因素之一，也是确定施工现场大型生产和生活福利临时设施规模、施工企业劳动力调配及组织劳动力进场的依据。编制劳动力需要量计划时，首先根据工程量汇总表中列出的各主要工种的实物工程量，查询相应劳动定额或有关经验资料，即可求得各单位工程主要工种的劳动量（工日数），如表 6-1 所示；再根据施工总进度计划中各单位工程分工种的开始时间和持续时间，得到某单位工程在某段时间里的平均劳动力数及该工种劳动力进场时间。按同样方法可计算出各单位工程的各主要工种在各个时期的平均工人数。将总进度计划表纵坐标方向上各单位工程同工种的人数叠加并连成一条曲线，即为某工种的劳动力动态曲线图。根据劳动力动态曲线图可列出主要工种劳动力需要量计划表。将各主要工种劳动力需要量曲线图在时间上叠加，即可得到综合劳动力曲线图和计划表。

建设项目施工劳动力汇总表 表 6-1

<table>
<tr><th rowspan="3">序号</th><th rowspan="3">工种名称</th><th rowspan="3">劳动量/工日</th><th rowspan="3">施工高峰需要人数</th><th colspan="6" rowspan="2">工业建筑及全工地性工作</th><th colspan="2" rowspan="2">居住建筑</th><th rowspan="3">其他临时工程</th><th colspan="5">用工时间</th><th rowspan="3">现有人数</th><th rowspan="3">多余（+）或不足（−）</th></tr>
<tr><th colspan="4">20××年</th><th>20××年</th></tr>
<tr><th>厂房</th><th>辅助</th><th>附属</th><th>道路</th><th>管道</th><th>…</th><th>永久性住宅</th><th>临时性住宅</th><th>Ⅰ</th><th>Ⅱ</th><th>Ⅲ</th><th>Ⅳ</th><th>…</th></tr>
<tr><td>1</td><td>瓦工</td><td></td><td></td><td></td><td></td><td></td><td></td><td></td><td></td><td></td><td></td><td></td><td></td><td></td><td></td><td></td><td></td><td></td><td></td></tr>
<tr><td>2</td><td>木工</td><td></td><td></td><td></td><td></td><td></td><td></td><td></td><td></td><td></td><td></td><td></td><td></td><td></td><td></td><td></td><td></td><td></td><td></td></tr>
<tr><td>3</td><td>钢筋工</td><td></td><td></td><td></td><td></td><td></td><td></td><td></td><td></td><td></td><td></td><td></td><td></td><td></td><td></td><td></td><td></td><td></td><td></td></tr>
<tr><td>…</td><td></td><td></td><td></td><td></td><td></td><td></td><td></td><td></td><td></td><td></td><td></td><td></td><td></td><td></td><td></td><td></td><td></td><td></td><td></td></tr>
</table>

注：工种名称除生产工人外，应包括附属工程材料的运输、构件加工、材料保管等及服务用工。

2）材料、构件、半成品的需要量计划

材料、构件、半成品的需要量和供应计划也是保证施工总进度实现的重要因素，是施工单位组织材料和预制品加工、订货的依据，是材料供应部门和有关加工厂准备所需的材料、构件、半成品并及时供应的依据，也是决定施工现场大型施工临时设施中材料、构件、半成品的堆放场地和仓库面积的依据之一，因此在施工总进度计划编制好以后应同时编制材料、构件、半成品的需要量计划。

根据各工种工程量汇总表所列各建筑物的工程量，查“万元定额”或“概算指标”，便可得出各建筑物的建筑材料、构件和半成品的需要量。然后根据施工总进度计划表，大致算出某些建筑材料在某一时间内（某季度）的需要量，从而编制出主要建筑材料、构件和半成品的需要量进度计划，如表 6-2 所示。

主要材料、构件及半成品需要量进度计划表 表 6-2

<table>
<tr><th rowspan="4">类别</th><th rowspan="4">序号</th><th rowspan="4">材料或预制加工品名称</th><th rowspan="4">规格</th><th rowspan="4">单位</th><th colspan="9">需要量</th><th colspan="5">需要量进度</th></tr>
<tr><th colspan="6" rowspan="2">工业建筑及全工地性工作</th><th colspan="2" rowspan="2">居住建筑</th><th rowspan="3">其他临时工程</th><th colspan="5">用工时间</th></tr>
<tr><th colspan="4">20××年</th><th>20××年</th></tr>
<tr><th>厂房</th><th>辅助</th><th>附属</th><th>道路</th><th>管道</th><th>…</th><th>永久性住宅</th><th>临时性住宅</th><th>Ⅰ</th><th>Ⅱ</th><th>Ⅲ</th><th>Ⅳ</th><th>…</th></tr>
<tr><td rowspan="3">构件类</td><td>1</td><td>预制桩</td><td></td><td></td><td></td><td></td><td></td><td></td><td></td><td></td><td></td><td></td><td></td><td></td><td></td><td></td><td></td><td></td></tr>
<tr><td>2</td><td>预制梁</td><td></td><td></td><td></td><td></td><td></td><td></td><td></td><td></td><td></td><td></td><td></td><td></td><td></td><td></td><td></td><td></td></tr>
<tr><td>3</td><td>…</td><td></td><td></td><td></td><td></td><td></td><td></td><td></td><td></td><td></td><td></td><td></td><td></td><td></td><td></td><td></td><td></td></tr>
<tr><td rowspan="4">主要材料</td><td>4</td><td>钢筋</td><td></td><td></td><td></td><td></td><td></td><td></td><td></td><td></td><td></td><td></td><td></td><td></td><td></td><td></td><td></td><td></td></tr>
<tr><td>5</td><td>水泥</td><td></td><td></td><td></td><td></td><td></td><td></td><td></td><td></td><td></td><td></td><td></td><td></td><td></td><td></td><td></td><td></td></tr>
<tr><td>6</td><td>砖</td><td></td><td></td><td></td><td></td><td></td><td></td><td></td><td></td><td></td><td></td><td></td><td></td><td></td><td></td><td></td><td></td></tr>
<tr><td>7</td><td>…</td><td></td><td></td><td></td><td></td><td></td><td></td><td></td><td></td><td></td><td></td><td></td><td></td><td></td><td></td><td></td><td></td></tr>
</table>

续表

类别	序号	材料或预制加工品名称	规格	单位	需要量									需要量进度				
					工业建筑及全工地性工作						居住建筑		其他临时工程	用工时间				
														20××年				20××年
					厂房	辅助	附属	道路	管道	…	永久性住宅	临时性住宅		Ⅰ	Ⅱ	Ⅲ	Ⅳ	…
半成品类	8	砂浆																
	9	混凝土																
	10	木门窗																
	…	…																

3）施工机具需要量计划

施工机具需要量计划是组织机具供应、计算配电线路及选择变压器和确定停放场地面积、进行场地布置的依据。主要施工机械，如挖土机、起重机等的需要量计划，应根据施工部署和施工方案、施工总进度计划、主要工种工程量，套机械产量定额确定；辅助机械可以根据安装工程每 10 万元扩大概算指标或按经验确定；运输机械的需要量根据运输量计算。施工中需要多种机械配合的，还需进行多种机械技术经济优化配合分析，主要施工机具、设备需要量计划，如表 6-3 所示。

主要施工机具、设备需要量计划表　　　　**表 6-3**

序号	机具设备名称	规格型号	电动机	数量				购置价值/万元	需要量进度				
			功率/kW	单位	需要	现有	不足		20××年				20××年
									Ⅰ	Ⅱ	Ⅲ	Ⅳ	

（2）施工准备工作计划

为了落实各项施工准备工作，加强检查和监督，必须根据各项施工准备工作的内容、时间和人员，编制出施工准备工作计划，如表 6-4 所示。

施工准备工作计划表　　　　**表 6-4**

序号	施工准备项目	简要内容	负责单位	负责人	起止时间		备注
					××月××日	××月××日	

6.4　全场性暂设工程

1. 全场性暂设工程的内容

为满足工程项目施工需要，在工程正式施工前，要按照工程项目准备工作计划的要求，建设相应的暂设工程，为工程项目施工创造良好的环境。暂设工程的类型、规模因工程而异，主要有工地加工厂、工地仓库、工地运输、办公及福利设施、工地临时供水、工地临时供电。

(1) 工地加工厂

1) 加工厂的类型和结构

工地加工厂类型主要有钢筋混凝土构件加工厂、木材加工厂、模板加工车间、粗(细)木加工车间、钢筋加工厂、金属结构构件加工厂和机械修理车间等，对于公路、桥梁路面工程还需有沥青混凝土加工厂。工地加工厂的结构形式应根据使用情况和当地条件而定，一般宜采用拆装式活动房屋。

2) 加工厂面积的确定

工地加工厂的建筑面积主要取决于设备尺寸、工艺过程、设计和防火等要求，通常可参考有关经验指标等资料确定。

对于钢筋混凝土构件预制场、锯木车间、模板加工车间、细木加工车间、钢筋加工车间(棚)等，其建筑面积可按以下公式计算：

$$F=\frac{KQ}{TSa} \tag{6-1}$$

式中 F——所需建筑面积(m^2)；

K——不均衡系数(1.3～1.5)；

Q——加工总量；

T——加工总时间(月)；

S——每平方米场地月平均加工量定额；

a——场地或建筑面积利用系数(0.6～0.7)。

3) 常用各种工地加工厂的面积参考指标见表6-5～表6-7。

常见各种临时加工厂的面积参考指标　　表6-5

序号	加工厂名称	年产量		单位产量所需建筑面积	占地总面积/m^2	备注
		单位	数量			
1	混凝土搅拌站	m^3	3200 4800 6400	0.022 (m^2/m^3) 0.021 (m^2/m^3) 0.020 (m^2/m^3)	按砂石堆场考虑	400L搅拌机2台 400L搅拌机3台 400L搅拌机4台
2	临时性混凝土预制厂	m^3	1000 2000 3000 5000	0.25 (m^2/m^3) 0.20 (m^2/m^3) 0.15 (m^2/m^3) 0.125 (m^2/m^3)	2000 3000 4000 <6000	生产屋面板和中小型梁、柱、板等，配有蒸养设施
3	半永久性混凝土预制厂	m^3	3000 5000 10000	0.6 (m^2/m^3) 0.4 (m^2/m^3) 0.3 (m^2/m^3)	9000～12000 12000～15000 15000～20000	—
4	木材加工厂	m^3	15000 24000 30000	0.0244 (m^2/m^3) 0.0199 (m^2/m^3) 0.0181 (m^2/m^3)	1800～3600 2200～4800 3000～5500	进行原木、木方加工

续表

序号	加工厂名称	年产量		单位产量所需建筑面积	占地总面积（m^2）	备注
		单位	数量			
5	综合木加工厂	m^3	200 500 1000 2000	0.3（m^2/m^3） 0.25（m^2/m^3） 0.2（m^2/m^3） 0.15（m^2/m^3）	100 200 300 420	加工门窗、模板、地板、屋架等
6	粗木加工厂	m^3	5000 10000 15000 20000	0.12（m^2/m^3） 0.10（m^2/m^3） 0.09（m^2/m^3） 0.08（m^2/m^3）	1350 2500 3750 4800	加工屋架、模板
7	细木加工厂	m^3	50000 100000 150000	0.014（m^2/m^3） 0.0114（m^2/m^3） 0.0106（m^2/m^3）	7000 10000 14000	加工门窗、地板
8	钢筋加工厂	t	200 500 1000 2000	0.35（m^2/m^3） 0.25（m^2/m^3） 0.20（m^2/m^3） 0.15（m^2/m^3）	280～560 380～750 400～800 450～900	加工、成形、焊接
9	现场钢筋调直或冷拉拉直	所需场地（m×m） （70～80）×（3～4）（m^2）				包括材料、成品堆放
10	钢筋冷加工： 剪断机 弯曲机 $\phi12$ 及以下 弯曲机 $\phi40$ 及以下	所需场地（m^2/台）： 30～40 50～60 60～70				按一批加工数量计算
11	金属结构加工（包括一般加工构件）	所需场地（m^2/t）： 10（年产500t） 8（年产1000t） 6（年产2000t） 5（年产3000t）				按一批加工数量计算
12	石灰消化： 贮灰池 淋灰池 淋灰槽	5×3=15（m^2） 4×3=12（m^2） 3×2=6（m^2）				每两个贮灰池配一套淋灰池和淋灰槽，每600kg石灰可消化1m^3石灰膏
13	沥青配置场地	20～24（m^2）				台班产量1～1.5t/台

现场作业棚所需面积参考指标　　表 6-6

序号	名称	单位	面积	备注
1	木工作业棚	m^2/人	2	占地为建筑面积的 2～3 倍
2	电锯房	m^2	80	86～92cm 圆锯 1 台
3	电锯房	m^2	40	小圆锯 1 台
4	钢筋作业棚	m^2/人	3	占地为建筑面积的 3～4 倍
5	搅拌棚	m^2/台	10～18	—
6	卷扬机棚	m^2/台	6～12	—
7	烘炉房	m^2	30～40	—
8	焊工房	m^2	20～40	—
9	电工房	m^2	15	—
10	白铁工房	m^2	20	—
11	油漆工房	m^2	20	—
12	机工、钳工修理房	m^2	20	—
13	立式锅炉房	m^2/台	5～10	—
14	发电机房	m^2/kW	0.2～0.3	—
15	水泵房	m^2/台	3～8	—
16	空压机房（移动式）	m^2/台	18～30	—
	空压机房（固定式）	m^2/台	9～15	—

现场机修站、停放场所需面积参考指标　　表 6-7

序号	施工机械名称	所需场地/(m^2/台)	存放方式	检修间所需建筑面积	
				内容	数量/m^2
起重、土方机械类					
1	塔式起重机	200～300	露天	10～20 台设一个检修台位（每增加 20 台增设一个检修台位）	200（增加 150）
2	履带起重机	100～130	露天		
3	履带式正铲或反铲、拖式铲运机、轮胎起重机	75～100	露天		
4	推土机、压路机	25～35	露天		
5	汽车起重机	20～30	露天		
运输机械类					
6	汽车（室内）	20～30	一般情况下室内不小于 10%	每 20 台设一个检修台位（每增加一个检修台位）	170（增加 160）
7	汽车（室外）	40～60			
8	平板拖车	100～150			
其他机械类					
9	搅拌机、卷扬机	4～6	一般情况下，室内占 30%，露天占 70%	每 50 台设一个检修台位（每增加一个检修台位）	50（增加 50）
10	电焊机、电动机				
11	水泵、空压机、油泵、小型吊车等				

（2）工地仓库

6.4 全场性暂设工程工地仓库的布置

1）仓库的类型和结构

① 仓库的类型

建筑工程所用仓库按其用途分为以下四种：

转运仓库：设在火车站、码头附近用来转运货物。

中心仓库：用以储存整个工程项目工地、地域性施工企业所需的材料。

现场仓库（包括堆场）：专为某项工程服务的仓库一般建在现场。

加工厂仓库：用以某加工厂储存原材料、已加工前半成品、构件等。

② 仓库的结构形式

露天仓库：用于堆放不因自然条件而受影响的材料，如砂、石、混凝土构件等。

库房：用于堆放易受自然条件影响而发生性能、质量变化的材料。如金属材料、水泥、贵重的建筑材料、五金材料及易燃、易碎品等。

2）确定材料储备量

建筑材料储备的数量一方面应保证工程施工不中断，另一方面还要避免储备量过大造成积压，通常根据现场条件、供应条件和运输条件来确定。建筑材料的储备量可按以下公式计算：

$$P = T_c \times \frac{QK}{T} \tag{6-2}$$

式中　P——材料储备量；

T_c——储备期定额；

Q——材料、半成品等的总需要量；

K——材料使用不均匀系数；

T——施工项目的施工总持续时间。

计算时，还需要考虑仓库对保管材料的具体要求。

3）仓库面积的确定

确定某一种建筑材料的仓库面积时，需综合考虑该种材料需储备的天数、材料的需要量，以及仓库单位面积的储存定额等因素。其中，储备天数与材料的供应情况、运输能力及气候等条件有关，因此应结合具体情况，确定最经济的仓库面积。

确定仓库面积时，必须将有效面积和辅助面积结合考虑。有效面积是储存的材料占有的净面积，它是根据每平方米仓库面积的存放定额来决定的。仓库面积可按以下公式计算：

$$F = \frac{P}{qK} \tag{6-3}$$

式中　F——仓库面积（m^2）；

P——仓库材料储备量；

q——每平方米仓库面积能存放的材料、半成品和预制品的数量；

K——仓库面积有效利用系数（考虑人行道和车道所占面积）。或者采用系数法计算仓库面积，其计算公式如下：

$$F = \phi m \tag{6-4}$$

式中 ϕ——计算基数；

m——基数系数。

按系数计算仓库面积时，参数取值可参考表 6-8。

按系数计算仓库面积　　表 6-8

序号	名称	计算基数 m	单位	系数 ϕ
1	仓库（综合）	按工地全员	m^2/人	0.7～0.8
2	水泥库	按当年水泥用量的 40%～50%	m^2/t	0.7
3	其他仓库	按当年工作量	m^2/万元	2～3
4	五金杂品库	按年建安工作量	m^2/万元	0.2～0.3
		按在建建筑面积	m^2/100m^2	0.5～1
5	土建工具库	按高峰年（季）平均人数	m^2/人	0.1～0.2
6	水暖器材库	按年在建建筑面积	m^2/100m^2	0.2～0.4
7	电器器材库	按年在建建筑面积	m^2/100m^2	0.3～0.5
8	化工油漆危险库	按年建安工作量	m^2/万元	0.1～0.15
9	三大工具堆材（脚手架、跳板、模板）	按年在建，建筑面积	m^2/100m^2	1～2
		按年建安工作量	m^2/万元	0.5～1

（3）工地运输

建筑工地运输业务组织的内容包括确定运输量、选择运输方式、计算运输工具数量。工地的运输方式有铁路运输、公路运输、水路运输等。选择运输方式时，应考虑各种影响因素，如运量的大小、运距的长短、运输费用、货物的性质、路况及运输条件、自然条件等。

一般情况下，尽量利用已有的永久性道路。当货运量大且距国家铁路较近时，宜铁路运输；当地势复杂且附近又没有铁路时，考虑汽车运输；当货运量不大且运距较近时，宜采用汽车运输；有水运条件的，可采用水运。

当货物由外地利用公路、水路或铁路运来时，一般由专业运输单位承运，施工单位往往只解决工程所在地区及工程范围内的运输，每班所需运输工具数量按以下公式计算：

$$N = \frac{QK_1}{qTCK_2} \tag{6-5}$$

式中 N——所需运输工具台数；

Q——最大年（季）度运输量；

K_1——货物运输不均衡系数；

q——运输工具台班产量；

T——全年（季）度工作天数；

C——日工作班数；

K_2——车辆供应系数。

（4）办公及福利设施

在工程建设期间，必须为施工人员修建一定数量供行政管理与生活福利用的临时建筑。

1）办公及福利设施的主要内容

第一类：办公设施

① 办公用房宜包括办公室、会议室、资料室、档案室等。

② 办公用房室内净高不应低于2.5m。

③ 办公室的人均使用面积不宜小于4m²，会议室使用面积不宜小于30m²。

第二类：宿舍设施

① 宿舍内应保证必要的生活空间，人均使用面积不宜小于2.5m²。室内净高不应低于2.5m。每间宿舍居住人数不宜超过16人。

② 宿舍内应设置单人铺，层铺的搭设不应超过2层。

③ 宿舍内宜配置生活用品专柜，宿舍门外宜配置鞋柜或鞋架。

第三类：食堂设施

① 食堂与厕所、垃圾站等污染源的地方的距离不宜小于15m，且不应设在污染源的下风侧。

② 食堂宜采用单层结构，顶棚宜采用吊顶。

③ 食堂应设置独立的制作间、售菜（饭）间、储藏间和燃气罐存放间。

④ 制作间应设置冲洗池、清洗池、消毒池、隔油池；灶台及周边应贴白色瓷砖，高度不宜低于1.5m；地面应做硬化和防滑处理。

⑤ 食堂应配备必要的排风设施和消毒设施。制作间油烟应处理后方对外排放。

⑥ 食堂应设置密闭式潜水桶。

第四类：厕所、盥洗室、浴室设施

① 施工现场应设置自动水冲式或移动式厕所。

② 厕所的厕位设置应满足男厕每50人、女厕每25人设1个蹲便器，男厕每50人设1m长小便槽的要求。蹲便器间距不小于900mm，蹲位之间宜设置隔板，隔板高度不低于900mm。

③ 盥洗间应设置盥洗室和水嘴。水嘴与员工的比例为1∶20，水嘴间距不小于700mm。

④ 淋浴间的淋浴器与员工的比例为1∶20，淋浴器间距不小于1000mm。

⑤ 淋浴间应设置储衣柜或挂衣架。

⑥ 厕所、盥洗室、淋浴间的地面应做硬化和防滑处理。

第五类：施工现场

施工现场宜单独设置文体活动室，使用面积不宜小于50m²。

2）办公及福利设施建筑面积的确定

建筑施工工地人数确定后，即可由以下公式确定建筑面积：

$$S = N \times P \tag{6-6}$$

式中 S——所需确定的建筑面积（m²）；

N——使用人数；

P——建筑面积参考指标（m²/人），见表6-9。

办公及生活福利临时建筑面积参考指标　　表 6-9

序号	临时房屋名称	指标使用方法	单位	参考指标
1	办公室	按使用人数	m^2/人	3～4
2	工人休息室	按工地平均人数	m^2/人	0.15
3	食堂	按高峰年平均人数	m^2/人	0.5～0.8
4	浴室	按高峰年平均人数	m^2/人	0.07～0.1
5	宿舍（单层床）	按工地住人数	m^2/人	3.5～4.0
6	宿舍（双层床）	按工地住人数	m^2/人	2.0～2.5
7	医务室	按高峰年平均人数	m^2/人	0.05～0.07
8	其他公用房	按高峰年平均人数	m^2/人	0.05～0.10

（5）工地临时供水

建筑工地临时用水主要包括三种类型：生产用水、生活用水和消防用水。工地临时供水设计内容主要包括计算用水量、选择水源、设计配水管网。

1）计算用水量

工程施工用水量

$$q_1=\frac{K_1\sum Q_1N_1K_2}{T_1b\times 8\times 3600} \tag{6-7}$$

式中 q_1——施工工程用水量（L/s）；

K_1——未预计到的可能增加施工用水系数（1.05～1.15）；

Q_1——最大年（季）度工程量（以实物计量单位表示）；

N_1——施工用水定额（表 6-10）；

K_2——用水不均匀系数；

T_1——年（季）度有效工作日（d）；

b——每天工作班数。

施工用水定额（N_1）参考表　　表 6-10

序号	用水对象	单位	耗水量 N_1/L	备注
1	浇筑混凝土全部用水	m^3	1700～2400	实测数据
2	搅拌普通混凝土	m^3	250	—
3	搅拌轻质混凝土	m^3	300～350	—
4	搅拌泡沫混凝土	m^3	300～400	—
5	搅拌热混凝土	m^3	300～350	—
6	混凝土养护（自然养护）	m^3	200～400	—
7	混凝土养护（蒸汽养护）	m^3	500～700	—
8	冲洗模板	m^2	5	—
9	搅拌机清洗	台班	600	—
10	人工冲洗石子	m^3	1000	当含泥量为2%～3%时
11	机械冲洗石子	m^3	600	—

续表

序号	用水对象	单位	耗水量 N_1/L	备注
12	洗砂	m^3	100	—
13	砌砖工程全部用水	m^3	150～250	—
14	砌石工程全部用水	m^3	50～80	—
15	粉刷工程全部用水	m^3	30	—
16	砌耐火砖砌体	m^3	100～150	包括砂浆搅拌
17	洗砖	千块	200～250	—
18	洗硅酸盐砌块	m^3	300～500	—
19	抹灰工程	m^2	30	全部用水
20	抹面	m^2	4～6	不包括调制用水
21	楼地面	m^2	190	主要是找平层
22	搅拌砂浆	m^3	300	—
23	石灰消化	t	3000	—
24	上水管道工程	m	98	—
25	下水管道工程	m	1130	—
26	工业管道工程	m	358	—

① 施工机械用水量

$$q_2 = \frac{K_1 \sum Q_2 N_2 K_3}{8 \times 3600} \tag{6-8}$$

式中　q_2——施工机械用水量（L/s）；

K_1——未预计到的可能增加施工用水系数（1.05～1.15）；

Q_2——同一种机械台数（台）；

N_2——施工机械台班用水定额（表 6-11）；

K_3——施工机械用水不均匀系数，运输机械取 2.0，动力设备取 1.05～1.15。

施工机械台班用水定额（N_2）参考表　　表 6-11

序号	用水对象	单位	耗水量 N_2/L	备注
1	内燃挖土机	m^3·台班	200～300	以斗容量（m^3）计
2	内燃起重机	t·台班	15～18	以起重吨数计
3	蒸汽起重机	t·台班	300～400	以起重吨数计
4	蒸汽打桩机	t·台班	1000～1200	以锤重吨数计
5	蒸汽压路机	t·台班	100～150	以压路机吨数计
6	内燃压路机	t·台班	12～15	以压路机吨数计
7	拖拉机	台·昼夜	200～300	—
8	汽车	台·昼夜	400～700	—
9	标准轨蒸汽机车	台·昼夜	10000～20000	—
10	窄轨蒸汽机车	台·昼夜	4000～7000	—

续表

序号	用水对象	单位	耗水量 N_2/L	备注
11	空气压缩机	(m^3/min)·台班	40～80	以压缩空气机排气量（H/min）计
12	内燃动力装置（直流水）	马力·台班	120～300	—
13	内燃动力装置（循环水）	马力·台班	25～40	—
14	锅炉机	马力·台班	80～160	不利于凝结水
15	锅炉	t·h	1000	以小时蒸发量计
16	锅炉	t·h	15～30	以发热面积计
17	点焊机 25 型 点焊机 50 型 点焊机 75 型	台·h	100 150～200 259～350	实测数据
18	冷拔机	台·h	300	—
19	对焊机	台·h	300	—
20	凿岩机 01-30（CM-56） 凿岩机 01-45（TN-4） 凿岩机 01-38（CIIM-4） 凿岩机 YQ-100	台·min	3 5 8 8～10	—

② 施工现场生活用水量

$$q_3=\frac{P_1N_3K_4}{b\times8\times3600} \tag{6-9}$$

式中 q_3——施工现场生活用水量（L/s）；

P_1——施工现场高峰期人数；

N_3——施工现场生活用水定额（表 6-12），视当地气候、工程而定，一般为 20～60L/（人·班）；

K_4——施工生活用水不均匀系数，取 1.3～1.5；

b——每天工作班数。

③ 生活区生活用水量

$$q_4=\frac{P_2N_4K_5}{24\times3600} \tag{6-10}$$

式中 q_4——生活区生活用水量（L/s）；

P_2——生活区居住人数；

N_4——生活区昼夜全部生活用水定额（表 6-12）；

K_5——生活区生活用水不均匀系数，取 2.0～2.5。

生活用水定额（N_3、N_4）参考表　　表 6-12

序号	用水对象	单位	耗水量 N_3、N_4/L	备注
1	工地全部生活用水	人·日	100～120	—
2	生活用水（盥洗/饮用）	人·日	25～30	—

续表

序号	用水对象	单位	耗水量 N_3、N_4/L	备注
3	食堂	人·日	15～20	—
4	浴室（淋浴）	人·次	50	—
5	淋浴带大池	人·次	30～50	—
6	洗衣	人	30～35	—
7	理发室	人·次	15	—
8	幼儿园	人·日	75～90	—
9	医院	病床·日	100～150	—

④ 消防用水量

消防用水量应根据居住工地大小及居住人数确定，可参考表 6-13。

消防用水量（%）参考表　　表 6-13

序号	用水对象	火灾同时发生次数	单位	用水量/L
		居民区消防用水		
1	5000m 以内	1 次	L/s	10
	10000m 以内	2 次	L/s	10～15
	2000m 以内	3 次	L/s	15～20
		施工现场消防用水		
2	施工现场在 25km 以内	1 次	L/s	10～15
	每增加 25km	1 次	L/s	5

⑤ 确定总用水量

由于生活用水是经常性的，施工用水是间断性的，而消防用水又是偶然性的，因此，工地的总用水量 Q 并不是以上五项的总和。

当 $q_1+q_2+q_3+q_4 \leqslant q_5$ 时，则 $Q=q_5+\frac{1}{2}(q_1+q_2+q_3+q_4)$。

当 $q_1+q_2+q_3+q_4 > q_5$ 时，则 $Q=q_1+q_2+q_3+q_4$。

当工地面积小于 $0.05km^2$，并且 $q_1+q_2+q_3+q_4 < q_5$ 时，则 $Q=q_5$。

最后计算的总用水量还应增加 10%，以补偿不可避免的水管渗漏损失。

2）选择水源

施工现场临时供水水源有供水管道和天然水源两种。应尽可能利用现场附近已有的供水管道，只有在工地附近没有现成的供水管道或现场给水管道无法使用，及给水管道供水量难以满足使用要求时，才使用江河、水库、泉水、井水等天然水源。水源应根据以下情况确定：

① 利用现场的城市给水或工业给水系统。此时，需注意其供水能力能否满足最大用水量；如不能满足，可利用一部分作为生活用水，而生产用水则利用地面水或地下水，这样可减少或不建临时给水系统。

② 在新开辟地区没有现成的给水系统时，应尽可能先修建永久性的给水系统，至少

是供水的外部中心设施，如水泵站、净化站、升压站及主要干线等。但应注意，某些类型的工业企业在部分车间投产后，可能耗水量很大，不易同时满足施工用水和部分车间生产用水。因此，必须事先做出充分的估计，采取措施，以免影响施工用水。

③ 当没有现成的给水系统，而永久性给水系统又不能提前完成时，必须设立临时性给水系统。但是，临时性给水系统的设计也应注意与永久性给水系统相适应，例如管网的布置可以利用永久性给水系统。

3）设计配水管网

① 确定供水系统

一般工程项目的施工用水尽量利用拟建项目的永久性供水系统，只有在永久性供水系统不具备时，才修建临时供水系统。在临时供水时，如水泵不能连续抽水，则需设置贮水构筑物（如蓄水池、水塔或水箱）。其容量由每小时消防用水决定，但不得少于10～20m³。

② 确定供水管径

供水管径计算公式为：

$$D=\sqrt{\frac{4Q\times 1000}{\pi v}} \tag{6-11}$$

式中 D——配水管内径（m）；

Q——施工工地总用水量；

v——管网中水的经济流速（m/s），可参考表 6-14 确定。

临时水管经济流速　　表 6-14

序号	管径	流速（m/s）	
		正常时间	消防时间
1	支管 $D<0.01$m	2	2
2	生产消防管道 D 为 0.1～0.3m	1.3	>3.0
3	生产消防管道 $D>0.3$m	1.5～1.7	2.5
4	生产用水管道 $D>0.3$m	1.5～2.5	3.0

③ 选择管材

临时给水管道根据管道尺寸和压力大小进行选择，一般干管为钢管或铸铁管，支管为钢管。

（6）工地临时供电

施工场地内的临时供电设施设计包括计算用电总量、选择电源、确定变压器、布置配电系统、配电箱及配电线路。

1）工地总用电量计算

施工现场用电量大体上，可分为动力用电和照明用电两大类。计算用电量时，应考虑以下几点：

① 全工地使用的电力机械设备、电气工具和照明的用电功率。施工总进度计划中，施工高峰期同时用电的机械设备最大数量。

② 各种电力机械设备的利用情况。

③ 总用电量可按下式计算：

$$P=\varphi\left[K_1\frac{\sum P_1}{\cos\varphi}+K_2\sum P_2+K_3\sum P_3+K_4\sum P_4\right] \tag{6-12}$$

式中 P——供电设备总需要量容量（kW）；

φ——未预计施工用电系数（1.05～1.1）；

P_1——电动机额定功率（kW）；

P_2——电焊机额定容量（kW）；

P_3——室内照明容量（kW）；

P_4——室外照明容量（kW）；

$\cos\varphi$——电动机的平均功率因数，施工现场最高为（0.75～0.78），一般为（0.65～0.75）；

K_1、K_2、K_3、K_4——需要系数，参考表6-15。

需要系数 表6-15

用电名称	数量	需要系数		备注
		K	数值	
电动机	3～10台	K_1	0.7	如果施工中需要电热，应将其用电量计算进去。为使计算结果接近实际，表中各项用电应根据不同性质分别计算
	11～30台		0.6	
	30台以上		0.5	
加工厂动力设备	—	—	0.5	
电焊机	3～10台	K_2	0.6	
	10台以上		0.5	
室内照明	—	K_3	0.8	
室外照明	—	K_4	1.0	

由于照明用电量远小于动力用电量，故当单班施工时，用电总量可以不考虑照明用电。

2）选择电源

选择临时供电电源，通常有两种方案：完全由工地附近的电力系统供电；没有电力系统时，完全由自备临时发电站供给。最经济的方案是将附近的高压电经设在工地的变压器降压后引入工地。

3）变压器的确定

根据变压器服务范围内总用电量并考虑一定的损耗得到变压器计算容量，再从变压器产品目录中选择适用的设备。变压器功率按以下公式计算：

$$P_{变}=K\frac{\sum P_{max}}{\cos\varphi} \tag{6-13}$$

式中 $P_{变}$——变压器功率（kV·A）；

K——功率损失系数，取1.05；

$\sum P_{max}$——施工区的最大计算负荷（kW）；

$\cos\varphi$——功率因数。

4）配电系统、配电箱及配电线路的布置

① 配电系统

低压配电系统宜采用三级配电，宜设置总配电箱、分配电箱、末级配电箱。

低压配电系统不宜采用链式配电。当部分用电设备距离供电点较远，而容量小的次要用电设备彼此相距很近时，可采用链式配电，宜每一回路环链设备不宜超过 5 台，其总容量不宜超过 10kW。

消防等重要负荷应由总配电箱专用回路直接供电，并不得接入过负荷保护和剩余电流保护器；消防泵、施工升降机、塔式起重机、混凝土输送泵等大型设备应设专用配电箱。

② 配电箱

总配电箱以下可设若干分配电箱，分配电箱以下可设若干末级配电箱。分配电箱以下可根据需要再设分配电箱。总配电箱应设在靠近电源的区域，分配电箱应设在用电设备或负荷相对集中的区域，分配电箱与末级配电箱的距离不宜超过 30m。

动力配电箱与照明配电箱宜分别设置。当合并设置为同一配电箱时，动力和照明应分路供电。动力末级配电箱与照明末级配电箱应分别设置。

用电设备或插座的电源宜引自末级配电箱，当一个末级配电箱直接控制多台用电设备或插座时，每台用电设备或插座应有各自独立的保护电器。

当分配电箱直接控制用电设备或插座时，每台用电设备或插座应有各自独立的保护电器。

总配电箱、分配电箱内应分别设置中性导体（N）、保护导体（PE）汇流排，并有标识。保护导体（PE）汇流排上的端子数量不应少于进线和出线回路的数量。

配电箱内连接线绝缘层的标识色应符合下列规定：

a. 相导体 L1、L2、L3 应依次为黄色、绿色、红色；

b. 中性导体（N）应为淡蓝色；

c. 保护导体（PE）应为绿、黄双色；

d. 上述标识色不应混用。

配电箱送电操作顺序为：总配电箱→分配电箱→末级配电箱；停电操作顺序为：末级配电箱→分配电箱→总配电箱。

③ 配电线路

配电线路应根据施工现场环境特点，以满足线路安全运行、便于维护和拆除的原则来选择，敷设方式应能够避免受到机械性损伤或其他损伤。

供用电电缆可采用架空、直埋、沿支架等方式进行敷设。低压配电系统的接地形式采用 TN-S 系统时，单根电缆应包含全部工作芯线和用作中性导体（N）或保护导体（PE）的芯线。低压配电系统的接地形式采用 TT 系统时，单根电缆应包含全部工作芯线和用作中性导体（N）的芯线。

配电线路不应敷设在树木上或直接绑挂在金属构架和金属脚手架上。

配电线路不应接触潮湿地面或接近热源。

低压配电线路截面的选择和保护应符合现行国家标准《低压配电设计规范》GB 50054—2011。

2. 施工总平面图

施工总平面图是拟建项目在施工场地的总布置图。它按照施工部署和施工计划的要求，对施工现场的道路交通、材料仓库或堆场、加工设施、临时房屋和水电管线等做出合理的规划布置，从而正确处理全工地施工期间所需各项设施和永久建筑物及拟建建筑物之间的空间关系。大型建筑项目的施工工期很长，随着工程的进展，施工现场的面貌将不断改变。在这种情况下，应按不同阶段分别绘制施工总平面图，或根据实际变化情况对其进行调整和修改，以适应不同阶段的需要。

（1）施工总平面图设计的内容

1）建筑项目的建筑总平面图的设计内容，应包括地上、地下建筑物、铁路、道路、各种管线、永久性、半永久性测量放线标桩位置。测量基准点的位置和尺寸。

6.5　全场性暂设工程施工总平面图设计步骤

2）一切为拟建项目施工服务的临时设施的布置，具体包括：

① 施工用地范围和施工所用的道路。

② 加工厂、制备站及机械化装置。

③ 各种建筑材料、半成品、构件的仓库和堆场的位置。

④ 取土、弃土位置，机械、车库位置。

⑤ 行政管理、生活用的临时建筑物。

⑥ 水源、电源、临时给水排水管线和供电线路及设施。

⑦ 一切安全及防火设施。

（2）施工总平面图设计的原则

1）在保证顺利施工的前提下，布局紧凑、合理，尽量少占土地。

2）合理布置起重机械和各项施工设施，科学规划施工道路，最大限度地降低运输费用。

3）科学划分施工区域和场地面积，符合施工流程要求，尽量减少专业工种和各工程之间的干扰。

4）尽量利用永久性建筑物、构筑物或现有设施为施工服务，降低施工设施建造费用。

5）各种生产、生活设施的布置应便于工人的生产和生活。

6）满足安全防火和劳动保护的要求。

（3）施工总平面图的设计步骤

1）把场外交通引入现场在设计施工总平面图时，必须从确定大宗材料、预制品和生产工艺设备运入施工现场的运输方式开始。当大宗施工物资由铁路运来时，必须解决如何引入铁路专用线问题；当大宗施工物资由公路运来时，由于公路布置较灵活，一般先将仓库、材料堆场等生产性设施布置在最经济、合理的地方，再布置通向场外的公路线；当大宗施工物资由水路运来时，必须解决如何利用原有码头和是否增设码头，以及大型仓库和加工场同码头的关系问题。一般施工场地都有永久性道路与之相邻，但应恰当确定起点和进场位置，考虑转弯半径和坡度限制，有利于施工场地的利用。

2）仓库与材料堆场的布置

① 当采用铁路运输大宗材料时，中心仓库尽可能沿铁路专用线布置，并且在仓库前留有足够的装卸前线。当布置沿铁路线的仓库时，仓库的位置最好靠近工地一侧。

② 当采用公路运输大宗施工物资时，中心仓库可布置在工地中心区或靠近使用的

地方。

③ 水泥库和砂石堆场应布置在搅拌站附近。砖、预制构件应布置在垂直运输设备工作范围内，靠近用料地点。基础用块石堆场应离坑沿一定距离，以免压塌边坡。钢筋、木材应布置在加工厂附近。

④ 工具库布置在加工区与施工区之间交通方便处，零星小件、专用工具库可分设于各施工区段。

⑤ 油料、氧气、电石库应布置在边缘、人少的安全处，易燃材料库要设置在拟建工程的下风向。

3）加工厂布置

① 如果有足够的混凝土输送设备时，混凝土搅拌宜集中布置或使用商品混凝土；当混凝土输送设备短缺时，可分散布置在使用地点附近或垂直运输点附近。

② 钢筋加工厂应区别不同情况，采用分散或集中布置。对于小型加工件，利用简单机具加工，可在靠近使用地点的分散的钢筋加工棚里进行。

③ 木材加工厂要视木材加工的工作量、加工性质和种类决定是集中设置还是分散设置几个临时加工棚。锯木、成材、细木加工和成品堆放，要按工艺流程布置，并且设在施工区的下风向。

④ 金属结构、电焊等由于它们在生产上联系密切，因此应布置在一起。

4）内部运输道路布置

① 根据各加工厂、仓库及各施工对象的相对位置，研究货物流程图，根据运输量的不同来区别主要道路和次要道路，然后进行道路的规划。

② 尽可能利用原有或拟建的永久性道路。

③ 合理安排施工道路与场内地下管网的施工顺序，保证场内运输道路时刻畅通。

④ 要科学确定场内运输道路宽度，合理选择运输道路的路面结构。场区临时干线和施工机械行驶路线，最好采用碎石级配路面，以利修补。主要干道应按环形布置，采用双车道，宽度不小于6m；次要道路宜采用单车道，宽度不小于3.5m，并设置回车场。

5）行政管理与生活临时设施布置

① 全工地行政管理用的办公室应设在工地入口处，以便于接待外来人员。

② 工人居住用房屋宜布置在工地外围或其边缘处。

③ 文化福利用房屋最好设置在工人集中的地方，或工人必经之路附近的地方。

④ 尽可能利用已建的永久性房屋为施工服务，不足时再修建临时房屋。

6）临时水电管网和其他动力设施的布置

① 工地附近有可以利用的水源、电源时，可以将水电从外面接入工地，沿主要干道布置干管、主线。临时总变电站应设置在高压电引入处，临时水池应设在地势较高处。

② 无法利用现有水源时，可以利用地下水或地面水。

③ 无法利用现有电源时，可在工地中心或中心附近设置临时发电设备，沿干道布置主线。

④ 根据建筑项目规模大小，还要设置消防站、消防通道和消火栓。

上述布置应采用标准图例绘制在总平面图上，比例一般为1∶100或1∶2000。上述各设计步骤不是截然分开、各自独立的，而是相互联系、相互制约的，需要综合考虑、反复修正才能确定下来。当有几种方案时，还应进行方案比较。

6.5　主要技术经济指标

为了评价每个项目施工组织总设计各个方案的优劣，以便确定最优方案，通常采用以下技术经济指标进行方案评价。

1. 建筑项目施工总工期

建筑项目施工总工期是指建筑项目从正式开工到全部投产使用为止所持续的时间。应计算的相关指标有：

（1）施工准备期从施工准备开始到主要项目开工为止的时间。

（2）一期项目投产期从主要项目开工到第一批项目投产的全部时间。

（3）单位工程工期是指建筑群中各单位工程从开工到竣工为止的全部时间。

上述三项指标与常规工期对比。

2. 建筑项目施工总成本

（1）建筑项目降低成本总额

$$降低成本总额=承包总成本-计划总成本$$

（2）降低成本率

$$降低成本率=\frac{降低成本总额}{承包总成本额}$$

3. 建筑项目施工总质量

建筑项目施工总质量是施工组织总设计中确定的质量控制目标，用质量优良品率表示。其计算方法为

$$质量优良品率=\frac{优良工程个数（或面积）}{施工项目总个数（或面积）}$$

4. 建筑项目施工安全

建筑项目施工安全指标以工伤事故频率控制数表示。

5. 建筑项目施工效率

（1）全员劳动生产率[元/(人・年)]。

（2）单位竣工面积用工量。单位竣工面积用工量反映劳动的使用和消耗水平（工日竣工面积）。

（3）劳动力不均衡系数。劳动力不均衡系数反映整个施工期间使用劳动力的不均衡度，其计算方法为：

$$劳动力不均衡系数=\frac{施工高峰期人数}{施工期平均人数}$$

6. 临时工程

（1）临时工程投资比例

$$临时工程投资比例=\frac{全部临时工程投资}{建安工程总值}$$

（2）临时工程费用比例

$$临时工程费用比例=\frac{临时工程投资-回收费+租用费}{建安工程费}$$

7. 材料使用指标

（1）主要材料节约量 主要材料节约量是指依靠施工技术组织措施，实现三大材料（钢材、木材、水泥）的节约量。

$$主要材料节约量=预算用量-施工组织设计计划用量$$

（2）主要材料节约率

$$主要材料节约率=\frac{主要材料节约量}{主要材料预算用量}$$

8. 综合机械化程度

$$综合机械化程度=\frac{机械化施工完成工作量}{总工作量}$$

9. 预制化程度

$$预制化程度=\frac{在工厂及现场预制工作量}{总工作量}$$

上述指标与同类型工程的技术经济指标比较，即可反映出施工组织总设计的实际效果，并作为上级审批的依据。

思考题

1. 什么是施工组织总设计？简述其作用与内容。
2. 简述施工组织总设计的编制依据和程序。
3. 简述施工组织总设计中建设工程概况的主要内容。
4. 什么是施工部署？简述其内容。
5. 简述施工组织总设计中施工准备工作计划的主要内容。
6. 什么是施工总进度计划？简述其编制原则。
7. 简述施工总进度计划的内容和编制步骤。
8. 施工组织总设计中全场性暂设工程包括哪些内容？
9. 什么施工总平面图？简述其设计包含的内容。
10. 简述施工组织总设计中的主要技术经济指标。

案例实操题

项目概况

（1）工程概况

×××项目位于××市××区，共包含2个地块，项目规划建设净用地面积63822m²，规划总建筑面积约16.2万m²，包括办公产业用房及配套设施。

×××项目1号地块，规划建设净用地面积38333m²，规划总建筑面积115458.67m²，地上建筑面积73654.99m²，地上计入容积率的建筑面积61003.96m²，包括办公建筑面积49320.25m²，配套设施建筑面积11683.71m²，地上不计入容积率的建筑面积为首层架空部分12651.03m²。地下室共4层，建筑面积41803.68m²；建筑高度：1号楼35.0m，2号楼1单元26.6m，2号楼2单元30.8m，3号楼1单元18.9m，3号楼2单元23.1m，3号楼3单元21.7m，3号楼4单元17.5m。

×××项目2号地块，规划建设净用地面积25489.00m^2，规划总建筑面积48877.90m^2，地上建筑面积32078.15m^2，地上计入容积率的建筑面积27550.21m^2，包括办公建筑面积25373.26m^2，配套设施建筑面积2176.95m^2，地上不计入容积率的建筑面积为首层架空部分4527.94m^2。地下室共3层，建筑面积16799.75m^2；建筑高度：1号楼35.0m，2号楼10.8m，3号楼18.9m。基础与地下室工程设计概况详见下表：

基础与地下室工程设计概况

<table>
<tr><td rowspan="8">基础与地下室</td><td>1</td><td>基础形式</td><td>桩基＋独立基础＋条形基础＋筏形基础</td><td>备注：桩基施工详桩基础专项施工方案</td></tr>
<tr><td>2</td><td>基础持力层</td><td>含粉质黏土、全风化砂岩、中风化砂岩、泥质砂岩的天然持力层</td><td></td></tr>
<tr><td>3</td><td>地下室底板</td><td>板厚：400mm，局部1150～4250mm。
现浇钢筋混凝土底板，底板厚度400mm，底板顶面标高为491.25m，底板C30密实性混凝土，－1F以下地板及壁板抗渗等级为P8，－1F及以上地板及壁板抗渗等级为P6</td><td></td></tr>
<tr><td>4</td><td>地下室剪力墙</td><td>墙厚：250mm、300mm</td><td></td></tr>
<tr><td>5</td><td>地下室顶板</td><td>现浇钢筋混凝土密肋叠合楼板
顶板及梁混凝土等级C30，柱：C60，墙：C50</td><td></td></tr>
<tr><td>6</td><td>后浇带</td><td>后浇带宽800mm，具体位置和做法详结构施工图</td><td></td></tr>
<tr><td>7</td><td>钢筋</td><td>C8、C10、C12、C14、C16、C18、C20、C22、C25
D12、D14、D16、D18、D20、D22、D25</td><td></td></tr>
<tr><td>8</td><td>混凝土强度等级</td><td>垫层C15，筏形基础C30密实性混凝土，梁、板C30，柱、墙C60、C50</td><td></td></tr>
</table>

该基础与地下室工程包括：土方开挖工程、地下室防水工程、±0.000（510.50）以下结构工程施工，±0.000（502.70）多层基础工程。土方为放坡开挖，局部采用桩基灌梁护壁，地下室防水底板及侧墙采用结构自防水加一道高分子自粘胶膜卷材防水，顶板防水采用聚酯胎自粘改性沥青防水卷材及非固化橡胶沥青防水涂料。聚苯板保护层，聚合物水泥砂浆胶粘剂，基础与地下室的梁、板、墙、柱钢筋均为现场绑扎，商品混凝土浇筑。

（2）分部（分项）工程特点

1）整个地下结构工程的面积大，形状不规则，基础标高较多，场内布设的测量控制网点也可能因临建施工、土方挖（包括桩基开挖）填等诸多原因而发生偏移。因此地下结构施工时，测量工作的准确性要求高，难度大。

2）地下结构有防水要求，施工时，应针对混凝土结构渗漏的原因如结构开裂、温度裂缝、收缩裂纹、混凝土结构不密实等渗漏原因，采取相应措施。重点做好混凝土施工质量控制以及施工缝、膨胀加强带、后浇带、穿过迎水墙体的管道和模板对拉螺杆等位置处的细部处理。

3）该工程地下结构的预留、预埋数量较多，施工前，应对土建施工图、安装施工图进行必要的综合校对；施工过程中须加强土建与安装的配合，并对预留、预埋的数量、位置、标高、轴线、尺寸严格控制，特别是地下室顶板密肋构件有水平预留洞，严格按设计说明施工。确保其位置正确，数量准确。

4）该工程的体量大、工期紧，一次性资源投入量大。

（3）分部（分项）工程施工条件

1）本分项工程施工期间为2022年4～12月份，根据本地区的气候条件，该时段雨水较多，施工时应及时了解天气预报情况，合理安排施工。基础施工阶段要做好工程的降排水工作，该工作详见《土方工程施工方案》结合现场实际情况加以落实。

2）工程现场位于城乡结合部，该城区道路网基本成型，道路宽阔、车流量较小，交通条件较好，为晚间作业提供了比较好的条件。施工现场临时施工道路已经形成，部分路段硬化已完成，1号、2号地各有一个出入口，为土方外运提供了便利条件。

3）场地内无水网、电网等管线穿越，周边亦无密集居民区，施工条件方便。

4）该分项工程所需材料、设备正处于准备中，届时将尽量满足施工需要。《施工组织设计》中明确注明，该区各资源优先配置，故该区域基础工程将先行施工，各种资源也将优先提供和保证。

要求：请根据以上基本信息编制简易基础专项施工计划。

案例实操题
参考答案6

拓展习题6

第 7 章
专项施工方案设计

【引言】对于超过一定规模的危险性较大的分部（分项）工程，如深基坑工程，应从管理上、措施上、技术上、物资上、应急救援上充分保障工程安全、避免发生作业人员群死群伤事故和造成重大不良社会影响。需要对这类工程编制有针对性的专项施工方案。一般情况下需要编制专项施工方案的分部分项工程有哪些？专项施工方案的编制应当包括哪些内容以及专项施工方案如何实施是本章需要学习的重要内容。

【本章重难点】需要编制专项施工方案的分部（分项）工程；专项施工方案编制的内容和方法。

【学习目标】了解专项施工方案概念和编制专项施工方案的重要性；了解需要编制专项施工方案的分部（分项）工程；掌握专项施工方案编制的内容和方法；熟悉专项施工方案编制要求。

【素质目标】通过现代施工方法在专项施工方案中的适用，让学生了解智能建造与建筑工业化协同发展的路径，明确科技是第一生产力；培养学生的创新能力、理论与实践相结合的能力。

7.1 专项施工方案概述

1. 专项施工方案概念

专项施工方案是指施工单位在承揽工程施工任务后，在重要或难度较大或对质量和安全影响较大的分部（分项）工程施工前，根据单位工程施工组织设计、规范、规程、法律法规、设计图纸、分部（分项）工程具体情况、合同规定的要求及施工现场的条件，针对分部（分项）工程专门编制的施工方案。用于指导分部（分项）工程施工操作，保障分部（分项）工程施工安全、质量、工期、环保等，并获得经济效益的技术经济管理文件。

专项施工方案主要包括施工组织方案和施工技术方案两部分。施工组织方案主要确定施工程序，施工段划分，施工流向、施工顺序及劳动组织安排等；施工技术方案主要是选择确定施工方法、施工工艺、施工机械及采取的技术措施等。

专项施工方案不仅关系到拟建工程的施工安全、质量、工期和环保，而且也关系到工程造价和工程施工成本。一个优秀的专项施工方案，既要采用先进的施工方法，安排合理的工期，又要充分有效地利用机械设备，均衡地安排劳动力和材料进场，以尽可能减少临时设施和资金占用。

2. 编制专项施工方案的重要性

专项施工方案是指导和实施分部（分项）工程技术、经济和管理的文件，其编制水平，将直接影响到工程的施工安全、质量，进度与成本，因此专项施工方案的编制是一项非常重要的工作。如滇黔隧道工程施工中，对洞身开挖、洞口与洞身施工、隧道软弱破碎围岩地段施工等方面进行了专项施工方案设计，结合施工地质情况与土壤条件，分析隧道岩石构造，采用有效的施工技术确保施工安全与质量。专项施工方案采用了新奥法原理组织施工，有效保障了隧道工程的稳定性与安全性，确保施工人员的生命和财产安全。因此，要秉承“安全第一，质量至上”的原则，编制专项施工方案并进行科学论证。

编制专项施工方案的重要性可概括为以下五个方面：

（1）专项施工方案是分部（分项）工程施工操作的主要依据；

（2）专项施工方案是分部（分项）工程施工质量的有力保证；

（3）专项施工方案是分部（分项）工程施工安全生产的保障；

（4）专项施工方案是对分部（分项）工程施工经济效益的检验；

（5）专项施工方案是分部（分项）工程施工顺利进行的基础。

3. 需要编制专项施工方案的分部（分项）工程

7.1　需编制专项施工方案的分部（分项）工程

专项施工方案主要针对工程施工质量、安全影响比较大的分部（分项）工程或专业性较强的项目或新技术、新工艺、新材料、新设备推广应用的专项工程进行编制，以分部（分项）工程或专项工程施工图及其他相关资料、单位工程施工组织设计为主要依据，组织分部（分项）工程或专项工程实施为目的，用以指导分部（分项）工程或专项工程施工全过程的各项施工活动。

通常需要单独编制专项施工方案的分部（分项）工程或专业性较强的工程或专项工程有：

工程施工测量方案、工程施工试验方案、桩基工程施工方案、防水工程施工方案、大体积混凝土工程施工方案、预应力工程施工方案、脚手架工程施工方案、模板工程施工方案、深基坑支护工程施工与土方工程开挖施工方案、降水工程施工方案、幕墙工程施工方案、钢结构工程施工方案、地下暗挖工程施工方案、顶管工程施工方案、水下作业工程施工方案、起重吊装及安装拆卸工程施工方案、拆除与爆破工程施工方案、临时用电施工方案、物料提升机施工方案、施工电梯施工方案、塔式起重机安拆施工方案、冬期施工方案、雨期施工方案、安全施工方案、文明施工方案等，以及采用新技术、新工艺、新材料、新设备及尚无相关技术标准的危险性较大的分部（分项）工程。

中华人民共和国住房和城乡建设部发布的《住房和城乡建设部办公厅关于实施〈危险性较大的分部分项工程安全管理规定〉有关问题的通知》（建办质〔2018〕31 号）文件中对需要编制安全专项施工方案的范围作了如下规定。

（1）基坑工程

① 开挖深度超过 3m（含 3m）的基坑（槽）的土方开挖、支护、降水工程。

② 开挖深度虽未超过 3m，但地质条件、周围环境和地下管线复杂，或影响毗邻建、构筑物安全的基坑（槽）的土方开挖、支护、降水工程。

（2）模板工程及支撑体系

① 各类工具式模板工程：包括滑模、爬模、飞模、隧道模等工程。

② 混凝土模板支撑工程：搭设高度 5m 及以上，或搭设跨度 10m 及以上，或施工总荷载（荷载效应基本组合的设计值，以下简称设计值）$10kN/m^2$ 及以上，或集中线荷载（设计值）15kN/m 及以上，或高度大于支撑水平投影宽度且相对独立无联系构件的混凝土模板支撑工程。

③ 承重支撑体系：用于钢结构安装等满堂支撑体系。

（3）起重吊装及起重机械安装拆卸工程

① 采用非常规起重设备、方法，且单件起吊重量在 10kN 及以上的起重吊装工程。

② 采用起重机械进行安装的工程。

③ 起重机械安装和拆卸工程。

（4）脚手架工程

① 搭设高度 24m 及以上的落地式钢管脚手架工程（包括采光井、电梯井脚手架）。

② 附着式升降脚手架工程。

③ 悬挑式脚手架工程。

④ 高处作业吊篮。

⑤ 卸料平台、操作平台工程。

⑥ 异型脚手架工程。

（5）拆除工程

可能影响行人、交通、电力设施、通信设施或其他建、构筑物安全的拆除工程。

（6）暗挖工程

采用矿山法、盾构法、顶管法施工的隧道、洞室工程。

（7）其他

① 建筑幕墙安装工程。

② 钢结构、网架和索膜结构安装工程。

③ 人工挖孔桩工程。

④ 水下作业工程。

⑤ 装配式建筑混凝土预制构件安装工程。

⑥ 采用新技术、新工艺、新材料、新设备可能影响工程施工安全，尚无国家、行业及地方技术标准的分部分项工程。

7.2 专项施工方案编制

7.2 专项施工方案编制

1. 专项施工方案编制的内容

专项施工方案是以组织分部（分项）工程或专项工程实施为目的，以施工图、单位工程施工组织设计及其他相关资料为依据，指导分部（分项）工程或专项工程施工全过程的各项施工活动的技术经济管理文件。它的编制内容比单位工程施工组织设计更为详细具体。按照《建筑施工组织设计规范》GB/T 50502—2009 规定，专项施工方案应包括以下内容。

（1）编制依据

包括单位工程施工组织设计、图纸、有关的技术规范与标准、法律法规等。

（2）工程概况

工程概况应包括工程主要情况、设计简介和工程施工条件等。

① 工程主要情况应包括分部（分项）工程或专项工程名称，工程参建单位的相关情况，专项施工方案涉及的施工范围，施工合同、招标文件或总承包单位对工程施工的重点要求等。

② 设计简介主要介绍专项施工方案编制范围内的工程设计内容和相关要求。

③ 工程施工条件应重点说明与分部（分项）工程或专项工程中有关的内容。

（3）施工安排

施工安排包括：明确专项工程施工目标、专项工程施工部位和工期要求，建立专项工程项目管理组织机构、劳动力组织和职责分工。

专项工程施工目标包括进度、质量、安全、环境和成本等目标。各项目标应满足施工合同、招标文件和总承包单位对工程施工的要求。

① 专项工程施工顺序及施工流水段应在施工安排中确定。

② 针对专项工程的重点和难点，进行施工安排并简述主要管理和技术措施。

③ 专项工程管理的组织机构及岗位职责应在施工安排中确定，并应符合总承包单位的要求。

（4）施工进度计划

专项工程施工进度计划包括采用网络图或横道图编制的施工进度计划，并附必要的保证施工进度的措施说明。

（5）施工准备与资源配置计划

① 技术准备：包括施工所需技术资料的准备，图纸深化和技术交底的要求，试验检验和测时工作计划、样板制作计划，以及与相关单位的技术交接计划等。

② 现场准备：包括为专项工程施工服务的生产、生活等临时设施的准备，以及与相关单位进行现场交接的计划等。

③ 资金准备：编制专项工程施工资金使用计划等。

④ 劳动力配置计划：确定专项工程用工量并编制专业工种劳动力计划表。

⑤ 物资配置计划：包括专项工程施工所需的材料和设备配置计划、周转材料和施工机具配置计划，以及计量、测量和检验仪器配置计划等。

（6）施工方法及工艺要求

施工方法及工艺要求包括：明确分部（分项）工程或专项工程施工方法并进行必要的技术验算、说明分部（分项）工程或专项工程的施工工艺流程及技术要点；对专项工程施工特点、重点、难点提出施工措施及技术要求；对开发和使用新技术、新工艺、新材料和新设备制定试验或论证的实施方案。

（7）质量要求

质量要求包括明确分部（分项）工程或专项工程施工质量标准、允许偏差和验收方法。

（8）其他要求

包括制定保证专项工程施工的进度、质量、安全、环保、文明措施，以及季节性施工、降低施工成本措施，与建设单位、设计单位、监理单位和建设行政主管单位的协调配合等。

上述8个方面内容是专项施工方案主要内容构架，由于分部（分项）工程或专项工程的施工内容不同，涉及的施工方案具体内容也会有所不同，但其基本构成框架大致一样，在具体编制时，应针对具体分部（分项）工程或专项工程的情况进行编制。

2. 专项施工方案编制要求

（1）专项施工方案应在单位工程施工组织设计的指导下进行编制，并根据施工组织设计确定方案。

（2）内容应有针对性、可行性、经济合理性。

（3）应充分反映分部（分项）工程或专项工程的特殊性，掌握其特点，突出重点和难点。

（4）内容应详细，具体、微观、定量描述，并做到图文并茂。

（5）在选择施工方法时，尽可能选择经济、合理、可行、科学、先进的方法，尽可能进行经济技术分析。

（6）应根据工序的特点结合现行施工工艺规程或企业施工工艺标准编写，其质量标准应符合国家颁布的施工验收规范的要求。

（7）专项施工方案编制必须满足现行规范的强制性条文要求。

（8）编制必须满足《建设工程安全生产管理条例》、《住房城乡建设部办公厅关于实施〈危险性较大的分部分项工程安全管理规定〉有关问题的通知》（建办质〔2018〕31号），以及地方政府对施工方案的要求。

7.3 专项施工方案编制的内容

3. 专项施工方案编制方法

（1）恰当表达编制依据

编制依据的表达，应根据单位工程施工组织设计中制定的部署、进度计划和施工图纸，参照技术规范、标准及其他内容，如施工现场勘察得来的资料和信息、"四新技术"等。同时，依靠施工单位本身的施工经验、技术力量及创造力。

编写依据时，有的施工方案涉及的编制依据较多，可以做一些简单的选择，但必须根据分部（分项）工程或专项工程的特点，应将主要的编制依据罗列出来。

通常情况下，对编制依据只需简单说明，当采用的企业标准与国家或行业标准不一致时，应重点说明。编制依据可以采用文字叙述，当不便采用文字表达时，可以采用列表形式，表格内容要求填写正确、规范，规程和标准必须写全称、编号且现行有效。

（2）工程概况

专项施工方案中的工程概况是指与分部（分项）工程或专项工程施工有关的工程概况，只需将与本方案有关的内容说明清楚就可以，不必将整个工程的情况都作说明。编写时可以从单位施工组织设计中的工程概况及施工图纸中摘取与本分部（分项）工程或专项工程有关的内容，进行更进一步的详细说明，以反映分部（分项）工程或专项工程的真实情况。

工程施工条件应重点说明与分部（分项）工程或专项工程有关的内容，并对施工各部位的重点难点进行分析。应说明单位工程施工组织设计中对该分部（分项）工程或专项工程的有关具体指导性意见。

当分部（分项）工程施工方案的工程概况内容不便用文字叙述时，可以采用表格形式配合文字描述。

（3）施工组织安排

施工安排属于分部（分项）工程或专项工程施工方案中的施工组织内容，在编制时应明确分部（分项）工程施工目标、施工部位、工期要求、施工管理组织机构、劳动力组织安排和职责分工。

确定分部（分项）工程或专项工程的施工目标，包括进度、质量、安全、环境和成本等，目标应符合施工合同和总承包单位对工程施工的要求。

具体说明本分部（分项）工程的工期要求时，应将该分部（分项）工程各施工部位的开始及结束时间描述清楚。

各施工部位的工期要求应依据施工合同或协议书，结合总承包单位的施工进度计划确定。

劳动力组织安排，应明确劳务层的负责人及不同阶段工人需求数量及分工。

建立管理机构时，应根据分部（分项）工程或专项工程的规模、特点、复杂程度、目标和总承包单位的要求设置，并明确该管理机构的人员职责分工。

（4）施工方法及工艺要求

施工方法是施工方案的核心内容。这部分内容的确定应依据国家有关施工质量验收规范、参考分项工程施工工艺规程或标准，并结合分项工程的具体特点和难点进行有针对性的编写。在编制时应具体描述流水段的划分、施工工艺流程，解决关键问题及技术要点，对施工特点、难点、重点提出施工措施及技术要求，对易发生质量通病的项目以及新技术、新工艺、新材料、新设备等的应用作重点说明。

施工方法必须做到图文并茂，才能表达清楚。施工方案中重点、难点应详细说明，并绘制详细的施工图。施工图要按比例绘制，在图上标注尺寸及必要的说明。

这部分的编写要求是：内容叙述要清楚、具体、详细，施工做法明确，数据确定并量化，能直接指导施工。

例如，在模板工程施工方案中，首先要对模板的构造尺寸、材料规格、支撑体系进行确定。如模板大小、龙骨的间距顶板支撑的间距等，这些数值要明确，不能只写范围。对模板拆除工程来说，在施工方案中应绘制拆模平面图，按规范要求在平面图上注明哪些构件模板是在混凝土强度达到设计强度的 50％后拆除，哪些构件的模板是在混凝土强度达到设计强度的 75％后拆除，哪些模板构件是在混凝土强度达到设计强度的 100％后拆除，应描述具体、图形直观。

（5）质量要求编写

应明确质量标准、允许偏差及验收方法，并要符合施工质量验收规范的规定。

质量标准分为国家、行业、地方、企业标准，应结合工程实际情况和施工组织设计中的质量目标，确定分部（分项）工程或专项工程的质量指标。

（6）施工进度计划的编写

分部（分项）工程或专项工程施工进度计划应按照施工安排和总承包单位的施工进度计划要求进行编制。施工进度计划的编制内容应全面、安排合理、科学实用。在进度计划中应反映出各施工区段或各工序之间的搭接关系，施工期限和开始、结束时间。

施工进度计划中的项目划分要根据分部（分项）工程施工工序及流水施工作业要求进行安排。项目划分要详细列出各项目，以便掌握施工进度，起到指导施工的作用。施工进度计划可以采用横道图或网络图表示，并附必要说明。

（7）施工准备与资源配置计划

专项施工方案的施工准备是指某一分部（分项）工程或专项工程或某一工序开始之前的作业条件准备。它不同于施工组织设计中的施工准备工作，而是在单位工程施工总体准备工作的基础上，为保证该分部（分项）工程或专项工程顺利施工所做的人力、物力，财力等多方面的准备工作。它是单位工程开工前施工准备的进一步深化和补充。

分部（分项）工程或专项工程或某一工序的施工准备工作内容较多，一般包括技术准备、施工现场准备（如机具准备、材料准备、试验准备工作等内容），应对各项准备工作进行详细说明。

按照施工进度计划编制劳动力配置计划，施工机具配置计划，材料、设备配置计划，测量和检验仪器配置计划等。编制资源配置计划，宜列表说明所需的资源名称、型号、数量、规格和进场时间等。

（8）其他要求的编写

其他要求是指质量、安全、消防、临时用电、环保等注意事项。应根据施工合同约定和行业主管部门要求，制定专项施工方案的施工技术、安全生产、消防、环保等措施，以及与监理、业主等单位的配合措施等。

这些措施，主要是加强分部（分项）工程或专项工程质量安全等方面的一些技术措施。确定这些技术措施是编制者带有创造性的工作。这些措施随工程、工序、施工条件的不同而异，应根据本分部（分项）工程和工序的特点、难点及工程要求，采取相应的针对性措施，不能泛泛而谈。

思 考 题

1. 什么是专项施工方案？简述其重要性。
2. 哪些分部（分项）工程需要编制专项施工方案？
3. 简述专项施工方案的内容。
4. 简述专项施工方案编制要求。
5. 简述如何编制专项施工方案。

案例实操题

1. 项目概况：

（1）工程概况

本工程为唐山市××商住楼工程，位于唐山市××路西侧，由××房地产开发公司招标筹建，××建筑安装有限公司中标承建。工期为333d，要求2001年10月10日开工，2002年10月30日竣工交付使用。该工程由唐山市规划建筑设计研究院设计，建筑平面为5单元组合条式住宅楼。建筑面积为16757.66m^2（其中地下室面积2310m^2）。地下是一层半地下室，地上主体为六层。地下室层高2.2m，首层层高为3.6m，二层层高为3.0m，三至六层层高为2.9m。单元组合为一梯两户，一至二层为商业用房，三至六层为住宅。该工程为框架结构。脚手架搭设方案编制依据《建筑施工扣件式钢管脚手架安全技术规范》JGJ 130—2001、《建筑施工安全检查标准》JGJ 59—1999、《河北省〈建筑施工安全检查标准〉实施细则》及图纸等。

（2）脚手架搭设材料要求

1）脚手架各种杆件采用外径48mm、壁厚3.5mm的3号钢焊接钢管，使用生产厂家合格的产品并持有合格证，其力学性能应符合国家现行标准《碳素结构钢》GBT 700中Q235A钢的规定。用于立杆、大横杆、斜杆的钢管长度为4～6m，小横杆、拉结杆2.1～2.3m，使用的钢管不得有弯曲、变形、开焊、裂纹等缺陷，并涂防锈漆做防腐处理，不合格的钢管决不允许使用。

2）扣件使用生产厂家合格的产品，并持有产品合格证。扣件锻铸铁的技术性能符合《钢管脚手架扣件》GB 15831—1995规定的要求，对使用的扣件要全数进行检查，不得有气孔、砂眼、裂纹、滑丝等缺陷。扣件与钢管的贴合面要严格整形，保证与钢管接触良好。扣件夹紧钢管时，开口处的最小距离不小于5mm，扣件的活动部位应转动灵活，旋转扣件的两旋转面间隙要小于1mm，扣件螺栓的拧紧力矩达60N·m时扣件不得被破坏。

3）脚手板采用 50mm 厚落叶松板材，宽度为 300mm，凡是腐朽、扭曲、斜纹、破裂和大横透节者不得使用，使用的脚手板距板两端 8cm 处用 8 号镀锌钢丝箍绕 3 圈。

2. 要求：

根据项目的工程概况及施工过程中脚手架搭设材料要求，编制脚手架搭设专项施工方案。

案例实操题
参考答案7

拓展习题7

第 8 章
施工管理计划

【引言】随着城市规划建设进程的加快和社会经济不断地发展，建筑业进入了转型升级和高质量发展的关键时期。建筑企业在工程建造过程中，质量、成本、进度和安全的控制是施工管理的重要组成部分，由此形成的目标存在辩证关系，是唯物辩证法对立统一规律在工程项目目标控制系统中的具体体现，从而要求管理者在编制、实施、控制项目目标计划时，不能违背这种客观存在的关系，要充分利用这种关系，采取适当的控制措施，以实现工程项目的控制目标。

【本章重难点】进度动态检测管理和施工进度计划的调整；施工阶段质量控制和质量事故的处理；职业健康安全技术措施、职业健康伤亡事故的处理、建设工程安全事故的处理；施工项目成本的过程控制和动态控制。

【学习目标】熟悉进度计划分解、进度管理的组织机构和管理措施；掌握进度动态检测管理和施工进度计划的调整方法；熟悉施工质量计划的内容和目标分解、质量计划的编制和实施方法；掌握施工质量控制的工作程序、施工阶段质量控制和事故的处理方法；熟悉安全管理计划的内容；了解项目职业健康安全技术措施和伤亡事故的处理方法；掌握建设工程安全事故的处理方法；了解成本管理计划的内容和责任目标成本、施工计划的编制方法及降低施工成本的措施；掌握施工项目成本的过程控制和动态控制。

【素质目标】认识到工程项目质量是百年大计，科学技术是推动产品质量的关键要素；形成科学发展观；形成遵纪守法的品质和树立法治意识；培养实事求是，认真严谨的工作态度；培养学生生命至上的价值观。

8.1　进度管理计划

进度管理计划必须根据工程特点，按照施工的技术规律和合理的组织关系，解决各工序在时间和空间上的先后顺序和搭接问题，充分利用空间、时间，实现进度目标。

1. 进度管理计划的一般内容

（1）对项目施工进度计划进行逐级分解，确定分解进度管理目标。通过阶段性目标的实现保证最终工期目标的完成。

（2）建立施工进度管理的组织机构并明确职责，制定相应管理制度。

（3）针对不同施工阶段的特点，制定进度管理的相应措施，包括施工组织措施、技术措施和合同措施等。

（4）建立施工进度动态管理机制，及时纠正施工过程中的进度偏差，并制定特殊情况下的赶工措施。

（5）根据项目周边环境特点，制定相应的协调措施，减少外部因素对施工进度的影响。

2. 项目施工进度计划分解

在施工活动中通常是通过对分部（分项）工程的施工进度控制来保证各个单项（单位）工程或阶段工程进度控制目标的完成，进而实现项目施工进度控制总体目标；因而需要将总体进度计划进行一系列从总体到细部地层层分解，一直分解到在施工现场可以直接调度控制的分部（分项）工程或施工作业工程为止。某公路工程施工进度控制目标分解图如图 8-1 所示。

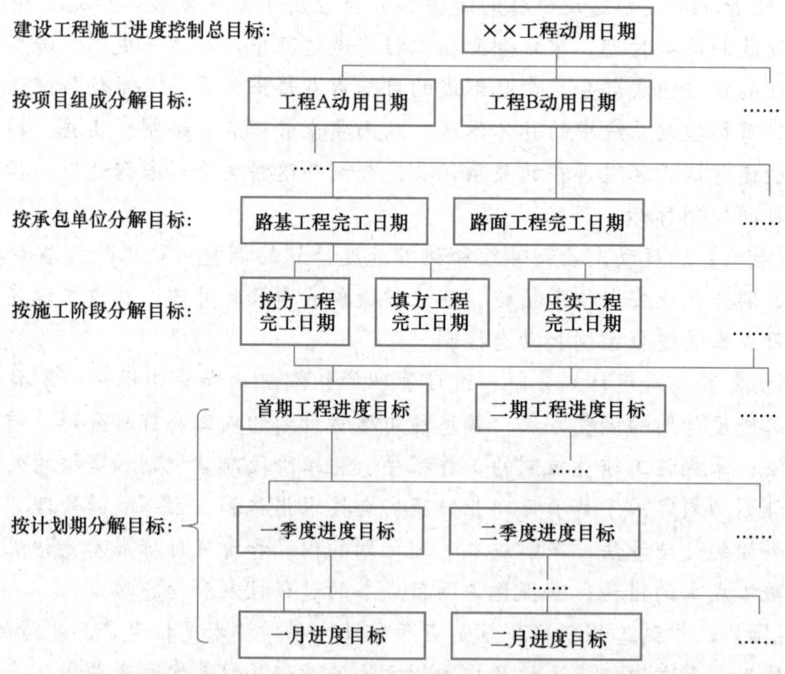

图 8-1　某公路工程施工进度控制目标分解图

从图中可以看出，工程项目不但要有工程项目施工进度控制总目标，还要有各单项工程交工动用的分目标以及按承包商、施工阶段和不同计划期划分的分目标，各目标之间相互联系，共同构成施工阶段控制目标体系。一般施工进度目标体系分解方式有下面三种。

(1) 按施工项目组成分解。这种分解方式体现项目的组成结构，反映各个层次上施工项目的开工和竣工时间。通常可按建设项目、单项工程、单位工程、分部工程和分项工程的次序进行分解。例如，某地铁一号线工程将施工进度目标按项目结构分解为四个层次，如图 8-2 所示。

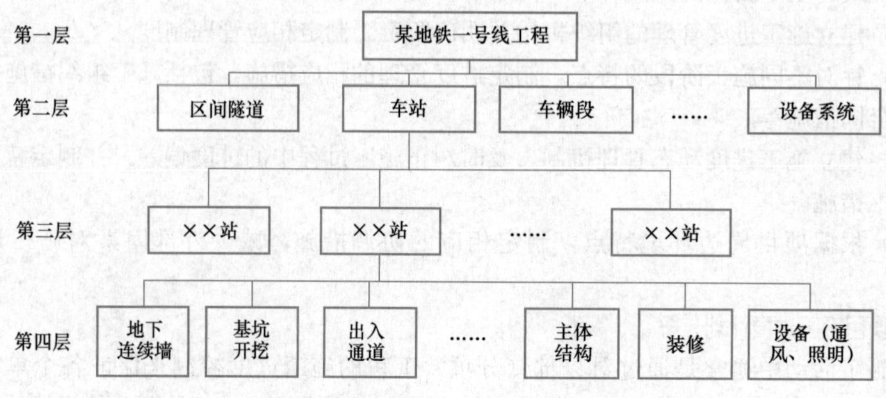

图 8-2　施工进度目标按项目结构分解

(2) 按承包合同结构分解。施工进度目标按承包合同结构分解，列出各承包单位的进度目标，明确分工条件，落实承包责任。图 8-3 所示为某国际机场施工进度目标按承包合同结构分解图。

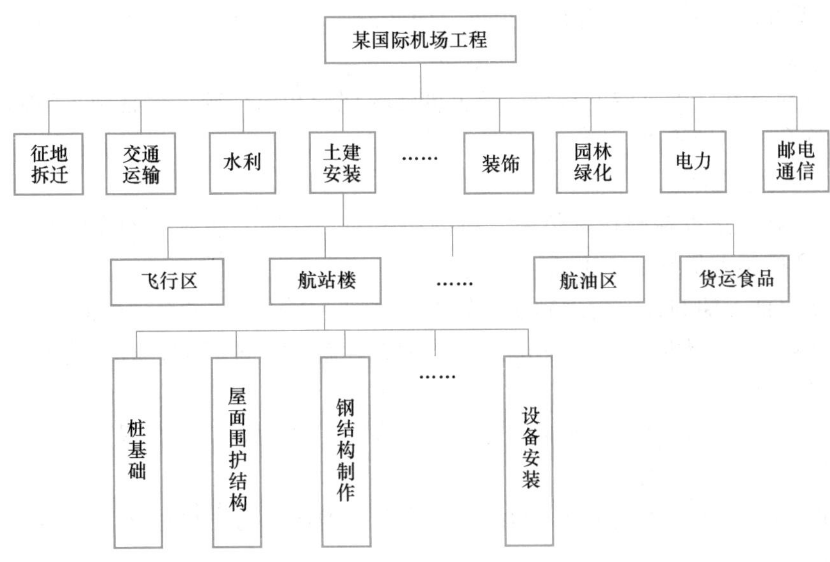

图 8-3　某国际机场施工进度目标按承包合同结构分解图

（3）按施工阶段分解。根据施工项目特点，将施工分成几个阶段，明确每一阶段的进度目标和起止时间。以此作为施工形象进度的控制标志，使工程施工目标具体化。如图 8-4所示某建筑工程按施工阶段结构分解图。

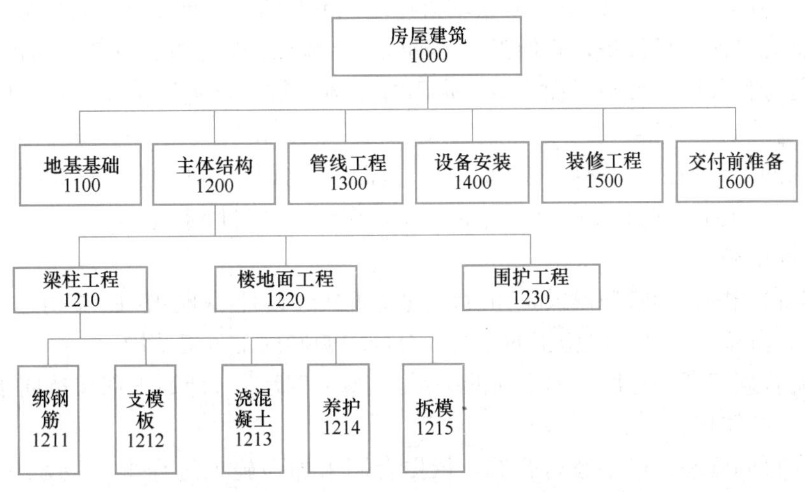

图 8-4　某建筑工程按施工阶段结构分解图

在图 8-4 房屋建筑工程按施工阶段结构分解中，采用“父码＋子码”的方法编制，编码由四位数组成。第一位数表示处于第一级的整个项目；第二位数表示处于第二级的子工作单元（或子项目）的编码；第三位是处于第三级的具体工作单元的编码；第四位是处于第四级的更细、更具体的工作单元的编码。

3. 施工进度管理的组织机构

施工进度管理的组织机构是实现进度计划的组织保证；它既是施工进度计划的实施组

织，又是施工进度计划的控制组织；既要承担进度计划实施赋予的生产管理和施工任务，又要承担进度控制目标，对进度控制负责。因此需要严格落实有关管理制度和职责。

8.1 进度管理措施

4. 进度管理措施

针对不同施工阶段的特点，制定进度管理的相应措施，包括施工组织措施、技术措施和合同措施等。

（1）组织措施

1）建立进度控制目标体系，组织精干的、管理方法科学的进度控制班子，落实各层次进度控制人员和工作责任。

2）建立保证工期的各项管理制度，如检查时间、方法、协调会议时间、参加人员等。

3）定期召开工程例会，分析影响进度的因素，解决各种问题；对影响工期的风险因素有识别管理方法和防范对策。

4）组织劳动竞赛，有节奏地掀起几次生产高潮，调动职工生产积极性，保证进度目标实现。

5）合理安排季节性施工项目，组织流水作业，确保工期按时完成。

（2）技术措施

1）采用新技术、新方法、新工艺，提高生产效率，加快施工进度。例如武汉火神山医院、雷神山医院的建造时间短、任务重，于是采用了装配式模块化建筑的形式。“紧急时刻只有装配式建筑才能如此快速地完成建造。”由此可见，科技是第一生产力，人才是第一资源，创新是第一动力，为推动社会发展，应深入实施科教兴国战略、人才强国战略、创新驱动发展战略，开辟发展新领域新赛道，不断塑造发展新动能新优势。

2）配备先进的机械设备，降低工人劳动强度，既保证质量又加快工程进度。

3）规范操作程序，使施工操作能紧张而有序地进行，避免返工和浪费，以加快施工进度。

4）采取网络计划技术及科学管理方法，借助电子计算机对进度实施动态控制。一旦发生进度延误，能适时调整工作间的逻辑关系，保证进度目标实现。

（3）合同措施

1）选择恰当的合同管理模式，如设计-建造模式、设计-采购-施工/交钥匙模式等，采取分段设计、分段发包和分段施工的方式，合同中明确施工负责范围。

2）协调合同工期与进度计划之间的关系，合同工期要与计划工期保持同步，保证合同中进度目标的实现。

3）加强合同管理，严格履行合同，依据合同来加强施工过程中的各方组织、管理、指挥、协调。

4）严格把控施工中的合同变更，对各参与单位在施工中提出的工程变更、设计变更，应配合专业工程师进行真实性、必要性审查，通过后才能补充进合同文件中。

5）合同中加强对工期延误的索赔管理，责任划分明确，公平、公正、公开地处理索赔，以达到督促各参与单位去实现进度控制的目标。

5. 施工进度动态检测管理

施工过程中的客观条件是不断变化的，在工程施工进度计划执行过程中，资金、人力、物资和自然条件等外部环境条件不断发生变化。为此，在进度计划的实施过程中，必须采取有效的控制措施和监测手段来发现问题，并运用行之有效的进度调整方法来解决问题。当发生实际进度比计划进度超前或落后的情况时，控制系统就要做出应有的反应：分析偏差产生的原因，采取相应的措施，调整原来的计划，使施工活动在新的起点上按调整后的计划继续运行。如此循环往复，直至预期计划目标实现。

（1）施工进度动态管理的主要内容

1）收集和检查实际施工进度情况，并进行跟踪记载。

2）比较和分析施工进度计划的执行情况，对工期的影响程度，寻找原因。

3）决定应采取的相应措施和办法。

4）调整施工进度计划。

（2）施工进度动态管理的程序

施工进度动态管理的程序，如图 8-5 所示。

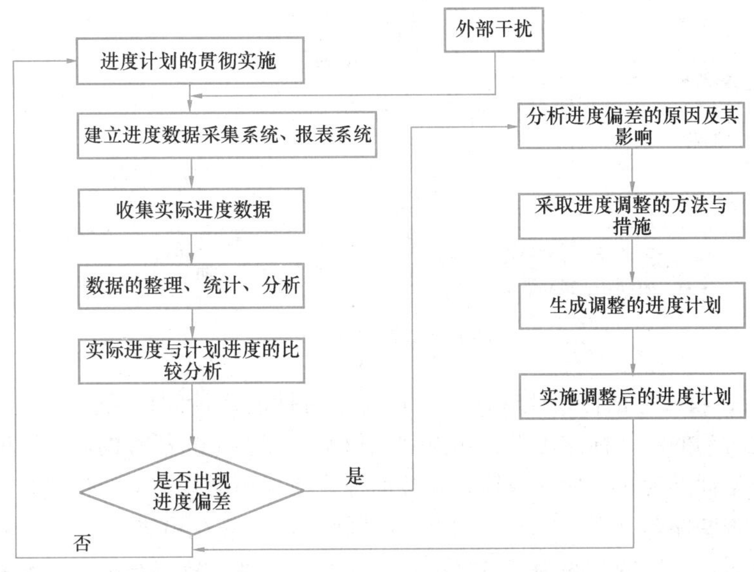

图 8-5　施工进度动态管理的程序图

（3）施工进度动态管理

1）施工进度数据收集。施工进度计划实施过程中，要注意定期收集施工成果和进度数据。数据收集的频率根据工程的情况确定。例如，开工与准备期间，有些假定条件还不明确，进度的检查和分析的周期可以短一些；一旦进入正常和稳定状态，许多施工条件已经明朗化，检查分析的周期可以适当放长，可以确定为每旬、半个月或者一个月进行一次。若在施工中遇到天气、资源供应等因素影响，检查的间隔应临时缩短，甚至可以每日进行检查，或派人员现场督查。绝对不能等到工程结束再对进度计划的执行情况作出评价。

2）施工进度跟踪检查。施工进度计划的检查工作是为了检查实际施工进度，收集整理有关资料并与计划对比，为进度分析和计划调整提供信息，一般根据需要进行不定期检查。进度计划的检查内容包括：工程量的完成情况，工作时间的执行情况，资源使用及与进度的匹配情况，上次检查提出问题的处理情况。除此之外，还可以根据需要由检查者确定其他检查内容。

进度计划的检查通常采用的比较方法有：横道图比较法、前锋线比较法、S 形曲线比较法、“香蕉”形曲线比较法等。

① 横道图比较法。横道图比较法，就是在计划图中，把实际进度记录在原横道图上，如图 8-6 所示。图中双细线是计划进度，粗实线是实际进度。通过两条线段对比，检查进度计划的实施状况。

工作名称	持续时间	进度计划/d															
		1	2	3	4	5	6	7	8	9	10	11	12	13	14	15	16
挖土方	6																
垫层	3																
支模板	4																
绑钢筋	5																
浇混凝土	4																
回填土	5																

计划进度

实际进度

检查日期

图 8-6　横道图比较法

② 前锋线比较法。前锋线比较法主要适用于时标网络计划以及横道图进度计划。该方法是从检查时刻的时间标点出发，用点划线依次连接各工作任务的实际进度点，最后到计划检查时的坐标点为止，形成前锋线，按前锋线与工作箭线交点的位置判定工程项目实际进度与计划进度偏差（图 8-7）。工作实际进展位置点落在检查日期的左侧，表明该工作实际进度拖后，拖后的时间为二者之差；工作实际进展位置点与检查日期重合，表明该

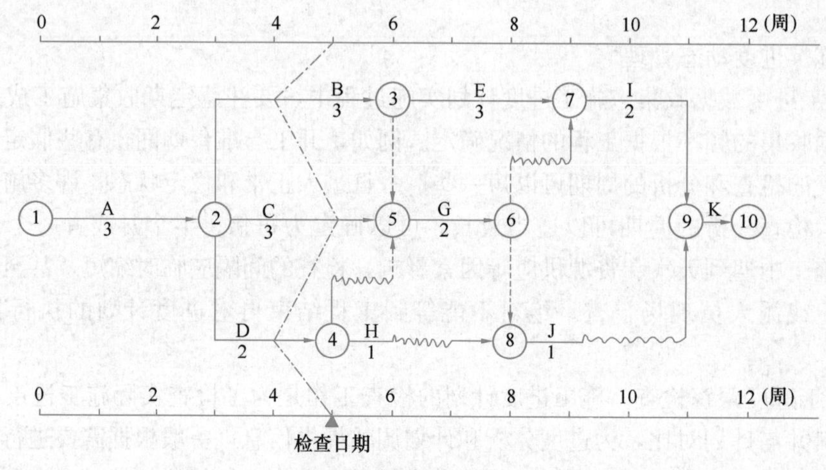

图 8-7　前锋线比较法

注：各序号节点间箭头上方为工作名称，下方为工作持续时间，如①、②节点间为 A 工作，持续 3 周。

工作实际进度与计划进度一致；工作实际进展位置点落在检查日期的右侧，表明该工作实际进度超前，超前的时间为二者之差。

③ S 形曲线比较法。S 形曲线是以横坐标表示进度时间，纵坐标表示累计工作任务完成量或累计完成成本量，绘制出一条按计划时间累计完成任务量或累计完成成本量的曲线（图 8-8）。一般情况下，S 形曲线中的工程量、成本都是假设在工作任务的持续时间内平均分配。

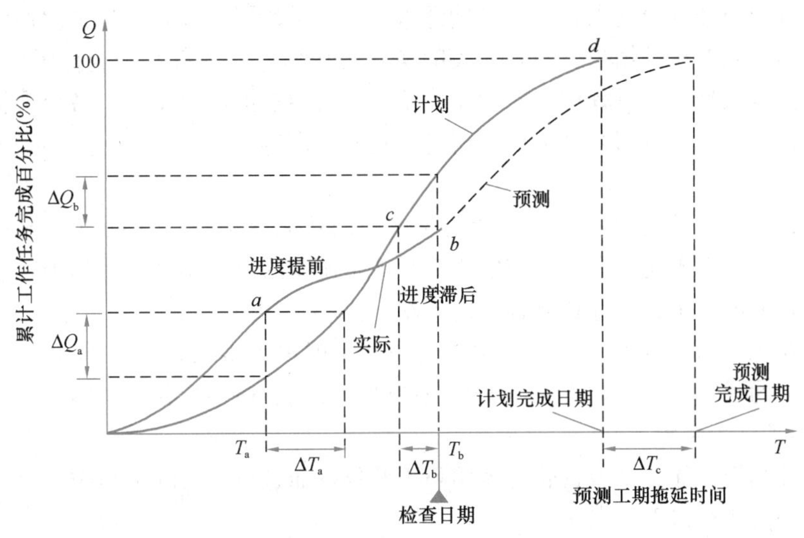

图 8-8　S 形曲线比较法

④ 香蕉形曲线比较法。香蕉形曲线是两种 S 形曲线组合成的闭合曲线，以网络计划中各工作任务的最早开始时间安排进度而绘制的 S 形曲线，称为 ES 曲线；以各项工作的最迟开始时间安排进度而绘制的 S 形曲线，称为 LS 曲线。若工程项目实施情况正常，实际进度曲线应落在该香蕉形曲线的区域内，如图 8-9 所示。

3）施工进度的比较分析。施工进度计划的比较，主要是针对施工实际进度与计划进度的对比，找出二者之间的偏差，以便分析原因，采取调整措施。施工进度比较分析的主要内容有：是否严格按计划要求执行，工作进度超前还是拖延，工期是否发生变化；计划时所分析的主、客观条件是否已发生变化及影响情况；关键工作进度及对总工期的影响；非关键工作进度及时差利用情况；工作逻辑关系有无变化及变化情况。

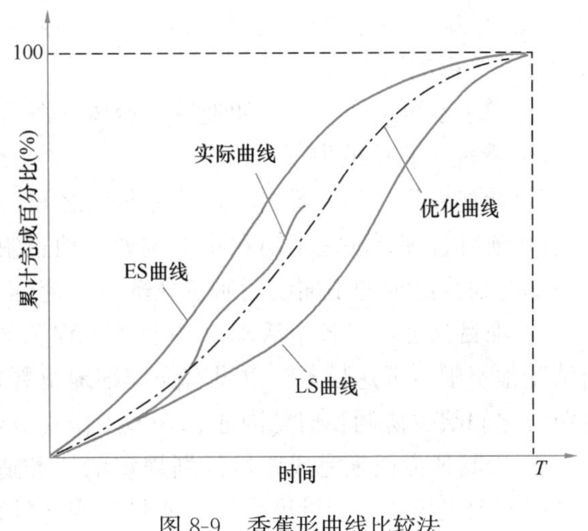

图 8-9　香蕉形曲线比较法

4）实际施工进度控制报告。实际施工进度检查的结果，由计划负责人或进度管理人员与其他管理人员协作即时编写进度控制报告，也可按月、旬、周的间隔时间编写上报。进度控制报告的基本内容有：进度执行情况的综合描述；实际进度与计划进度的对比分析资料；进度计划实施过程中的问题及原因分析；进度执行情况对质量、安全、成本等的影响情况；采取的措施和对未来计划进度的预测。

6. 施工进度拖延原因分析及解决措施

（1）进度拖延原因分析

项目管理者应按预定的项目计划定期评审实施进度情况。一旦发现进度拖延，则应根据进度计划与实际对比的结果，以及相关的实际工程信息，分析并确定拖延的根本原因。进度拖延是工程项目实施过程中经常发生的情况，各层次的项目单元、各个项目阶段都可能出现进度延误。应从以下几个方面分析进度拖延的原因。

1）工期及相关计划的失误

计划失误是常见的现象。包括：计划时遗漏的功能或工作；计划值（例如计划工作量、持续时间）估算不足；资源供应能力不足或资源有限制；出现了计划中未能考虑到的风险和状况，未能使工程实施达到预定的效率。

此外，在工程施工过程中，业主常常在一开始就提出很紧迫的、不切实际的工期要求，许多业主为了缩短工期，常常压缩承包商的投标期、前期准备的时间。

2）边界条件的变化

边界条件的变化往往是项目管理者始料不及的，而且也是实际工程中经常出现的。一般边界条件的变化有以下几点。

① 工作量的变化。可能是由于设计的修改变更、设计的错误、质量问题的返工、实施方案的修改、业主新的要求、项目范围的扩展等导致的。

② 外界对项目提出的新要求或限制，设计标准的提高等均可能造成项目资源的缺乏，使得工程无法及时完成。

③ 环境条件的变化。如不利的施工条件会对工程施工过程造成干扰，有时甚至需要调整原来已确定的计划。项目周边环境不可控性强，必须重视诸如环境扰民、交通组织和偶发意外等影响因素。

④ 发生不可抗力事件，如地震、台风、泥石流、洪水等。

3）管理过程中的失误

① 计划部门与实施者之间，总分包商之间，业主与承包商之间缺少沟通。

② 项目管理者缺乏工期意识。例如，项目组织者拖延了图纸的供应和批准手续，任务下达时缺少必要的工期说明和责任落实，拖延了工程活动。

③ 项目参加者对各个活动（各专业工程和物资供应）之间的逻辑关系（活动链）没有清楚地了解，下达任务时也没有作详细地解释；同时对活动必要的前提条件准备不足；各单位之间缺少协调和信息沟通、许多工作脱节，资源供应出现问题。

④ 因其他方面未完成项目计划规定的任务造成拖延。例如设计单位拖延设计、运输不及时、上级机关拖延批准手续、质量检查拖延、业主不果断处理问题等。

⑤ 承包商没有集中力量施工，材料供应拖延，资金缺乏，工期控制不紧。这可能是由于承包商同期工程太多、力量不足造成的。

⑥业主没有集中资金的供应，拖欠工程款，或业主的材料、设备供应不及时等。

（2）解决进度拖延的措施

发现进度拖延后，要采取积极的措施赶工，以弥补或部分地弥补已经产生的拖延。解决进度拖延有许多方法，但每种方法都有它的适用条件和限制条件，并且会带来一些负面影响。实际工作中将解决拖延的重点集中在时间问题上，但往往效果不佳，容易引起增加成本开支、现场混乱和产生质量问题。所以应该将解决进度拖延作为一个新的计划过程来处理。

7. 施工进度计划的调整

通过对施工进度计划实施情况的检查和分析（图 8-10），根据进度偏差的大小及影响程度，采用调整方法。

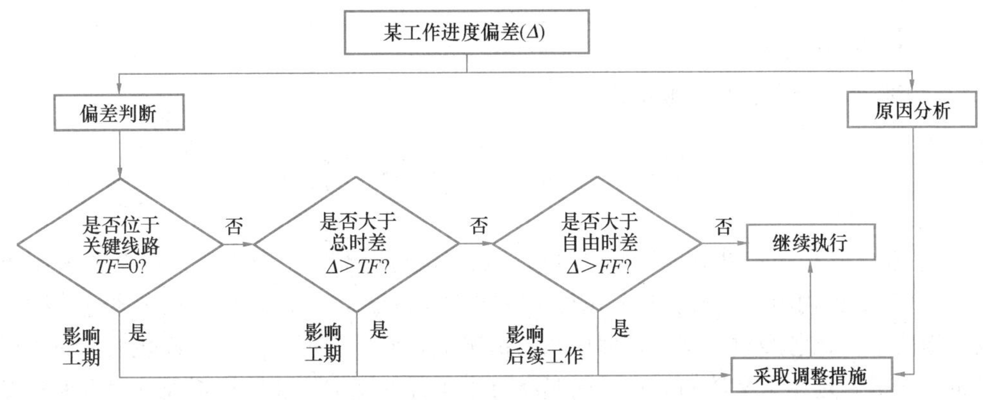

图 8-10　施工进度跟踪检查与偏差分析程序图

（1）分析偏差对后续工作及总工期的影响

根据实际进度与计划进度之间的偏差对工期的影响，及时对施工进度进行调整，以保证预定工期目标的实现。偏差的大小及其所处的位置，对后续工作和总工期的影响程度是不同的。分析时主要利用网络计划中总时差和自由时差的概念进行判断。具体分析步骤如下。

1）分析出现进度偏差的工作是否为关键工作

根据工作所在线路的性质或时间参数的特点，判断其是否为关键工作。若出现偏差的工作为关键工作，则无论偏差大小，都会对后续工作及总工期产生影响，必须采取相应的调整措施。

2）分析进度偏差是否大于总时差 TF

若工作的进度偏差大于该工作的总时差，说明此偏差必将影响后续工作和总工期，必须采取相应的调整措施；若工作的进度偏差小于或等于该工作的总时差，说明此偏差对总工期无影响，但它对后续工作的影响程度，需要根据此偏差与自由时差的比较情况来确定。

3）分析进度偏差是否大于自由时差 FF

若工作的进度偏差大于该工作的自由时差，说明此偏差对后续工作产生影响，应根据后续工作允许的影响程度来确定如何调整；若工作的进度偏差小于或等于该工作的自由时差，则说明此偏差对后续工作无影响。

（2）施工进度计划的调整方法

1）缩短某些工作的持续时间。这种方法的特点是不改变工作之间的逻辑关系，仅通过缩短网络计划中关键工作的持续时间来达到缩短工期的目的。它一般允许调整的时间幅度有限，且需采取一定的技术组织措施。例如，增加劳动力或增加机械设备的投入，改进施工方法，采用新技术、新材料和新工艺，提高生产效率等。

2）改变某些工作之间的逻辑关系。这种方法的特点是在不改变工作的持续时间和不增加各种资源总量情况下，通过改变工作之间的逻辑关系来完成。工作之间的逻辑关系有三种：依次关系、平行关系和搭接关系。通过调整施工的技术与组织方法，尽可能将依次施工改为平行施工或搭接施工，从而纠正偏差、缩短工期，但单位时间内的资源需求量将会增加。

3）资源供应的调整。

4）将部分任务转移等其他方法。

8.2 质量管理计划

8.2 质量管理计划

施工单位可以独立编制质量管理计划，也可以在施工组织设计中合并编制质量管理计划的内容。质量管理应按照 PDCA 循环模式，加强过程控制，通过持续改进提高工程质量。在已经建立质量管理体系的情况下，质量管理计划的内容必须全面体现和落实企业质量管理体系文件的要求。同时结合本工程的特点，在质量管理计划中编写专项管理要求。

1. 施工质量管理计划的内容

（1）工程特点及施工条件分析（合同条件、法规条件和现场条件）。

（2）履行施工承包合同所必须达到的工程质量总目标及其分解目标，质量指标应具有可测量性。

（3）质量管理组织机构、人员，并明确其职责。

（4）制定符合项目特点的技术保障和资源保障措施，通过可靠的预防控制措施，保证质量目标的实现。

（5）为确保工程质量所采取的施工技术方案、施工程序。

（6）材料设备质量管理及控制措施。

（7）工程检测项目计划及方法等。

（8）建立质量过程检查制度，并对质量事故的处理做出相应规定。

2. 质量目标分解

（1）施工质量控制的系统过程

施工阶段的质量控制是一个从对投入的资源和条件的质量控制起，进而对生产过程及各环节质量进行控制，直到对所完成的工程产出品的质量检验与控制为止的全过程的系统控制过程。这个过程按工程实体质量形成的时间阶段不同划分为施工准备控制、施工过程控制和竣工验收控制，其所涉及的主要方面如图 8-11 所示。

（2）施工项目质量目标的分解

施工项目质量目标是为了确保达到合同、规范所规定的质量标准，所采取的一系列检

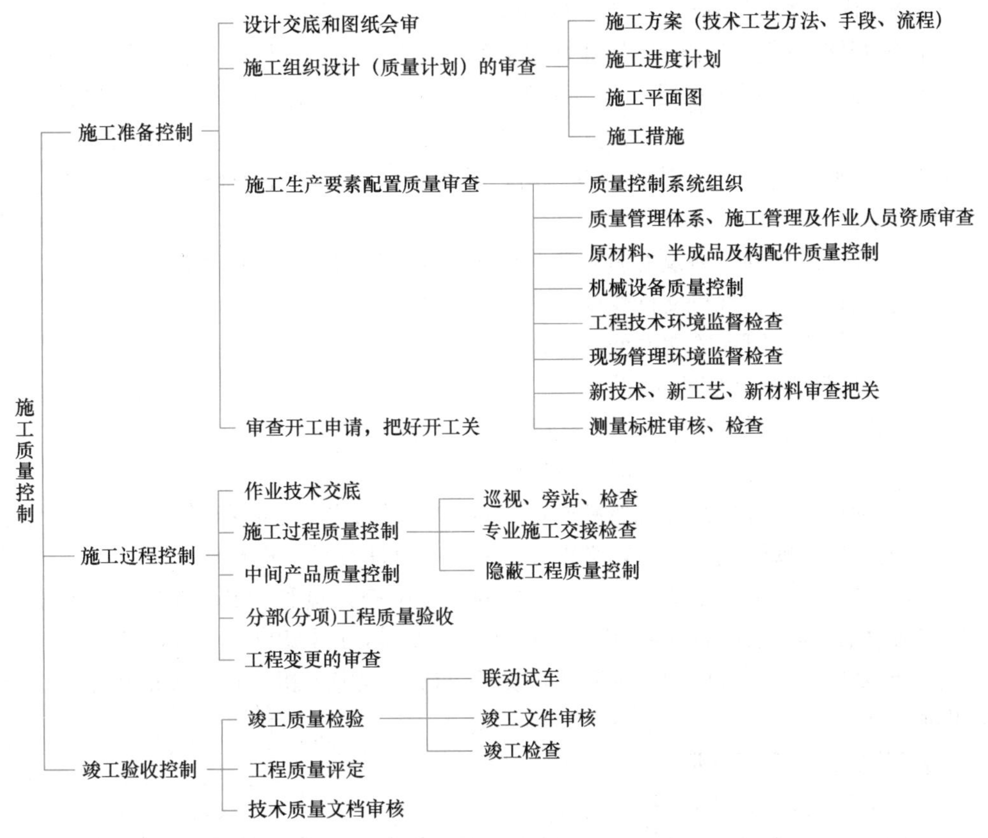

图 8-11　施工阶段质量控制的系统过程

测、监控措施、手段和方法。质量目标的分解同进度管理计划的目标分解类似，也需要把质量目标分解到在施工现场可以直接控制的分部（分项）工程或施工作业过程，逐层增强其可操作性；相关职能和层次都应把质量目标转化或展开为各自的工作任务，自下而上地逐层实现分解质量目标，最终才能保证施工项目总体质量目标的实现。一般可使用“质量目标分解一览表”以明确分解质量目标的负责人、统计方法、完成及统计时间、执行人等。

3. 施工项目质量计划的编制和实施

（1）施工项目质量计划编制

施工项目质量计划不是一个孤立的文件，它与施工企业现行的各种管理文件、技术文件有着密切的联系。在编制质量计划之前，需认真分析现有的质量文件，了解哪些文件可以直接采用或引用，哪些需要补充。

1）施工项目质量计划应由施工项目经理主持，技术负责人负责，由质量、技术、计划、资源等有关人员参加编制。

2）质量计划应使施工项目的特殊质量要求能通过有效的措施得以满足，体现在从施工工序、分项工程、分部工程、单位工程到整个项目的施工过程控制，且应体现从资源投入到完成工程质量最终检验和试验的全过程控制。

3）质量计划应成为对外质量保证和对内质量控制的依据。施工单位通过质量计划可向业主证明其如何满足施工合同的特殊质量要求，并作为业主实施质量监督的依据；同时，也是企业内部实施过程质量控制的依据。

4）在编制施工质量计划时应处理好与质量手册、质量管理体系、质量策划的关系。

5）企业的质量管理体系已经建立并有效运行时，质量计划仅需涉及与项目有关的活动。

6）为满足顾客期望，应对项目或产出物的质量特性和功能进行识别、分类、衡量，以便明确目标值。

7）应明确质量计划所涉及的质量活动，并对其责任和权限进行分配。

8）保证质量计划与现行文件在要求上的一致性。

9）质量计划应尽可能简明并便于操作。

（2）施工项目质量计划的实施

质量计划一旦批准生效，必须严格实施。在质量计划实施过程中应进行监控，及时了解计划执行的情况、偏离的程度和纠偏措施，以确保计划的有效性。

1）质量管理人员应按照分工控制质量计划实施，并应按规定保存控制记录。

2）当发生质量缺陷或事故时，必须分析原因、分清责任、进行整改。

3）项目技术负责人应定期组织具有资格的质量检查人员和内部质量审核人员验证质量计划实施效果。当项目质量控制中存在问题或隐患时，应提出解决措施。

4）对重复出现的不合格和质量问题，责任人应按规定承担责任，并应依据验证评价的结果进行处罚。

4. 施工质量控制的工作程序

（1）工程质量控制的工作程序

在施工阶段全过程中，施工质量控制的工作主要有施工单位实施的自控工作和监理单位实施的外部监控工作，其工作流程如图 8-12 所示。

（2）施工质量计划审批

施工质量计划编制完毕，应经企业技术领导审核批准，并按施工承包合同的约定提交工程监理或建设单位批准确认后执行。

（3）项目质量改进

项目经理部应定期对项目质量状况进行检查、分析，向组织提出质量报告，提出目前质量状况、发包人及其他相关方满意程度、产品要求的符合性以及项目经理部的质量改进措施。组织应对项目经理部进行检查、考核，定期进行内部审核，并将审核结果作为管理评审的输入，促进项目经理部的质量改进。组织应了解发包人及其他相关方对质量的意见，对质量管理体系进行审核，确定改进目标，提出相应措施并检查落实。

5. 施工阶段质量控制

（1）施工准备的质量控制

施工项目的质量不是靠事后检查出来的，而是在施工过程中建造出来的。为此，必须加强对施工前、施工过程中的质量控制，即把工程质量从事后检查把关转换为事前、事中控制，从对产品质量的检查转为对工作质量的检查、对工序质量的检查、对中间产品质量的检查。

如毛尔盖水电站大坝工程在建设前期勘察时发现砾石土料场料源质量分布极不均匀，存在先天性不足的问题，便采取了控制好料源质量、细化技术交底内容等一系列针对性措

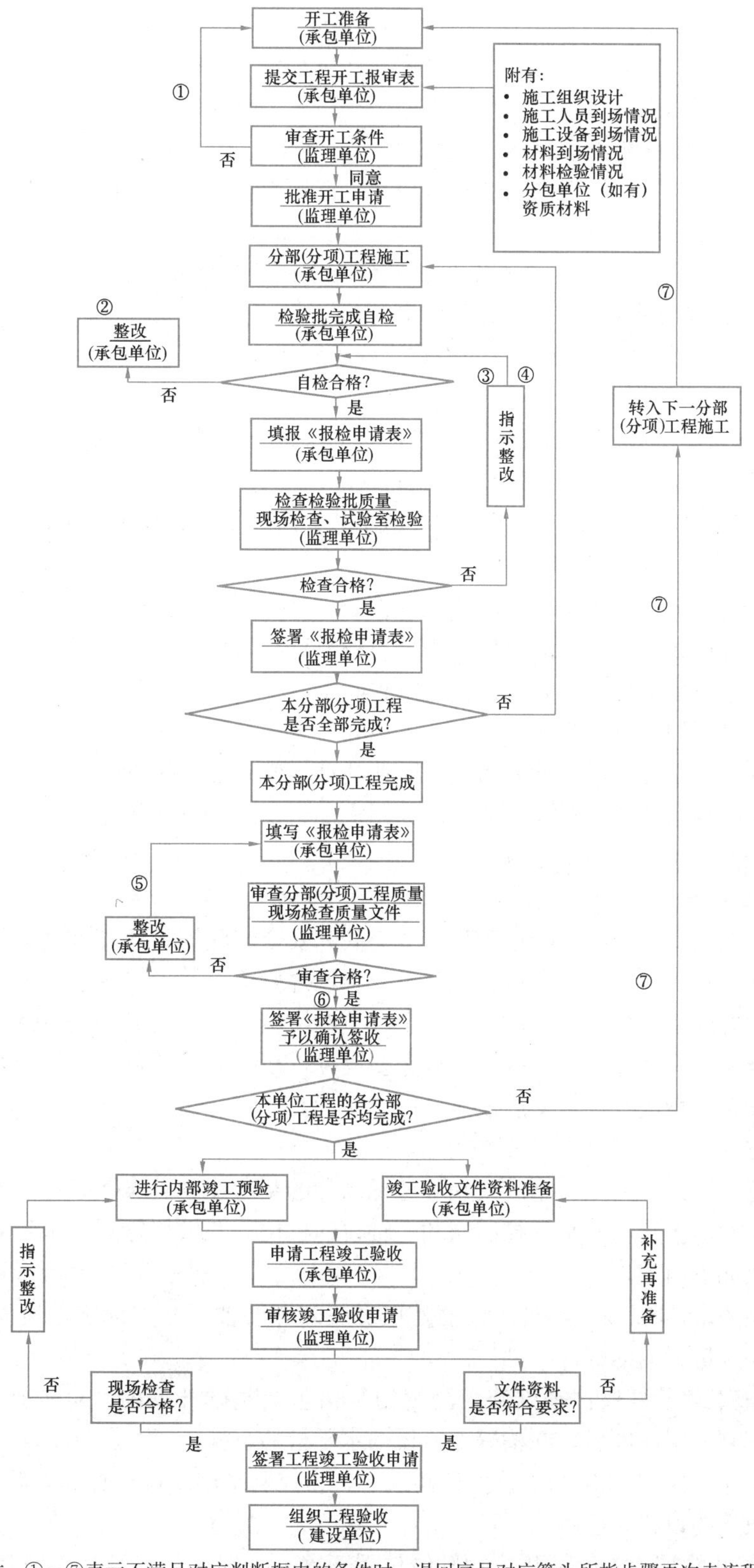

注：①～⑦表示不满足对应判断框内的条件时，退回序号对应箭头所指步骤再次走流程。

图 8-12　施工质量控制的工作流程

施，最后顺利完成该项目。由此可知，分析问题应从多维度、多层次、全方位等视角出发，开展事前控制工作，始终贯彻“安全第一，质量至上”的意识和原则，以达到“预防为主”的目的，保持实事求是、认真严谨的工作态度，坚守恪尽职守、秉公办事的职业道德，传承严谨、细致、精益求精的工匠精神。

从事前控制角度看，施工准备的质量控制工作尤为重要，主要包括以下内容：

1）分包单位的资质审核；

2）本单位的质量管理体系核查及项目质量管理体系的建立；

3）施工组织设计审查；

4）施工现场测量标点、水准点的检查及施工测量控制网复测；

5）施工平面布置控制；

6）对原材料、半成品、构配件、安装设备的采购及质量控制措施；

7）施工用机械设备的配置及控制措施；

8）对工程中采用的新材料、新结构、新工艺、新技术进行技术鉴定；

9）设计交底与图纸会审控制；

10）施工现场的管理环境、技术环境的检查；

11）施工管理、作业人员的资质审查及质量教育与培训；

12）施工准备情况检查及开工条件的审查。

（2）施工过程的质量控制

施工过程由一系列的作业活动组成，作业活动的效果会直接影响施工质量，因而对施工过程的质量控制应体现在对作业活动的控制上。施工过程及其作业活动的质量控制主要围绕影响工程实施质量的因素进行。

1）技术交底

交底内容包括图纸交底、分项工程技术交底和安全交底等。通过交底明确对轴线、尺寸、标高、预留孔洞、预埋件、材料规格及配合比等要求，明确工序搭接、工种配合、施工方法、进度等施工安排，明确质量、安全、节约措施。交底的形式除书面、口头外，必要时可采用样板、示范操作等。按照工程重要程度，由企业或项目技术负责人组织项目施工的班组和配合工种进行技术交底。

2）测量控制

对于给定的原始基准点、基准线和参考标高等的测量控制点应做好复核工作，审核批准后，据此准确地测定场地平面控制网和主轴线的桩位，并做好复测工作。例如民用建筑需要测量复核如下内容。

① 建筑定位测量复核：建筑定位就是把房屋外廓的轴线交点标定在地面上，然后根据这些交点测设房屋的细部。

② 基础施工测量复核：基础施工测量的复核包括基础开挖前，对所放灰线的复核，以及当基槽挖到一定深度后，在槽壁上所设的水平桩的复核。

③ 皮数杆检测：当基础与墙体用砖砌筑时，为控制基础及墙体标高，要设置皮数杆。因此，对皮数杆的设置要检测。

④ 楼层轴线检测：为保证建筑物轴线位置正确，轴线必须经校核合格后，方可开始该层的施工。

⑤ 楼层间高程传递检测：各层标高都必须从±0.000处向上传递标高，消除系统误差。在各层设置50线，以便使楼板、门窗、室内装修等工程的标高符合设计要求。

⑥ 建筑物垂直度及施工过程中沉降变形的检测必须符合相关规定。

3）材料控制

① 对供货方质量保证能力进行评定。包括：供货方材料供应的表现状况，如材料质量、交货期等；供货方质量管理体系对按要求如期提供产品的保证能力；供货方的顾客满意程度；供货方交付材料之后的服务和支持能力；其他如价格、履约能力等。

② 建立材料管理制度，减少材料损失。对材料的采购、加工、运输、贮存建立管理制度，可加快材料的周转，减少材料占用量，避免材料损失、变质，按质、按量、按期满足工程项目的需要。

③ 对原材料、半成品、构配件进行标识。进入施工现场的原材料、半成品、构配件要按型号、品种分区堆放，予以标识；对有防湿、防潮要求的材料，要有防雨防潮措施，并有标识。对容易损坏的材料、设备，要做好防护；对有保质期要求的材料，要定期检查，以防过期，并做好标识。标识应具有可追溯性，即应标明其规格、产地、日期、批号、加工过程、安装交付后的分布和场所。

④ 材料检查验收。用于工程的主要材料，进场时应有出厂合格证和材质化验单；凡标志不清或被认为质量有问题的材料，需要进行追踪检验，以确保质量；凡未经检验和已经验证为不合格的原材料、半成品、构配件和工程设备不能投入使用。材料验收应考虑其相关的有效期及对环境的影响。

⑤ 发包人提供的原材料、半成品、构配件和设备。发包人所提供的原材料、半成品、构配件和设备用于工程时，项目部应对其做出专门的标识，接受时进行验证，贮存或使用时给予保护和维护，并正确使用。上述材料经验证不合格的，不得用于工程。发包人有责任提供合格的原材料、半成品、构配件和设备。

⑥ 材料质量抽样和检验方法。材料质量抽样应按规定的部位、数量要求进行。材料质量的检验项目分为一般试验项目和其他试验项目。一般试验项目即通常进行的试验项目，其他试验项目是根据需要进行的试验项目。材料质量检验方法有书面检验、外观检验、理化检验和无损检验等。

4）机械设备控制

① 机械设备使用形式决策。施工项目上所使用的机械设备应根据项目特点及工程量，按必要性、可能性和经济性的原则确定其使用形式。

② 机械设备的合理使用。合理使用机械设备，正确地进行操作，贯彻人机固定原则，实行“定机、定人、定岗位责任”的“三定”制度。

③ 机械设备的保养与维修。为了保持机械设备的良好技术状态，提高设备运转的可靠性和安全性，减少零件的磨损，延长使用寿命，降低消耗，提高机械施工的经济效益，应做好机械设备的保养。保养分为例行保养和强制保养。例行保养的主要内容有：保持机械的清洁，检查运转情况，防止机械腐蚀，按技术要求润滑等。强制保养是按照一定周期和内容分级进行保养。

5）计量控制

建立计量管理部门和配备计量人员；建立健全和完善的计量管理规章制度；积极开展

计量意识教育；确保强检计量器具的及时检定；做好自检器具的管理工作。

6）工序控制

贯彻预防为主的基本要求，设置工序质量检查点，将材料质量状况、工具设备状况、施工程序、关键操作、安全条件、新材料新工艺应用、常见质量通病，甚至包括操作者的行为等影响因素列为控制点作为重点检查项目进行预控；落实工序操作质量巡查、抽查及重要部位跟踪检查等方法，及时掌握施工质量总体状况；对工序产品、分项工程的检查应按标准要求进行目测、实测及抽样试验，做好原始记录，经数据分析后，及时作出是否合格的判断；对合格工序产品应及时提交监理进行隐蔽工程验收；完善管理过程的各项检查记录、检测资料及验收资料，作为工程质量验收的依据，并为工程质量分析提供可追溯的依据。

7）特殊和关键过程控制

特殊过程是指建设项目施工过程或工序施工质量不能通过其后的检验和试验得到验证，或者其验证的成本不经济的过程。如防水、焊接、桩基处理、防腐施工、混凝土浇筑等。关键过程是指对施工质量影响巨大的过程。如：吊装、混凝土搅拌、钢筋连接、模板安拆、砌筑等。

8）工程变更控制

① 工程变更的范围。

设计变更。设计变更的主要原因是投资者对投资规模进行了压缩或扩大，从而需重新设计。设计变更的另一个原因是对已交付的设计图纸提出了新的设计要求，需要对原设计进行修改。

工程量的变动：增加或减少工程量清单中的项目数量。

施工时间的变更：已批准的承包商施工计划中安排的施工时间或完成时间的变动。

施工合同文件变更包括：施工图的变更；承包方提出修改设计的合理化建议；由于不可抗力或双方事先未能预料而无法防止的事件发生引起的合同变更。

② 工程变更控制。

工程变更可能导致项目工期、成本或质量的改变。因此，必须对工程变更进行严格的管理和控制。在工程变更控制中，主要应考虑以下几个方面。

A. 管理和控制那些能够引起工程变更的因素和条件。

B. 分析和确认各方面提出的工程变更要求的合理性和可行性。

C. 工程变更发生后，应对其进行管理和控制。

D. 分析工程变更引起的风险。

E. 针对变更要求及时进行变更交底。

9）成品保护

在工程项目施工中，某些部位已完成，而其他部位还在施工，如果未对已完成部位或成品采取妥善的措施加以保护，就会造成损伤，影响工程质量。成品保护的措施包括以下几个方面。

① 护。护就是提前保护，防止对成品造成污染或损伤。如柱子要立板固定保护；楼梯踏步安装护角板等。

② 包。包就是进行包裹，防止对成品造成污染或损伤。如在粉刷内墙涂料前对电气

开关、插座、灯具等设备进行包裹。

③ 盖。盖就是表面覆盖，防止成品被堵塞、损伤。如大理石地面完工后，应用苫布覆盖；落水口、排水管安好后加覆盖，以防堵塞。

④ 封。封就是局部封闭。如木地板油漆完成后，应立即锁门封闭；屋面防水完成后，应封闭上屋面的楼梯门或出入口等。

（3）质量控制点的设置

质量控制点是工程施工质量控制的重点，设置质量控制点就是根据工程项目的特点，抓住影响工序施工质量的主要因素。选择那些保证质量难度大的、对质量影响大的或者是发生质量问题时危害大的对象作为质量控制点。

设置质量控制点，先由施工单位在工程施工前根据施工过程质量控制的要求先列出明细表，表中要详细列出各质量控制点的名称、控制内容、检验标准及方法等，再由监理单位审查批准，以便实施预控。进行预控时，应先分析可能造成质量问题的原因，再针对原因制定对策和措施。质量控制点重点控制的对象如下。

① 人的行为。对人的身体素质或心理有相应的要求、技术难度大或精度要求高的作业，应以人为重点进行控制。

② 物的质量与性能。施工设备和材料是直接影响工程质量和安全的主要因素，对某些工程尤为重要，常作为控制的重点。例如，基础的防渗灌浆工程，灌浆材料细度及可灌性、作业设备的质量、计量仪器的质量都是直接影响灌浆质量和效果的主要因素。

③ 关键工序的关键性操作。如预应力钢筋的张拉工艺操作过程及张拉力的控制，是可靠地建立预应力值和保证预应力构件质量的关键过程。

④ 要求严格的施工顺序、施工技术参数及重要控制指标。例如：对填方路堤进行压实时的含水量；对于岩基水泥灌浆，灌浆压力；冬期施工混凝土受冻临界强度等。

⑤ 施工上无足够把握的、施工条件困难的或技术难度大的工序或环节。例如，复杂曲线模板的放样等。

⑥ 技术问题。有些工序之间的技术间歇时间性很强，如不严格控制也会影响质量。如分层浇筑混凝土，必须待下层混凝土未初凝时将上层混凝土浇完。

⑦ 新工艺、新技术、新材料的应用。由于缺乏经验，施工时可作为重点进行严格控制。

⑧ 施工中的薄弱环节、产品质量不稳定、不合格率较高及易发生质量通病的工序。例如地下防水层施工。

⑨ 易对工程质量产生重大影响的施工方法。如液压滑模施工中的支承杆失稳问题、升板法施工中提升差的控制等。

⑩ 特殊地基或特种结构。如大孔性湿陷性黄土、膨胀土等特殊土地基的处理，大跨度和超高结构等。

为了保证质量控制点的质量目标实现，要建立三级检查制度，即操作人员每日自检一次，组员之间或班长、质量干事与组员之间进行互检；质量员进行专检；上级部门进行抽查。

在施工中，如果发现质量控制点有异常情况，应立即停止施工，召开分析会，找出产生异常的主要原因，并用对策表写出对策。如果是因为技术要求不当而出现异常，必须重新修订标准，在明确操作要求和掌握新标准的基础上，再继续进行施工，同时还应加强自检、互检的频次。

（4）竣工验收的质量控制

竣工验收阶段的质量控制的主要工作有：收尾工作、竣工资料的准备、竣工验收的预验收、竣工验收、工程质量回访。

1）收尾工作。收尾工作的特点是零星、分散、工程量小、分布面广，如不及时完成将会直接影响项目的验收及投产使用，因此，应编制项目收尾工作计划并限期完成。项目经理和技术员应对竣工收尾计划执行情况进行检查，重要部位要做好记录。

2）竣工资料的准备。竣工资料是竣工验收的重要依据。承包人应按竣工验收条件的规定，认真整理工程竣工资料。竣工资料包括：工程项目开工报告；工程项目竣工报告；图纸会审和设计交底记录；设计变更通知单；技术变更核定单；工程质量事故发生后的调查和处理资料；水准点位置、定位测量记录、沉降及位移观测记录；材料、设备、构件的质量合格证明资料；试验、检验报告；隐蔽工程验收记录及施工日志；竣工图；质量验收评定资料；工程竣工验收资料。

3）竣工验收的预验收。单位工程完工后，由承包商提出竣工报告。监理工程师按照承包商自检验收合格后提交的《单位工程竣工预验收申请表》，审查资料并进行现场检查；项目监理部就存在的问题提出书面意见，并签发《监理工程师通知书》（注：需要时填写），要求承包商限期整改；承包商整改完毕后，按有关文件要求，编制《建设工程竣工验收报告》交监理工程师检查，由项目总监签署意见后，提交建设单位。

4）竣工验收。竣工验收主要包括五方面内容：单位工程所含各分部工程质量验收全部合格；单位工程所含分部工程的安全、功能检验资料完整；质量控制资料完整；主要功能项目的抽查结果符合相关专业质量验收规范规定；观感质量验收符合要求。

5）工程质量回访。回访是承包人为保证工程项目正常发挥功能而在工作计划、程序和质量体系方面制定的工作内容。通过回访了解工程竣工交付使用后，用户对工程质量的意见，促进承包人改进工程质量管理，为顾客提供优质服务。对回访中出现的质量问题应按质量保证书的承诺及时解决。

6. 确保工程质量的组织及技术措施

（1）组织措施

1）建立质量保证体系，建立、健全岗位责任制。明确质量目标及各级技术人员的职责范围，做到职责明确、各负其责。

2）加强人员培训工作，加强技术管理，认真贯彻国家规定的施工质量验收规范及公司的各项质量管理制度。

3）推行全面质量管理活动，开展质量竞赛，制定奖优罚劣措施。

4）认真搞好现场内业资料的管理工作，做到工程技术资料真实、完整、提供及时。

5）定期进行质量检查活动，召开质量分析会议，对影响质量的风险因素有识别管理办法和防范对策。

（2）技术措施

1）确保工程定位放线、轴线尺寸、标高测量等准确无误的措施。

2）确保地基承载力及各种基础、地下结构、地下防水、土方回填施工质量的措施。

3）保证主体结构中关键部位质量的措施，以及复杂特殊工程的施工技术措施；重点解决大体积及高强混凝土施工、钢筋连接等质量难题。

4）对新工艺、新材料、新技术和新结构的施工操作提出质量要求，并制定有针对性的技术措施。

5）屋面防水施工、各种装饰工程施工中，确保施工质量的技术措施；装饰工程推行样板间，经业主认可后再进行大面积施工。

6）季节性施工的质量保证措施。

7）工程施工中经常发生的质量通病的防治措施。

8）加强原材料进场的质量检查和施工过程中的性能检测，不合格的材料不准使用。

7. 质量事故的处理

（1）质量事故等级划分

《关于做好房屋建筑和市政基础设施工程质量事故报告和调查处理工作的通知》（建质〔2010〕111 号）规定，工程质量事故根据造成的人员伤亡或者直接经济损失分为 4 个等级：

1）特别重大事故，是指造成 30 人以上死亡，或者 100 人以上重伤，或者 1 亿元以上直接经济损失的事故。

2）重大事故，是指造成 10 人以上 30 人以下死亡，或者 50 人以上 100 人以下重伤，或者 5000 万元以上 1 亿元以下直接经济损失的事故。

3）较大事故，是指造成 3 人以上 10 人以下死亡，或者 10 人以上 50 人以下重伤，或者 1000 万元以上 5000 万元以下直接经济损失的事故。

4）一般事故，是指造成 3 人以下死亡，或者 10 人以下重伤，或者 100 万元以上 1000 万元以下直接经济损失的事故。

本等级划分所称的“以上”包括本数，所称的“以下”不包括本数。

（2）事故报告

1）工程质量事故发生后：事故现场有关人员应当立即向工程建设单位负责人报告；工程建设单位负责人接到报告后，应于 1h 内向事故发生地县级以上人民政府住房和城乡建设主管部门及有关部门报告。

情况紧急时，事故现场有关人员可直接向事故发生地县级以上人民政府住房和城乡建设主管部门报告。

2）住房和城乡建设主管部门接到事故报告后，应当依照下列规定上报事故情况，并同时通知公安、监察机关等有关部门：

① 较大、重大及特别重大事故逐级上报至国务院住房和城乡建设主管部门，一般事故逐级上报至省级人民政府住房和城乡建设主管部门，必要时可以越级上报事故情况。

② 住房和城乡建设主管部门上报事故情况，应当同时报告本级人民政府；国务院住房和城乡建设主管部门接到重大和特别重大事故的报告后，应当立即报告国务院。

③ 住房和城乡建设主管部门逐级上报事故情况时，每级上报时间不得超过 2h。

（3）事故报告的内容

1）事故发生的时间、地点、工程项目名称、工程各参建单位名称。

2）事故发生的简要经过、伤亡人数（包括下落不明的人数）和初步估计的直接经济损失。

3）事故的初步原因。

4）事故发生后采取的措施及事故控制情况。

5）事故报告单位、联系人及联系方式。

6）其他应当报告的情况。

（4）质量事故的处理

工程质量事故处理方案是指技术处理方案，其目的是消除质量隐患，以达到建筑物的安全可靠、正常使用各项功能及寿命的要求，并保证施工的正常进行。其一般处理原则是：正确确定事故性质，是表面性还是实质性、是结构性还是一般性、是迫切性还是可缓性；正确确定处理范围，除直接发生部位，还应检查处理事故相邻影响作用范围的结构部位或构件。

质量问题处理方案应以原因分析为基础，如果某些问题一时认识不清，且一时不致产生严重恶化，可以继续进行调查、观测，以便掌握更充分的资料和数据，作进一步分析，找出起源点，方可确认处理方案，避免急于求成造成反复处理的不良后果。

质量事故处理方案类型有以下几种。

1）修补处理。这是最常用的一类处理方案。通常当工程的某个检验批、分项或分部的质量虽因未达到规范、标准或设计要求而存在一定缺陷时，但通过修补或更换器具、设备后还可达到要求的标准，又不影响使用功能和外观要求，在此情况下，可以进行修补处理。

属于修补处理的具体方案很多，诸如封闭保护、复位纠偏、结构补强、表面处理等，某些事故造成的结构混凝土表面裂缝，可根据其受力情况，仅作表面封闭保护。某些混凝土结构表面的蜂窝、麻面经调查分析，可进行剔凿、抹灰等表面处理，一般不会影响其使用和外观。

2）返工处理。当工程质量未达到规定的标准和要求，存在着严重质量问题，对结构的使用和安全构成重大影响，且又无法通过修补处理的情况下，可对检验批、分项、分部甚至整个工程进行返工处理。例如，某公路桥梁工程预应力按规定张力系数为1.3，实际仅为0.8，属于严重的质量缺陷，也无法修补，只有返工处理。

3）不作处理。某些工程质量问题虽然不符合规定的要求和标准构成质量事故，但经过分析、论证、法定检测单位鉴定和设计等有关单位认可，对工程或结构使用及安全影响不大，也可不作专门处理。通常不用专门处理的情况有：不影响结构安全和正常使用的情况（例如，混凝土表面轻微麻面，可通过后续的抹灰、喷涂或刷白等工序弥补，可不作专门处理）；法定检测单位鉴定合格的情况（例如，某检验批混凝土试块强度值不满足规范要求，强度不足，但法定检测单位，对混凝土实体采用非破损检验等方法测定其实际强度已达规范允许和设计要求值时，可不作处理）；出现的质量问题，经检测鉴定达不到设计要求，但经原设计单位核算，仍能满足结构安全和使用功能的情况。

审核确认处理方案的原则是：安全可靠，不留隐患，满足建筑物的功能和使用要求，技术可行，经济合理。针对确认不需专门处理的质量问题，应能保证它不对工程安全构成危害，且满足安全和使用要求。

（5）工程质量事故处理的鉴定验收

1）检查验收。工程质量事故处理完成后，应严格按施工验收标准及有关规范的规定进行，依据质量事故技术处理方案设计要求，通过实际量测，检查各种资料数据进行验收，并应办理交工验收文件，组织各有关单位会签。

2）鉴定。凡涉及结构承载力等使用安全和其他重要性能的事故处理，需做必要的试验和检验鉴定工作。例如，检查密实性和裂缝修补效果，检测鉴定必须委托政府批准的有资质的法定检测单位进行。

3）验收结论。对所有的质量事故无论经过技术处理、通过检查鉴定验收还是不需专门处理的，均应有明确的书面结论。若对后续工程施工有特定要求，或对建筑物使用有一定限制条件，应在结论中提出。验收结论通常有：事故已排除，可以继续施工；隐患已消除，结构安全有保证；经修补处理后，完全能够满足使用要求；基本上满足使用要求，但使用时有附加限制条件，例如限制荷载等；对耐久性的结论；对建筑物外观的结论；对短期内难以做出结论的，可提出进一步观测检验意见。

8.3　安全管理计划

8.3　安全管理计划

1. 安全管理计划的内容

（1）确定项目重要危险源，制定项目职业健康安全管理目标。

（2）建立有管理层次的项目安全管理组织机构、并明确职责。

（3）根据项目特点，进行职业健康安全方面的资源配置。

（4）建立具有针对性的安全生产管理制度和职工安全教育培训制度。

（5）针对项目重要危险源，制定相应的安全技术措施；对达到一定规模的、危险性较大的分部（分项）工程和特殊工种的作业应制定专项安全技术措施的编制计划。

（6）根据季节、气候的变化，制定相应的季节性安全施工措施。

（7）建立现场安全检查制度，并对安全事故的处理做出相应规定。

2. 项目职业健康安全技术措施

项目职业健康安全技术措施计划应包括工程概况、控制目标、控制程序、组织结构、职责权限、规章制度、资源配置、安全措施、检查评价和奖惩制度以及对分包的安全管理等内容。策划过程应充分考虑有关措施与项目人员能力相适宜的要求。

（1）技术措施——以分项工程安全技术措施（方案）列举

1）根据基坑深度和工程水文地质资料，基坑降水、边坡支护要求编写专项施工方案。保证土石方边坡稳定的措施。

2）±0.000 以下结构施工方案。

3）主体结构、装修工程职业健康安全技术方案。

4）工程临时用电技术方案，安全用电和机电防短路、防触电的措施。

5）结构施工临边、洞口及交叉作业、施工防护、各类洞口防止人员坠落等职业健康安全技术措施。

6）塔式起重机、施工外用电梯、垂直提升架等各种施工机械设备的安拆及安全装置和防倾覆措施技术方案（含基础方案）。群塔作业职业健康安全技术措施。

7）大模板施工职业健康安全技术方案（含支撑系统）。

8）高大、大型脚手架，整体爬升式（或提升）脚手架及卸料平台搭拆安全技术方案。

9）特殊脚手架，如吊篮架、悬挑架、挂架等搭拆职业健康安全技术方案。

10）钢结构吊装职业健康安全技术方案。

11）防水施工职业健康安全技术方案。

12）新工艺、新技术、新材料施工职业健康安全技术措施。

13）防火、防爆、防台风、防洪水、防地震、防雷电职业健康安全技术措施。

14）临街防护、临近外架供电线、地下供电、供气、通风、管线、毗邻建筑物、现场周围通行道路及居民防护隔离等职业健康安全技术措施。

15）场内运输道路及人行通道的布置。

16）冬雨期施工职业健康安全技术措施。

17）夜间施工应装设足够的照明设施，深坑或潮湿地点施工，应使用低压照明，现场禁止使用明火，易燃易爆物要妥善保管。

18）坚持使用安全“三宝”，进入现场人员必须戴安全帽，高空作业必须系安全带，建筑物四周应有防护栏杆和安全网，在现场不得穿软底鞋、高跟鞋、拖鞋。

19）各施工部位要有明显的安全警示标志。

对于结构复杂、危险性大的特殊工程，应单独编制职业健康安全技术方案。如爆破、大型吊装、沉箱、沉井、烟囱、水塔、各种特殊架设作业、高层脚手架、井架和拆除工程等，必须单独编制职业健康安全技术方案，并要有设计依据、有计算、有详图、有文字要求。

（2）季节性施工职业健康安全技术措施

1）高温作业职业健康安全措施。夏季炎热，高温时间持续较长，应制定防暑降温职业健康安全措施。

2）雨期施工职业健康安全方案。雨期施工，应制定防止触电、防雷、防坍塌、防台风职业健康安全方案。

3）冬期施工职业健康安全方案。冬期施工，应制定防风、防火、防滑、防煤气中毒、防亚硝酸钠中毒等职业健康安全方案。

（3）项目职业健康安全组织措施计划的实施

1）组织措施

① 明确安全目标，建立以项目经理为核心的安全保证体系；建立各级安全生产责任制，明确各级施工人员的安全职责，层层落实、责任到人。

② 认真贯彻执行国家、行业、地区安全法规、标准、规范和各专业安全技术操作规程，并制定本工程的安全管理制度。

③ 工人进场上岗前，必须进行上岗安全教育和安全操作培训；加强安全施工宣传工作、使全体施工人员认识到“安全第一”的重要性，提高安全意识和自我保护能力，使每个职工自觉遵守安全操作规程，严格遵守各项安全生产管理制度。

④ 加强安全交底工作；施工班组要坚持每天开好班前会，及时提示施工中的安全问题。

⑤ 定期进行安全检查活动和召开安全生产分析会议。对不安全因素及时进行整改；对影响安全的风险因素（如由于操作者失误、操作对象的缺陷以及环境因素等导致的人身

伤亡、财产损失和第三者责任等损失）有识别管理办法和防范对策。

⑥ 需要持证上岗的工种必须持证上岗。

2）制定安全生产责任制度

安全生产责任制度是指在工程实施以前，项目经理部对各级负责人、各职能部门以及各类施工人员在管理和施工过程中应当承担的责任做出的明确规定。也就是把安全生产责任分解到岗，落实到人。

3）进行安全教育与安全培训

认真搞好安全教育与培训工作，是安全生产管理工作的重要前提。进行安全教育与培训，能增加人的安全生产知识，提高安全生产意识，有效地防止人的不安全行为，减少人为的失误。安全教育与培训的主要内容如下。

① 新工人“三级安全”教育。对新工人（包括合同工、临时工、学徒工、实习和代培人员）必须进行公司、工地和班组的“三级安全”教育。“三级安全”教育是指公司（企业）、项目（工程处、施工处、工区）、班组这三级，对每个刚进企业的新工人必须进行的首次安全生产方面的基本教育。教育内容包括安全生产方针、政策、法规、标准及安全技术知识、设备性能、操作规程、安全制度、严禁事项及本工种的安全操作规程。

② 特殊工种的专门教育。特殊工种不同于其他一般工种，它在生产过程中担负着特殊的任务，工作中危险性大，发生事故的机会多，一旦发生事故对企业的生产影响较大。所以对特殊工种作业人员（如电工、焊工、架工、司炉工、爆破工、起重工等）除进行一般安全教育外，还要经过本工种的专业安全技术教育。

③ 经常性的安全生产教育。经常性的安全生产教育，可根据施工企业的具体情况和实际需要，采取多种形式进行。如开展安全活动日、安全活动月、质量安全年等活动，召开安全例会、班前班后安全会、事故现场会、安全技术交底会等各种类型的会议，通过广播、黑板报、工程简报、安全技术讲座等多种形式进行宣传教育工作。

4）安全技术交底

职业健康安全技术交底是指导工人安全施工的技术措施，是项目职业健康安全技术方案的具体落实。职业健康安全技术交底一般由技术管理人员根据分部分项工程的具体要求、特点和危险因素编写，是操作者的指令性文件，因而要具体、明确、针对性强，不得用施工现场的职业健康安全纪律、职业健康安全检查制度等代替，在进行工程技术交底的同时进行职业健康安全技术交底。

例如，苏州中南中心为超高层建筑，建筑高度为729m，施工过程中存在各种具有难度的挑战。该项目通过BIM技术进行技术交底，使现场工人对施工过程更清晰明了，减少了该项目设计施工技术难度大，施工难及管理复杂等多重难关，同时降低了一些危险性大的施工操作安全事故发生的可能性。由此可见，施工过程中安全技术交底非常重要，可以很大程度上预防安全事故的发生。施工安全是建筑工程正常进行的前提，施工安全管理需从实际出发，以人为本，做到安全第一，预防为主，综合治理。

5）工程施工安全检查

施工安全检查是提高安全生产管理水平，落实各项安全生产制度和措施，及时消除安全隐患，确保安全生产的一项重要工作。

① 安全检查制度。为了全面提高项目职业健康安全生产管理水平，及时消除职业健

康安全隐患，落实各项职业健康安全生产制度和措施，在确保安全的情况下正常地进行施工、生产，建设工程项目实行逐级安全检查制度。

② 安全检查的内容

A. 施工队和项目部安全检查内容

a. 查制度。

b. 查教育培训。

c. 查安全技术和安全设施。

d. 查安全业务工作。

B. 班组安全检查内容

a. 班前检查。

b. 操作中检查。

c. 操作后检查。

③ 安全检查的方法。安全检查可以采取定期（如日、月、季、年等）或突击性检查形式，或是定期检查与突击性检查相结合。对新安装的设备、新采用的工艺、新建成改建工程项目，在投入使用之前还要进行特殊安全检查，以消除可能带来的危险。

施工现场常用的检查方法有看、听、量、查等方法。

看：主要查看管理资料、上岗证、现场标志、交接验收资料；“三宝”（指安全帽、安全带和安全网）使用情况，“四口”（指通道口、预留洞口、楼梯口和电梯井口）、“临边”防护情况，机械设备的防护装置是否安全可靠等。

听：听基层安全管理人员或施工现场安全员汇报安全生产情况，介绍现场安全工作经验、存在问题及今后努力方向。

量：指实地勘察、测量。例如用尺子量脚手架各杆件间距，电气开关箱安装高度，在建工程临边高压线距离等是否符合安全要求。用仪器仪表测量轨道纵、横向倾斜度，用地阻仪遥测地阻值等。

查：进行必要的调查研究，查看资料，核对数据，寻根问底，并作一定的测算和分析。

3. 职业伤害事故的分类

职业健康安全事故分两大类型，即职业伤害事故与职业病。职业伤害事故是指因生产过程及工作原因或与其相关的其他原因造成的伤亡事故。

1）按照事故发生的原因分类

按照我国现行国家标准《企业职工伤亡事故分类》GB 6441—1986 规定，职业伤害事故分为 20 类，其中与建筑业有关的有以下 12 类。

物体打击、车辆伤害、机械伤害、起重伤害、触电、灼烫、火灾、高处坠落、坍塌、火药爆炸、中毒和窒息、其他伤害等。

以上 12 类职业伤害事故中，在建设工程领域中最常见的是高处坠落、物体打击、机械伤害、触电、坍塌、中毒、火灾 7 类。

2）按事故严重程度分类

我国现行国家标准《企业职工伤亡事故分类》GB 6441—1986 规定，按事故严重程度分类，事故分为：

① 轻伤事故。是指造成职工肢体或某些器官功能性或器质性轻度损伤，能引起劳动能力轻度或暂时丧失的伤害事故，一般每个受伤人员休息 1 个工作日以上（含 1 个工作日），105 个工作日以下。

② 重伤事故。一般指受伤人员肢体残缺或视觉、听觉等器官受到严重损伤，能引起人体长期存在功能障碍或劳动能力有重大损失的伤害事故，或者造成每个受伤人损失 105 个工作日以上（含 105 个工作日）的失能伤害的事故。

③ 死亡事故。其中，重大伤亡事故指一次事故中死亡 1～2 人的事故；特大伤亡事故指一次事故死亡 3 人以上（含 3 人）的事故。

3）按事故造成的人员伤亡或者直接经济损失分类

依据 2007 年 6 月 1 日起实施的《生产安全事故报告和调查处理条例》规定，根据生产安全事故（以下简称事故）造成的人员伤亡或者直接经济损失，事故分为：

① 特别重大事故。是指造成 30 人以上死亡，或者 100 人以上重伤（包括急性工业中毒，下同），或者 1 亿元以上直接经济损失的事故。

② 重大事故。是指造成 10 人以上 30 人以下死亡，或者 50 人以上 100 人以下重伤，或者 5000 万元以上 1 亿元以下直接经济损失的事故。

③ 较大事故。是指造成 3 人以上 10 人以下死亡，或者 10 人以上 50 人以下重伤，或者 1000 万元以上 5000 万元以下直接经济损失的事故。

④ 一般事故。是指造成 3 人以下死亡，或者 10 人以下重伤，或者 1000 万元以下直接经济损失的事故。

本条款所称的“以上”包括本数，所称的“以下”不包括本数。

目前，在建设工程领域中，判别事故等级较多采用的是《生产安全事故报告和调查处理条例》。

4. 建设工程安全事故的处理

一旦事故发生，通过应急预案的实施，尽可能防止事态的扩大和减少事故的损失。通过事故处理程序，查明原因，制定相应的纠正和预防措施，避免类似事故的再次发生。

（1）事故处理的原则（“四不放过”原则）

“四不放过”处理原则具体内容如下。

1）事故原因未查清不放过

要求在调查处理伤亡事故时，首先要把事故原因分析清楚，找出导致事故发生的真正原因，未找到真正原因决不轻易放过。直到找到真正原因并搞清各因素之间的因果关系才算达到事故原因分析的目的。

2）责任人员未处理不放过

这是安全事故责任追究制的具体体现。对事故责任者要严格按照安全事故责任追究的法律法规的规定进行严肃处理；不仅要追究事故直接责任人的责任，同时要追究有关负责人的领导责任。当然，处理事故责任者必须谨慎，避免事故责任追究的扩大化。

3）有关人员未受到教育不放过

使事故责任者和广大群众了解事故发生的原因及造成的危害，并深刻认识到搞好安全生产的重要性，从事故中吸取教训，提高安全意识，改进安全管理工作。

4）整改措施未落实不放过

必须针对事故发生的原因，提出防止相同或类似事故发生的切实可行的预防措施，并督促事故发生单位加以实施。只有这样，才算达到了事故调查和处理的最终目的。

（2）建设工程安全事故处理措施

1）按规定向有关部门报告事故情况

事故发生后，事故现场有关人员应当立即向本单位负责人报告；单位负责人接到报告后，应当于 1h 内向事故发生地县级以上人民政府安全生产监督管理部门和负有安全生产监督管理职责的有关部门报告，并有组织、有指挥地抢救伤员、排除险情；应当防止人为或自然因素的破坏，便于事故原因的调查。

由于建设行政主管部门是建设安全生产的监督管理部门，对建设安全生产实行的是统一的监督管理，因此，各个行业的建设施工中出现了安全事故，都应当向建设行政主管部门报告。由于有关的专业主管部门也承担着对建设安全生产的监督管理职能，因此，专业工程出现安全事故，还需要向有关行业主管部门报告。

① 情况紧急时，事故现场有关人员可以直接向事故发生地县级以上人民政府安全生产监督管理部门和负有安全生产监督管理职责的有关部门报告。

② 安全生产监督管理部门和负有安全生产监督管理职责的有关部门接到事故报告后，应当依照下列规定上报事故情况，并通知公安机关、劳动保障行政部门、工会和人民检察院：

A. 特别重大事故、重大事故逐级上报至国务院安全生产监督管理部门和负有安全生产监督管理职责的有关部门。

B. 较大事故逐级上报至省、自治区、直辖市人民政府安全生产监督管理部门和负有安全生产监督管理职责的有关部门。

C. 一般事故上报至设区的市级人民政府安全生产监督管理部门和负有安全生产监督管理职责的有关部门。

安全生产监督管理部门和负有安全生产监督管理职责的有关部门依照前款规定上报事故情况，应当同时报告本级人民政府。国务院安全生产监督管理部门和负有安全生产监督管理职责的有关部门以及省级人民政府接到发生特别重大事故、重大事故的报告后，应当立即报告国务院。必要时，安全生产监督管理部门和负有安全生产监督管理职责的有关部门可以越级上报事故情况。

安全生产监督管理部门和负有安全生产监督管理职责的有关部门逐级上报事故情况，每级上报的时间不得超过 2h。事故报告后出现新情况的，应当及时补报。

2）组织调查组，开展事故调查

① 特别重大事故由国务院或者国务院授权有关部门组织事故调查组进行调查。重大事故、较大事故、一般事故分别由事故发生地省级人民政府、设区的市级人民政府、县级人民政府负责调查。省级人民政府、设区的市级人民政府、县级人民政府可以直接组织事故调查组进行调查，也可以授权或者委托有关部门组织事故调查组进行调查。未造成人员伤亡的一般事故，县级人民政府也可以委托事故发生单位组织事故调查组进行调查。

② 事故调查组有权向有关单位和个人了解与事故有关的情况，并要求其提供相关文件、资料，有关单位和个人不得拒绝。事故发生单位的负责人和有关人员在事故调查期间不得擅离职守，并应当随时接受事故调查组的询问，如实提供有关情况。事故调查中发现

涉嫌犯罪的，事故调查组应当及时将有关材料或者其复印件移交司法机关处理。

3）现场勘查

事故发生后，调查组应迅速到现场进行及时、全面、准确和客观的勘查，包括现场笔录、现场拍照和现场绘图。

4）分析事故原因

通过调查分析，查明事故经过，按受伤部位、受伤性质、起因物、致害物、伤害方法、不安全状态、不安全行为等查清事故原因，包括人、物、生产管理和技术管理等方面的原因。通过直接和间接的分析，确定事故的直接责任者、间接责任者和主要责任者。

5）制定预防措施

根据事故原因分析，制定防止类似事故再次发生的预防措施。根据事故后果和事故责任者应负的责任提出处理意见。

6）提交事故调查报告

事故调查组应当自事故发生之日起 60 日内提交事故调查报告；特殊情况下，经负责事故调查的人民政府批准，提交事故调查报告的期限可以适当延长，但延长的期限最长不超过 60 日。事故调查报告应当包括下列内容：事故发生单位概况；事故发生经过和事故救援情况；事故造成的人员伤亡和直接经济损失；事故发生的原因和事故性质；事故责任的认定以及对事故责任者的处理建议；事故防范和整改措施。

7）事故的审理和结案

对重大事故、较大事故、一般事故，负责事故调查的人民政府应当自收到事故调查报告之日起 15 日内作出批复；对特别重大事故，30 日内作出批复。特殊情况下，批复时间可以适当延长，但延长的时间最长不超过 30 日。

有关机关应当按照人民政府的批复，依照法律、行政法规规定的权限和程序，对事故发生单位和有关人员进行行政处罚，对负有事故责任的国家工作人员进行处分。事故发生单位应当按照负责事故调查的人民政府的批复，对本单位负有事故责任的人员进行处理。

负有事故责任的人员涉嫌犯罪的，依法追究刑事责任。

事故处理的情况由负责事故调查的人民政府或者其授权的有关部门、机构向社会公布，依法应当保密的除外。事故调查处理的文件记录应长期、完整地保存。

8.4 成本管理计划

施工项目成本计划是由项目经理负责，在成本预测的基础上进行的，它是以货币形式预先规定施工项目进行中的施工生产耗费的计划总水平，通过施工项目的成本计划对比项目中标价，拟定实现的成本降低额与降低率，并且按成本管理层次及项目进展的各阶段对成本计划加以分解，并制定各级成本计划实施方案。项目部依据施工图预算合理地确定成本控制目标，包括成本总目标、分目标等，如图 8-13 所示。

1. 成本管理计划的内容

（1）根据项目施工预算，制定项目施工成本目标。

（2）根据施工进度计划，对项目施工成本目标进行阶段分解。

（3）建立施工成本管理的组织机构并明确职责，制定相应管理制度。

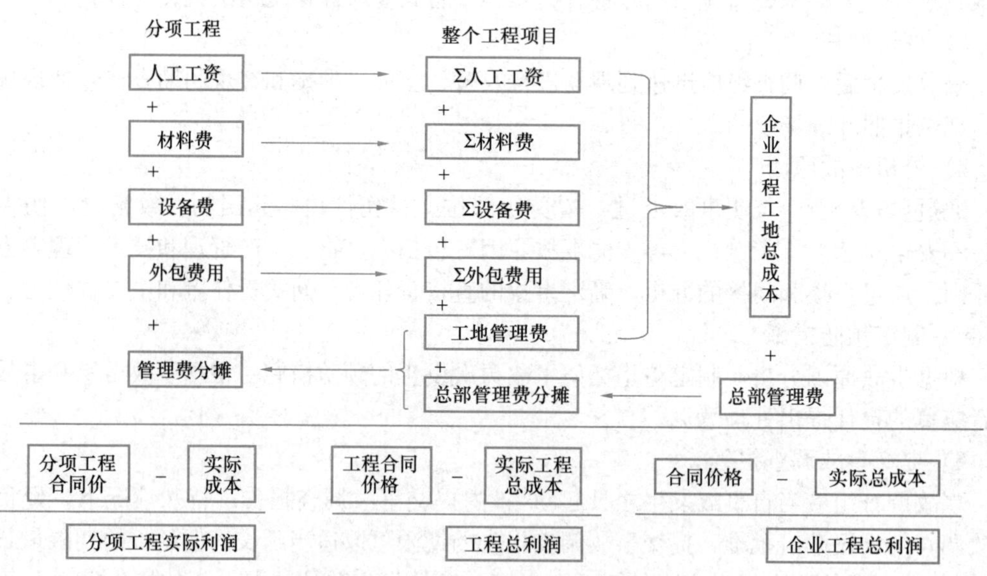

图 8-13　分项工程与整个工程成本组成

（4）采取合理的技术、组织和合同等措施，控制施工成本。

（5）确定科学的成本分析方法，制定必要的纠偏措施和风险控制措施。

2. 成本管理计划的责任目标成本

施工项目成本管理是建筑施工企业项目管理系统中的一个子系统，包括预测、决策、计划、控制、核算、分析和考核等一系列工作环节，并以生产经营过程中的成本控制为核心，依靠成本信息的传递和反馈结合为一个有效运转的有机整体。

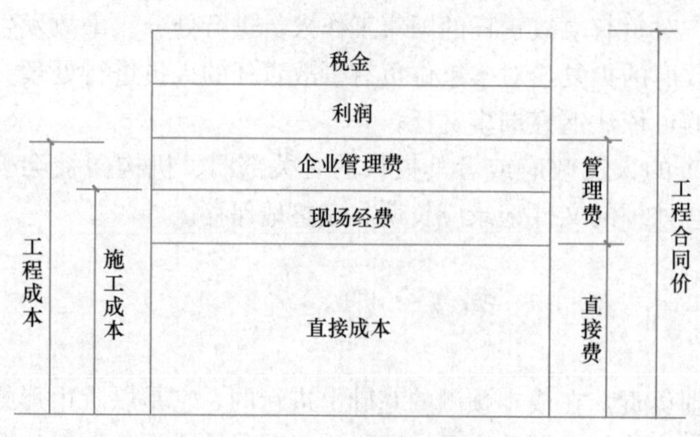

图 8-14　工程项目责任目标成本构成

（1）工程项目责任目标成本构成

每个施工项目，在实施项目管理之前，首先由企业与项目经理协商，将工程预算成本分为现场施工费用（施工成本）和企业管理费用两部分，如图 8-14 所示。其中，以现场施工费用核定的总额作为项目成本核算的界定范围和确定项目经理部责任成本目标的依据。

由于按制造成本法计算出来的施工项目成本，实际上是项目的施工现场成本，是项目经理部的可控成本，反映了项目经理部的成本管理水平。以此作为项目经理部的责任目标成本，便于对项目经理部成本管理责任的考核，也为项目经理部节约开支、降低消耗提供可靠的基础。

（2）项目经理部的责任目标成本的确定

计划目标成本是项目对未来施工过程所规定的成本奋斗目标，它比已经达到的实际成本要低，但又是经过努力可以达到的成本目标。目标成本有很多形式，可能以计划成本、定额成本或标准成本作为目标成本，它随成本计划编制方法的不同而表现为不同的形式。责任目标成本确定的过程和方法如下。

1）根据施工企业定额确定

企业定额是企业长期积累并不断修订的一个成果资料，是用来指导企业施工、投标报价的指导性文件。

① 以投标中标价格为依据，根据在投标报价时所编制的工程估价单中，各分项企业内部单价，形成直接费中的目标成本。

② 以施工组织设计为依据，确定机械台班和周转设备材料的使用量，并按照企业内部价格确定机械使用费及周转设备材料使用费用。

③ 其他直接费中的各子项目均按具体情况或内部价格确定。

④ 现场施工管理费，也按各子项目视项目的具体情况确定。

⑤ 投标中压价让利的部分，原则上由企业统一承担，不列入施工项目责任目标成本。

2）根据施工企业与项目经理签订的《项目管理目标责任书》的成本目标确定

施工企业在承接一个工程项目施工任务后，可以根据企业的经验及目前市场状况，估测项目部完成这一项目施工任务所需的总的成本，并将其下达给项目部，项目部以此作为总的成本目标，通过WBS结构分解，逐层将总成本分解到各工作单元（分部分项工程）。

在《项目管理目标责任书》中确定各项成本、用量的过程中，应在仔细研究投标报价的各项目清单和估价的基础上，由企业职能部门主持，公司经理、副经理、总工程师、总会计师、项目经理等参加，会同有关部门（一般组成合议组）共同分析研究确定，将测算过程及依据、测算结论以文件形式表现。由企业法定代表人或其授权人同项目经理协商并作出交底，写入《项目管理目标责任书》。

项目经理在接受企业法定代表人委托之后，根据企业下达的责任成本目标，通过主持编制施工组织设计，在不断优化施工技术方案和合理配置生产要素的基础上，通过工料消耗分析和制定节约成本措施，组织编制施工预算，确定项目的计划目标成本（也称现场目标成本）。

3. 施工成本管理计划的编制

施工项目成本管理包括两个层次的管理。一是企业管理层的成本管理，企业管理层负责项目成本管理的决策，根据与业主签订的合同价剔除其中经营性利润部分和企业应收款的费用部分，将其余部分作为成本目标并连同合同赋予其的各项责任，下达转移到施工项目部，形成施工项目经理的目标责任；二是项目管理层的成本管理，项目管理层负责项目成本的实施及可控责任成本的控制，实现项目管理目标责任书中的成本目标。

（1）施工项目成本计划的编制程序

编制成本计划的程序，因项目的规模大小、管理要求不同而不同。大、中型项目一般采用分级编制的方式，即先由各部门提出部门成本计划，再由项目经理部汇总编制全项目的成本计划；小型项目一般采用集中编制方式，即由项目经理部先编制各部门成本计划，再汇总编制全项目的成本计划。一般编制的程序如下。

1）搜集和整理资料。主要资料包括：国家和上级部门有关编制成本计划的规定；项目经理部与企业签订的承包合同及企业下达的成本降低额、降低率和其他有关技术经济指标；设计文件；市场价格信息；施工组织设计；企业定额；同类项目的成本、定额、技术经济指标资料及增产节约的经验和有效措施。

2）确定计划目标成本。项目经理部的成本管理部门在对资料进行整理分析的基础上，根据施工的有关计划，按照工程项目应投入的物资、材料、劳动力、机械、能源及各种设施等，结合计划期内各种因素的变化和准备采取的各种增产节约措施，进行反复测算、修订、平衡后，估算生产费用支出的总水平，进而提出全项目的施工成本计划控制指标，最终确定目标成本。

3）计划目标成本的分解和责任落实。通过计划目标成本的分解，使项目经理部的所有成员和各个部门明确自己的成本责任，并按照分工展开工作。通过计划目标成本的分解，将各分部分项工程成本控制目标和要求、各成本要素的控制目标和要求，落实到成本控制的责任者。

4）编制成本计划。经过计划目标的分解，项目经理部编制成本计划的草案，并将初步成本计划指标下达各职能部门。为了使指标真正落实，各部门应尽可能将指标分解落实下达到各班组及个人，使成本计划既能够切合实际，又成为项目部共同奋斗的目标。

（2）施工成本管理计划编制方法

1）按投标中标价组成编制施工成本计划

以建筑工程工程量清单计价方式为例，投标中标价构成要素：报价＝Σ分部分项工程量清单×综合单价＋Σ措施项目工程量清单×综合单价＋Σ其他项目费＋规费＋税金。其中：综合单价＝人＋材＋机＋管理费＋利润（考虑风险因素）。显然，将利润以及分摊到各分部分项项目、措施项目和其他项目的管理费去掉，就得到该分部分项项目、措施项目和其他项目的直接成本。而对于管理费可以单独作为一个成本对象，并以投标中标价中包含的管理费作为成本计划。规费和税金为代收代缴项目，所以按中标价组成编制施工成本计划的对象包括：分部分项项目、措施项目和其他项目。

2）按子项目组成编制施工成本计划

大中型的工程项目通常是由若干单项工程构成的，而每个单项工程包括了多个单位工程，每个单位工程又是由若干个分部分项工程构成，因此，首先要把项目总施工成本分解到单项工程和单位工程中，再进一步分解到分部工程和分项工程，如图 8-15 所示。

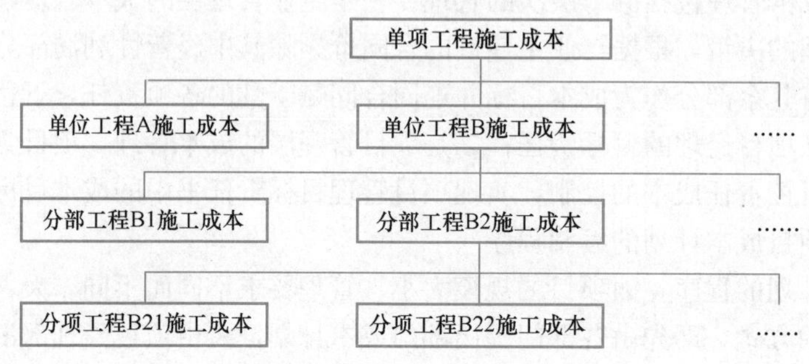

图 8-15　项目总施工成本分解

3）按工程进度编制施工成本计划

编制按时间进度的施工成本计划，通常可利用控制项目进度的网络图进一步扩充而得。即在建立网络图时：一方面确定完成各项工作所需花费的时间；另一方面确定完成这一工作的合适的投资支出预算，这样可以获得“工期-累计计划成本”曲线。它被人们称为该项目的成本模型。

【例 8-1】已知某双代号网络计划，其各工作的计划成本见表 8-1。试构建成本计划控制模型。

网络计划中各工作的计划成本　　表 8-1

工程活动	A	B	C	D	E	F	合计
持续时间（周）	1	3	7	4	4	3	12
计划成本（万元）	2	9	14	16	20	9	70
单位时间计划成本（万元/周）	2	3	2	4	5	3	

成本计划模型绘制方法（图 8-16）：

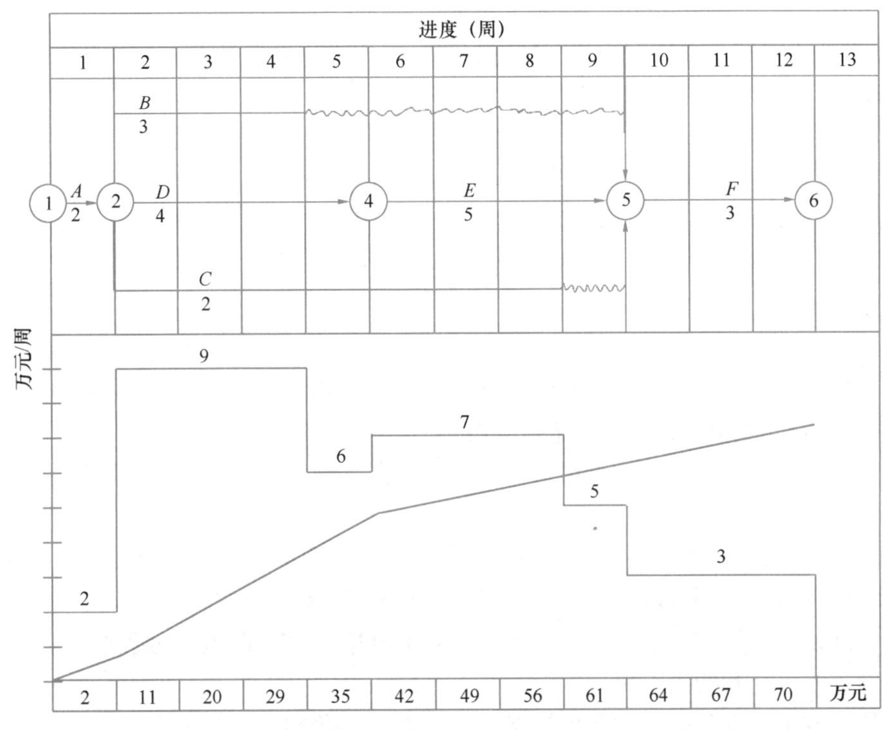

图 8-16　成本计划模型

1. 在经过网络分析后，按各个活动的最迟时间绘出横道图（或双代号时标网络图），并确定相应项目单元的工程成本。

2. 假设工程成本在相应工程活动的持续时间内平均分配，即在各活动上“计划成本-时间”关系是直线，则可得各活动的计划成本强度。

3. 按项目总工期将各期（如每周、每月）的各活动的计划成本进行汇集，得各时间段成本强度。

4. 绘制成本-工期表（图）。这是一个直方图形。

5. 计算各期期末的计划成本累计值，并作曲线。

以上三种编制施工成本计划的方法并不是相互独立的。在实践中，往往是将这几种方法结合起来使用，从而达到扬长避短的效果。

(3) 施工项目成本控制

在施工项目成本控制中，当成本计划确定之后，必须定期地进行施工成本计划值与实际值的比较，当实际值偏离计划值时，分析产生偏差的原因，采取适当的纠偏措施，以确保施工成本控制目标的实现，成本控制过程如图 8-17 所示。

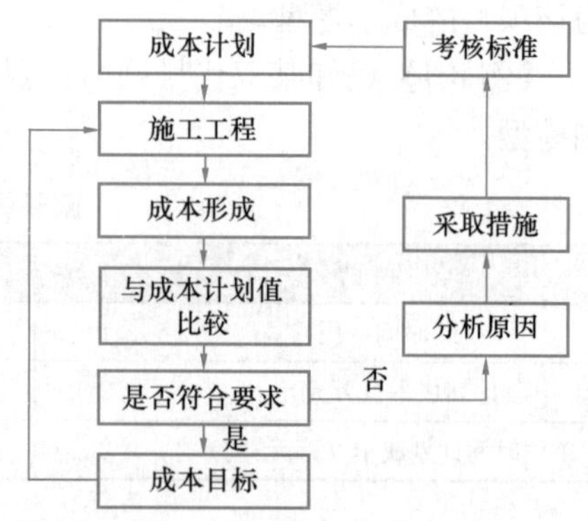

图 8-17　成本控制过程

8.4　降低施工成本的措施

4. 降低施工成本的措施

降低施工成本措施包括提高劳动生产率、节约劳动力、节约材料、节约机械设备费用、节约临时设施费用等方面。降低施工成本措施，应以施工预算为尺度，以施工企业的降低成本计划和技术组织措施计划为依据进行制定，这些措施必须是不影响工程质量且能保证施工安全的。它应考虑以下几方面的内容。

(1) 组织措施

项目管理班子进行施工跟踪，落实成本控制；明确项目成员、数量、任务分工和职能分工；编制本阶段成本控制计划和详细的工作流程图；建立成本控制体系及成本目标责任制，实行全员全过程成本控制；搞好变更、索赔工作，加快工程款回收。

(2) 经济措施

1) 编制资金使用计划，确定分解成本控制目标，对项目成本目标进行风险分析，制定防范性对策。项目编制资金使用计划，项目部据此筹措资金，为尽量减少资金占用和利息支出，项目资金须按其使用时间进行分解。

2) 进行工程计量，复核施工项目付款账单，在过程中进行成本跟踪控制，发现偏差、分析产生偏差的原因，及时采取纠偏措施。

计量控制是项目成本支出的关键环节。合同条件中明确规定工程量表中开列的工程量是该项目工程的估算工程量，不能作为实际和确切工程量。

3) 编制工程预算时，应“以支定收”，保证预算收入；在施工过程中，要“以收定支”，控制资源消耗和费用支出。

4) 加强成本核算分析，对费用超支风险因素（如价格、汇率和利率的变化，或资金使用安排不当等风险事件引起的实际费用超出计划费用的情况）有识别管理办法和防范对策。

(3) 技术措施

对主要施工方案做好技术审核及论证，通过技术力量挖潜节约控制成本的可能性。对设计变更进行技术经济比较，及时办理所有隐蔽工程验收签证手续。根据编制的施工组织及计划，对主要施工方案进行技术经济分析。

1) 加强物资管理的计划性，最大限度地降低原材料、成品和半成品的成本。加强材料管理，按计划发放各种材料，对工地所使用材料按实收数，签证单据；材料供应部门按工程进度安排好各种材料进场时间，减少二次搬运和翻仓工作。

2）采用新技术、新工艺，以提高工效、降低材料耗用量、节约施工总费用。

3）保证工程质量，减少返工损失。

4）保证安全生产，避免安全事故带来的损失。

5）提高机械利用率，减少机械费用的支出。

6）增收节支，减少施工管理费的支出。

7）尽量减少临时设施搭设，可采用工具式活动房子，降低临时设施的费用。

8）合理组织劳动，尽量提高劳动生产率，以减少总的用工数。

9）提高模板精度，采用工具模板、工具式脚手架，加速模板、脚手架的周转，以节约模板和脚手架费用。

（4）合同措施

抓好合同管理，做好工程分项施工记录，保存各种文件图纸，及时绘制竣工图，做好实际工程量核算工作。特别要注重有实际变更情况的图纸，为正确处理可能发生的索赔提供依据。同时认真参与起草及审核合同修改、补充合同工作，着重考虑现实目标成本控制。

5. 施工项目成本的过程控制

在项目的施工过程中，项目经理部采用目标管理方法对实际施工成本的发生过程进行有效控制。控制内容一般包括如下几方面。

（1）材料费控制

1）材料供应的控制。在材料实际采购供应中，应严格合同管理，明确各种材料的供应时间、数量和地点，并将各种材料的供应时间和供应数量记录在“材料计划表”上，通过实际进料与材料计划的对比，来检查材料供应与施工进度的相互衔接程度，以避免因材料供应脱节影响施工进度，进而造成施工成本失控。

2）材料价格的控制。由于材料价格是由买价、运杂费、运输中的损耗等组成，因此材料价格主要应从这三方面加以控制。

① 买价控制。买价的变动主要是由市场因素引起的，但在内部控制方面还有许多工作可做。应事先对供应商进行考察，建立合格供应商名册。采购材料时，必须在合格供应商名册中选定供应商，实行货比三家，在保质保量的前提下，争取最低买价。

② 运杂费控制。就近购买材料、选用最经济的运输方式都可以降低材料成本。材料采购通常要求供应商在指定地点按规定的包装条件交货。因供应单位变更指定地点而增加的费用，供应商应予支付；若包装质量降低，则要按质论价付款。

③ 损耗控制。为防止将损耗或短缺计入项目成本，要求项目现场材料验收人员及时、严格办理验收手续，准确计量材料数量。

3）材料用量的控制。在保证符合设计要求和质量标准的前提下，合理使用材料和节约材料，通过定额管理、计量管理、施工质量控制、避免返工等手段，有效控制材料物资的消耗量。

① 定额与指标控制。对于有消耗定额的材料，项目以消耗定额为依据，实行限额发料制度，项目各工长只能依据规定的限额分期分批领用，如需超限额领用材料，则须先查明原因，并办理审批手续；对于没有消耗定额的材料，应根据长期实际耗用情况，结合当月具体情况和节约要求，制定领用材料指标，按指标控制发料。

② 计量控制。准确做好材料物资的收发计量检查和投料计量检查。

(2) 施工机械使用费控制

施工机械使用费从合理选择施工机械和合理使用施工机械两方面进行控制。

1) 合理选择施工机械。由于不同的施工机械有不同的用途和特点，因此在选择机械设备时，首先应根据工程特点和施工条件确定采取何种机械及其组合方式。在确定采用何种机械组合方式时，在满足施工需要的基础上，同时还要考虑到费用的高低和是否有较好的综合经济效益。

2) 合理使用机械设备。为提高机械使用效率及工作效率，从以下几个方面加以控制。

① 合理安排施工生产，加强设备租赁计划管理，减少因安排不当引起的设备闲置。

② 加强机械设备的调度工作管理，尽量避免窝工，提高现场设备利用率。

③ 加强现场设备的维修保养管理，避免因不正当使用造成机械设备的停置。

④ 做好机上人员与辅助生产人员的协调与配合，提高施工机械台班产量。

(3) 人工费控制

控制人工费的根本途径是：提高劳动生产率，改善劳动组织结构，减少窝工浪费；实行合理的奖惩制度和激励办法，提高员工的劳动积极性和工作效率；明确劳动纪律，加强技术教育和培训；压缩非生产用工和辅助用工，严格控制非生产人员比例。

(4) 施工分包费用控制

大多数承包人都在实际工作中把自己不熟悉的、专业化程度高的、风险大的或利润低的一部分内容划出。一些专业性较强的工程，如地基处理、预应力筋张拉、钢结构的制作和安装、铝合金门窗和玻璃幕墙的供应和安装、中央空调工程、室内装饰工程等，往往采用分包的形式。工程分包实际上是二次招标，分包工程价格的高低，对施工成本影响较大，项目经理部应充分做好分包工程的询价工作。

对分包费用的控制，主要是抓好建立稳定的分包商关系网络、做好分包询价、订立互利平等的分包合同、施工验收和分包结算等工作。

(5) 现场临时设施费用的控制

施工现场临时设施费用是工程直接成本的一个组成部分。在满足计划工期对施工速度要求的前提下，尽可能组织均衡施工，以控制各类施工设施的配置规模，降低临时设施费用。

1) 现场生产及办公、生活临时设施和临时房屋的搭建数量、形式的确定，在满足施工基本需要的前提下，尽可能做到简洁适用，充分利用已有和待拆除的房屋。

2) 材料堆场、仓库类型、面积的确定，尽可能在满足合理储备和施工需要的前提下，力求配置合理。

3) 临时供水、供电管网的铺设长度及容量确定，应尽可能合理。

4) 施工临时道路的修筑、材料工器具放置场地的硬化等，在满足施工需要的前提下，尽可能减少数量，尽量先做永久性道路路基，再修筑施工临时道路。

(6) 施工管理费的控制

现场施工管理费在项目成本中占有一定比例，控制与核算都较难把握，项目在使用时弹性较大，可采取的主要控制措施如下。

1) 根据现场施工管理费占施工项目计划总成本的比重，确定施工项目经理部施工管理费总额。

2）在施工项目经理的领导下，编制项目经理部施工管理费总额预算和各管理部门、岗位的施工管理费预算，作为现场施工管理费的控制依据。

3）制定施工项目管理开支标准和范围，落实各部门和各岗位的控制责任。

4）制定并严格执行施工项目经理部的施工管理费使用的审批、报销程序。

（7）工程变更控制

工程变更指在项目施工过程中，由于种种原因发生了没有预料到的情况，使得工程施工的实际条件与规划条件出现较大差异，需要采取一定措施作相应处理。施工中经常发生工程变更，而且工程变更大多都会造成施工费用的增加。因此进行项目成本控制必须能够识别各种各样的工程变更情况，对发生的工程变更要有处理对策，以明确各方的责任和经济负担，最大限度地减少由于变更带来的损失。

1）工程变更确定

① 设计单位对原设计存在缺陷提出工程变更的，应要求其编制设计变更文件。当工程变更涉及安全、环保等内容，应按规定经有关部门审定。

② 项目部及时确定工程变更项目的工程量，收集与工程变更有关的资料，办理签认，按合同款项对工程变更费用做出索赔。不能出现工程变更没有注明工程量，只有费用或人工、机械台班的文件，容易被监理工程师拒签。

③ 预算中对各种项目用工一般都要考虑施工各种消耗。但若因施工难度较大，造成了窝工，则应及时办理签证。

④ 工程变更包括工程变更要求，工程变更说明，工程变更费用和进度工期必要的附件内容。这些变更通过总监理工程师签发工程变更单。

2）工程变更价款确定方法

① 合同中已有适用于变更工程的价格的，按合同已有价格不变。

② 合同中只有类似变更工程价格的，可参照类似价格变更合同价款。

③ 合同中没有适用或类似变更工程的价格的，由承包方提出适当的变更价格，经专业工程师及项目总工预算确定。

④ 工程量清单单价和价格：一是直接套用；二是间接套用，依据工程量清单换算采用；三是部分套用，取其价格某一部分使用。

（8）索赔管理

索赔是指在合同的履行过程中，对于并非自己的过错，应由对方承担责任的事件的发生，给自己带来的损失，要求对方给予补偿的要求。对施工企业来说，一般只要不是组织自身责任，而是由于外界干扰造成工期延长和成本增加，都有可能提出索赔。这包括两种情况：一是业主违约，未履行合同责任，如未按合同规定及时交付设计图纸造成工程拖延，未及时支付工程款；二是业主未违反合同，但由于其他原因，如业主行使合同赋予的权力指令变更工程，工程环境出现事先未能预料到的情况或变化（如恶劣的气候条件，与勘探报告不同的地质情况，国家法令的修改，物价上涨，汇率变化等）。在计算索赔款额时，应准确地提出所发生的新增成本，或者是额外成本，以确保索赔成功。

（9）竣工结算成本控制

1）核对合同条款　在竣工工程内容符合合同条件要求，完成工程验收合格后，及时办理竣工结算。办理竣工结算时，对计价定额、取费标准、主材价格等必须在认真研究合同条款后，明确结算诉求。

2）及时办理设计变更签证　有设计修改变更的，必须由原设计单位出具设计变更通知单和修改设计图纸，在实施前，必须办理监理工程师审查签证。否则在提出结算诉求时，容易引起摩擦。

3）按图核实工程数量　竣工结算工程量依据竣工图，设计变更通知单按现场签证进行核算，按国家统一规定计划规则计算工程量。

4）执行定额单位　结算单位按合同约定或招标规定的计价定额与计价原则执行。

5）防止各种计算误差　工程竣工结算子目多，篇幅大，计算误差多，应重复认真核算或多人把关，防止因计算误差导致多计或少算。对照、核实工程变动情况，重新核实各单位工程、单项工程造价，对竣工资料、原设计图纸进行查对、核实，必要时必须实地测量。确认实际变更情况，根据审定竣工原始资料，按照规定对原预算进行增减调整，重新核定工程造价。

6. 成本管理计划的动态控制

施工项目成本管理计划的实质就是一种目标管理。项目管理的最终目标是实现低成本、高质量、短工期，而低成本是这三大目标的核心和基础。目标成本有很多形式，在制定目标成本作为编制施工项目成本计划和预算依据时，可以将计划成本、定额成本或标准成本作为目标成本，这将随成本计划编制方法的变化而变化。施工成本动态管控过程中应秉持“安全第一，质量至上”的原则，贯穿统筹兼顾的思维意识，体现整体大局观及严谨、细致、精益求精的工匠精神，并根据实际情况不断调整施工成本计划。

成本计划动态控制包括以下几点。①以到本期末的实际工期和实际成本状况为基点，用表列出每一期的实际完成成本值，作出项目实际“成本-工期”曲线，并与计划成本模型进行对比。②以目前的经济环境（最主要是价格）、近期的工作效率、实施方案为依据，对后期工程进行成本预算。③按后期计划的调整，以目前的工期和实际成本为基点做后期的成本计划。

成本报告通常包括报表、文字说明和图，不同层次的管理人员需要不同的成本信息及分析报告，在一个项目中他们可以自由设计。对工程小组组长、领班，要提供成本的结构，各分部工程的成本（消耗）值，成本的正负偏差，可能的措施和趋向分析；对项目经理要提供比较粗的信息，主要包括控制的结果、项目的总成本现状、成本超支的原因分析、降低成本的措施等。

思 考 题

1. 简述进度管理计划的一般内容。
2. 简述项目施工进度计划的方式。
3. 简述进度管理的措施。
4. 为什么要进行施工进度动态检测管理？其内容有哪些？
5. 影响施工进度的原因有哪些？简述其解决措施。
6. 简述施工质量计划的内容。
7. 简述施工准备的质量控制工作内容。

8. 如何进行施工过程中测量的质量控制。
9. 如何进行施工过程材料的质量控制。
10. 如何进行已完施工成品的保护工作?
11. 质量控制点重点控制的对象有哪些?
12. 如何开展竣工验收的质量控制?
13. 确保工程质量的技术措施和组织措施有哪些?
14. 质量事故处理方案类型有哪些?
15. 简述安全管理计划的内容。
16. 建设工程安全事故的处理原则（“四不放过”原则）。
17. 简述施工项目成本管理计划的内容。
18. 降低施工成本的措施有哪些?

案例实操题

1. 项目概况

（1）工程概况（表8-2）

工程概况 **表8-2**

工程名称	××产业配套住宅工程（一区）
建设地点	北京××区××东路
招标单位	北京国××有限公司、北京××房地产开发有限公司
设计单位	中国××设计有限公司
建设单位要求工期	2003年10月15日～2004年9月6日，共328日历天
我单位计划工期	2003年10月15日～2004年8月18日，共309日历天
质量目标	合格

（2）建筑概况（表8-3）

建筑概况 **表8-3**

项目		内容
建筑功能	高级单元式住宅、别墅及会所共35栋	
总建筑面积	$91147.06m^2$	
结构形式	框架结构	
层数	地上2～5层、地下1层（具体见后附表）	
檐高	18m	
内装修	粗装修	
内外墙	陶粒空心砖砌体	
防水工程	屋面防水	4厚SBS改性沥青防水卷材
	卫生间	聚氨酯防水涂料
	地下室底板外墙	SBS改性沥青油毡

（3）任务范围

包括内容：土建工程、外精装修、给水排水工程、供暖工程、通风工程、电气工程、弱电部分的埋管穿带线和预留箱盒。

不包括：户式中央空调、电梯工程、弱电工程、室内精装修工程、消防工程、小区变配电、燃气工程、室外工程。

包含在本次招标范围内，由招标人指定分包的项目：门窗工程。

（4）主要项目工程量（表 8-4）

主要项目工程量 **表 8-4**

项目			单位	数量	备注
土方开挖			m^3	56495	
土方回填			m^3	9412	
防水	屋面		m^2	19004	SBS 卷材
	卫生间		m^2	3966	聚氨酯防水
商品混凝土			m^3	44196	
砌体			m^3	1915	
装修工程	内檐	墙面抹灰	m^2	173441	
		混凝土面层地面	m^2	18501	
		内墙耐水腻子	m^2	85008	
	外檐	外墙抹灰	m^2	40181	
		外墙涂料	m^2	40181	

2. 要求：根据上述项目的工程概况及任务范围等，编制相应的质量控制计划。

案例实操题
参考答案8

拓展习题8

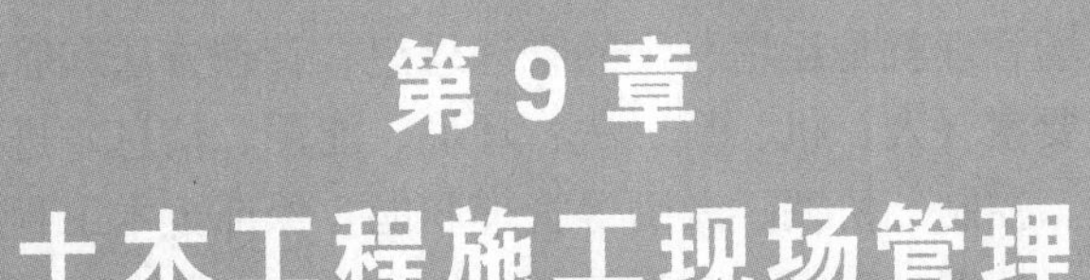

第9章

土木工程施工现场管理

【引言】长江三峡水利枢纽工程是集防洪、发电、航运于一体的世纪工程，其蓄水能力可抵御长江下游荆江地区百年一遇的大洪水，极大减轻了长江中下游地区的洪涝灾害风险。该工程主体大坝的建设时间长达 12 年，参建人员多达 4 万余人，混凝土浇筑量达 2700 万余 m^3，耗用钢筋达 46 万余 t，如何充分规划安排参建人员和材料是施工现场管理的难题，如何保障三峡工程的成功建设？如何充分合理地运用现场资源，保证各项工作的顺利开展？这些问题都集中体现在了施工现场管理中。

【本章重难点】土木工程施工现场机械设备、料具和劳动管理；材料、构件的试验与检验；隐蔽工程检查与验收；建筑工程竣工验收。

【学习目标】掌握土木工程施工现场管理概念；熟悉土木工程施工现场管理内容；掌握土木工程施工现场机械设备、料具和劳动管理方法；熟悉施工作业计划和技术交底工作；掌握材料、构件的试验与检验方法；掌握隐蔽工程检查与验收、建筑工程竣工验收方法；了解土建工程技术管理资料和土建工程质量保证资料。

【素质目标】培养学生的整体统筹计划能力，形成科学发展观；形成遵纪守法的品质和树立法治精神；培养学生认真严谨的工作态度和规则意识、法律素养。

9.1 土木工程施工现场管理概述

1. 土木工程施工现场管理概念

土木工程施工现场管理就是运用科学的管理思想、管理方法和管理手段，对土木工程施工现场的各种生产要素（人、机、料、法、环境、能源、信息）进行合理配置和优化组合，通过计划、组织、控制、协调、激励等管理职能，保证土木工程施工现场按预定的目标优质、高效、低耗、按期、安全、文明地进行生产。

高层、大跨、精密、复杂的工程项目愈来愈多，信息技术与土木工程技术相互渗透结合而产生的智能化建筑、桥梁对土木工程施工现场的管理要求越来越高。因此，土木工程施工现场管理如何适应现代化大生产的要求，如何协调多专业、多工种、多个施工单位和谐施工，已成为土木工程施工现场管理深化改革的一个重要内容。施工现场管理必须按标准化、规范化和科学化的要求，建立起科学的管理体系、严格的规章制度和管理程序，才能保证专业化分工和协作，符合现代化生产的要求。

2. 土木工程施工现场管理内容

土木工程施工现场管理不仅包括现场施工过程中各个生产环节的管理工作，而且包括企业管理的基础工作在施工现场的落实和贯彻。施工现场管理的主要内容包括以下方面：①现场组织机构的建立；②签订内部承包合同，落实施工任务；③施工准备工作；④施工现场平面布置；⑤施工现场计划管理；⑥施工安全管理；⑦施工现场质量管理；⑧施工现场成本管理；⑨施工现场技术管理；⑩施工现场料具管理；⑪施工现场机械管理；⑫施工现场劳动管理；⑬施工现场文明与环境保护管理；⑭施工现场资料管理。

9.1 土木工程施工生产要素管理

9.2 土木工程施工生产要素管理

1. 土木工程施工现场机械设备管理

（1）土木工程施工现场合理使用机械的要求

1）实行“三定”制度（定机、定人、定岗）。“人机固定”就是由谁操作哪台机械固定后不随意变动，并把机械使用、维护保养各环节的具体责任落实到每个人身上。

2）实行“上岗证”制度。每台机械的专门操作人员必须经过培训和统一考试，确认合格后，发给操作合格证书。这是安全生产的重要前提，也是保证机械得到合理使用的必要条件。

3）实行“交接班制度”。交接班制度由值班司机执行。多班制作业、“歇人不歇机”时，多人操作的机械，除岗位交接外，值班负责人也应全面交接。

4）遵守磨合期使用规定。新购机械或经过大修机械必须经过一段试运转，称为磨合期。遵守磨合期使用规定可以延长机械使用寿命，防止零件早期磨损。

5）实行安全交底制度。现场分管机械设备的技术人员在机械作业前应向操作人员进行安全操作交底，使操作人员对施工要求、场地环境、气候等安全生产要素有详细的了解。项目经理部须按安全操作要求安排工作，不得要求操作人员违章作业，也不得强令操作人员和机械带病操作。

（2）施工现场机械设备的保养与维修

1）施工现场机械设备的保养

根据机械设备技术状况、变化规律及现场施工实践，机械设备保养内容主要有：保持机械清洁、检查运转情况、防止螺栓脱落和零件腐蚀、按技术要求润滑等。

① 机械清洁

保持机械清洁不仅是机容整洁卫生的需要，更是保持机械设备安全和正常工作的需要。尤其是在施工现场，灰尘、污物较多，必然引起机械内外及系统各部位的脏污，有些关键部位脏污后将使机械不能正常工作。

② 检查运转情况

检查机械运转时，应确保各传动和功能部分运转正常，在保证其功能正常的前提下使用该机械，若发现机械运转不正常或出现异响，应及时停机检修。

③ 防止螺栓松动脱落

现场施工中由于机械不断振动和交变负荷的影响，有些螺栓可能松动或脱落，必须及时检查，予以紧固，并及时调整零部件相对位置。以免造成机械设备事故性损坏及可能的人员伤亡。

④ 防止零件受腐蚀

机械设备在运行过程中，会不可避免地造成一些金属零件表面保护层的脱落。因此，必须补漆或涂油脂等防腐涂料。

⑤ 按技术要求润滑

润滑是防止机械磨损最有效的手段。正常的润滑工作能保证机械持久而良好地运转，防止或减少机械故障的发生，同时也降低能源消耗，使机械更能充分发挥其技术性能，延长其使用寿命。

2）施工现场机械设备的修理

机械设备的修理可分为大修、中修和小修。

① 大修是对机械设备进行全面检查修理，修复各零部件以保持其可靠性和精度，保证其满足质量和配合要求，使其达到良好的技术状态，延长机械的使用寿命。

② 中修是两次大修间隔期间对少数零部件进行大修，对不进行大修的其他零部件只做检查保养。中修的目的是对不能延续使用的部件进行修复，使其达到技术性能的要求，同时也使整机状态达到平衡，以延长机械设备大修的间隔。

③ 小修是临时安排修理，其目的是消除操作人员无法排除的突然故障、个别零部件损坏或一般事故性损害等问题，一般都是和保养相结合，不列入修理计划，而大、中修要列入计划，并形成制度。

2. 土木工程施工现场料具管理

（1）土木工程施工现场材料管理

1）土木工程施工现场材料质量管理

项目现场材料质量管理是指在现场验收中有凭证，在保管中不变质，在发料时附质量证明。

① 材料质量凭证检查

水泥、钢材、墙体砌块、砂、石子、沥青、卷材、焊条等材料必须提供出厂合格证或试验报告。

② 大宗材料的保管

水泥库应设在搅拌设备附近，水泥入库应按规格品种、进料日期分别堆放；超过储存期限的水泥，用前应进行试验。库内要有防雨、防潮、排水、通风、防盗等措施。库内地板垫离地面的高度、水泥垛与壁墙的距离、水泥堆垛的高度、垛间通道，都要符合保管规程的规定。

水泥露天存放时，要选择地势高且干燥的场地，下面垫离地面 30～50cm，上面用苫布盖严，防止雨水侵入。

砂石按品种、规格、产地分别堆放；砂石堆上禁倒垃圾、液体、油脂；要注意防止风吹、车辆碾轧、人畜践踏。

石灰应存放在离施工地点较远的地方。石灰容易吸收水分，自然消化，抹灰容易被风吹雨冲造成损失，所以除放线和灰土所用干灰宜放在棚内保管外，其余均应淋化为石灰膏保存。

③ 砂、墙体砌块、生石灰外观检查

砂的外观检查：颗粒坚硬，粒度均匀，表面洁净。

墙体砌块的外观检查：外形方正，棱方整齐，不得有弯曲；颜色均匀；尺寸测定结果不得超过误差规定。

生石灰外观：碎屑一般不得超过 30%；煤渣、石块等杂质含量要少于 8%；过火、欠火灰要少。

2）土木工程施工现场材料数量管理

项目现场材料数量管理是指材料进场的验收、堆放、保管和发放的定额管理。材料消耗定额（施工定额）是材料消耗的数量标准，是核发材料的定量依据。

① 材料进场时，应保证数量相符。

② 对于实行经济承包制的工程，按照承包范围的施工预算对栋号班组实行总量控制供料。至于在经济承包范围内对班组的材料供应办法，应由承包班组结合内部承包形式决定。

③ 对于实行统一施工管理的现场，分部分项工程对班组实行定额供料。这是依据分部分项工程量和施工定额中的材料消耗定额，由定额员计算、工长签发定额供料单，并与施工任务书同时下达施工班组，作为班组供料的凭证，也是耗料的限额和班组材料核算、业务核算、成本核算的依据。

（2）土木工程施工现场工具管理

施工现场工具管理是对现场施工所用的工具（如镐、铣、锤子、靠尺等）进行使用管理的总称。

1）施工现场工具使用方法

采用外包班组形式的工程，外包班组使用的随手工具，其工具费用已包括在包工单价中，一律执行购买和租用的办法。租用的具体做法如下。

① 外包队使用低值工具，向项目经理部租用，按实际使用天数付租赁费。

② 外包队委托所在项目部修理工具，按现行标准付维修费。

③ 各单位与外包队签订工程承包合同时，要有体现工具租用、丢失赔偿等处理办理的条款。

④ 外包队退场时，料具手续不清，劳资部门不准结算工资，财务部门不得付款。

2）施工现场工具管理办法

① 为加强班组工具保管，现场要提供存放工具的地方。

② 班组要有兼职工具员负责保管工具，督促组内人员爱护工具和记录保管手册。

③ 个别工具可由班组交给个人保管，丢件赔偿。

④ 对工具要爱护使用，每日收工时由使用人员做好清理洗刷工作，由工具员检查数量和保洁情况后妥善保管。

3. 土木工程施工现场劳动管理

9.2 土木工程施工现场劳动管理

土木工程施工现场劳动管理就是按施工现场的要求，合理配备和使用劳动力，并按工程实际的需要不断地调整，使人力资源得到充分利用，降低工程成本，同时确保现场生产计划顺利完成。

（1）土木工程施工现场劳动力的资源与配置

1）劳动力资源的落实

劳动力的资源通常有两种：一种是企业内部固定工人，一种是工程劳务市场招聘的合同制工人。随着企业改革的深入，企业固定工人已逐渐减少，合同制工人逐渐增加。合同制工人的来源主要是劳务市场。就一个施工项目而言，当任务需要时，可以按劳动计划向企业外部劳务市场招募所需作业工人，并签订合同，任务完成后解除合同，劳动力返还劳务市场。项目经理有权依法辞退劳务人员和解除劳动合同。

2）劳动力的配置方法

① 尽量做到优化配置

土木工程施工现场劳动力作业水平存在参差不齐的状况，因此应从职业素质方面将其分为好、中、差三类。在组合时，合理搭配，取长补短，充分发挥整体效能的作用。

② 技工与普工比例要适当

因作业需要，技术工人与普通工人比例要适当、配套，使技术工人和普通工人能够密切配合，以保证工程质量。

③ 尽量使劳动组织相对稳定

作业层的劳动组织形式一般有专业班组和混合班组两种。对项目经理部来说，应尽量使作业层正在使用的劳动力和劳动组织保持稳定，防止频繁调动。当现场的劳动组织不适应任务要求时，应及时进行劳动组织调整。

④ 尽量使劳动力配置均衡

劳动力配置均衡，资源强度适当，有利于现场管理，同时可以减少临时设施的费用，以达到节约的目的。

（2）施工现场劳动力的管理

1）岗前培训

项目部在组建现场劳动组织时，对新招人员应提前进行上岗培训。培训任务主要由企业劳动部门承担，项目部进行辅助培训，主要进行操作训练、劳动纪律、工艺技术及安全作业教育等。

2）现场劳动要奖罚分明

施工现场的劳动过程就是工程项目的生产过程，作业者的操作水平、熟练程度、纪律性直接影响工程的质量、进度效益，所以，要求每一工人的操作必须规范化、程序化。施工现场要建立考勤及工作质量完成情况的奖罚制度。对于遵守各项规章制度，严格按规范规程操作，完成工程质量好的工人或班组给予奖励；对于违反操作规程，不遵守现场规章制度的工人或班组给予处罚，严重者返回劳务市场。

3）施工现场劳动力的动态管理

根据施工现场工程进展情况和需要的变化而随时进行人员的结构、数量的调整，不断地优化。当需要人员时立即进场，当人员过多时向其他现场转移，使每个岗位负荷饱满。

4）做好现场劳动保护和安全卫生管理

施工现场的劳动保护及卫生工作较其他行业复杂，不安全、不卫生的因素较多，因此必须做好以下几个方面的工作。首先，建立劳动保护和安全卫生责任制，使劳动保护和安全卫生有人抓，有人管，有奖罚；其次，对进入现场人员进行教育，增强职工自我防范意识；再次，落实劳动保护及安全卫生的具体措施及专项资金，并定期进行全面的专项检查。

在施工现场的材料、机械等生产要素的管理和运用过程中，需要秉承节约资源、绿色环保和可持续发展的理念，因地制宜地处理施工现场管理和自然环境之间的关系。如宋朝皇城失火致皇宫被焚，丁渭开凿沟渠，用取出的土烧砖，再把汴水引入沟渠等方式重建皇宫，完工后再将废弃物掩埋沟渠填为平地，节约成本以亿万计并将工期由 15 年缩短到 7 年，不仅实现了绿色环保，减少了施工对环境的影响，而且巧妙达成了工期短、成本低、质量好的项目管理目标。

9.3 施工现场计划与业务管理

1. 施工作业计划

施工作业计划是建筑安装企业基层施工单位为合理地组织单位工程在一定时期内实行多工种协作，共同完成施工任务而编制的具体实施性计划，是施工计划管理的重要组成部分。它既是保证企业年度或季度及单位工程施工组织设计所确定的总进度计划实施的必要手段，又是编制一定时期内劳动力、机械设备、预制混凝土构件及各种加工订货、主要材料等供应计划的依据。

建筑企业所编制的详略得当、合理科学且具有针对性的施工作业计划能够指导作业人员在保证安全的前提下顺利开展施工作业，同时也能保证项目安全、质量、进度、成本等目标的实现。以施工进度目标为例，在上海中心大厦钢结构工程中涉及大厦632m顶端的钢结构和机电设备的吊装工作中，来自施工现场调度和自然环境等方面的干扰因素较多，较之前的工作更为复杂，总承包单位为了确保完成工程目标，制定了极为详细的作业计划，包括总计划、专项作业计划、月计划和周计划，并将部门人员进行明确分工，责任到组，以小组形式深入施工现场就结构施工和装饰施工这两个方面的工作进行了重点监督，由此保证了上海中心大厦顺利实现钢结构工程的封顶工作。通过此案例能够看到工程人员对待工作的职业操守和责任心，也体现了工程从业者的责任意识，体现了专业素养和职业道德，为我国建筑业的高质量发展贡献自己的力量。

(1) 施工作业计划的编制依据

1）上级下达的年、季度施工计划指标和工程合同的要求。

2）施工组织设计、施工图和工程预算资料。

3）上期计划的完成情况。

4）现场施工条件，包括自然状况和技术经济条件。

5）资源条件，包括人、机、料的供应情况。

(2) 施工作业计划的编制原则

1）确保年、季度计划的按期完成。计划安排贯彻“以日保旬、以旬保月、以月保季”的精神，保证工程及时或提前交付使用。

2）严格遵守施工程序，要遵循施工组织设计中确定的施工顺序或施工方法，不准随意改变。未经施工准备、不具备开工条件的工程，不准列入计划。

3）合理利用工作面，组织多工种均衡施工。

4）所制定各项指标必须建立在既积极又先进，实事求是，留有余地的基础之上。

(3) 施工作业计划的内容

施工作业计划分月度作业计划和旬作业计划。由于建筑施工企业规模不同，体制不一，各地区、各部门要求不同，作为计划文件，其内容也不尽相同。

1）月度作业计划的内容

月度作业计划是基层施工单位计划管理的中心环节，现场一切施工活动都围绕保证月度作业计划完成而进行。月度作业计划的主要内容如下。

① 月度施工进度计划。其内容包括施工项目、作业内容、开竣工项目和日期、工程

形象进度、主要实物工程量、建安工作量等。

② 各项资源需要量计划。其内容包括劳动力、机具、材料、预制构配件等需要量计划。

③ 技术组织措施。其内容包括提高劳动生产率、降低成本、保证质量与安全及季节性施工所应采取的各项技术组织措施。这部分内容根据年、季度计划中的技术组织措施和单位工程施工组织设计中的技术组织措施，结合月度作业计划的具体情况编制。

④ 完成各项指标汇总表。其内容包括完成工作量指标、人均劳动生产率指标、质量优良品率等各项指标。

月度施工进度计划采用表格和文本方式表达，内容繁简程度以满足施工需要和便于群众参加管理为原则。月度施工进度计划、施工项目计划、各项资源需要量计划、月度施工进度计划指标汇总表和提高劳动生产率降低成本措施计划表的格式见表 9-1～表 9-6。

月度施工进度计划　　表 9-1

施工队：　　年　月　日

单位工程名称	分部（分项）工程名称	单位	工程量	时间定额	合计工日	进度日程								
						1	2	3				29	30	31

施工项目计划　　表 9-2

年　月　日

单位工程名称	结构	层数	开工日期	竣工日期	面积（m²）		上月末进度	本月末形象进度	工作量（万元）	
					施工	竣工			总计	其中：自行完成

劳动力需要量计划　　表 9-3

年　月　日

工种	计划工日数	计划工作天数	出勤率	作业率	计划人数	现有人数	余缺人数（±）	备注

材料需要量计划　　表 9-4

年　月　日

单位工程名称	材料名称	型号规格	数量	单位	计划需要日期	平衡供应日期	备注

月度施工进度计划指标汇总表　　表 9-5

年　月　日

指标 单位	完成工作量（万元）		劳动生产率（元/人）		质量优良品率（%）	出勤率（%）	作业率（%）	开工工程		在施工工程		竣工工程	
	总计	其中：自行完成	全员	一线生产工人				单位工程名称	面积（m^2）	单位工程名称	面积（m^2）	单位工程名称	面积（m^2）

提高劳动生产率降低成本措施计划　　表 9-6

年　月　日

措施项目名称	措施涉及的工程项目名称及工程数量	措施执行单位及负责人	措施的经济效果										备注
			降低材料费（元）					降低基本工资		降低其他直接费用（元）	降低管理费用（元）	降低成本合计（元）	
			钢材	水泥	木材	其他材料	小计	减少工日	金额（元）				

2）旬作业计划

旬作业计划是月度作业计划的具体化，是为实现月度作业计划而下达给班组的工种工程旬分日计划。由于旬计划的时间比较短，因此必须简化编制手续，一般可只编制进度计划，其余计划如无特殊要求，均可省略。旬施工进度计划见表 9-7。

旬施工进度计划　　表 9-7

年　月　日

单位工程名称	分部工程名称	单位	工程量			时间定额	合计工日	旬前2天	本旬分日进度										旬后2天
			月计划量	至上旬完成量	本旬计划量														

(4) 施工作业计划的编制方法

1) 根据季度计划的分月指标和合同要求，结合上月完成情况，制订月度施工项目计划初步指标。

2) 根据施工组织设计单位工程施工进度计划、建筑工程预算以及月度作业计划初步指标，计算施工项目相应部位的实物工程量，建安工作量和劳动力、材料、设备等计划数量。

3) 在核查施工图、劳动力、材料、预制构配件、机具、施工准备和技术经济条件的基础上，对初步指标进行反复平衡，确定月度施工项目进展部位的正式指标。

4) 根据确定的月度作业计划指标和施工组织设计单位工程施工进度计划中的相应部位，编制月度施工进度计划，组织工地内的连续均衡施工。

5) 编制月度劳动力、材料、机具等需要量计划。

6) 根据月度施工进度计划，编制旬施工进度计划，把月度作业计划的各项指标落实到专业施工队和班组。

7) 编制技术组织措施计划，向班组签发施工任务书。

施工作业计划由指挥施工的领导者、专业计划人员和主要施工班组骨干共同编制月度施工计划编制程序如图 9-1 所示。

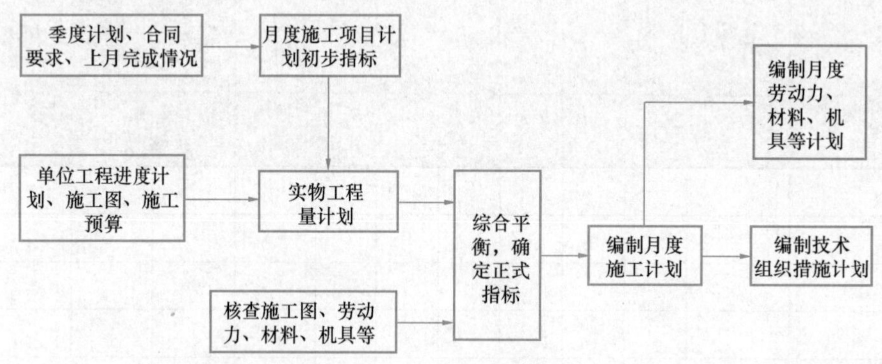

图 9-1　月度施工计划编制程序

(5) 施工作业计划的贯彻实施

施工作业计划的贯彻实施是施工管理的中心环节。其内容包括计划任务交底、作业条件准备和现场施工指挥与调度等工作。

1) 计划任务交底

施工现场技术与管理人员在组织班组施工时，务必做好交底工作，包括计划任务交底、技术措施交底、工程质量和安全交底等。这里重点介绍计划任务交底。其他各种交底详见有关章节。

计划任务交底的目的是把拟完成的计划任务交代给将要施工的班组和操作工人，使班组和操作工人对计划任务心中有数，避免其被糊里糊涂“推着干”，影响工程进度、质量和成本。计划任务交底的内容包括工程项目、分部（分项）工程内容，工程量，采用的劳动定额及其内容，分项工程工日数、总工日数、完成任务的时间要求，以及设备情况和材料限用量，工具周转材料、劳动人员配备，工种之间的配合关系和操作方法等。在交底的同时，还常须提供必需的基础资料，如施工大样图（或施工详图）、砂浆混凝土的配合比、物资的配备情况等。

计划任务交底的形式有以下两种：一种是口头形式，即召集有关班组的全体人员，以口头形式进行详细的计划任务交底。另一种是施工任务书形式。施工任务书是贯彻月度作业计划，指导班组作业的计划文件。也是企业实行定额管理、贯彻按劳分配、实行班组核算的主要依据。通过施工任务书，可以把企业生产、技术、安全、质量、降低成本等各项指标分解落实到班组和个人，达到实现企业各项指标和按劳分配的要求。

施工任务书是班组进行施工的主要依据，内容包括工程项目、工程量、劳动定额、计划天数、开交工日期、质量、安全要求等。

小组记工单是班组的考勤记录，也是班组分配计件工资或奖励工资的依据。

限额领料单是班组完成任务所必需的材料限额依据，也是班组领退材料和节约材料的凭证。施工任务书、限额领料单（卡）见表 9-8 和表 9-9。

施工任务书　　　　表 9-8

__________施工队__________组

单位工程名称________________________　　　　年　　月　　日

签发：　　　组长：　　　班组成员：　　　审核：　　　验收：

<table>
<tr><th rowspan="2">定额编号</th><th rowspan="2">工程项目</th><th rowspan="2">单位</th><th colspan="3">计划用工数</th><th colspan="3">实际完成</th><th>工期</th></tr>
<tr><th>工程量</th><th>时间定额</th><th>定额工日</th><th>工程量</th><th>耗用工日</th><th>完成定额（%）</th><th></th></tr>
<tr><td></td><td></td><td></td><td></td><td></td><td></td><td></td><td></td><td></td><td></td></tr>
<tr><td></td><td></td><td></td><td></td><td></td><td></td><td></td><td></td><td></td><td></td></tr>
<tr><td></td><td></td><td></td><td></td><td></td><td></td><td></td><td></td><td></td><td></td></tr>
<tr><td colspan="2">合计</td><td></td><td></td><td></td><td></td><td></td><td></td><td></td><td></td></tr>
<tr><td rowspan="3">各指标完成情况</td><td colspan="2">实际用工数</td><td></td><td colspan="2">完成定额</td><td>%</td><td colspan="2">出勤率</td><td>%</td></tr>
<tr><td colspan="3">质量评定</td><td colspan="3">安全评定</td><td colspan="3">限额用料</td></tr>
<tr><td colspan="3"></td><td colspan="3"></td><td colspan="3"></td></tr>
</table>

限额领料单（卡） 表 9-9

年 月 日

材料名称	规格	计量单位	限额用量		领料记录						退料数量	执行情况	
			按计划工程量	按实际工程量	第一次		第二次		第三次			实际耗用量	节约或浪费（±）
					日/月	数量	日/月	数量	日/月	数量			

施工任务书一般在施工前 2～3 天签发，班组完成任务后应实事求是地填写完成情况，最后由劳资部门将经过验收的施工任务书回收登记，汇总核实完成情况，作为结算和奖惩依据。

2）作业条件准备

作业条件准备是指直接为某施工阶段或某分部（分项）工程、某环节的施工作业而做的准备工作。它是开工前施工准备工作的继续和深化，是施工中的经常性工作，主要有以下几方面。

① 进行施工中的测量放线、复查等工作。

② 根据施工内容变化，检查和调整现场平面布置。

③ 根据工程进度情况，及时调整机具、模板的需求，申请某些特殊材料、构件、设备进场。

④ 办理班组之间、上下工序之间的验收和交接手续。

⑤ 针对设计错误、材料规格不符、施工差错等问题，及时主动地提请有关部门解决，以免影响工程的顺利进行。

⑥ 冬、雨期施工要求的特殊准备工作。

作业条件准备工作重在全面、及时和准确。

3）现场施工指挥与调度

上述施工计划与准备工作为完成施工任务，实现建筑施工的整体目标创造了一个良好的条件。更为重要的是在施工过程中做好现场施工的指挥与调度工作，即按照施工组织设计和有关技术、经济文件的要求，围绕着质量、工期、成本等目标，在施工的每个阶段、每道工序，正确指挥施工开展，积极组织资源平衡，严格协调控制，使施工中的人、财、物和各种关系能够保持最好的结合，确保工程施工的顺利进行。

施工现场的组织领导者在施工阶段的组织管理工作中应根据不同情况，区分轻重缓急，把主要精力放在对施工整体目标影响最大的环节上去，发现偏离目标的倾向就及时采取补救措施。一般应抓好以下几个环节：检查督促班组作业前的准备工作；检查和调节劳动力、物资和机具供应工作；检查外部供应条件、各专业协作施工、总分包协作配合关系；检查工人班组能否按交底要求进入现场、掌握施工方法和操作要点；对关键部位要组织有关人员加强监督检查，发现问题并及时解决；随时纠正施工中的各种违章、违纪行为；严格执行质量自检、互检、交接检制度，及时进行工程隐检、预检，做好分部（分项）工程质量评定。

施工现场指挥调度应当做到准确、及时、果断、有效，并具有相当的预见性。管理人员应当深入现场，掌握第一手资料。在此基础上，通过调度指挥人员召开生产调度会议，协调各方面关系。施工队一般通过班前或班后碰头会及时解决问题。

2. 技术交底

9.3　施工现场技术与业务管理-技术交底

技术交底是施工企业极为重要的一项技术管理工作。由技术管理人员自上而下逐级传达，将工程的特点、设计意图、技术要求、施工工艺和应注意的问题最终下达给班组工人，使工人了解工程情况，掌握工程施工方法，贯彻执行各项技术组织措施，从而达到保质、保量、按期完成工程任务的目的。各级建筑施工企业应建立技术交底责任制，加强施工中的监督检查，从而提高施工质量。

（1）技术交底的种类与要求

1）技术交底的种类

技术交底可分为设计交底和施工技术交底。这里只介绍施工技术交底。

施工技术交底是施工企业内部的技术交底，是由上至下逐级进行的。因此，施工技术交底受建筑施工企业管理体制、建筑项目规模和工程承包方式等影响，其种类有所不同。对于实行三级管理、承包某大型工程的企业，施工技术交底可分为公司技术负责人（总工程师）对工区技术交底、工区技术负责人（主任工程师）对施工队技术交底、施工队技术负责人（技术员）对班组工人技术交底三级。各级的交底内容与深度也不相同。对于一般性工程，两级交底就足够了。

2）技术交底的要求

① 技术交底要贯彻设计意图和上级技术负责人的意图与要求。

② 技术交底必须满足施工规范和技术操作规程的要求。

③ 对重点工程、重要部位、特殊工程和推广应用新技术、新工艺、新材料、新结构的工程，在技术交底时更应全面、具体、详细和准确。

④ 对易发生工程质量和安全事故的工种与工程部位，技术交底时应进行特别强调。

⑤ 技术交底必须在施工前开展准备工作时进行。

⑥ 技术交底是一项技术性很强的工作，必须严肃、认真、全面和规范，所有技术交底均须列入工程技术档案。

（2）技术交底的内容

1）公司总工程师对工区的技术交底内容

① 公司负责编制施工组织总设计。向工区有关人员介绍工程的概况、工程特点和设计意图、施工部署和主要工程项目的施工方法与施工机械、施工所在地的自然状况和技术经济条件、施工准备工作要求、施工中应注意的主要事项等。

② 设计文件要点和设计变更协商情况。

③ 总包与分包协作的要求、土建与安装交叉作业的要求。

④ 国家、建设单位及公司对该工程建设的工期、质量、投资、成本和安全等的要求。

⑤ 公司拟对该工程采取的技术组织措施。

2）工区主任工程师对施工队的技术交底内容

① 工区负责编制的单位工程施工组织设计。向施工队有关人员介绍单位工程的建筑、

结构等概况，施工方案的主要内容，施工进度要求，各种资源的需要情况和供应情况，保证工程质量和安全应采取的技术组织措施等。

② 设计变更、洽商情况和设计文件要点。

③ 转达国家、建设单位和公司对工程的工期、质量、投资、成本和安全等方面的要求，提出工区对该工程的要求。

④ 工区拟对工程采取的技术组织管理措施。

3）施工队技术员对班组工人的技术交底内容

上面两级交底对施工来说，交底的内容都是粗略的、纲领性的，主要是介绍工程情况和提出各种要求。施工队技术员对班组工人的技术交底是分项工程技术交底，作用是落实公司、工区和施工队对本工程的要求，因此，它是技术交底的核心。其主要内容如下。

① 施工图的具体要求。包括建筑、结构、给水排水、暖通、电气等专业的细节，如设计要求中的重点部位的尺寸、标高、轴线，预留孔洞、预埋件的位置、规格、大小、数量等，以及各专业、各专业施工图之间的相互关系。

② 施工方案实施的具体技术措施、施工方法。

③ 所有材料的品种、规格、等级及质量要求。

④ 混凝土、砂浆、防水、保温等材料或半成品的配合比和技术要求。

⑤ 按照施工组织的有关事项，对施工顺序、施工方法、工序搭接等进行说明。

⑥ 落实工程的有关技术要求和技术指标。

⑦ 提出质量、安全、节约的具体要求和措施。

⑧ 设计修改、变更的具体内容和应注意的关键部位。

⑨ 成品保护项目、种类、办法。

⑩ 在特殊情况下，应知、应会、应注意的问题。

（3）技术交底的方式

1）书面交底。把交底的内容以书面形式向下一级有关人员交底。交底人与被交底人在确认交底内容以后，分别在交底书上签字，被交底人根据此交底，再进一步向下一级落实交底内容。这种交底方式内容明确，责任到人，事后有据可查，因此交底效果较好，是一般工地最常用的交底方式。

2）会议交底。通过召集有关人员举行会议，向与会者传达交底的内容，对多工种同时交叉施工的项目，应将各工种有关人员同时集中参加会议，除各专业技术交底外，还要把施工组织者的组织部署和协作意图交代给与会者。会议交底除了会议主持人能够把交底内容向与会者交底外，与会者也可以通过讨论、问答等方式对技术交底的内容予以补充、修改和完善。

3）口头交底。适用于人员较少，操作时间短，工作内容较简单的项目。

4）挂牌交底。将交底的内容、质量要求写在标牌上，挂在施工场所。这种方式适用于操作内容固定、操作人员固定的分项工程。如混凝土搅拌站，常将各种材料的用量写在标牌上。这种挂牌交底方式，可使操作者抬头可见，时刻注意。

5）样板交底。对于有些质量和外观感觉要求较高的项目，为使操作者对质量指标要求和操作方法、外观要求有直观的感性认识，可组织操作水平较高的工人先做样板，其他工人现场观摩，待样板做成且达到质量和外观要求后，其他工人以此为样板施工。这种交底方式通常在对质量和外观要求较高的高级装饰项目上采用。

6）模型交底。对于技术较复杂的设备基础或建筑构件，为使操作者加深理解，常做成模型进行交底。

以上几种交底方式各具特点，实际中可灵活运用，如采用一种或几种同时并用。

3. 材料、构件的试验与检验

（1）材料、构件试验与检验的意义和要求

在建筑施工中，工程质量的好坏，除了与施工工艺和技术水平有很大关系外，建筑材料与构件的质量也是最基本的影响因素。由于建筑材料与构件具有消耗量大、品种规格多、产品生产厂家多（不少是乡镇小厂）、供应渠道多等特点，因此，只有对进场材料和构件进行试验与检验，严把质量关，才能保证工程质量，防止质量与安全事故的发生。

国家对材料、构件的试验与检验有明确规定：要求“无出厂合格证明和没有按规定复试的材料，一律不准使用”“不合格的构件或无出厂合格证明的构件，一律不准出厂和使用”；要求施工企业建立健全试验、检验机构，并配备一定数量的称职人员和必需的仪器设备，施工技术人员必须按要求进行试验与检验工作，并在施工中经常检查各种材料与构件的质量和使用情况。

（2）材料进场的质量检验与试验

1）对水泥的检验

水泥的检验项目主要是强度等级，另外还有安定性和凝结时间等。

① 水泥进场必须有质量合格证书，并对照其品种、规格、牌号、出厂日期等进行检查验收。国产水泥自出厂日起3个月内（快硬水泥为1个月）为有效期，超过有效期或对水泥质量有怀疑时要做复查试验，进口水泥使用前必须做复查试验，并按复查试验结果确定的强度等级使用。

② 若水泥质量合格证上无28天强度数据，应做快测试验，作为使用依据。

③ 水泥试验报告单中，必须包括28天抗压、抗折强度试验，根据需要还可做细度、凝结时间、安定性、水化热、膨胀率等试验，同时注明试验日期、代表批量、评定意见结论等。使用过期而强度不够的水泥，需要有建设单位和设计单位明确的使用意见。

水泥试验报告单见表9-10。

水泥试验报告单　　表9-10

委托单位		单位地址		委托日期	
水泥名称		强度等级		来样收到日期	
生产厂家		出厂日期		出厂试验编号	
来样重量		试验日期		试验报告编号	

1. 细度： 2. 标准稠度： 3. 凝结时间： 初凝：　　终凝： 4. 安定性： 5. 强度： 试验结论： 报告日期：　　年 月 日				

2）对钢材的检验

① 凡为结构用钢材，均应有质量证明，并写明产地、炉号、品种、规格、批量、力学性能、化学成分等。钢材进场后要重做力学性能试验，内容包括屈服点、抗拉强度、伸长率、冷弯。若钢材有焊接要求，还需做焊接性能的试验。

② 一般情况下，可不进行化学成分的分析。但规范规定在钢筋加工过程中，若发生脆断、焊接性能不良和力学性能显著不正常时，则应进行化学成分或其他专项检验。

③ 钢材力学性能检验应按规定抽样检验。

④ 钢材在进场时要进行外观检验，其表面不得有裂缝、结疤、夹层和锈蚀，表面的压痕及局部的凸块、凹坑、麻面的深度或高度不得大于0.2mm。

⑤ 进口钢材应有出厂质量证书和相应技术资料。外贸部门与物资供应部门将进口钢材提供给使用单位时，应随货提供钢材出厂质量证书和技术资料复印件。凡使用进口钢材，应严格遵守先试验、后使用的原则，严禁未经试验盲目使用。

3）对砖的检验

检验黏土砖时，首先在砖堆上随机取样，然后进行外观检查。包括：尺寸，有无缺棱掉角、裂纹、弯凹等内容。最后做抗压强度、抗折强度、抗冻试验，并对该批黏土砖做出质量评定。另外，生产厂家必须提供质量证书。

4）对砂石等骨料的检验

① 根据进场砂石的不同用途，按照标准规定，测定砂石的各项质量指标。一般混凝土工程所用砂石的质量指标有：密度、颗粒级配、含泥率、含水率、干密度、空隙率、坚固性、软弱颗粒及有机物含量等。

② 骨料试验项目有：颗粒级配、松散密度、粗骨料吸水率、粗骨料的抗压强度。

5）对防水材料的检验

① 石油沥青的检验项目有：软化点、伸长率、大气稳定性、闪光点、溶解度、含水率、耐热性。煤沥青的检验项目有：不溶物测定、软化点、密度、黏度等项目。

② 对油毡与油纸首先要进行外观检验，然后检验其不透水性、吸水性、拉力、耐热度、柔度等指标。

③ 建筑防水沥青嵌缝油膏试验项目有：耐热度、粘结性、挥发率、低温柔性等指标。

④ 屋面防水涂料试验项目有：耐热性、粘结性、不透水性、低温柔韧性、耐裂性和耐久性。

6）对保温材料的检验

保温材料的试验项目包括密度、含水率、热导率等。

7）对电焊条的检验

结构用焊接焊条要有焊条材质的合格证明，所用焊条应与设计或规范要求相符。对质量有怀疑的应做复查试验。

8）对其他材料的检验

凡是设计对材质有要求的其他材料，均应具备符合设计与有关规定的出厂质量证明。

（3）构件进场的质量检验

1）进场的构件必须有出厂合格证明，不合格的构件或无出厂合格证明的构件不得使用。

2）必须有出厂合格证明的构件主要包括钢门窗、木门窗、各种金属构件与木构件、各种预制钢筋混凝土构件、石膏与塑料制品、非标准构件及设备。

3）构件进场应进行检验并在施工日志上记录：构件名称、规格、尺寸、数量；生产厂家及质量合格证书；堆放和使用部位；外观检查情况，包括表面是否有蜂窝、麻面、裂缝，是否有露筋或活筋，预埋件位置尺寸，是否有扭翘、硬伤、掉角等。

4）钢筋混凝土构件、预应力钢筋混凝土构件等主要承重构件，均必须按规定抽样检验。

5）若对进场钢筋混凝土构件的质量有怀疑时，应进行荷载试验，测定该构件的结构是否满足设计要求。

（4）成品、半成品的施工试验

为确保工程质量，对施工中形成的成品、半成品也要按规定进行试验，如砂浆、混凝土的配合比与强度试验等，根据试验结果形成试验报告。成品、半成品的施工试验项目和内容主要有以下几方面。

1）土工试验

土工试验一般是指各种回填土（包括素土、灰土、砂、砂夹石），试验的主要项目是回填土的干密度、含水率和孔隙率。土工试验要与施工同时进行，在分层夯实回填时分层取样，取样数量见表 9-11。

回填土试验取样数量　　表 9-11

项次	项目	单位	取点范围（每层）		限制数量
			回填土	灰土	
1	基坑	m^2	30～100 取一点	30～100 取一点	不少于一点
2	基槽	m^2	30～50 取一点	30～50 取一点	不少于一点
3	房心回填	m^2	30～100 取一点	30～100 取一点	不少于一点
4	其他回填	m^2	100～400 取一点	30～100 取一点	不少于一点

2）砂浆配合比与强度试验

① 砂浆可分为砌筑砂浆、抹灰砂浆、防水砂浆等，应按不同使用用途配制和试验。

② 应由试验室提出砂浆配合比通知单，并对原材料质量和施工注意事项提出要求。

③ 砂浆试验项目包括砂浆的稠度、密度、抗压强度、抗渗性等，根据设计要求及施工现场的情况而定。

④ 砂浆试块按有关规范随机抽样制作，在标准养护条件下养护 28 天，送到试验室试压。

⑤ 砂浆试块强度报告单上，要写明试件尺寸、配合比、材料品种、成型日期、养护方法、代表的工程部位、设计要求强度、单块试件强度和按规范算得的强度代表值，要求结论明确、签章齐全。

3）混凝土配合比与强度试验

① 配制混凝土的原材料要满足有关质量要求，不清楚者应做鉴定试验。

② 混凝土配合比与强度试验包括混凝土配合比设计试验、混凝土拌合物性能试验、混凝土力学性能试验。混凝土的配合比应满足结构物的强度要求并具有良好的和易性，砂

石级配合理，并考虑泵送混凝土、抗渗混凝土等特殊要求；混凝土的拌合物应满足坍落度、稠度、含水量、水灰比、凝结时间等要求；混凝土的力学性能通过预留试块，养护28天后做试块抗压强度测定。

③ 混凝土力学性能试验时，按照规定随机抽样制作混凝土试块。混凝土试块强度报告单上应写明试块尺寸、配合比、成型日期、养护方法、代表的工程部位、设计要求强度、单块试件强度和按规范算得的强度代表值，要求结论明确、签章齐备。

④ 必要时可制作试块，做耐久性、抗冻性、抗渗性等试验。

9.4 隐蔽工程检查与验收

4. 隐蔽工程检查与验收

隐蔽工程检查与验收是指本工序操作完成以后将被下道工序掩埋、包裹而无法再检查的工程项目，在隐蔽之前所进行的检查与验收。它是建筑工程施工中必不可少的重要程序，是对施工人员是否认真执行施工验收规范和工艺标准的具体鉴定，是衡量施工质量的重要尺度，也是工程技术资料的重要组成部分，工程交工使用后又是工程检修、改建的依据。

（1）隐蔽工程检查与验收的项目和内容

1）土建工程

① 地槽的隐蔽验收：槽底钎探、地质情况、基槽几何尺寸、标高，古墓、枯井及软弱地基处理方式等。

② 基础的隐蔽验收：基础垫层、钢筋、基础砌体、沉降缝、伸缩缝、防震缝、防潮层。

③ 钢筋工程：钢筋混凝土结构中的钢筋，要检查钢筋的品种、位置、尺寸、形状、规格、数量、接头位置、搭接长度、预埋件与焊件，以及除锈、代换等情况；砌体结构中的钢筋，包括抗震拉结筋、连接筋、钢筋网等，检查钢筋品种、数量、规格、质量等。

④ 焊接：检查焊条品种、焊口规格、焊缝长度、焊接外观与质量等。

⑤ 防水工程：包括屋面、地下室、水下结构、外墙板。检查防水材料质量、层数、细部做法、接缝处理等。

⑥其他完工后无法检查的工种，重要结构部位和有特殊要求的隐蔽工程部位。

2）给水排水与暖通工程

① 暗管道工程：检查水暖暗管道的位置、标高、坡度、直径、试压、闭水试验、防锈、保温及预埋件等情况。

② 检查消防系统中消火栓、水泵接合器等设备的安装与使用情况。

③ 锅炉工程：在保温前检查胀管、焊缝、接口、螺栓固定及打泵试验等。

3）电气工程

① 电气工程暗配线应进行分层分段的隐蔽检查，包括隐蔽内线走向与位置、规格、标高，弯接头及焊接跨接地线，防腐，管盒固定，管口处理等。

② 电缆检查与验收时，要进行绝缘试验；对于地线、防雷针等，还要进行电阻试验等。

③ 在配合结构施工时，暗管线施工应与结构或装修同时进行，应做隐蔽验收与自检；在调试过程中，每一段试运行须有验收记录。

（2）隐蔽工程检查与验收的组织方法和注意事项

1）隐蔽工程检查与验收的组织方法

隐蔽工程检查验收应在班组自检的基础上，由施工队技术负责人组织，工长、班组长和质量检查员参加，进行施工单位内部检验。检查符合要求后，几方共同签字。再请设计单位、建设单位正式检查验收，签署意见，然后列入工程档案。

2）注意事项

① 在隐蔽工程隐蔽之前，必须由单位工程负责人通知各方有关人员参加，在组织施工时应留出一定的隐蔽工程检查验收时间。

② 隐蔽工程的检查与验收，只有检查合格后方可办理验收签字。不合格的工程，要进行返工，复查合格后，方可办理隐蔽工程检查验收签字。不得留有未了事项。

③ 未经检查与验收的隐蔽工程，不允许进行下道工序施工。施工技术负责人要严格按规定要求及时办理隐蔽工程的检查与验收。

（3）隐蔽工程检查验收记录

经检查合格的工程，应及时办理验收记录，隐蔽工程检查验收记录内容如下。

1）单位工程名称及编号；检验日期。

2）施工单位名称。

3）验收项目的名称，在建筑物中的部位，对应施工图的编号。

4）隐蔽工程检查验收的内容、说明或附图。

5）材料、构件及施工试验的报告编号。

6）检查验收意见。

7）各方代表及负责人签字，包括建设单位、施工单位及质量监督管理和设计部门等。

隐蔽工程检查记录由施工技术员或单位工程技术负责人填写，必须严肃、认真、正规、全面，不得漏项、缺项。

5. 建筑工程竣工验收

（1）建筑工程竣工验收概述

建筑工程的竣工是指房屋建筑通过施工单位的施工建设，已完成了施工图或合同中规定的全部工程内容，达到建设单位的使用要求，标志着工程建设任务的全面完成。

建筑工程竣工验收是施工单位将竣工的建筑产品和有关资料移交给建设单位，同时接受对产品质量和技术资料审查验收的一系列工作，它是建筑施工与管理的最后环节。通过竣工验收，甲、乙双方核定技术标准与经济指标。如果达到竣工验收要求，则验收后甲、乙双方可以结束合同的履行，解除各自承担的经济与法律责任。

1）竣工验收的依据

① 上级有关部门批准的计划任务书，城市建设规划部门批准的建设许可证和其他有关的文件。

② 工程项目可行性研究报告，整套的设计资料（包括技术设计和施工图设计）、设计变更、设备技术说明书和上级有关部门的文件与规定。

③ 建设单位与施工单位签订的工程施工承包合同。

④ 国家现行的工程施工与验收规范、建筑工程质量评定标准，以及各种省市规定的技术标准。

⑤ 从国外引进的新技术或成套设备项目，还应按照签订的合同和国外提供的设计文

件等资料进行验收。

⑥ 建筑工程竣工验收技术资料。

2）竣工验收的标准

① 交付竣工验收的工种，已按施工图和合同规定的要求施工完毕，并达到国家规定的质量标准，能够满足生产和使用要求。

② 室内上下水、供暖通风、电气照明及线路安装敷设工程，经过试验达到设计与使用要求。

③ 交工工程达到窗明、地净、水通、灯亮。

④ 建筑物周围 4m 范围内场地清理完毕，施工残余渣土全部运出现场。

⑤ 设备安装工程（包括其中的土建工程）施工完毕，经调试、试运转达到设计与质量要求。

⑥ 与竣工验收项目相关的室外管线工程施工完毕并达到设计要求。

⑦ 应交付建设单位的竣工图和其他技术资料齐全。

（2）工程技术档案与交工资料

1）工程技术档案及其作用

工程技术档案是指反映建筑工程的施工过程、技术、质量、经济效益、交付使用等有关的技术经济文件和资料。工程技术档案源于工程技术资料，是工程技术管理人员在施工过程中记载、收集、积累起来的。工程竣工后，这些资料经过整理，移交给技术档案管理部门汇集、复印，立案存档。其中一部分作为交工资料移交给建设单位归入基本建设档案。

工程技术档案是施工企业总结施工经验，分析查找工程质量事故原因，提高企业施工技术管理水平的重要基础工作；同时，交工档案也可为建设单位日后进行工程的扩建、改建、加固、维修提供必要的依据。

2）工程技术档案的内容

工程技术档案的内容包括施工依据性资料，施工指导性文件，施工过程中形成的文件资料，竣工文件资料，优质工程验收评审资料，工程保修、回访资料六个方面。

① 施工依据性资料

A. 申请报告及批准文件。

B. 工程承包合同（协议书）、施工执照。

② 施工指导性文件

A. 施工组织设计和施工方案。

B. 施工准备工作计划。

C. 施工作业计划。

D. 技术交底。

③ 施工过程中形成的文件资料

A. 洽商记录。包括图纸会审纪要，施工中的设计变更通知单、技术核定通知单、材料代用通知单、工程变更洽商单等。

B. 材料试验记录。施工中主要材料的质量证明。

C. 施工试验记录。包括各种成品、半成品的试验记录。

D. 各种半成品、构件的出厂证明书。

E. 隐蔽工程检查验收记录、预检复核记录、结构检查验收证明。

F. 中间交接记录。复杂结构施工过程中，相邻施工工序或总包与分包之间应办理的中间交接记录。

G. 施工记录。包括地基处理记录、混凝土施工记录、预应力构件吊装记录、工程质量事故及处理记录、冬雨期施工记录、沉降观测记录等。

H. 单位施工日志。

I. 已完分部（分项）工程和整个单位工程的质量评定资料。

J. 施工总结和技术总结。

④ 竣工文件资料

A. 竣工工程技术经济资料。包括竣工测量、竣工图、竣工项目一览表、工程预决算与经济分析等。

B. 竣工验收资料。包括竣工验收证明、竣工报告、竣工验收报告、竣工验收会议文件等。

⑤ 优质工程验收评审材料

若工程交付使用并且被国家评为优质工程，则工程档案中还应包括优质工程申报、验评、审批的有关资料。

⑥ 工程保修、回访资料

从以上内容可以看出，工程技术档案并不限于工程竣工之前的资料，还包括工程竣工之后一定时期内的各种相关资料。

3）交工资料及其内容

交工资料是工程竣工时施工单位移交给建设单位的有关工程建设情况、建筑产品基本情况的资料。交工资料不同于施工单位的工种技术档案，它只是工程技术档案的一部分。目的是保证各项工程的合理使用，并为维护、改造、扩建提供依据。交工资料包括以下两部分。

① 竣工文件资料

A. 竣工图。竣工图是真实地记录已完建筑物或构筑物地上地下全部情况的资料。若竣工工程是按图施工，没有任何变化的，则可以施工图作为竣工图；若施工中发生变更，则视变化情况，在原图上修改、说明后，作为竣工图，或者重新绘制竣工图。

B. 竣工工程项目一览表。包括工程项目名称、位置、结构类型、面积、附属设备等。

C. 竣工验收报告及工程决算书。

② 施工过程中形成的资料

A. 图纸会审记录，设计变更洽商记录。

B. 材料、构件、设备的质量合格证明。

C. 隐蔽工程检查验收记录（包括打桩、试桩、吊装记录）。

D. 施工记录。包括必要的试验检验记录、施工测量记录和建筑物沉降变形观测的记录。

E. 中间交接记录与证明。

F. 工程质量事故发生和处理记录。

G. 由施工单位和设计单位提出的建筑物、构筑物使用注意事项文件。

H. 其他的有关该项工程的技术决定和技术资料。

(3) 工程竣工验收工作实施步骤

为了加强对竣工验收工作的领导，一般在竣工之前，根据项目的性质、规模，成立由生产单位、建设单位、设计单位和建设银行等有关部门组成的竣工验收委员会。某些重要的大型建筑项目，应报国家发展和改革委员会组成验收委员会。

1) 竣工验收准备工作。在竣工验收之前，建设单位、生产单位和施工单位均应进行验收准备工作。其中包括以下几方面。

① 收集、整理工程技术资料、分类立卷。

② 核实已完工程量和未完工程量。

③ 工程试投产或工程使用前的准备工作。

④ 编写竣工决算分析。

2) 预验收。施工单位在单位工程交工之前，由施工企业的技术管理部门组织有关技术人员对工程进行企业内部预验收，检查有关的工种技术档案资料是否齐备，检查工程质量是否符合国家验收规范标准，发现问题及时处理，为正式验收做好准备。

3) 工程质量检验。根据国家颁布的《建设工程质量管理条例》的规定，由质量监督站进行工程质量检验。质量不合格或未经质量监督站检验合格的工程，不得交付使用。

4) 正式竣工验收。由各方组成的竣工验收委员会对工程进行正式验收。首先听取并讨论预验收报告，核验各项工程技术档案资料，然后进行工程实体的现场复查，最后讨论竣工验收报告和竣工鉴定书，合格后在工程竣工验收书上签字盖章。

5) 施工单位向建设单位移交工程交工档案资料进行竣工决算，拨付清工程款。

由于各地区竣工验收的规定不尽相同，实际工作中按照本地区的具体规定执行。

(4) 施工总结和工程保修、回访

竣工验收之后，施工单位还要进行施工总结和工程保修、回访。

1) 施工总结

施工结束后，施工单位应该认真总结本工程施工的经验和教训，以提高技术和管理水平。施工总结包括技术、经济与管理几方面。

① 技术方面。主要总结施工中采用的新材料、新技术和新工艺及相应的技术措施。

② 经济方面。考核工程的总造价、成本降低率、全员劳动生产率、设备利用率和完好率、工程质量优良品率等指标。

③ 管理方面。施工中采用的先进管理方式、管理手段，产生的良好效果等。

2) 交工后保修、回访

工程交工后，施工单位还要依照国家规定，在一定时期内对施工建设的工程进行保修以保证工程的正常使用，体现企业为用户服务的思想，树立企业的良好形象。国家对保修期的规定如下。

① 基础设施工程、房屋建筑的地基基础工程和主体结构工程，为设计文件规定的该工程的合理使用年限。

② 屋面防水工程、有防水要求的卫生间、房间和外墙面的防渗漏为 5 年。

③ 供暖与供冷系统为 2 个供暖期、供冷期。

④ 电气管线、给水排水管道、设备安装和装修工程为 2 年。

建设工程的保修期，自竣工验收合格之日起计算。

在工程保修期内，施工单位应该定期回访用户，听取用户对工程质量与使用的意见，发现由施工造成的质量事故和质量缺陷，应及时采取措施进行保修。

9.4　土木工程施工现场主要内业资料管理

土木工程施工现场内业资料管理主要是指对单位工程质量控制资料的管理和工程安全、功能检验资料的管理，以及施工单位为系统积累经验所保存的技术资料的管理。本章仅介绍土建工程质量控制资料的管理。它可以分为工程技术管理资料和质量保证资料。它是系统地积累施工技术经济资料，保证各项工程交工后的合理使用，并为了今后的维护、改造、扩建提供依据。因此，项目经理部的技术部门必须从工程准备开始就建立工程技术档案，汇集整理有关资料，并把这项工作贯穿整个施工过程，直到工程交工验收结束。

凡是列入技术档案的技术文件、资料，都必须由有关技术负责人正式审定。所有的资料、文件都必须如实地反映情况，不得擅自修改、伪造或事后补做。工程技术档案必须严加管理，不得遗失损坏。人员调动时要办理交接手续。

随着 BIM、大数据、云计算等信息技术的发展，充分体现出了科技是第一生产力的科学发展观。这些技术的有效使用让施工现场的内业资料管理逐渐以数字化管理的模式开展，极大地减轻了资料管理人员的工作量负担。以钢筋进场为例，这一过程就包含了钢筋进场、检验、施工、验收等工作环节，每个工作环节都要形成相应的工程资料，资料管理人员需要负责对资料进行收集、整理并编制成档，这就要求其要具备遵守标准、认真细心、实事求是、有效沟通的专业素质。

1. 土建工程技术管理资料

(1) 工程开工报告

1) 工程开工报告格式与内容

工程开工报告（报审表）是单位工程具备开工条件后，由施工单位向监理单位递交的开工报告，见表 9-12，经监理单位审查签署同意后才能开工。开工报审表一式四份，施工单位、监理单位、建设单位、城建档案馆各保存一份。

开工报告报审表　　　　表 9-12

工程名称		施工编号	
		监理编号	
		日期	

致＿＿＿＿＿＿＿＿＿＿（监理单位）

我方承担的＿＿＿＿＿＿工程，已完成了以下各项工作，具备了开工条件，特此申请施工，请核查并签发开工指令。

附件：

施工总承包单位（章）
项目经理

审查意见：

监理单位
总监理工程师

日　期

2）单位工程开工报告核查方法

对单位工程开工报告的核查主要包括三方面的要求：是否执行单位工程开工的日期；是否具备开工条件；是否履行了各方的质量职责。

其核查方法有：是否按开工报告的日期开工，可与施工日记、定位测量放线记录等资料对照检查，其日期应大致吻合；各单位是否履行其质量责任，应核查施工单位、监理单位有关人员签字和公章是否完备。如果开工报告采用复印件，必须加盖有关单位公章。

(2) 图纸会审纪要

1）图纸会审纪要格式与范围

图纸会审是施工单位及参加工程建设各方单位接到施工图纸，在对施工图进行熟悉、预审的基础上，由监理单位或建设单位在开工前组织设计、施工单位及各方参建单位的技术负责人、专业（或项目）负责人共同对设计图纸进行的审核工作。

为履行图纸会审这一技术工作的质量责任制，必须做好图纸会审记录。图纸会审记录一般由施工单位整理汇总完成，将会审中提出的问题以及解决办法详细记录，写成正式文件或会议纪要（表 9-13）。参加图纸会审的各方及有关人员应在会审记录上签字，以明确质量责任。

图纸会审记录表　　表 9-13

<table>
<tr><td rowspan="2">工程名称</td><td colspan="3" rowspan="2"></td><td colspan="2">编号</td><td colspan="2"></td></tr>
<tr><td colspan="2">日期</td><td colspan="2"></td></tr>
<tr><td>设计单位</td><td colspan="3"></td><td colspan="2">专业名称</td><td colspan="2"></td></tr>
<tr><td>地点</td><td colspan="3"></td><td colspan="2">页数</td><td colspan="2">共　页，第　页</td></tr>
<tr><td>序号</td><td colspan="2">图号</td><td colspan="2">图纸问题</td><td colspan="3">答复意见</td></tr>
<tr><td></td><td colspan="2"></td><td colspan="2"></td><td colspan="3"></td></tr>
<tr><td rowspan="2">签字栏</td><td>建设单位</td><td colspan="2">监理单位</td><td colspan="2">设计单位</td><td colspan="2">施工单位</td></tr>
<tr><td></td><td colspan="2"></td><td colspan="2"></td><td colspan="2"></td></tr>
</table>

图纸会审纪要视为施工图的一部分，其分发份数与施工图份数相同，应及时分发给各有关单位。并由内业技术员留一份作为竣工档案资料。

2）图纸会审纪要核查方法

① 核查是否进行了图纸会审，即核查是否有图纸会审记录。

② 图纸会审的时间应在单位工程开工之前，应对照开工报告或施工日记等来核查。

③ 图纸会审的内容是否完善。应核查会审记录内容，看各专业图纸是否均进行了图纸会审。

④ 质量职能是否履行。应核查设计单位是否对施工单位或其他参建单位提出的问题均进行了明确答复，各单位及部门的代表签字是否完善。

⑤ 图纸会审记录上“工程名称”“日期”“地点”等是否填写清楚，是否漏填。

(3) 设计变更通知

1）设计变更通知的格式与内容

设计变更通知是施工图的补充和修改记载。在施工过程中，发现施工图纸仍有差错或与实际情况不符，或因施工条件，施工工艺，材料规格、品种、数量不能完全满足设计要求，以及提出合理化建议等原因，需要对施工图进行修改时，必须严格执行设计变更。

设计变更通知或修改图纸，均应有文字记录，并作为施工和竣工决算的依据。由现场内业技术员留一份作为竣工档案资料。

2）设计变更通知的核查方法

对设计变更通知的核查，主要是核查是否严格履行各方的质量责任。对设计变更通知的执行情况，其核查方法有：

① 设计单位所发的设计变更通知单应连续编号，这样才能在办理工程决算时直观地发现设计变更通知单是否有遗漏。

② 设计变更通知单的签字、公章等必须齐备。

③ 设计变更通知单的执行情况如何，应检查表格中的执行结果是否认真填写，执行单位签字是否完善。

（4）定位放线测量记录

1）定位放线测量记录格式

建设物（构筑物）的定位放线是根据规划部门批准的建筑总平面图来测设的。应做好定位放线测量记录（表 9-14），主要工程应附测量原始记录。由现场内业技术员保留一份存档。

工程定位放线测量记录表　　　　表 9-14

<table>
<tr><td rowspan="2">工程名称</td><td rowspan="2"></td><td>编号</td><td rowspan="2"></td></tr>
<tr><td>图纸编号</td></tr>
<tr><td>委托单位</td><td></td><td>施测日期</td><td></td></tr>
<tr><td>复测日期</td><td></td><td>平面坐标依据</td><td></td></tr>
<tr><td>高程依据</td><td></td><td>使用仪器</td><td></td></tr>
<tr><td>允许误差</td><td></td><td>仪器校验日期</td><td></td></tr>
<tr><td colspan="4">定位抄测示意图：</td></tr>
<tr><td colspan="4">复测结果：</td></tr>
</table>

<table>
<tr><td rowspan="3">签字栏</td><td>施工单位</td><td></td><td>测量人员岗位证书号</td><td></td><td>专业技术负责人</td><td></td></tr>
<tr><td>施工测量负责人</td><td></td><td>复测人</td><td></td><td>施测人</td><td></td></tr>
<tr><td>监理或建设单位</td><td colspan="3"></td><td>专业工程师</td><td></td></tr>
</table>

2）定位放线测量记录核查方法

① 核查定位放线记录上测量依据，如使用仪器、水准点标高等是否填写清楚。

② 核查定位放线示意图，新建工程是否符合经规划部门批准的建筑总平面图的要求，建筑物方位、相对位置、引点位置和标高等是否标示清楚。

③ 核查定位放线的质量责任是否履行，施工单位测量人员、单位工程技术负责人、监理工程师或建设单位现场代表签章是否齐全。

(5) 技术交底记录

1) 技术交底记录格式

技术交底是单位工程开工前和分部分项工程施工前，使参加施工的技术人员及操作人员对工程及技术要求等做到心中有数，便于科学地组织施工和按既定的程序及工艺进行操作，进而确保实现工程质量、安全、工期、成本等管理目标的重要的技术管理工作。

为履行技术交底过程中的质量责任制，必须做好技术交底记录。并由现场内业技术员留一份存档。

2) 技术交底记录核查方法

① 核查技术交底记录是否齐全。一般应具备设计单位技术交底、施工单位技术负责人（按工程大小，公司技术负责人或是分公司技术负责人）技术交底、项目工程技术负责人技术交底和工长进行的各主要分部分项工程技术交底。

② 技术交底是否及时。应与其他施工技术资料（如施工日记、隐蔽工程验收记录等）对照检查，查看技术交底日期是否在实际施工日期之前进行。

③ 核查技术交底的质量责任是否履行，主要核查交底人和接收人的签字是否完善。

④ 核查技术交底上的"工程名称""编号""施工单位""交底摘要""交底日期"等是否漏填，是否填写清楚。

⑤ 核查技术交底内容是否详细正确。

(6) 施工日记

1) 施工日记的格式

施工日记是单位工程自开工之日起至竣工之日止，对工程施工过程如实进行的逐日记录。它是单位工程施工技术追踪的依据，是工程总结、技术总结的基础，是工程技术、质量问题争执的评判依据，是施工中技术问题处理的备忘录，是单位工程质量综合评定的依据之一。认真做好施工日记，有着十分重要的作用。施工日记的格式如表 9-15 所示。所有的施工日记由现场内业技术员保留存档。

施工日记　　表 9-15

<table>
<tr><td rowspan="2">工程名称</td><td colspan="2" rowspan="2"></td><td>编号</td><td></td></tr>
<tr><td>日期</td><td></td></tr>
<tr><td>施工单位</td><td colspan="4"></td></tr>
<tr><td colspan="2">天气状况</td><td colspan="2">风力</td><td>最高/最低温度</td></tr>
<tr><td colspan="2"></td><td colspan="2"></td><td></td></tr>
<tr><td colspan="5">施工情况记录：（施工部位、施工内容、机械使用情况、劳动力情况、施工中存在问题等）</td></tr>
<tr><td colspan="5">技术质量安全工作记录：（技术、质量安全活动、检查验收、技术质量安全问题等）</td></tr>
<tr><td>记录人（签字）</td><td colspan="4"></td></tr>
</table>

注：本表由施工单位填写并保存。

2）施工日记核查方法

① 核查施工日记记录是否完善。应对照工程开、竣工报告检查，单位工程从开工起，直至竣工止，都必须有施工日记，且施工过程应连续记录，不得间断。

② 核查施工日记记录是否详细。记录施工日记应严肃认真，不得走过场、搞形式，其记录的主要内容应真实反应工程实际施工情况。

③ 核查施工日记记录是否及时。施工日记的记录应及时，力争当天完成施工日记记录，避免事后写回忆录，以免造成遗漏。核查时，可与其他有关技术档案资料，如混凝土或砂浆试块试验报告单、土壤试验、隐蔽验收记录等一起对照检查，查看各资料相互之间是否存在矛盾。

④ 核查施工日记的质量责任是否履行。对班组班前口头安全技术交底，应由被交底人签字，施工日记上工长（或记录员）的签字应完善。

（7）防水工程试水检查记录

1）防水工程试水检查记录格式（表 9-16）

防水工程试水检查记录表　　表 9-16

<table>
<tr><td>工程名称</td><td colspan="2"></td><td>编号</td><td colspan="2"></td></tr>
<tr><td>检查部位</td><td colspan="2"></td><td>检查日期</td><td colspan="2"></td></tr>
<tr><td rowspan="2">检查方式</td><td colspan="2">□ 第一次蓄水　　□ 第二次蓄水</td><td>蓄水时间</td><td colspan="2">从__年__月__日__时
至__年__月__日__时</td></tr>
<tr><td colspan="5">□ 淋水　　□ 雨期观察</td></tr>
<tr><td colspan="6">检查方法及内容：</td></tr>
<tr><td colspan="6">检查结论：</td></tr>
<tr><td colspan="6">复查结论：
复查人：　　　　复查日期：</td></tr>
<tr><td rowspan="3">签字栏</td><td rowspan="2">施工单位</td><td rowspan="2"></td><td>专业技术负责人</td><td>专业质检员</td><td>专业工长</td></tr>
<tr><td></td><td></td><td></td></tr>
<tr><td>监理或建设单位</td><td colspan="2"></td><td>专业工程师</td><td></td></tr>
</table>

注：本表一式四份，由建设单位、施工单位、试验室、存档处各一份。

屋面、厕所、浴室等渗漏是严重影响使用功能的质量通病，它给用户造成的影响最大，是用户最反感的。施工单位应采取切实可行的措施，精心组织施工，确保屋面、厕所、浴室地面工程质量。并应在其施工结束后，进行防水工程试水检查，若发现渗漏现象，应及时进行处理，以杜绝单位工程交给用户后出现渗漏现象，造成不良后果。

2）防水工程试水检查记录核查方法

① 首先应核查防水工程试水记录是否齐全。凡浴室、厕所地面，有上、下水房间的主管根部、地漏口四周，屋面、厨房、阳台地面等分部、分项工程均应有防水工程试水检查记录。

② 试水方式是否符合规定要求。

③ 记录上的工程名称、施工单位、分项（分部）工程名称、试水日期、试水部位及

方式、检查结果等是否认真填写清楚，是否漏填。

④ 有关各方质量责任是否履行。试验单位负责人及测试员、试验单位技术负责人、监理工程师或建设单位现场代表的签字是否完善。

（8）混凝土工程施工记录

1）混凝土工程施工记录的格式（表 9-17 和表 9-18）。

混凝土工程（现场搅拌）施工记录表　　　　表 9-17

共　页，第　页

工程名称					施工单位			
原材料情况	材料名称	水泥		掺和料		外加剂		
	品牌、等级							
	合格证或检验单编号							
	砂				石子			
	品种、规格		含水率		品种、规格		含水率	
	合格证或检验单编号				合格证或检验单编号			

混凝土组分	水	水泥	砂	石子	掺和料 粉煤灰		外加剂		配合比编号	
试验配合比									强度等级	
施工配合比									水灰比	
每盘用量（kg）									坍落度要求	

浇筑部位		浇捣方式		施工缝位置	
搅拌机型号		台数		计量方式	
浇筑时间		延续时数（h）		气候条件	
本时间段浇筑混凝土数量（m^3）				工作班数	

实测坍落度（mm）											养护方式	

混凝土试块留置	取样时间					
	试块编号					
	取样时间					
	试件编号					
施工过程异常记录及处理						

施工员		记录员		日期	

混凝土工程（预拌）施工记录表　　　　表 9-18

工程名称							施工单位	
拌制单位							开盘鉴定编号	
混凝土组分	水	水泥	砂	石子	掺和料	外加剂	配合比编号	
					粉煤灰			
试验配合比							强度等级	
施工配合比							水灰比	
浇筑部位					浇捣方式		施工缝位置	
浇筑时间					延续时数(h)		气候条件	
本时间段浇筑混凝土数量（m^3）							工作班数	
实测坍落度（mm）							养护方式	
混凝土试块留置	取样时间							
	试块编号							
	取样时间							
	试件编号							
施工过程异常记录及处理								
施工员			记录员			日期		

根据《混凝土结构工程施工质量验收规范》GB 50204—2015 的规定，混凝土结构工程施工质量验收时，应提供混凝土工程施工记录。

混凝土工程施工记录是混凝土工程在施工时对施工活动情况和技术交底的综合记录，是反映混凝土工程施工全过程的原始资料之一。应由现场内业技术员保管并归档。

2）混凝土工程施工记录的核查方法

① 混凝土工程施工记录，应由单位工程技术负责人在混凝土工程施工期内逐日记载（每天填写 1 份）要求记载的内容必须连续和完整。

② 混凝土的浇捣数量和部位，应按每天实际施工的结果如实填写。

③ 混凝土试块编号应与混凝土试验报告送样单的编号一致。

（9）沉降观测记录

1）沉降观测记录格式

为防止地基不均匀沉降引起结构破坏，按规范要求，高层建筑和有沉降要求的工程均要进行沉降观测，并做好沉降观测记录（表 9-19）。由现场内业技术员保管存档。

2）沉降观测记录核查方法

① 核查沉降观测资料是否齐全。

② 核查水准点及观测点的位置设置是否合理，应对照建筑物（构筑物）水准基点、观测点、平面布置图检查，其位置设置应符合要求。

③ 核查水准测量仪器、工具及测量方法是否正确，应对照水准测量原始记录检查，

其使用仪器、工具及测量方法应符合要求。

④ 核查沉降观测的次数和时间是否正确，应对照建筑物（构筑物）沉降观测记录检查，其观测次数和时间应符合要求。

⑤ 核查沉降观测记录上的结论是否明确，建筑物（构筑物）的平均沉降量、相对弯曲和相对倾斜值是否符合设计要求。如不符合设计要求，是否有处理意见（对照沉降观测分析报告核查）。

沉降观测记录表　　表 9-19

编号：______

工程名称：　　控制水准点：位置：______

高程：______

观测日期	永久准点标高（m）	观测点 NO. ___			观测点 NO. ___			观测点 NO. ___			建筑物状态和荷重增加情况
		高程（m）	沉降量（mm）		高程（m）	沉降量（mm）		高程（m）	沉降量（mm）		
			本次	累计		本次	累计		本次	累计	
建（构）筑物观测点，水准基点平面布置示意图						竣工移交前观测结果及处理意见					
施工技术负责人：（签字）				质检员：（签字）				测量员：（签字）			

⑥ 核查沉降观测质量责任是否履行，检查沉降观测记录上各栏目是否都认真填写。

（10）技术复核记录

1）技术复核单的格式

技术复核是施工单位在施工前或施工过程中，对工程的施工质量和管理人员的工作质量检查复核的一项重要工作，是防止施工中的差错，保证工程质量，预防质量事故发生的有效管理制度。技术复核单的格式见表 9-20。

技术复核单　　表 9-20

工程名称：　　施工图纸编号：

复核项目	复核部位	单位	数量	自复日期	自复记录

复核意见：

复核人：　　年　月　日

2）技术复核单的核查方法

① 技术复核一般由现场观测、翻样和班组长自复后，由单位工程技术负责人，会同

项目经理部技监员一道进行复核，对重大的、复杂的或采用新结构、新材料的技术复核项目，应要求公司的技术负责人参加复核。

② 技术复核后，应立即填写自复记录和复核意见，自复和复核人员均应在复核单上签字。属于技术复核的项目，未经技术复核合格的，不得进行下一道工序的施工。

③ 如在技术复核中，发现有不符合要求之处，应立即纠正，并在纠正后再进行复核。

④ 有些技术复核项目可以与分项工程质量评定一道进行，但应有不同的侧重点。并应分别填写技术复核单和质量评定表。

（11）质量事故处理鉴定记录

1）质量事故处理鉴定记录格式

质量事故是指工程在建设过程中或交付使用后，因违反基本建设程序或因勘察、设计、施工、材料设备或其他原因造成工程不符合国家质量检验评定标准，造成需要进行结构加固及返工处理带来经济损失，或是造成房屋倒塌、人员伤亡等的危害事件。

质量事故按直接损失金额（是指因发生质量事故造成的人力、物力和财力的损失，其计算公式为：直接损失金额＝返工损失的材料费、人工费和机械使用费＋规定的管理费－返工工程拆下后可以重新利用的材料价值），因质量事故造成的死亡和重伤人数，以及质量事故的严重程度分为质量问题、一般质量事故和重大质量事故三种情况。

发生质量事故，均要写出事故处理报告或质量事故处理鉴定记录（表 9-21）。

质量事故处理鉴定记录　　表 9-21

<table>
<tr><td>工程名称</td><td></td><td>事故部位</td><td colspan="2"></td><td>施工单位</td><td></td></tr>
<tr><td rowspan="2">事故性质</td><td>设计原因</td><td colspan="2">施工原因</td><td colspan="3">材料原因</td></tr>
<tr><td></td><td colspan="2"></td><td colspan="3"></td></tr>
<tr><td>事故发生日期</td><td colspan="2"></td><td colspan="2">直接经济损失</td><td colspan="2">万元</td></tr>
<tr><td>事故等级</td><td colspan="6"></td></tr>
<tr><td>直接责任者</td><td colspan="6"></td></tr>
<tr><td>事故经过和原因分析</td><td colspan="6"></td></tr>
<tr><td>处理情况和复查意见</td><td colspan="6"></td></tr>
<tr><td>施工单位</td><td colspan="2">建设单位</td><td colspan="2">设计单位</td><td colspan="2">监理单位</td></tr>
<tr><td>技术负责人：（签字）
质检员：
（签字）
年　月　日</td><td colspan="2">现场代表：（签字）
年　月　日</td><td colspan="2">（签字）
年　月　日</td><td colspan="2">（签字）
年　月　日</td></tr>
</table>

2）质量事故处理记录核查方法

① 若发生重大质量事故，必须具备质量事故调查报告和重大质量事故处理报告；若发生一般质量事故（包括质量问题），必须有质量事故处理鉴定记录。在竣工资料核查时，可与施工日记对照进行检查。

② 质量事故处理鉴定记录的内容是否完善。

重大质量事故调查报告、重大质量事故处理报告及一般质量事故（包括质量问题）处理鉴定记录的内容应符合要求。

③ 质量事故调查、鉴定和处理的质量责任是否履行。

(12) 单位（子单位）工程质量竣工验收记录

1) 单位（子单位）工程质量竣工验收记录格式与内容

单位（子单位）工程具备竣工条件后，由施工单位向监理单位递交“单位（子单位）工程质量竣工预验收报验表”（表 9-22），监理单位组织施工单位初步验收合格后，由总监理工程师在竣工预验收报验表上签署意见。然后由施工单位将竣工预验收报验表连同竣工报告一并交给建设单位，申请竣工验收，与此同时监理单位应向建设单位提交工程质量评估报告，勘察、设计单位应向建设单位提交质量检查报告。建设单位在收到上述三家单位的报告后，由建设单位（项目）负责人组织施工（包括分包单位）、监理、勘察等单位（项目）负责人进行验收。单位（子单位）工程质量竣工验收记录（表 9-23）中的验收记录由施工单位填写；验收结论由监理（建设）单位填写；综合验收结论由参加验收各方共同商定后由建设单位填写，应对工程质量是否符合设计和规范、合同要求及总体质量水平做出客观评价。当参加验收各方对工程质量验收意见不一致时，可请当地建设行政主管部门或工程质量监督机构协调处理。单位工程质量验收合格后，建设单位应在规定时间内将单位（子单位）工程质量竣工验收记录和有关文件，报建设行政主管部门备案。

单位（子单位）工程质量竣工预验收报验表　　表 9-22

<table>
<tr><td>工程名称</td><td></td><td>编号</td><td></td></tr>
<tr><td colspan="4">致　　　　　　　　（监理单位）
我方已按合同要求完成了　　　　　　　　　　　　　　工程，经自检合格，请予以检查和验收。

施工总承包单位（章）
项目经理</td></tr>
<tr><td colspan="4">审查意见：
经预验收，该工程
1. 符合/不符合我国现行法律、法规要求；
2. 符合/不符合我国现行工程建设标准；
3. 符合/不符合设计文件要求；
4. 符合/不符合施工合同要求。
综上所述，该工程预验收合格/不合格，可以/不可以组织正式验收。

监理单位</td></tr>
</table>

单位（子单位）工程质量竣工验收记录表　　表 9-23

<table>
<tr><td colspan="2">工程名称</td><td></td><td>结构类型</td><td colspan="2"></td><td colspan="2">层数/建筑面积</td><td></td></tr>
<tr><td colspan="2">施工单位</td><td></td><td>技术负责人</td><td colspan="2"></td><td colspan="2">开工日期</td><td></td></tr>
<tr><td colspan="2">项目经理</td><td></td><td>项目技术负责人</td><td colspan="2"></td><td colspan="2">竣工日期</td><td></td></tr>
<tr><td>序号</td><td colspan="2">项目</td><td colspan="4">验收记录</td><td colspan="2">验收结论</td></tr>
<tr><td>1</td><td colspan="2">分部工程</td><td colspan="4">共　　分部，经查　　分部
符合标准及设计要求　　分部</td><td colspan="2"></td></tr>
<tr><td>2</td><td colspan="2">质量控制资料核查</td><td colspan="4">共　　项，经核定符合规范要求　　项，
经核定不符合规范要求　　项</td><td colspan="2"></td></tr>
<tr><td>3</td><td colspan="2">安全和主要使用功能
核查及抽查结果</td><td colspan="4">共核查　　项，符合要求　　项，
共抽查　　项，符合要求　　项，
经返工处理符合要求　　项</td><td colspan="2"></td></tr>
<tr><td>4</td><td colspan="2">观感质量验收</td><td colspan="4">共抽查　　项，符合要求　　项，
不符合要求　　项</td><td colspan="2"></td></tr>
<tr><td>5</td><td colspan="2">综合验收结论</td><td colspan="6"></td></tr>
<tr><td rowspan="2">参加
验收
单位</td><td colspan="2">建设单位</td><td colspan="2">监理单位</td><td colspan="2">施工单位</td><td colspan="2">设计单位</td></tr>
<tr><td colspan="2">（公章）
单位（项目）负责人：
年　月　日</td><td colspan="2">（公章）
总监理工程师：
年　月　日</td><td colspan="2">（公章）
单位负责人：
年　月　日</td><td colspan="2">（公章）
单位（项目）负责人：
年　月　日</td></tr>
</table>

2）单位（子单位）工程竣工验收记录核查方法

① 验收记录上的施工单位，技术负责人、工程名称，建筑面积、结构类型、开工日期、竣工日期、验收记录等必须填写清楚，不留空格。

② 核查质量综合验收结论与分部工程、分项工程、检验批的验收记录是否一致，有无矛盾。

③ 核查各单位的质量责任是否履行。邀请参加验收会的单位是否到齐，各单位代表签字是否完善，各单位公章是否都已盖齐。

2. 土建工程质量保证资料

（1）水泥出厂合格证、试验报告

1）水泥出厂合格证的收集

购货单位采购水泥时，应要求供货单位提供出厂合格证或品质试验报告或转抄件（表 9-24）。同时对合格证内容进行初审把关，并随货送到施工现场。现场材料人员应通知项目工程技术负责人组织材料、试验、质检人员对进场水泥进行验收，在验收水泥数量和外观质量的同时应根据进场批量验收出厂合格证是否符合要求，并由现场材料员在材料台账上登记后移交给项目内业技术员。内业技术员核查出厂合格证无误后登记归档。补报的 28 天强度报告单亦按同样途径归档。

水泥品质试验报告　　　　表 9-24

年　月　日

出厂水泥编号	出厂日期	水泥品种	强度等级	窑型
	年　月　日	普通硅酸盐水泥		窑型分解窑

检验项目	细度（筛余）	SO_3	LOSS	MgO	安定性	凝结时间		水泥中混合材掺量		
						初凝	终凝	名称		掺量（%）
计量单位	%	%	%	%		h/min	h/min	1		
国家标准	≤10%	≤3.5%	≤5.0%	≤5.0%	合格			2	·	
实测值					合格					

检测项目	3d 抗折强度/MPa						3d 抗折强度/MPa											
国家标准	≥3.5						≥16.0											
实测值	X=						X=											
	1		2		3		1		2		3		4		5		6	
执行标准《通用硅酸盐水泥》GB 175—2023																		

主管：　　　　填表者：

2）水泥复试报告的收集

① 水泥进入施工现场时，材料采购人员通知项目工程技术负责人组织材料员、质检员对水泥外观质量检验合格后，抽样送试验室进行物理性能检验，并取回试验报告（其格式详见表 9-25），分别送材料员、质检员和项目内业技术员，项目内业技术员审核无误后归档。

水泥强度、物理性能检验报告　　　　表 9-25

共　页，第　页

工程名称				报告编号	
委托单位		委托日期		委托编号	
施工单位		检验日期		样品编号	
使用部位		报告日期		代表数量（t）	
厂别		出厂日期		出厂编号	
品种		商标		强度等级	
合格证编号		包装形式		检验性质	
见证单位		见证人		证书编号	

检验项目	标准要求			试验结果					
物理性能	细度		≤10%						
	凝结时间	初凝	≥45min						
		终凝	≤10h						
	安定性		合格						
抗折强度（MPa）	3d								代表值
	28d								
抗压强度（MPa）	3d								
	28d								
检验仪器	检验仪器：					检定证书编号			
检验依据									
检验结论									
备注									

注：本表一式四份，建设单位、施工单位、试验室、存档处各一份。

② 若发现施工现场有分不清厂别和品种的水泥、存放条件不当造成外观有结块异样的水泥、出厂时间超过3个月的水泥（快硬水泥为1个月）、对品质有疑点的水泥等，应及时报告现场材料员，材料员应及时报告项目技术负责人，同时通知相关人员抽样送试验室进行物理性能检验，并取回试验报告，分别送材料员，质检员和项目内业技术员审核无误后归档。

3）水泥出厂合格证、试验报告单核查方法

① 核查水泥出厂合格证、试验报告单是否齐全。

A. 核查水泥品种、强度等级、厂牌的一致性。水泥出厂合格证、试验报告单、配合比试配单、试块强度试验报告单等几份资料上的水泥品种、强度等级、厂牌等应一致，如不吻合，说明水泥合格证和试验报告单不齐全。

B. 核查水泥数量的一致性。水泥出厂合格证和试验报告单上须注明批量，将每批水泥的批量相加，应与单位工程水泥需用量基本一致，如不吻合，说明水泥合格证和试验报告单不齐全。

C. 核查水泥的出厂日期和实际使用日期间隔不得超过3个月（快硬水泥为1个月）。如超过上述时间而无检验，则表明水泥合格证和试验报告单不齐全。

D. 核查水泥出厂合格证复印件的真实性。当水泥批量较大，出厂合格证较少，用于不同单位工程时，可提供出厂合格证复印件，但必须注明原件证号、原件存放处，并有抄件人签字和抄件日期，加盖原件存放单位公章。

E. 核查预拌混凝土的水泥出厂合格证和试验报告单。预拌混凝土的水泥出厂合格证和试验报告单应由预拌混凝土供应站复印给工程项目部，并加盖预拌混凝土供应站公章。

② 核查水泥出厂合格证上的内容是否填写齐全。

其内容包括水泥牌号、品种、强度等级、出厂日期、填报日期，各项物理性能检验的数据及结论（细度、凝结时间、安定性，以及3d、7d、预测28d的抗压抗折强度），各项化学成分检验的数据及结论（熟料中MgO含量、水泥中SO_3含量、烧失量、混合材料掺加量等）。为履行水泥生产厂家的质量责任，合格证上应有生产厂家质量检验部门印章、合格证编号，施工单位应在合格证备注栏内注明单位工程名称、工程使用部位和水泥批量。

水泥抗压、抗折强度报告以28d标准养护为准，水泥生产厂家应在水泥出厂后一定时间内补送使用单位，施工单位在收集资料时，应将同一批水泥的出厂合格证后补的28天强度报告一并归档，二者的编号应吻合。

③ 核查水泥试验报告单上有关管理部门的内容是否都已填写。

核查报告单上工程名称、委托单位、委托日期、水泥品种、厂名、强度等级、牌号、出厂和进场日期（年、月、日）、数量等，均由委托单位试验员填写，要求认真填写各项目，不要遗漏缺项或填错。报告单上试验编号、试样编号、试验日期和各项物理性能的试验结果由试验部门填写，要求各项目填写得准确真实，试验数据、结论要明确，试验负责人、审核人、试验人签章齐全，并加盖试验单位公章。

④ 核查每份水泥试验报告单，其检验项目是否齐全。

水泥必须试验的项目包括水泥胶砂强度（抗压强度、抗折强度）、安定性、初凝时间，必要时应检验水泥胶砂流动度。

⑤ 核查每份水泥试验报告单，各项试验数据是否能达到标准要求，试验数据是否异常或填写有误。

若水泥强度经试验不符合标准规定，应核查其是否有去向说明，若可以使用，其处理程序是否正确。安定性不合格的水泥不得使用。

⑥ 核查资料整理是否符合要求，水泥出厂合格证、试验单汇总表填写是否有误。

（2）钢材出厂合格证、试验报告

1）钢材出厂合格证，试验报告的收集

① 钢材出厂合格证的收集。

购货单位采购钢材时，应要求供货单位提供出厂合格证或质量证明单或转抄件，购货单位（包括施工企业和建设单位的材料采购部门）应对合格证的内容进行初审把关，并随货送到施工现场。现场材料员应通知项目工程技术负责人组织材料员、质检人员对进场钢材进行验收。在验收钢材数量和外观质量的同时应根据进场批量验收出厂合格证是否符合要求，并由现场材料员在材料台账上登记后移交给项目内业技术员，项目内业技术员审核出厂合格证无误后登记归档。钢材质量证明单格式见表 9-26。

钢材质量证明单　　表 9-26

原件有效单位　　转抄单位　　（公章）　签字

抄发日期　年　月　日

<table>
<tr><td colspan="3">用料单位</td><td colspan="4"></td><td colspan="6">钢材名称</td><td>生产厂家</td><td></td><td colspan="2">材料来源</td><td></td></tr>
<tr><td colspan="3">工程名称</td><td colspan="4"></td><td colspan="6">规格</td><td colspan="3">原提单编号</td><td colspan="2"></td></tr>
<tr><td colspan="3">发料日期</td><td colspan="4"></td><td colspan="5">总重量（t）</td><td colspan="2"></td><td colspan="3">原合格证编号</td><td></td></tr>
<tr><td rowspan="2">炉号</td><td rowspan="2">牌员</td><td rowspan="2">件数</td><td rowspan="2">重量（t）</td><td colspan="8">化学成分（%）</td><td colspan="5">力学性能</td><td rowspan="2">备注</td></tr>
<tr><td>C</td><td>Si</td><td>Mn</td><td>V</td><td>Ti</td><td>Nb</td><td>P</td><td>S</td><td>屈服点（MPa）</td><td>伸长率（%）</td><td>冷弯 $d=3a$ 180°</td><td>抗拉强度（MPa）</td><td>重量（t）</td></tr>
<tr><td></td><td></td><td></td><td></td><td></td><td></td><td></td><td></td><td></td><td></td><td></td><td></td><td></td><td></td><td></td><td></td><td></td><td></td></tr>
<tr><td></td><td></td><td></td><td></td><td></td><td></td><td></td><td></td><td></td><td></td><td></td><td></td><td></td><td></td><td></td><td></td><td></td><td></td></tr>
<tr><td></td><td></td><td></td><td></td><td></td><td></td><td></td><td></td><td></td><td></td><td></td><td></td><td></td><td></td><td></td><td></td><td></td><td></td></tr>
<tr><td></td><td></td><td></td><td></td><td></td><td></td><td></td><td></td><td></td><td></td><td></td><td></td><td></td><td></td><td></td><td></td><td></td><td></td></tr>
<tr><td></td><td></td><td></td><td></td><td></td><td></td><td></td><td></td><td></td><td></td><td></td><td></td><td></td><td></td><td></td><td></td><td></td><td></td></tr>
<tr><td></td><td></td><td></td><td></td><td></td><td></td><td></td><td></td><td></td><td></td><td></td><td></td><td></td><td></td><td></td><td></td><td></td><td></td></tr>
<tr><td></td><td></td><td></td><td></td><td></td><td></td><td></td><td></td><td></td><td></td><td></td><td></td><td></td><td></td><td></td><td></td><td></td><td></td></tr>
</table>

注：1. 原质量证明应符合《型钢验收、包装、标志及质量证明书的一般规定》GB/T 2101—2017 的有关规定；
2. 外观情况及公差在备注说明；
3. 伸长率按 σ_5 计算；
4. 在原件背面空白处注明本次抄录抄发日期、数量、发往工程名称、转抄人签名；
5. 本表一式四份，建设单位、施工单位、监理、存档处各一份。

② 钢材试验报告单的收集。

钢材进场，材料人员通知项目工程技术负责人组织材料员、质检员对钢材进行外观质量检验合格后，抽样送试验室进行机械性能检验和化学成分分析，并取回试验报告，分别送材料员、质检员和内业技术员，内业技术员审核无误后归档。如第一次抽样检验达不到有关标准规定，试验人员应加倍抽样复检，其试验报告的归档途径同前。内业技术员审核发现复检不符合原标准规定时，应及时报告项目技术负责人，项目技术负责人请示上一级技术负责人后签署处理意见（不能使用者作退货处理；可以使用者应征得设计单位同意，并注明使用部位）。试验报告单格式之一见表9-27。

钢筋力学性能检验报告　　表9-27

共　　页，第　　页

<table>
<tr><td>工程名称</td><td colspan="10"></td><td>报告编号</td><td></td></tr>
<tr><td>委托单位</td><td colspan="8"></td><td>委托编号</td><td></td><td>委托日期</td><td></td></tr>
<tr><td>施工单位</td><td colspan="8"></td><td>钢材种类</td><td></td><td>检验日期</td><td></td></tr>
<tr><td>结构部位</td><td colspan="8"></td><td>牌号</td><td></td><td>报告日期</td><td></td></tr>
<tr><td>见证单位</td><td colspan="4"></td><td>见证人</td><td colspan="3"></td><td>证书编号</td><td></td><td>检验性质</td><td></td></tr>
<tr><td rowspan="2">样品编号</td><td rowspan="2">公称直径（mm）</td><td rowspan="2">屈服强度 R_{el}（MPa）</td><td rowspan="2">抗拉强度 R_m（MPa）</td><td rowspan="2">伸长率（%）</td><td colspan="3">冷弯</td><td colspan="2">实测强度比值</td><td rowspan="2">生产厂别</td><td rowspan="2">代表数量（t）</td><td rowspan="2">出厂合格证编号</td></tr>
<tr><td>弯心直径（mm）</td><td>弯曲角度（°）</td><td>结果</td><td>R_m/R_{el}</td><td>R_{el}/σ_{sk}</td></tr>
<tr><td rowspan="2"></td><td rowspan="2"></td><td></td><td></td><td></td><td></td><td></td><td></td><td></td><td></td><td rowspan="2"></td><td rowspan="2"></td><td rowspan="2"></td></tr>
<tr><td></td><td></td><td></td><td></td><td></td><td></td><td></td><td></td></tr>
<tr><td rowspan="2"></td><td rowspan="2"></td><td></td><td></td><td></td><td></td><td></td><td></td><td></td><td></td><td rowspan="2"></td><td rowspan="2"></td><td rowspan="2"></td></tr>
<tr><td></td><td></td><td></td><td></td><td></td><td></td><td></td><td></td></tr>
<tr><td>检验依据</td><td colspan="9"></td><td rowspan="2">检验仪器</td><td colspan="2" rowspan="2">仪器名称：
检定证书编号：</td></tr>
<tr><td>结论</td><td colspan="9"></td></tr>
<tr><td>备注</td><td colspan="12"></td></tr>
</table>

批准：　　审核：　　校核：　　检验：

2）钢材出厂合格证、试验报告单的核查方法

① 核查钢材出厂合格证和试验报告单是否齐全。

A. 核查钢材品种、规格、生产厂家的一致性。钢材出厂合格证上的钢材品种、规格、生产厂家必须和钢材进场抽检的机械性能试验报告单上的钢材品种、规格、生产厂家相吻合，并满足抽检频率的要求。

B. 核查钢筋数量的一致性。钢材出厂合格证（或试验报告单）上需注明批量，其累计批量与单位工程钢材实际需用量应基本一致。

C. 核查钢筋品种、规格与设计图纸的一致性。对照设计图纸进行检查，钢材出厂合格证或试验报告单上的钢材品种、规格必须和设计图纸上的品种、规格相吻合。

D. 核查钢筋出厂合格证复印件的真实性。当钢筋批量较大，出厂合格证较少，并用于不同单位工程时，可提供出厂合格证有效复印件，但必须注明证件号、原件存放处，并有抄件人签字和抄件日期，加盖原件存放单位公章。

E. 核查加工厂提供资料的真实性。如钢筋在加工厂集中加工，其出厂合格证及试验报告单应由加工厂转抄给工程项目部，并加盖加工厂公章。

② 核查钢材出厂合格证上的内容是否填写齐全。

其内容包括生产厂家、钢材名称、钢种、钢号、规格、数量、炉号、机械性能（包括屈服强度、抗拉强度、伸长率、冷弯）、化学成分（包括碳、硅、锰、磷、硫、钒、钛等）。为履行材料生产厂家的质量责任，合格证上应有出厂日期、出厂检验部门印章、合格证编号。施工单位应在合格证备注栏内注明单位工程名称、工程使用部位。

③ 核查钢材试验报告单上有关管理部门的内容是否都已填写。

核查报告单上委托单位、送样日期、工程名称、试件名称及工程使用部位、钢材名称、规格、总质量、材料来源、提单编号、合格证编号、发送日期等，均由委托单位试验员填写，要求各项目认真填写清楚，不要遗漏缺项或填错。报告单上试验编号、采用技术标准、结论、使用意见、各项力学性能试验（或化学成分化验）数据和结果由试验单位填写，要求各项目填写得准确真实，试验数据和结论要明确，试验单位负责人、审核人、试验人签章齐全，并加盖试验单位公章。

④ 核查对有抗震要求的框架结构纵向受力的钢筋是否满足要求。

⑤ 核查钢材出厂合格证和化学成分检验单上钢材的化学成分是否满足指标要求。

⑥ 核查资料整理是否符合要求，钢材出厂合格证、试验单汇总表是否填写有误。

（3）焊接试（检）验报告、焊条（剂）合格证

1）焊接试（检）验报告、焊条（剂）合格证的收集

① 核查正式焊接前的焊接试验报告单

每批钢筋正式焊接之前，应由正式焊接的焊工进行现场条件下钢筋焊接工艺试验，由钢筋工长通知试验部门进行机械性能检验，并出具检验报告单（钢筋电弧焊、电渣压力焊检验报告见表 9-28）交钢筋工长。钢筋工长在试验报告单上注明操作人、焊接参数、使用部位，机械性能合格后，方可正式焊接。

② 核查焊条出厂合格证

购货单位采购焊条（剂）时，应要求供货单位提供出厂合格证。合格证由材料采购部门负责收取，并对合格证的内容进行初审把关后及时将合格证送项目内业技术员。项目内业技术员在合格证上注明使用部位，然后归档。

2）焊接试（检）验报告、焊条（剂）合格证核查方法

① 核查钢筋焊接试（检）验报告单是否齐全

A. 核查每批钢筋正式焊接之前是否有钢筋焊接接头试验报告单，应要求在报告单上注明焊工、批量及试焊字样，其取样频率和试验结果应满足规范的规定。

B. 核查发现不合格的焊接件是否有加倍取样的复试报告单。

C. 在加工厂集中加工的钢材，焊接试验报告单应由加工厂转抄给施工队，并加盖加工厂公章。

钢筋电弧焊、电渣压力焊检验报告　　　　表 9-28

共　页，第　页

<table>
<tr><td>工程名称</td><td colspan="5"></td><td>报告编号</td><td></td></tr>
<tr><td>委托单位</td><td></td><td>焊接种类</td><td></td><td>检验性质</td><td></td><td>委托日期</td><td></td></tr>
<tr><td>施工单位</td><td></td><td>操作人</td><td></td><td>操作证号</td><td></td><td>检验日期</td><td></td></tr>
<tr><td>结构部位</td><td></td><td>钢筋级别</td><td></td><td>委托编号</td><td></td><td>报告日期</td><td></td></tr>
<tr><td>见证单位</td><td></td><td>见证人</td><td></td><td>证书编号</td><td colspan="3"></td></tr>
</table>

<table>
<tr><td rowspan="2">样品编号</td><td rowspan="2">公称直径（mm）</td><td colspan="3">拉伸试验</td><td rowspan="2">母材检验报告编号</td><td rowspan="2">焊点代表数量</td></tr>
<tr><td>抗拉强度（MPa）</td><td>破坏部位</td><td>破坏状态</td></tr>
<tr><td rowspan="3"></td><td rowspan="3"></td><td></td><td></td><td></td><td rowspan="3"></td><td rowspan="3"></td></tr>
<tr><td></td><td></td><td></td></tr>
<tr><td></td><td></td><td></td></tr>
<tr><td rowspan="3"></td><td rowspan="3"></td><td></td><td></td><td></td><td rowspan="3"></td><td rowspan="3"></td></tr>
<tr><td></td><td></td><td></td></tr>
<tr><td></td><td></td><td></td></tr>
<tr><td>检验依据</td><td colspan="4"></td><td rowspan="2">检验仪器</td><td rowspan="2">仪器名称：
检定证书编号：</td></tr>
<tr><td>检验结论</td><td colspan="4"></td></tr>
<tr><td>备注</td><td colspan="6"></td></tr>
</table>

批准：　　　　审核：　　　　校核：　　　　检验：

注：本表一式五份，建设单位、施工单位、监理单位、试验室、存档处各一份。

② 核查钢筋焊接试（检）验报告单上有关管理部分的内容是否都已填写。

核查：报告单上委托单位、工程名称、抽样部分、钢材生产厂名、样品出厂批号、焊接方式、试验编号、试验日期、试验性质、各项检验数据及检查结论，是否由试验单位（部门）填写清楚，不要遗漏、缺项或填错；试验要准确真实，试验数据、结论要明确；试验单位（部门）负责人、审核人、试验人等签章应齐全并加盖试验单位公章；施工单位应在备注栏内注明焊工姓名、证件编号和技术等级。

③ 核查电弧焊、埋弧焊或电渣压力焊的焊条、焊剂出厂合格证。

核查：合格证上生产厂家、出厂日期、牌号是否清楚；焊条、焊剂选用是否正确，其机械性能和化学成分是否符合要求。

④ 核查是否有对焊缝进行超声波检验或 X 射线检验的检验报告，检验报告结论是否明确。

（4）砌块出厂合格证、试验报告

1）砌块出厂合格证或试验报告单的收集

① 购货单位采购砌块时，应要求供货单位提供出厂合格证，并对合格证的内容进行初审把关，在合格证上注明所购砌块的批量、砌块的使用部位和单位工程名称，并及时将

合格证交项目内业技术员审核后归档。

② 砌块进入施工现场后，项目材料人员应及时通知质检人员，对砌块进行外观质量检查验收，其检查结果应在合格证上注明。

③ 若发现无产品出厂合格证或外观检查与产品出厂合格证有明显不符的砌块或设计有特殊要求的砌块，项目材料员应及时通知试验人员取样送试验室做力学性能检验，并取回试验报告单分别送材料员、质检员和项目内业技术员审核后归档。

④ 内业技术员应随工程施工进度，按砌块的进场批量及时向材料员收集出厂合格证和试验报告单，做到不缺、不漏。对收到的出厂合格证和试验报告应进行认真核查，并按工程技术档案资料的规定，填写砌块出厂合格证、试验报告单汇总表，由项目技术负责人审核后，归入施工档案。

2）砌块出厂合格证试验报告单核查方法

① 核查砌块出厂合格证收集是否齐全。

相同厂家，每批砌块（一批约20万块）进场均应有出厂合格证。核查时：一方面可对照施工图纸，确认不同强度级别、不同品种的砌块均有出厂合格证；另一方面，可根据整个工程需用砌块量进行核查，同品种、同强度级别的不超过20万块应有出厂合格证；必要时，可与材料部门砌块进场台账核对，每批砌块均应有出厂合格证或试验报告。

② 核查出厂合格证的真实性。

当一批砌块用于不同单位工程时，可提供出厂合格证或检验报告转抄件或有效复印件，但必须注明原件证号，原件存放处，并有抄件人签字和抄件日期，加盖原件存放单位公章。

③ 核查砌块出厂合格证上内容是否填写齐全。

砌块的出厂合格证上必须要有砌块的品种、强度等级、外观等级、力学性能指标和所代表的批量。生产厂家为履行材料的质量责任，合格证上应有出厂日期、生产厂家检验部门印章、合格证编号。施工单位应在合格证备注内注明工程名称、材料进场外观质量检查情况及使用部位。

④ 核查抽检试验报告。

如无出厂合格证的砌块、外观检查与产品合格证有明显不符的砌块、设计有特殊要求的砌块，应检查是否有抽检试验报告。

⑤ 核查每份出厂合格证，其力学性能指标应符合规定。

⑥ 核查每份试验报告单，其力学性能检验指标应符合规范要求，每张试验报告单结论应明确，并应注明使用部位，对不合格的砌块应有去向说明。

⑦ 核查砌块出厂合格证上的总加批量应与单位工程总用量基本吻合。

⑧ 核查砌块试验报告单上有关管理部门的内容是否都已填写

核查报告单上的委托单位、工程名称、使用单位、砌块的种类、产地、厂名、出厂日期、到达数量、取样方法、取样块数、抗压和抗折块数、委托试验人等，均由委托单位（部门）试验员填写或提供，要求认真填写各项目，不要遗漏、缺项或填错。报告单上的试验编号、试验日期及各项力学性能试验结果由试验单位（部门）试验后填写，要求试验准确真实，试验数据、结论明确，试验单位（部门）负责人、审核人、试验人签章齐全，并加盖试验单位公章。

（5）防水材料合格证，试验报告

1）防水材料合格证、试验报告单的收集

① 购货单位采购防水材料时，应要求供货单位提供出厂合格证，并对合格证的内容进行初审把关，在合格证上注明批量，及时将合格证交项目内业技术员审核后归档。

② 防水材料进入施工现场后，材料员应及时通知项目技术负责人、质检员对防水材料进行外观质量检查验收，并由质检员填写外观质量检查验收表，材料员应及时通知相关人员取样送试验室做物理性能检验，并取回试验报告单，分别送项目技术负责人、材料员、质检员和项目内业技术员审核后归档。

2）防水材料合格证、试验报告单核查方法

① 核查防水材料合格证收集是否齐全。

对照施工图纸和防水工程施工方案核查，所有防水材料均应有出厂合格证。应特别注意用于细部处理的零星防水材料（如密封材料等）合格证不要漏查。

② 核查防水材料合格证上内容是否填写齐全。

核查防水材料合格证中的内容，包括材料品种、规格、外观质量及各项物理性能指标等，要求不得漏填或填错。作为技术鉴定防水材料质量合格的依据原件，合格证须填写批量；为履行材料生产厂家的质量责任，合格证上应有出厂日期、厂检验部门印章、合格证编号。

③ 核查复印件或抄件。

防水材料出厂合格证的复印件或抄件应注明原件证号、存放处，并有抄件人签字和抄件日期，加盖原件存放单位公章。

④ 核查防水材料抽样检验数量是否符合要求。

首先对照防水材料出厂合格证或施工图纸及防水施工方案，核查所有的防水材料是否均有抽样检验报告，其次核查每种防水材料抽样检验的频率是否符合有关规定。防水材料抽检频率可对照合格证上批量或施工图预算数量进行核查，现场使用的密封油脂抽检频率可对照施工日记进行核查。

⑤ 核查每张试验报告单，其各项物理性能试验结果应符合规范规定。每张试验报告单结论应明确，对不符合的防水材料应有去向说明。

⑥ 核查防水材料合格证上的总加批量应与试验报告上的总加批量相吻合，并应与单位工程防水材料的需用量基本吻合。

⑦ 核查防水材料试验报告单上有关管理部门的内容是否都已填写。

核查报告单上的委托单位、委托日期、工程名称、施工部位材料厂别、名称、批量等，均由委托单位（部门）试验人员填写或提供，要求认真填写各项目，不要遗漏、缺项或填错；报告单上的试验编号、试验日期及各项物理性能试验结果由试验单位（部门）试验后填写，要求试验准确真实，试验数据、结论明确，试验单位（部门）负责人，审核人，试验人签章齐全，并加盖试验单位公章。

（6）混凝土试验报告单

1）混凝土配合比报告单的收集

混凝土浇筑之前，现场施工人员应事先向试验室提出混凝土配合比申请单，试验室应按照工程所使用的原材料进行试配，并出具混凝土配合比设计报告（表 9-29），由试验人员取回，交施工工长实施，并送内业技术员归档。

混凝土配合比设计报告　　　　表 9-29

共　页，第　页

工程名称						报告编号			
委托单位		委托编号		搅拌方法		坍落度（mm）		委托日期	
施工单位		样品编号		维勃稠度（s）		养护温度		检验日期	
使用部位		设计等级		振捣方法		养护湿度		报告日期	
见证单位		见证人		证书编号		混凝土环境条件、要求			

材料	水泥		砂		石		外加剂Ⅰ		外加剂Ⅱ		掺和料	
		厂别：		种类：		种类：		种类：		种类：		种类：
		强度等级：		M_x：		粒级（mm）：		型号：		型号：		型号：
		出厂日期：		检验编号：		检验编号：		厂别：		厂别：		厂别：
		检验编号：						检验编号：		检验编号：		检验编号：

配合比	试配强度（MPa）	砂率（%）		水	水泥	砂	石	外加剂	外加剂	掺和料	备注
			材料用量（kg/m³）								
			配合比（质量比）					%	%	%	

说明	1. 施工时，应根据现场砂、石含水率将理论配合比调整为现场施工配合比 2. 本报告以　　　推算	检验依据		
		检验仪器	仪器名称：	检定证书编号：
备注				

批准：　　　审核：　　　校核：　　　检验：

2）混凝土配合比报告单核查方法

① 核查混凝土配合比报告单是否齐全。

应将施工图纸、水泥出厂合格证、砂石检验报告单等一起对照检查，凡混凝土强度等级、坍落度、水泥厂家、强度等级、砂石产地及规格不同时，均应有混凝土配合比报告单。

② 核查混凝土配合比报告单的内容是否都已填写。

核查报告单的内容包括委托单位、工程名称、工程部位、有何特殊要求、要求强度等级、水泥品种、强度等级、厂别、出厂日期、砂子种类、产区、石子种类、粒径、产地、拌合方法、捣实方法、要求坍落度、掺和料和水、申请试配人、要求得到配合比日期、申请日期等，均应由委托单位（现场试验人员）填写，不得遗漏、缺项或填错，报告单上的试验编号、试配结果及简明提要由试验单位（部门）填写。

3）混凝土抗压强度试块试验报告单的收集

① 如果是现场拌制混凝土，施工人员应根据砂、石含水率的变化及时调整混凝土配合比，并对拌制混凝土所用原材料的品种、规格、用量、混凝土的坍落度进行检查，做好

检查记录，同时，试验人员应负责混凝土抗压强度试块的取样、制作，并送回试验室进行标准养护。

② 试验室应负责混凝土强度试块的养护、试验，并出具混凝土强度试验报告（混凝土试件抗压强度试验报告单详见表 9-30），由现场试验人员取回，交项目技术负责人审核无误后交项目内业技术员归档。

混凝土试件抗压强度试验报告　　表 9-30

共　页，第　页

<table>
<tr><td>工程名称</td><td colspan="3"></td><td colspan="2">强度等级</td><td></td><td>报告编号</td><td></td></tr>
<tr><td>委托单位</td><td colspan="3"></td><td colspan="2">搅拌方法</td><td></td><td>委托日期</td><td></td></tr>
<tr><td>施工单位</td><td colspan="3"></td><td colspan="2">养护方法</td><td></td><td>委托编号</td><td></td></tr>
<tr><td>拌制单位</td><td colspan="3"></td><td colspan="2" rowspan="2">试件尺寸
（mm×mm×mm）</td><td rowspan="2"></td><td>检验性质</td><td></td></tr>
<tr><td>见证单位</td><td colspan="3"></td><td>检验目的</td><td></td></tr>
<tr><td>见证人</td><td colspan="3"></td><td colspan="2">见证编号</td><td></td><td>修正系数</td><td></td></tr>
<tr><td>样品编号</td><td>结构部位</td><td>配合比
检验编号</td><td>制作日期</td><td>检验日期</td><td>（等效）
龄期（d）</td><td>检验结果
（MPa）</td><td>代表值
（MPa）</td><td>达到设
计强度
（%）</td></tr>
<tr><td></td><td></td><td></td><td></td><td></td><td></td><td></td><td></td><td></td></tr>
<tr><td></td><td></td><td></td><td></td><td></td><td></td><td></td><td></td><td></td></tr>
<tr><td></td><td></td><td></td><td></td><td></td><td></td><td></td><td></td><td></td></tr>
<tr><td></td><td></td><td></td><td></td><td></td><td></td><td></td><td></td><td></td></tr>
<tr><td></td><td></td><td></td><td></td><td></td><td></td><td></td><td></td><td></td></tr>
<tr><td></td><td></td><td></td><td></td><td></td><td></td><td></td><td></td><td></td></tr>
<tr><td>检验依据</td><td colspan="3"></td><td>检验仪器</td><td colspan="4">仪器名称：
检定证书编号：</td></tr>
<tr><td>检验结论</td><td colspan="3"></td><td>备注</td><td colspan="4"></td></tr>
</table>

批准：　　审核：　　校核：　　检验：

③ 项目内业技术员应填写混凝土试块强度汇总表，并对混凝土强度进行合格评定，如评定不合格，应及时向单位工程技术人员反映，及时进行处理。

4）混凝土试块试验报告单核查方法

① 核查混凝土试块取样频率是否符合规范标准的要求。通常有如下检查方法。

A. 依据施工图纸对照检查，凡不同强度等级的混凝土均应有混凝土试块试验报告单，一般个别构件的混凝土试块容易漏取。

B. 依据施工日记对照检查，凡相同配合比的混凝土每一工作班取样数量不少于 1 组，一般重点检查量较大需要连续昼夜施工的混凝土构件是否能达到标准规范的取样频率要求。

C. 依据施工组织设计或施工图预算对照检查，按同配合比的混凝土每拌制 100 盘（常用搅拌机每盘混凝土容量有 0.37m^3 或 0.47m^3 两种）不超过 100m^3 混凝土取样不少于

1 组，其中取样组数为：

$$n=\frac{\text{混凝土总量}(\mathrm{m}^3)}{\text{每 100 盘混凝土土方量}(\mathrm{m}^3)}\geqslant\frac{\text{混凝土总量}(\mathrm{m}^3)}{100} \tag{9-1}$$

D. 依据混凝土配合比报告单对照检查，凡不同配合比的混凝土均应有混凝土试块试验报告单，如框架结构的梁、柱接头用细石混凝土时，应特别注意混凝土试块不要漏取。

E. 依据施工图纸及分部分项工程质量评定资料对照检查基础分部工程、主体混凝土各分项工程、楼地面分部工程、屋面分部工程等，配合比的混凝土是否均有混凝土强度试块试验报告单。

② 核查每份混凝土试验报告单，每组试块的强度代表值的取值是否符合标准规范的要求。

③ 核查混凝土试块的制作、养护和试验方法是否符合标准规范的要求。一般在核查时采用询问有关人员的方法。

④ 核查混凝土试验报告单上有关管理部分的内容是否都已填写，质量责任是否都已履行。

报告单上的前半部分内容，包括施工单位、工程及构件名称、设计等级、实测稠度、搅拌方法、捣固方法、混凝土种类、试块规格、材料情况、配合比情况、材料用量、试块制作日期、要求试压日期、试件养护情况等应由委托单位（部门）试验员填写或提供，要求认真填写各项目，不要遗漏、缺项或填错，并应有试件制作人签字；报告单上的试验编号、试压日期、龄期及抗压强度试验结果由试验单位（部门）试验后填写，要求试验准确真实，试验数据、结论明确，试验单位（部门）负责人、审核人，试验人签章齐全，并加盖试验单位公章。

⑤ 核查混凝土试验报告单上的材料（水泥厂牌，强度等级，品种，出厂日期，砂、石产地，规格品种等）是否与相应的材料出厂合格证、试验报告单和混凝土配合比报告单相一致，其数量是否与混凝土配合比报告相吻合。

⑥ 核查混凝土试验报告单上的混凝土试块试压强度，其 28 天标准养护强度是否满足有关要求。一般在未按验收批评定混凝土强度之前，应控制每一楼层混凝土分项工程的强度，其强度最小值不得小于 $0.95f_{\mathrm{cu,k}}$。

⑦ 核查混凝土试验报告单上的混凝土试块养护的龄期是否符合规范要求。混凝土标准养护试件的养护龄期为 28 天。

（7）预制构件合格证

1）预制构件合格证的收集

购货单位外购预制构件时，应要求供货单位提供出厂合格证，并对合格证的内容进行初审把关，及时将合格证交项目内业技术员审核后归档，其格式见表 9-31。

施工现场生产的预制构件应有项目质检人员出具的分项检验评定结果，以及试验部门出具的钢筋、混凝土构件等有关试验报告，并分别送项目内业技术员归档。

项目内业技术员应随工程施工进度，按构件的进场批量及时向有关人员收集构件出厂合格证，做到不缺不漏，并对其内容进行认真审查，按工程技术档案资料管理的规定，填写构件合格证汇总表，由项目技术负责人审核后，进入施工档案。

混凝土构件合格证　　表 9-31

厂名：　　取证号：　　编号：

<table>
<tr><th rowspan="2">构件名称及型号</th><th rowspan="2">数量</th><th rowspan="2">生产日期</th><th colspan="2">主筋</th><th colspan="2">混凝土</th><th rowspan="2">结构性能检验批号</th><th rowspan="2">构件质量等级</th><th rowspan="2">备注</th></tr>
<tr><th>种类及规格</th><th>合格及机械性能试验编号</th><th>设计强度等级</th><th>出厂强度</th></tr>
<tr><td></td><td></td><td></td><td></td><td></td><td></td><td></td><td></td><td></td><td></td></tr>
<tr><td></td><td></td><td></td><td></td><td></td><td></td><td></td><td></td><td></td><td></td></tr>
<tr><td></td><td></td><td></td><td></td><td></td><td></td><td></td><td></td><td></td><td></td></tr>
<tr><td></td><td></td><td></td><td></td><td></td><td></td><td></td><td></td><td></td><td></td></tr>
<tr><td></td><td></td><td></td><td></td><td></td><td></td><td></td><td></td><td></td><td></td></tr>
<tr><td></td><td></td><td></td><td></td><td></td><td></td><td></td><td></td><td></td><td></td></tr>
</table>

发证日期：　　年　月　日　　发证部门：（厂质检科盖章）

2）预制构件合格证核查方法

① 核查预制构件合格证收集是否齐全。

对照施工图纸核查构件型号、数量、使用部分等是否与之相吻合、种类是否齐全。其种类包括预制钢筋混凝土构件、加气混凝土块体、轻质砌块、钢结构构件、木结构构件、钢木结构构件等。

② 核查构件出厂时的混凝土强度是否达到规范规定。

③ 施工现场生产的预制构件，是否有与之相配套的分项检验评定资料及钢筋、混凝土构件结构性能检（试）验资料等。这些资料的核查方法在本章已作介绍。

（8）砂浆试验报告单

1）砂浆配合比报告单的收集

① 砂浆的原材料进场后，材料员应收集水泥出厂合格证，通知相关人员将水泥、砂取样送检，并取回检验报告，送项目内业技术员归档，以确保组成砂浆的原材料的质量。

② 使用砂浆之前，现场施工人员应事先向试验室提出砂浆配合比申请单，试验室应按照工程所使用的原材料进行试配，并出具砂浆配合比报告单，由相关人员取回交施工工长实施，并送项目内业技术员归档。

2）砂浆配合比报告单核查的方法

① 核查砂浆配合比报告单是否齐全。

依据施工图纸、水泥出厂合格证、砂子检验报告单等一起对照检查。凡砂浆强度等级、水泥厂家及强度等级、砂子产地及规格不同时，均应有砂浆配合比报告单。

② 核查砂浆配合比报告单上的内容是否都已填写。

核查报告单的内容，包括委托单位、工程名称、工程部位、有何特殊要求、要求砂浆强度等级、砂浆种类、水泥品种、强度等级、厂别、出厂日期、砂子种类规格、产区、掺和料种类，要求稠度、要求得到配合比日期、申请日期等均应由委托单位现场试验人员填写，不要遗漏、缺项或填错；报告单上的试验编号、试验结果及简明提要由试验室填写。

③ 核查砂浆配合比报告单上的质量责任是否履行。

申请试配人、试验室负责人、试配负责人签字应完善，并加盖试验室公章。

3）砂浆试块试验报告单的收集

① 拌制砂浆过程，施工人员应随时测定砂子含水率，并根据砂子含水率的变化及时调整砂浆配合比。同时，相关人员负责砂浆抗压强度试块的取样、制作，并进行同条件养护或送试验室标准养护。

② 试验室应负责砂浆试块的试压，并出具砂浆抗压强度试验报告单，由现场试验人员取回，交项目技术负责人和项目内业技术员归档。

4）砂浆试块试验报告单核查方法

① 核查砂浆试块取块频率是否符合规范、标准要求，通常有如下核查方法。

A. 依据施工图纸对照检查，凡每一楼层的不同品种、强度等级的砂浆，均应至少有1组砂浆试块试验报告单。

B. 依据施工组织设计或施工图预算对照检查，每一楼层同品种、强度等级的砂浆砌体留置的砂浆试块组数为：

$$n=\frac{\text{每楼层同品种、强度等级砂浆砌体方量}(\mathrm{m}^3)}{250}\times\text{砂浆搅拌机数量}\geqslant 2 \tag{9-2}$$

C. 依据砂浆配合比报告单一起对照检查，其每一楼层砂浆品种、强度等级试验报告应与配合比报告单相吻合。

D. 依据施工日志对照检查，砂浆试块的取样制作日期应与施工日志相吻合。

E. 依据分部分项工程质量评定资料对照检查，每一分项工程至少应留置1组试块，一般留置不少于2组试块。

② 核查每份砂浆强度试验报告单中每组砂浆试块抗压强度的取值是否符合规范要求。应特别注意将自然条件养护试块强度换算成标准条件养护试块强度。

③ 核查砂浆试块的制作、养护是否符合规范要求，一般在核查时采用询问有关人员的方法。

④ 核查砂浆试块试验报告单上有关管理部门的内容是否都已填写，质量责任是否都已履行。

报告单上的前半部分内容，包括施工单位、工程名称、设计砂浆强度等级、砂浆种类、试块规格、材料情况、配合比情况、材料用量、试块制作日期、要求试压日期、试件养护情况等均应由委托单位（部门）试验员填写或提供，要求各项目认真填写清楚，不要遗漏、缺项或填错，并应有试件制作人签字；报告单上的试验编号、试压日期、龄期及抗压强度试验结果由试验单位（部门）试验后填写，要求试验准确真实，试验数据、结论明确，试验单位（部位）负责人、审核人、试验人签章齐全，并加盖试验单位公章。

⑤ 核查砂浆试验报告单上的砂浆试块抗压强度是否满足有关要求。

一般在未按验收批评定砂浆强度之前，对每个砌筑分项工程的砂浆试块强度应控制其平均强度达到 $f_{\mathrm{m,k}}$ 和其中任一组的最小值不小于 $0.75f_{\mathrm{m,k}}$。强度平均值出现在 $0.75f_{\mathrm{m,k}}\sim f_{\mathrm{m,k}}$之间值时，应通过加强管理的方法，严格控制砂浆的质量。

⑥ 核查砂浆试验报告单上的砂浆试块养护的龄期是否符合规范要求。砂浆试块养护的龄期为28天。

（9）土壤试验、打（试）桩记录

1）土壤试验

① 土壤试验记录的收集。

土的干土质量密度由试验室测定，并出具干土质量密度试验记录（表 9-32），由现场试验人员取回，分送现场工长和项目内业技术员审核后归档。

干土质量密度试验记录（样件）　　表 9-32

试验室名称：　　试验编号：

<table>
<tr><td>工程名称</td><td colspan="2"></td><td colspan="2">工程部位</td><td></td></tr>
<tr><td>垫层类别</td><td colspan="2"></td><td colspan="2">要求干土质量密度</td><td>g/cm³</td></tr>
<tr><td rowspan="2">试验点编号</td><td colspan="2">干土质量密度（g/cm³）</td><td colspan="3" rowspan="6">试验点布置示意图</td></tr>
<tr><td>步次</td><td>实测干土质量密度（g/cm³）</td></tr>
<tr><td></td><td></td><td></td></tr>
<tr><td></td><td></td><td></td></tr>
<tr><td></td><td></td><td></td></tr>
<tr><td></td><td></td><td></td></tr>
<tr><td>结论</td><td colspan="5"></td></tr>
<tr><td>施工单位</td><td colspan="2">单位工程技术负责人：（签字）
年　月　日</td><td>试验单位</td><td colspan="2">技术负责人：（签字）
试验员：（签字）
年　月　日</td></tr>
</table>

注：本表一式四份，建设单位、施工单位、监理单位、存档处各一份。

② 土壤试验记录核查方法。

A. 核查回填土夯实施工记录，回填部位是否都有夯实记录。

B. 核查回填土夯实施工记录，各层夯填厚度及夯击遍数是否符合规范规定。

C. 核查工程所有回填部位是否都做了干土质量密度试验。

D. 核查干土质量密度试验记录，其取样是否按每层（步）抽检，每层抽检的数量是否符合标准规定。

E. 核查干土质量密度试验记录，是否有每步试验点平面示意图，图上试验点编号是否标示清楚。

F. 核查干土质量密度试验记录中结论是否明确，试验结果是否符合标准的规定，如干土质量密度低于质量标准时是否有补夯措施，并应重新测定其干土质量密度。

G. 核查回填土夯实施工记录各子项是否填写齐全，质量责任是否都已履行。记录应由施工工长根据实际施工情况认真填写，施工单位项目技术负责人和建设单位现场代表签章齐全。

H. 核查干土质量密度试验记录单上有关管理部门的内容是否都已填写，质量责任是否都已履行。报告单上的试验室名称、试验编号、工程名称、工程部位等是否填写清楚，试验单位技术负责人、试验员和施工单位工程技术负责人签字是否齐全。

2）打（试）桩记录

① 打（试）桩记录的收集。

A. 桩基工程施工前，总包单位应向打桩分包单位提供工程地质勘察报告（由建设单位委托地质勘察单位完成）。

B. 桩位测量放线图由打桩分包单位测量人员完成，技术负责人审核，内业记录人员保存。

C. 打（试）桩记录由总包单位指定（或认可）的打桩分包单位记录员记录，质量检查员验收，技术负责人审核。其中试桩应由总包单位、建设单位、监理单位、设计及地质勘察单位共同参加和确定有关指标，总包单位、建设单位或监理单位可根据情况抽检，并记录抽检数据。

D. 桩基工程施工完成后，打桩单位内业记录人员应绘制桩的竣工平面图，并由技术负责人审核。

E. 桩的静载荷和动载荷试验资料由委托的试验单位提供，分送总包单位和打桩单位。

F. 桩基工程验收前，打桩分包单位内业记录人员应将前述有关打桩资料提交总包单位技术负责人和内业技术员审核后，由内业技术员归档。

② 打（试）桩记录核查方法。

A. 核查桩基施工的各项技术资料是否均已收集齐全。

B. 核查桩位测量放线图，桩位编号、桩位设计尺寸，以及放线的实际偏差是否标示清楚。

C. 核查试桩记录，试桩数量是否符合规定，通过试桩确定的贯入度是否明确。

D. 核查试桩记录各子项是否均已认真填写，不漏填。重点核查：预制桩的最后贯入度、桩顶高差、桩位偏差等是否符合规范规定；灌注桩的桩底土质、虚土厚度及处理、充盈系数、桩位偏差等是否符合规范规定。

E. 截桩、接桩、断桩、补桩等应有处理记录。

F. 核查桩的静载荷和动载荷试验资料，试验单位的结论是否明确，桩的承载能力是否符合设计要求。

G. 核查桩位的竣工平面图，桩的编号、实际桩位、截桩、接桩、断桩、补桩、试桩等是否标示清楚。

H. 桩的编号在桩位测量放线图、打桩记录、桩位竣工平面图上应统一。

I. 核查桩基施工记录单上有关管理部门的内容是否都已填写，质量责任是否都已履行，有关人员签字是否完善。

（10）地基验槽记录

1）地基验槽记录的收集

① 当地基坑（槽）开挖到接近设计底标高（一般距设计底标高 10cm 左右）后，施工单位应约请建设单位、设计单位、质监站、监理单位、勘察单位（必要时）等共同对地基坑（槽）进行检查验收。

② 若设计单位不在同一城市或参加验槽有困难时，可委托其他部门（一般应为具有相同设计能力的同级设计单位）代检，但必须办理书面委托手续。

③ 地基验槽记录（表 9-33）由施工单位工长负责填写，参加验槽单位有关人员在地基验槽记录上签字，以明确各方面的质量责任。

④ 如需进行地基处理，工长应做好地基处理记录，并按验槽程序再次组织各方进行复验后签字。

⑤ 地基验槽记录、地基处理记录及复验意见，除送建设单位、监理单位外，施工单位工长应及时将其交项目内业技术员归档。

地基验槽记录表　　　　表 9-33

工程名称		编号	
验槽单位		验收日期	
依据：施工图号________，设计变更/洽商/技术核定编号________ 及有关规范、规程。			
验槽内容： 1. 基槽开挖至勘探报告第____ 层，持力层为______ 层。 2. 土质情况______________ 。 3. 基坑位置、平面尺寸____________ 。 4. 基底绝对高程和相对标高__________ 。 申报人：			
检查结论： □无异常，可进行下道工序　　□需要地基处理			

签字公章栏	施工单位	勘察单位	设计单位	监理单位	建设单位现场

注：本表一式四份，建设单位、施工单位、监理单位、存档处各一份。

2）地基验槽记录核查方法

① 核查地基验槽记录中的质量责任是否履行。勘察单位（需要参加时）、设计单位、建设单位、监理单位、施工单位、监督部门是否都已参加，各方签字手续是否完善；如设计单位未能参加，是否有书面委托通知单。

② 核查地基验槽记录的内容是否完善。施工单位、监理单位、工程名称及部位、验收日期等均应填写清楚，基壁土层分布情况及走向应以图示说明其是否符合地勘报告，基坑实际尺寸最好能附图说明，槽底土质情况是否与地勘报告相符。

③ 核查验收情况记录，验收意见应明确，如需要进行地基处理的，必须有地基处理记录和复验记录。

（11）结构吊装验收记录

1）结构吊装记录收集

① 结构吊装过程。吊装单位技术队长应就构件安装实际情况做好结构吊装记录，在吊装完成后，应及时绘制结构吊装平面图，并填写结构吊装验收记录（表 9-34）。

② 吊装单位技术队长应分层（段）通知施工总包单位项目技术负责人和监理单位、建设单位、设计单位现场代表共同对结构吊装进行验收，并由监理单位（建设单位）现场代表签署核验意见，参加验收人员在结构吊装验收记录上签字，以明确各方的质量责任。

③ 如需要进行吊装处理，吊装单位技术队长应做好吊装处理记录。

④ 结构吊装验收完成后，吊装单位技术队长应及时将结构吊装验收记录、结构吊装

平面图、结构吊装记录及吊装处理记录（如有时）一并交施工总包单位内业技术员审核后归档。

结构吊装验收记录（样件）表　　　　表 9-34

<table>
<tr><td colspan="2">工程名称</td><td colspan="2"></td><td>施工单位</td><td></td><td>技术负责人</td><td></td></tr>
<tr><td colspan="2">吊装部位</td><td colspan="2"></td><td>吊装单位</td><td></td><td>技术负责人</td><td></td></tr>
<tr><td colspan="2">内容及附图</td><td colspan="6"></td></tr>
<tr><td rowspan="7">建设单位核验意见</td><td rowspan="7">现场代表：
（签字）

年　月　日</td><td rowspan="7">监理单位</td><td rowspan="7">现场代表：
（签字）

年　月　日</td><td rowspan="7">单位工程技术负责人：
（签字）

吊装单位技术队长：
（签字）

年　月　日</td><td rowspan="7">吊装构件</td><td>构件型号、名称</td><td>出厂合格证号</td></tr>
<tr><td></td><td></td></tr>
<tr><td></td><td></td></tr>
<tr><td></td><td></td></tr>
<tr><td></td><td></td></tr>
<tr><td></td><td></td></tr>
<tr><td></td><td></td></tr>
</table>

注：本表一式四份，建设单位、施工单位、监理单位、存档处各一份。

2）结构吊装验收记录核查方法

① 核查结构吊装验收记录是否存在安全问题。每一层（段）均应有结构吊装验收记录，吊装记录应齐全。

② 装配式混凝土结构吊装，应核查构件吊装时混凝土的实际强度和接头（或接缝）灌浆实际强度是否符合要求。

构件吊装时的混凝土强度应符合以下要求：当设计有要求时，应符合设计要求；当设计无具体要求时，不应小于构件设计的混凝土强度标准值的 75%，预应力混凝土构件孔道灌浆的强度不应小于 $15N/mm^2$。

接头（或接缝）灌浆的强度应符合以下要求：承受内力的接头和接缝，应采用混凝土或砂浆浇筑，其强度等级宜比构件混凝土强度等级提高二级；对于不承受内力的接缝，应采用混凝土或水泥砂浆浇筑，其强度不应小于 $15N/mm^2$。

③ 核查每一层（段）是否均绘制了结构吊装平面示意图，图中内容是否表示清楚。

④ 核查是否有结构吊装处理记录。应与施工日记、结构吊装处理方案等一起对照进行核查。

⑤ 核查结构吊装验收记录的质量责任是否履行。结构吊装验收记录上的工程名称、建设单位、吊装部位、施工单位、内容及附图、吊装构件等均应由吊装单位技术队长负责填写，要求各项目认真填写清楚，不要遗漏、缺项或填错。监理单位或建设单位根据结构吊装验收记录上的内容进行检查验收，填写核验意见。核验意见要确切，如检查中存在的问题应填写清楚，在进行复查后写明复查意见。监理单位或建设单位现场代表、单位工程技术负责人，吊装单位技术队长均应在结构吊装验收记录上签字，以明确其质量责任。

（12）结构验收记录

1）结构验收记录的收集

① 结构工程验收由总监理工程师组织项目经理、设计单位、建设单位、质监站及相关部门共同进行。

② 参加单位有关人员在结构验收记录（表9-35）上签字，以明确质量责任。

③ 结构验收记录由施工单位填写，对于结构工程中的缺陷（或质量问题）施工单位应有处理方案、处理记录和复验记录。参加验收的各方代表应在验收记录上签字确认。

④ 结构验收完成后，工长应及时将结构验收记录及结构处理记录一并交项目经理部内业技术员审核后归档。

分部（子分部）工程质量验收记录表　　表9-35

<table>
<tr><td colspan="2">工程名称</td><td></td><td>结构类型</td><td></td><td>层数</td><td></td></tr>
<tr><td colspan="2">施工总承包单位</td><td></td><td>技术部门负责人</td><td></td><td>质量部门负责人</td><td></td></tr>
<tr><td colspan="2">专业承包单位</td><td></td><td>专业承包单位负责人</td><td></td><td>专业承包单位技术负责人</td><td></td></tr>
<tr><td>序号</td><td colspan="2">分项工程名称</td><td colspan="2">（检验批）数</td><td>施工单位检查评定</td><td>验收意见</td></tr>
<tr><td></td><td colspan="2"></td><td colspan="2"></td><td></td><td rowspan="3"></td></tr>
<tr><td></td><td colspan="2"></td><td colspan="2"></td><td></td></tr>
<tr><td></td><td colspan="2"></td><td colspan="2"></td><td></td></tr>
<tr><td colspan="3">质量控制资料</td><td colspan="3"></td><td></td></tr>
<tr><td colspan="3">安全和功能检验（检测）报告</td><td colspan="3"></td><td></td></tr>
<tr><td colspan="3">观感质量验收</td><td colspan="3"></td><td></td></tr>
<tr><td rowspan="5">验收单位</td><td colspan="2">专业承包单位</td><td colspan="4">项目经理　　年　月　日</td></tr>
<tr><td colspan="2">施工总承包单位</td><td colspan="4">项目经理　　年　月　日</td></tr>
<tr><td colspan="2">勘察单位</td><td colspan="4">项目负责人　　年　月　日</td></tr>
<tr><td colspan="2">设计单位</td><td colspan="4">项目负责人　　年　月　日</td></tr>
<tr><td colspan="2">监理单位或建设单位</td><td colspan="4">总监理工程师或建设单位项目专业负责人
年　月　日</td></tr>
</table>

2）结构验收记录核查方法

① 核查结构验收的时间是否与结构工程实际的施工时间相吻合。核查时，应与施工日记对照检查。

② 核查结构验收记录上是否有要求处理的质量问题（或质量缺陷）。质量缺陷有没有处理记录；质量问题有没有处理方案、处理记录及复验记录；需要加固补强者有没有附图及相应的材料试验记录。

③ 核查结构验收记录的质量责任是否已履行，各方签字是否完善。

（13）隐蔽验收记录

1）隐蔽验收记录的收集

① 隐蔽工程完成后，由施工工长在隐蔽验收记录中填写隐蔽工程的基本情况。邀请施工单位项目工程技术负责人、质量检查员和建设单位现场代表共同对隐蔽工程进行检查验收，重要或特殊部位（如地基槽、桩、地下室或首层钢筋检验等）还应邀请设计单位和质量监督单位相关人员参加。

② 参加检查人员按隐检单的内容进行检查验收后，提出检查意见，由施工单位质量检查员在隐检单上填写检查情况，然后交参加检查人员签证。若检查中存在问题需要进行整改时，施工工长应于整改后，再次邀请有关各方（或由检查意见中明确的某一方）进行

复查，达到要求后，方可办理签证手续。

③ 隐蔽工程验收合格后，工长方可安排进行下一道工序的施工。

④ 施工工长在隐蔽工程验收后，应及时将验收记录送项目内业技术员审核无误后归档，同时由项目内业技术员送监理单位 1 份，其格式见表 9-36。

隐蔽工程检查记录　　表 9-36

<table>
<tr><td colspan="2">工程名称</td><td colspan="2"></td><td>编号</td><td></td></tr>
<tr><td colspan="2">隐检项目</td><td colspan="2"></td><td>隐检日期</td><td></td></tr>
<tr><td colspan="2">隐检部位</td><td colspan="2">层</td><td>轴线</td><td>标高</td></tr>
<tr><td colspan="6">隐检依据：施工图号＿＿＿＿＿＿＿＿，设计变更/洽商/技术核定单（编号＿＿＿＿＿＿）及有关国家现行标准等。
主要材料名称及规格/型号：</td></tr>
<tr><td colspan="6">隐检内容：</td></tr>
<tr><td colspan="6">检查结论：
同意隐蔽　　不同意隐蔽，修改后进行复查</td></tr>
<tr><td colspan="6">复查结论：
复查人：　　复查日期：</td></tr>
<tr><td rowspan="3">签字栏</td><td rowspan="2">施工单位</td><td rowspan="2"></td><td>专业技术负责人</td><td>专业质检员</td><td>专业工长</td></tr>
<tr><td></td><td></td><td></td></tr>
<tr><td>监理（建设）单位</td><td colspan="2"></td><td>专业工程师</td><td></td></tr>
</table>

注：本表一式四份，建设单位、监理单位、施工单位、存档处各一份。

2）隐蔽验收记录核查方法

① 核查隐蔽项目是否都进行了隐蔽验收，有无漏检的隐蔽项目。应将隐蔽验收记录与施工日记和施工图、施工方案等对照进行检查。

② 核查隐蔽项目是否及时验收。应与施工日记对照检查，隐蔽验收时间应在工程被隐蔽之前，特别是分流水段（层）施工的隐蔽工程，应分别进行隐蔽验收。

③ 核查隐蔽验收记录的填写是否正确、完善，参加隐蔽验收人员的质量责任是否都已履行。隐蔽验收记录上工程名称、施工单位、分项工程名称、图号、隐蔽日期、隐蔽部位、隐蔽内容、单位、数量、附图、有关测试资料等由施工工长填写。各项要求认真填写清楚，不要遗漏缺项或填错。隐蔽记录上检查情况由施工单位质检员根据各方共同检查意见填写，参加隐蔽检查验收人员的签字齐全。

④ 核查隐蔽验收记录中所提问题是否有处理结果。

(14) 竣工图

1）竣工图的收集

① 按图施工无变动的由施工单位（包括总包和分包单位）在原施工图上加盖“竣工图”章后，而作为竣工图。竣工图章式样详见图 9-2。

A. 竣工图章中的建设单位系指工程项目的建设单位（含工程建设指挥部、工程建设现场指挥部及实行工程投资总承包的公司等）。

B. 竣工图章中的施工单位系指负责该工程项目（或大型工程的单项工程）各专业

×××× 工程竣工图			
施工单位		建设单位	
审核人		审核人	
技术负责人		审核人	
编制人		编制时间	年　月

图 9-2　竣工图章式样

（如土建，管线安装，设备、仪器、仪表安装及二次装修等）施工的单位。

C. 凡在原施工图上修改后作为竣工图和将没有变更的施工图移作竣工图的，都必须在每张图纸的图标栏的左边或上方空白处加盖竣工图章。如左边、上方无空白处则可盖在图纸正面其他适当的空白处或图纸背面，并应按上述要求填好竣工图章中的全部内容。凡重新绘制的竣工图可不再加盖竣工图章，但应将竣工图章中的全部内容绘制在图标中。

D. 刻制某项工程专用的竣工图章时，可将建设单位名称直接刻在上面，如施工单位只有一个亦可将施工单位名称刻在上面，以减少填写竣工图章的工作量。

E. 有关人员在审查竣工图时，应边审查边签名，不要全部审查完成后再签名，以防漏签或错签。

② 发生一般性设计变更，能在竣工图上修改补充的，由施工单位用绘制墨水在原竣工图（必须是新蓝图）上修改，修改部分加盖修改章，修改章式样如图 9-3 所示，盖竣工图章后即作为竣工图。

A. 修改章中的变更通知单系指在施工过程中对原施工设计图修改、变更、补充的各种文件材料。主要包括：设计变更通知单，设计更改通知单，更改洽商单，技术核定单，材料核定单，材料代用核定单及工程技术交底、图纸会审时对原施工图做修改、变更、补充的纪要、记录等依据性文件材料。

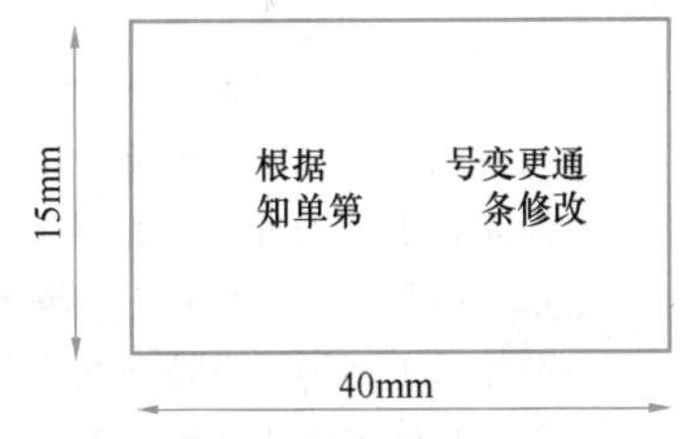

图 9-3　修改章式样

B. 修改章中的变更通知单的顺序号系指在编制竣工图前，将该工程有关修改、变更、补充的全部文件材料按其先后次序编定的顺序号。

C. 工程发生重大变化，如结构形式改变、工艺巨变、平面布置改变、立面造型改变、项目改变等，不宜在原施工图上修改、补充的，应重新绘制竣工图。由设计原因造成改变的，由设计单位负责重新绘制；由施工原因造成改变的，由施工单位负责重新绘制；由其他原因造成改变的，由建设单位自行绘图或委托设计单位绘制。施工单位负责在新图上加盖竣工图章作为竣工图。

③ 每项基本建设工程都要编制竣工图，施工过程中，现场有关工程技术人员应及时做好隐蔽工程检验记录，整理好设计变更单、通知书、洽商记录、材料代用核定单、工程

技术交底、图纸会审记录等文件。编制竣工图前，应逐一进行审查核对，并分别盖上已执行或未执行章（图 9-4），以保证竣工图准确无误。

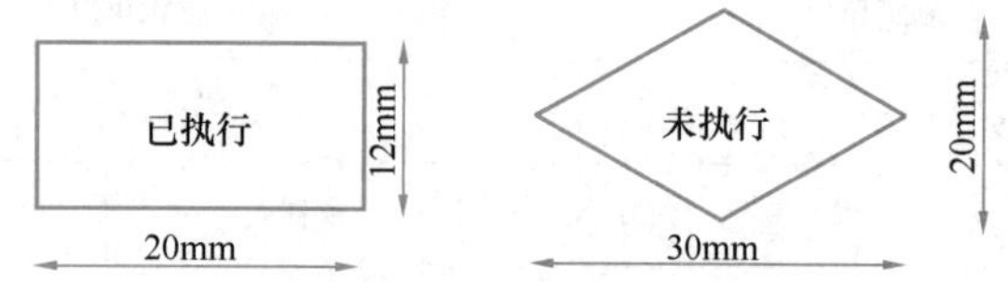

图 9-4　已执行和未执行章式样

④ 竣工图一定要与施工实际情况相符，规格统一，图面整洁，字迹清楚，一律用绘图墨水绘制，并要由承担该项目施工的一级技术负责人审核签章。

⑤ 大中型建设项目和住宅小区建设的竣工图不能少于两套，小型建设项目的竣工图至少要具备一套。竣工图所需增加的施工图（新蓝图）由建设单位提供，设计单位要给予支持，费用在建设项目投资中列支。

⑥ 竣工图按要求编制完毕后，交项目内业技术员统一归档。

2）竣工图的核查方法

① 核查办理竣工图的质量责任是否履行，主要是核查施工技术负责人审核签章手续是否完备，加盖的“竣工图”章是否清晰可辨。

② 核查竣工图内容是否完善。主要是查看与设计变更是否相符，不完整、不准确和不符合规定的，要进行补测、补绘，确保其完整准确。核查竣工图是否为绘制墨水绘制，严禁用铅笔、圆珠笔、复写纸、红墨水、纯蓝墨水等绘制。

③ 核查施工技术负责人签署的意见是否明确。

思 考 题

1. 什么是土木工程施工现场管理？简述其管理内容。
2. 简述土木工程施工现场合理使用机械的要求。
3. 简述施工现场机械设备的保养工作。
4. 如何进行土木工程施工现场大宗材料的保管？
5. 简述施工现场工具管理办法。
6. 什么是施工作业计划？简述其编制依据和原则。
7. 简述施工作业计划的编制依据。
8. 简述施工作业计划的编制原则。
9. 简述施工作业月度作业计划的内容。
10. 简述施工作业计划的编制方法。
11. 简述施工作业计划任务交底的目的和内容。
12. 什么是作业条件准备？简述其具体内容。
13. 什么是施工技术交底？简述交底时应注意的要求。
14. 简述公司总工程师对工区的技术交底内容。
15. 简述工区主任工程师对施工队的技术交底内容。
16. 简述施工队技术员对班组工人的技术交底内容。
17. 施工技术交底的方式有哪些？

18. 为什么要对材料、构件进行试验与检验？有何要求？

19. 什么是隐蔽工程检查与验收？简述土建工程中隐蔽工程检查验收的内容。

20. 简述隐蔽工程检查与验收的组织方法和注意事项。

21. 什么是建筑工程竣工验收？简述其验收依据。

22. 简述工程竣工验收工作的实施步骤。

23. 什么是图纸会审？简述图纸会审纪要核查方法。

案例实操题

1. 工程概况

(1) 工程总体简介（表9-37）

工程总体简介 **表9-37**

序号	项目	内容
1	工程名称	××大厦（一期）工程
2	工程地址	北京市××区××号
3	建设单位	××省人民政府驻北京办事处
4	设计单位	××省建筑设计研究总院珠海分院
5	资金来源	政府投资
6	招标范围	××大厦（一期）工程红线桩范围内的所有工程，包括：结构、装修（含精装修）、电气、暖通、给水排水、室外工程（土方及地基工程除外）
7	工期	本工程于2004年7月25日开工，至2006年5月25日竣工，计划工期670日历天（其中结构封顶工程工期：2004年7月25日开工，至2005年5月20日竣工，计划工期300日历天。）
8	质量目标	结构达到“长城杯”标准，竣工达到“北京市优质工程”标准
9	文明施工目标	“市级安全文明工地”

(2) 建筑设计概况（表9-38）

建筑设计概况 **表9-38**

序号	项目	内容			
1	工程性质	车库、餐饮、娱乐、酒店客房等			
2	建筑面积（m^2）	总建筑面积	42720	占地面积	26400
		地下建筑面积	11379	地上建筑面积	31341
3	建筑特点	竖向各功能分区有独立出入口，体现出各功能区的相对独立性。室内空间外部化，创造宜人、舒适、人性化的生态环境			
4	建筑层数	地下二层、地上十七层			
5	建筑功能	楼层		用途	
		地下二层、一层		车库、设备房、职工餐厨房	
		首层～三层		餐饮、休闲、娱乐	
		四层～十六层		标准客房、套房	
		十七层		观光酒廊	

续表

<table>
<tr><th>序号</th><th>项 目</th><th colspan="4">内容</th></tr>
<tr><td rowspan="4">6</td><td rowspan="4">建筑层高（m）</td><td>地下二层</td><td>3.600</td><td>三层</td><td>4.700</td></tr>
<tr><td>地下一层</td><td>5.600（4.200）</td><td>设备层</td><td>2.100</td></tr>
<tr><td>首层</td><td>5.100</td><td>四～十五层</td><td>3.300</td></tr>
<tr><td>地上二层</td><td>5.100</td><td>十六/十七层</td><td>3.600/3.800</td></tr>
<tr><td rowspan="4">7</td><td rowspan="4">建筑高度</td><td colspan="2">±0.000 绝对标高</td><td colspan="2">40.300</td></tr>
<tr><td colspan="2">室内外高差（m）</td><td colspan="2">0.300、0.800</td></tr>
<tr><td colspan="2">檐口高度（m）</td><td colspan="2">66.600</td></tr>
<tr><td colspan="2">槽底深度（m）</td><td colspan="2">10.560</td></tr>
<tr><td rowspan="4">8</td><td rowspan="4">建筑保温</td><td colspan="2">外墙</td><td colspan="2">外保温（50 厚聚苯板）</td></tr>
<tr><td colspan="2">屋面</td><td colspan="2">60mm 厚聚苯板</td></tr>
<tr><td colspan="2">外窗</td><td colspan="2">镀膜中空玻璃</td></tr>
<tr><td colspan="2">悬挑板外露处</td><td colspan="2">100mm 厚矿棉保温板</td></tr>
<tr><td>9</td><td>人防等级</td><td colspan="4">六级</td></tr>
<tr><td rowspan="2">10</td><td rowspan="2">二次结构</td><td>填充外墙</td><td colspan="3">陶粒混凝土空心砌块、加气混凝土砌块</td></tr>
<tr><td>内隔墙</td><td colspan="3">GRC 填充墙板、加气混凝土砌块</td></tr>
<tr><td>11</td><td>耐火等级</td><td colspan="4">一级</td></tr>
<tr><td rowspan="11">12</td><td rowspan="11">垂直交通</td><td rowspan="5">楼梯</td><td colspan="2">地下二层、一层</td><td>四部</td></tr>
<tr><td colspan="2">首层～三层</td><td>五部</td></tr>
<tr><td colspan="2">设备层</td><td>二部</td></tr>
<tr><td colspan="2">四层～十六层</td><td>二部</td></tr>
<tr><td colspan="2">十七层</td><td>二部</td></tr>
<tr><td rowspan="6">电梯</td><td colspan="2">地下二层</td><td>三部</td></tr>
<tr><td colspan="2">地下一层</td><td>五部</td></tr>
<tr><td colspan="2">首层～三层</td><td>七部</td></tr>
<tr><td colspan="2">设备层</td><td>五部</td></tr>
<tr><td colspan="2">四层～十六层</td><td>五部</td></tr>
<tr><td colspan="2">十七层</td><td>五部</td></tr>
<tr><td rowspan="2">13</td><td rowspan="2">室外装修</td><td>外墙装饰</td><td colspan="3">玻璃幕墙，石材幕墙</td></tr>
<tr><td>门窗</td><td colspan="3">镀膜中空玻璃铝合金门、窗</td></tr>
<tr><td rowspan="4">14</td><td rowspan="4">防水工程</td><td>部位</td><td>防水等级</td><td colspan="2">防水做法（抗渗等级）</td></tr>
<tr><td>基础底板及地下室外墙</td><td>一级</td><td colspan="2">SBSⅢ＋Ⅲ(S10）两道</td></tr>
<tr><td>屋面</td><td>二级</td><td colspan="2">SBSⅢ＋Ⅲ两道</td></tr>
<tr><td colspan="2">卫生间</td><td colspan="2">1.5mm 厚聚氨酯涂膜</td></tr>
</table>

（3）结构设计概况（表 9-39）

结构设计概况　　　　表 9-39

序号	项目			内容
1	结构形式	基础类型		筏形基础
		主体结构形式		框架-剪力墙结构
2	地基承载力标准值（主楼/裙楼）（fka）			450/200kPa
3	结构设计耐久年限			50 年
4	建筑场地类别			Ⅱ类
5	混凝土强度等级	垫层		C15
		基础底板		C40（S10）
		柱墙	地下二层～首层	C50
			二层～五层	C45
			六层～十一层	C40
			十二层以上	C35
		梁板	地下二层～首层	C40
			三层～五层	C35
			十二层以上	C30
		预应力梁		C40
		楼梯板、过梁、圈梁、构造柱		C25
6	结构抗震	抗震设防类别		丙类
		抗震设防烈度		8 度
		构件抗震等级	框 架	一级（地下二层为三级）
			剪力墙	一级（地下二层为三级）
7	钢筋类别及直径（单位：mm）	HRB335（二级）		$D \geqslant 10$mm
		HRB400（三级）		$D \geqslant 10$mm
8	型钢、钢板及钢管			Q235
9	钢筋连接	$D \geqslant 18$mm		剥肋直螺纹
		$D=16$mm（仅指竖向墙体、暗柱）		电渣压力焊
		其余 $D \leqslant 16$mm		绑扎连接
10	主要结构断面尺寸	基础底板（mm）		700，1600（高跨）
		剪力墙厚（mm）	外墙	350
			内墙	200、250、300、350、400
		框架柱（mm）		400×400～900×900、300×400、400×800、650×650、500×700、800×650
		框架梁（mm）		300×500、300×600、300×700、400×500、400×600、450×600
		框支梁（mm）		1000×2000
		顶板厚度（mm）		100、120、130、150、180、200、250

续表

序号	项目	内容	
11	保护层	地上部分墙体（mm）	15（外墙外侧为25）
		框架柱（mm）	30
		梁、暗柱及基础底板上层筋（mm）	25
		楼板（mm）	15
		基础底板下层筋（mm）	40
		地下室外墙外侧	40

（4）电气设计概况（表9-40）

电气设计概况 **表 9-40**

序号	项目	设计要求	系统做法
1	电源	采用10kV高压电源	供电局提供两路10kV高压供电
2	配电系统	消防水泵、消防电梯、防排烟设施、自动灭火装置、火灾自动报警装置、保安闭路电视监视装置、计算机网络及应急照明等为一级负荷；生活水系统、普通电梯为二级负荷；其他为三级负荷	在地下一层设置高压分界室、高低压配电室。高压配电室内设两台SCB10-2000kVA-10/0.4kV变压器，为楼内所有负荷供电。由附近引两路10kV高压电缆，直埋引入地下一层高压分界室，通过变压器降压，将电源引入低压配电室，再由低压配电柜箱楼内的人防、动力、照明负荷供电。高低压柜的馈线方式为：高压柜下进下出，低压柜上进上出。配电系统为TN-S系统
3	照明系统	普通照明、事故照明及火灾疏散照明	首层以上正常照明干线采用插接母线，其他照明干线采用YJV-1kV预制分支电缆或YJV-1kV电缆；照明支线采用BV-500导线。普通照明采用单路供电，事故照明、疏散照明采用双电源末端互投供电。本工程楼层照明大部分为二次装修
4	动力及事故动力系统		楼内的消防水泵、消防电梯、防排烟设施、自动灭火装置、火灾自动报警装置、保安闭路电视监视装置、应急照明均采用两路供电、末端互投方式供电。其他动力及照明用电采用放射式或链式供电。消防配电线路采用NH-YJV-1kVⅣA型电缆，其他动力干线采用YJV-1kV预制分支电缆或YJV-1kV电缆。动力系统控制箱（柜）采用挂墙明装或落地安装方式
5	防雷接地系统	本工程防雷等级为二级	屋顶四周用Φ10镀锌圆钢设避雷带，屋面用Φ10镀锌圆钢设置不大于10m×10m的网格。屋面所有金属物体及金属管线其顶端及底部与防雷网连接成一体。利用结构柱内两根≥Φ16主筋作为防雷引下线，各引下线间距小于18m。引下线距地0.5m处设接地测试卡。建筑物每层水平方向结构钢筋连接成一个整体，并与引下线可靠焊接。45m以上外墙的栏杆、门窗等较大的金属物与避雷引下线可靠连接，以防止侧向雷击
6	保护接地系统	电源接地采用TN-S保护系统	变压器高、低压侧各均设避雷器，在重要负荷及弱电配电箱内装设过电压保护器。建筑内设总等电位联结。在变电室、各弱电机房、强弱电竖井的底层预留接地钢板，通过建筑内钢筋网，与综合接地体可靠连接。综合接地电阻值应≤0.5Ω。所有进出建筑的金属管线要与等电位体进行可靠连接

续表

序号	项目	设计要求	系统做法
7	人防电气	电源由地下一层低压配电室引来，人防电气采用 TN-S 接地保护系统	人防内防排烟风机、防火卷帘、消防送风机及应急照明等为双电源供电，末端互投供电，两路 380/220V 电源来自不同的变压器。正常排风、排水及照明设备采用一路 380/220V 电源供电。在人防出入口预留 2 根 ϕ40 钢管（作密闭处理），作为战时柴油发电机电源引入。所有穿过人防的管路均做好防护密封处理，管子与墙体间空隙用水泥砂浆填实
8	火灾报警及消防联动系统	按一级火灾自动报警系统进行设计，采用集中报警系统	首层设置消防控制室，控制室内设置集中报警控制器及联动控制设备、消防广播设备、消防通信设备等。报警系统采用微电脑全智能型，接收报警信号，并发出相关命令，联动控制各个消防设备。系统电源采用双电源末端互投供电，并安装 UPS 不间断电源装置
9	综合布线系统	在三层弱电机房设综合布线系统	将楼内的语音信号、数字信号、视频信号、控制信号的配线，综合在一套标准配线系统上，此系统为开放式网络平台，方便用户在需要时，形成各自独立的子系统
10	通信自动化系统	在三层弱电机房设电话交换机	该系统满足如下功能：房间切断、自动叫醒、客人自设叫醒时间、请勿打扰、客房间限制呼叫、客人姓名显示、总机遇忙自动应答等待和自动回叫、呼叫限制等
11	电视系统	本系统采用 750MHz（1000MHz）双向数据传输系统	干线传输系统采用分配-分配系统，用户分配网络采用分配-分支系统
12	保安闭路电视监控系统	在首层消防控制室设保安闭路电视监控主机、监视器及录像机等设备	监控系统采用多头单尾方式，通过图像切换实现在监控室一处监视多个目标功能，同时监控系统采用微机控制，可以对各监视目标进行自动切换。系统的摄像机设置在汽车库出入口、电梯箱内、首层大厅及楼梯口等处
13	电子门锁系统	电子门锁管理主机对客房电子锁进行控制	在首层消防控制中心设置管理主机，每间客房设有电子门锁
14	停车场管理系统	停车场管理系统与消防系统联动	系统由进/出口读卡机、挡车器、感应线圈、摄像机、收费机、入口处 LED 显示屏等组成
15	VOD 视频点播系统	系统主要功能为：随点随播、循环播放、信息查询及自办台等	VOD 视频点播系统由专业视频服务器、视像库、节目播控回转系统、节目录入采编系统、模拟（数字）调制器、收费系统、点播机、遥控器等设备组成
16	酒店管理系统	系统应与其他非管理网络进行安全隔离	网络采用先进的高速网，保证系统的快速稳定运行
17	无线通信增强系统	在地下一层电讯机房内设置微蜂窝和近端机	以弱电竖井为中心，以分层覆盖的方式对地下层、地上层及电梯内进行覆盖。并将主要设备安装在弱电竖井内
18	集成管理系统	采用国际上先进的系统集成技术，将大厦内的自动化、保安、消防设备进行集成	将大厦内的自动化、保安、消防设备的运行信息汇集到中央系统集成平台上，并对信息做出分析决策，对整个系统的弱电系统进行最优化控制，达到高效、经济、节能、协调的目标。对消防自动报警系统的集成只能接收消防系统信息，并不对消防系统进行控制

续表

序号	项目	设计要求	系统做法
19	会议电视系统	本系统的设备传输速率应大于 384kbps	本系统采用模块化结构设计、全数字化音频技术，可实现发言演讲、会议对话、会议录音等功能
20	背景音乐及紧急广播系统	楼内发生有火灾时，背景音乐切断，接通紧急广播	在一层设置广播室（与消防控制室共用），在广播室内设有镭射唱机、录音机等节目源，节目源信号调制到高频信号送到有线电视前端室。客房内背景音乐由电视播放，并通过射频线路送至浴室内背景音乐扬声器
21	楼宇自动控制系统	楼宇自控系统包括空调、生活水、排水、通风、照明、电梯、变配电、消防报警、保安监视等系统	变配电、消防报警、保安监视、电梯为独立的分步式控制系统。空调系统、生活水、排水、通风、照明等采用分步式控制系统

（5）给水排水、供暖设计概况（表 9-41）

给水排水、供暖设计概况　　表 9-41

序号	项目	设计要求	系统做法
1	供暖系统	冬季由设在地下一层的热交换站集中供应	热源为地下一层热交换站。用水供回水温度分别为 60℃和 50℃
2	空调制冷	指标：夏季 84W/m²、冬季 102W/m²	冷源为地下一层的制冷站，选用卧式螺杆冷水机组 3 台，空调用水供回水温度为 7℃/12℃
3	通风系统	机械送风、排风	平时排风为两个系统，排风量按六次换气计算，采用诱导风机将气流诱导至平时排风口排出。各系统分别设立送风系统，补风量为排风量的 80%。战时设立清洁式通风，共用平时送排风设备。地下二层及地下一层车库均设两个防烟分区，其中最大防烟分区面积为 1600m²。各防烟分区内均设立平时排风兼火灾排烟系统
4	给水系统	生活给水、冷却塔补水、室内消防用水、生活热水、软化水系统	给水系统分为高低两个分区，地下二层至九层为低区，十层至十七层为高区。市政给水管网直接供水仅供给地下二层水泵房进水管，地下二层中水处理间补水管，地下一、二层热交换间冷水进水管，地下一层锅炉房给水管以及群楼所有厨房给水管。其他给水均由地下二层水泵房内变频给水设备供水。工程最高日用水量为 650.59m³/d，其中来自城市自来水用量为 564.10m³/d，中水回用量为 86.49m³/d
5	雨水		雨水立管每三层设一个螺旋降噪器，立管每六层设立管消能装置
6	排水系统	污水	本工程采用污、废水分流制。各卫生间的粪便污水经室外化粪池处理后排入城市污水管，洗脸盆和浴盆废水经管道收集后接至地下二层中水处理间。废水经处理后再回供给室内便器冲洗用水和地下车库冲洗地面及室外绿化用水。最高日污废水排放量约为 330.26m³/d，其中用于中水回水用量最高日约为 197.94m³/d

续表

序号	项目	设计要求	系统做法
7	消防系统	本工程属一类建筑，室内消火栓灭火延续时间为3h，自动喷淋灭火延续时间为1h。市政给水在室外形成环状管网，二路进水	消防水量：室外消火栓用水量为40L/s；自动喷水灭火系统为30L/s；室外消防用水量为30L/s；消防总用水量为100L/s。本工程内公共活动用房以及大厨房属于严重危险等级，其他属于中危险级

2. 要求：根据某商业建筑的相关工程概况及设计情况，编制针对该工程的工程特点、重点及难点的技术交底。

案例实操题
参考答案9

拓展习题9

第 10 章
施工现场环境与资源管理

【引言】工程项目建设既要消耗大量的资源和能源，又要向自然界排放大量的废水、废气、废渣以及产生噪声等，对环境带来一定的影响，因此加强工程项目的现场环境管理是整个环境保护工作的基础之一。需要利用科学合理的管理措施来降低能耗，防止环境污染。那么施工期存在哪些不同的污染源？针对不同的污染源应当分别采取什么预防措施呢？施工现场是如何合理分配及管理各类资源的呢？这些都是本章需要学习的内容。

【本章重难点】施工期环境保护及环境污染防治措施；绿色建材的使用和节材措施；施工节能措施。

【学习目标】了解施工各阶段环境污染源和施工期环境污染源分析方法，熟悉施工期环境保护及环境污染防治措施和环境保护评价指标；熟悉绿色建材的使用和节材措施，了解节材与材料资源利用评价指标；了解施工过程中如何建立节约用水制度和节水与水资源利用评价指标；了解施工节能措施和节能与能源利用评价指标；了解临时用地目前存在的主要问题、临时用地的管理、临时用地保护、节地与施工用地保护评价指标。

【素质目标】树立和践行生态文明建设理念，呵护绿水青山建设美丽中国。建立起生态环保理念和共享发展的理念，明白绿水青山就是金山银山。

10.1 环 境 保 护

10.1 环境保护

推动土木工程施工企业实施绿色施工，实施环境保护，可以促进建筑业可持续健康发展。绿色施工对噪声与振动控制，光污染控制，水污染控制，土壤保护，建筑垃圾控制，地下设施、文物和资源保护等也提出了定性或定量要求。

1. 施工各阶段环境污染源

根据有关资料报道，通常土木工程施工过程中，单位面积能源消耗量近 96.3MJ/m²，二氧化碳排放量为 6.79kg/m²，产生的大量扬尘占污染城市的固体颗粒物 TSP、PM_{10}总量的20%左右，施工噪声占污染城市噪声的8%左右。例如水泥拌合站，虽然它所占用的拌合周期不长，但却会导致周围环境的永久性破坏，严重影响人居环境。因为有的建设项目由于施工污染而成为周围环境的永久污染源，所以建设项目绿色施工工艺是建设项目生命全周期环境影响分析中的主要环节。在工程施工中应充分结合当地气候环境特点，采用适合的环境保护措施和建筑节能技术。例如南京河西某住宅项目，充分结合了当地情况，采用适用于住宅的绿色生态和建筑节能技术，合理选择了绿色建筑达标项，在节地、节能、节水、节材、室内环境质量、创新六方面达到绿色建筑三星级指标要求。

环境保护意识与可持续发展理念是人类发展的重要素养，是人类核心的价值观与世界观，建设生态文明是中华民族永续发展的千年大计，坚持人与自然和谐共生是新时代坚持和发展中国特色社会主义基本方略的重要内容，建设美丽中国是全面建设社会主义现代化强国的重大目标。因此，在施工各阶段均应注重生态文明建设和生态环境保护。

例如，施工现场“荒漠化”、施工中大分贝的混凝土振捣噪声、施工机械运转噪声、施工中的强短波光污染、施工中的污水任意排放、施工废气的肆意排放、搅拌混凝土时的物料扬尘、建筑材料物流运输扬尘、模板支设时的大量木材消耗、施工过程中大量水资源的消耗、建筑材料中有害重金属的滞留、难以降解的建筑垃圾污染等，这些都是土木工程施工中的环境污染源。土木工程施工各阶段污染源的具体特征见表10-1。

土木工程施工各阶段污染源的具体特征　　表 10-1

施工阶段	施工内容	土木工程施工期污染源
基础工程	场地平整、土方开挖	扬尘、建筑垃圾
	降水	形成下沉漏斗，产生地质灾害
	地基处理与泥浆护壁	地基处理掺合料对土壤及地下水的污染、泥浆失水后转变为扬尘
	预制桩基础施工	噪声污染
主体工程	模板施工	噪声污染
	钢筋施工	噪声污染
	混凝土浇筑	泵送、振捣混凝土产生的噪声
	砌筑	搅拌砂浆时的砂浆水不达标排放，产生碎砖、落地灰等
装饰工程	装饰抹灰	落地扬尘，砂浆污水排放，剪裁的装饰材料、天然石材的放射性污染
	涂料喷刷、油漆施工	挥发的有害气体、油漆涂料、胶粘剂等有机物污染，如甲醛等
屋面工程	防水施工	挥发的有害气体、有机物污染
	保温层施工	扬尘、有机物污染
设备安装	设备安装	施工机械产生的噪声、尾气及建筑垃圾
	管道保温	石棉尘污染

2. 施工期环境污染源分析

(1) 对场地环境的破坏

场地平整、土方开挖、施工降水、永久及临时设施建造、原材料及场地废弃物的随意丢弃等均会对场地现存的生态资源、地形地貌、地下水等造成影响，还会对场地内现存的文物、地方资源等带来破坏，甚至导致水土流失、河道淤塞。施工过程中的机械碾压、施工人员踩踏还会带来植被破坏等。

当建设开发影响场地内的地形、地貌、水系、植被时，在工程结束后，建设方要采取场地环境恢复措施，减少对原有场地环境的破坏。

(2) 建筑施工扬尘污染

土木工程施工过程中，扬尘主要集中在地基基础、装饰施工阶段，扬尘污染量主要取决于施工作业方式、材料堆放及风力等因素。施工期主要起尘环节为物料堆场、装卸过程及物料运输这三个环节。施工扬尘分为有静态起尘和动态起尘两种。

1) 静态起尘

施工静态起尘主要与堆放材料粒径及其表面含水率、地面粗糙程度和地面风速等关系密切。施工现场的静态起尘污染一般来源于以下几个方面：

① 土木工程施工前期，对施工现场及周边实施的乱砍滥伐，造成了严重的植被破坏，导致了建设项目周边的生态环境恶化，施工过程中周边植被仅有少数恢复，裸露的土壤就成为主要的扬尘源，因土壤的失水与风力的共同作用而产生的扬尘；

② 土方裸露堆放、建筑材料（如砂子、白灰等）露天堆场形成的扬尘源，因风力作用而产生的扬尘；

③ 施工垃圾在堆放过程、处理过程中产生的扬尘。

2）动态起尘

施工动态起尘主要包括灰土拌合扬尘、建筑材料装卸过起尘及车辆造成的地面扬尘，动态起尘与材料粒径、路面清洁程度、环境风速、行驶速度等密切相关，其中风力因素的影响最大。施工现场动态起尘污染一般来源于以下几个方面：

① 土方挖掘、清运、回填及平整场地过程产生的扬尘；

② 建筑材料（如水泥、白灰、砂子等）装卸、运输、堆放等过程中，产生的扬尘污染；

3）灰土拌合产生的扬尘污染。

（3）噪声污染

建设期噪声主要来自施工机械噪声、运输车辆噪声、施工作业噪声。

1）施工机械噪声

产生施工机械噪声的施工机械及项目包括：土石方施工阶段的挖掘机、装载机、推土机、运输车辆等；打桩阶段的打桩机、振捣棒、混凝土罐车等；结构施工阶段的混凝土搅拌机、混凝土泵、混凝土罐车、振捣棒、外用电梯等；装修及机电设备安装阶段的脚手架搭拆、石材切割、外用电梯、木模板加工修理等。施工机械噪声多为点声源。

2）施工作业噪声

施工作业噪声包括：零星的敲打声、装卸建材的撞击声、施工人员的吆喝声、安拆模板撞击声、搭拆钢管脚手架撞击声、钢筋绑扎撞击声等，多为瞬间噪声。

这些噪声会对周围环境造成干扰，需要制定降噪措施，使噪声排放达到《建筑施工场界环境噪声排放标准》GB 12523—2011 的要求。

（4）废水污染源

施工期废水主要有现场施工人员的生活污水、开挖基坑时降低地下水位产生的水、冲洗施工机械的污水等。

1）生活污水

施工期的生活污水主要来自施工人员日常生活用水，主要为食堂污水、粪便污水、洗浴污水。

2）施工废水

项目在施工期的基础阶段，进行基坑降水时会产生一定量的泥浆水，据调查，泥浆水中 SS（悬浮固体）浓度为 1000～3000mg/L，如果没有经过沉淀池进行沉淀处理就排放，会造成周边排水系统的堵塞。

例如，采用泥浆护壁的湿作业地下连续墙施工，产生大量的泥浆。这些泥浆会污染水源、堵塞城市排水管道，地表上的泥浆水失水后可变为扬尘。

（5）有毒有害气体对空气的污染

从材料、产品、施工设备或施工过程中散发出来的挥发性有机化合物或微粒均会引起室内外空气质量问题。这些挥发性有机化合物及微粒会对现场工作人员、使用者以及公众的健康构成潜在的威胁和损害。这些威胁和损害有些是长期的，甚至是致命的。而且在建造过程中，这些大气污染物也可能在施工结束后继续留在建筑物内，甚至可能渗入到邻近的建筑物。

(6) 光污染

施工场地电解作业以及夜间作业使用的强照明灯光等，产生的眩光是施工过程光污染的主要来源。

(7) 建筑垃圾污染

在建设过程中产生的建筑垃圾主要有土方、建材裁剪等垃圾。这些建筑垃圾包括砂土、石块、水泥、碎木料、木锯屑、废金属等，表现特征为量大、产生时间短、影响范围广、作用时间长，尤其大量未处理的垃圾露天堆放或简易填埋，占用了大量宝贵土地资源。

3. 施工期环境保护及防治措施

(1) 施工现场大气污染防治

1) 场地使用规划

① 场地内哪些区域将被保护、哪些植物将被保护。

② 在平整场地、土方开挖、施工降水、永久及临时设施建造等过程中，如何减少对周边的生态环境、地形地貌、地下水位以及现存文物、地方资源等带来的破坏。

③ 如何减少临时设施、施工用地的使用。

④ 如何处理和消除废弃物，如何减少其对周围生态和环境的影响。

⑤ 场地与周边居民的隔离措施等。

2) 现场的环境保护措施

① 对施工现场的主要道路进行硬化处理，裸露的场地和堆放的土方采取防起尘的覆盖、土壤固化或绿化措施。

② 施工现场土方作业采取防止扬尘措施，主要道路定期清扫、洒水抑尘。

③ 拆除建筑物或构筑物时，采用降噪、降尘措施，并及时清理废弃物。

④ 土方和建筑垃圾的运输必须采用封闭式运输车或采取覆盖措施；施工现场出口处设置车辆冲洗设施，对驶出现场车辆进行清洗。

⑤ 建筑物内垃圾采用容器或搭设专用封闭式垃圾道的方式清运，严禁凌空抛掷。

⑥ 施工现场严禁焚烧各类废弃物。

⑦ 在规定区域内的施工现场使用预拌混凝土、预拌砂浆、水泥和其他易飞扬的细颗粒建筑材料应采取密闭存放或采取覆盖等措施。

⑧ 当市政道路施工进行切割作业时，采取有效防扬尘措施；灰土和无机料预拌进场、碾压过程中洒水降尘；当环境空气质量指数达到中度及以上污染时，施工现场增加洒水频次，加强覆盖措施，减少易造成大气污染的施工作业。

⑨ 城镇、旅游景点、重点文物保护区及人口密集区的施工现场使用清洁能源。

⑩ 施工现场的机械设备、车辆的尾气排放符合国家规定的排放标准。

(2) 施工噪声及光污染防治

1) 施工噪声

噪声污染的防治措施主要包括以下几点。

① 现场施工过程及构件加工过程中，存在着多种无规律的音调和使人听之厌烦的噪声，需要对场界噪声排放实时监测与控制，采取降噪措施，使场界噪声排放符合现行国家标准《建筑施工场界环境噪声排放标准》GB 12523—2011 的要求。

② 施工现场使用低噪声、低振动的机具，采取隔声与隔振措施，避免或减少施工噪声和振动。强噪声设备设置在远离居民区的一侧，并采用隔声、吸声材料搭设防护棚或屏障。

③ 进入施工现场的车辆严禁鸣笛。

④ 因生产工艺要求或其他特殊需要，确需进行夜间施工的，施工单位应加强噪声控制，并减少人为噪声。

2）光污染防治

施工现场防止光污染的措施主要有：

① 施工区域内采用节电型器具和灯具；

② 施工现场及塔式起重机上设置大型罩式灯，及时调整灯罩的角度，避免强光线外泄；

③ 电焊作业尽量安排在室内，如需在室外作业时，采用铁制遮光棚，避免电焊弧光外泄。

（3）水污染控制

施工现场水污染防治措施有：

1）禁止将有毒、有害废弃物作为土方回填。

2）采用隔水性能好的边坡支护技术；在缺水地区或地下水位持续下降的地区，基坑降水尽可能少抽取地下水。

3）当基坑开挖抽水量大于50万m^3时，要进行地下水回灌，并避免地下水被污染。

4）废弃的降水井要及时回填，并封闭井口，防止地下水被污染。

5）现场为存放有毒材料、油料设置的专用库房，要有严格的防渗层设计，须对地面进行防渗处理，并做好渗漏液收集和处理；防止油料跑、冒、滴、漏、污染水源；

6）工地临时厕所尽量采用水冲式厕所，如条件不允许时蹲坑要加盖，并要有防蝇、灭蚊措施，防止污染环境；

7）施工现场的废水主要来源于混凝土养护水、现场打磨水磨石的污水、现制电石废水、冲车废水、食堂污水等，必须经过化粪池沉淀后排入市政管道。施工现场的废水排放应符合现行国家标准《污水排入城镇下水道水质标准》GB/T 31962—2015的要求。

（4）土壤保护

1）保护地表环境，防止土壤侵蚀、流失。因施工造成的裸土，要及时覆盖砂石或种植速生植物，以减少水土流失；因施工容易造成地表径流土壤流失的情况，要采取设置地表排水系统，稳定斜坡、植被覆盖等措施，减少土壤流失。

2）防止生态系统破坏和环境污染，保护和改善建设工程周边的生态环境，严禁不经沉淀和无害化处理，直接排放建筑污水，污染土壤和地下水；确保沉淀池、隔油池、化粪池等不发生堵塞、渗漏、溢出等现象。

3）尽量减少施工期临时占地，合理安排施工进度，缩短临时占地使用时间。各种临时占地在作业完成后尽快进行植被及根系恢复，做到边使用，边平整，边绿化，边复耕。

4）施工活动如破坏了植被（一般指临时占地内），要与当地园林、环保部门或当地植物研究机构进行合作，在先前开发区种植合适的植物，补救施工活动中被人为破坏的植被和地貌造成的土壤侵蚀。

5）对于有毒有害废弃物，如电池、墨盒、油漆、涂料等，不能作为建筑垃圾外运，避免污染土壤和地下水。

6）工程施工期间对道路两侧的农田要采取相关措施予以保护。

（5）建筑垃圾控制

施工现场的固体废弃物对环境产生的影响较大。据不完全统计，目前城市建筑垃圾已经占到垃圾总量的30%～40%，这些垃圾不易降解，长期影响环境，所以在施工前必须制定建筑垃圾减量化、建筑垃圾分类收集综合利用等措施。按照“减量化、资源化和无害化”的原则处理建筑垃圾。

1）固体废弃物减量化

① 通过准确下料，减少建筑垃圾，要求每1万m^2新建施工现场，建筑垃圾不超过300t。

② 实行工序允许误差减半行动，减少前后工序的衔接误差，如提高墙、地面结构混凝土的施工平整度，一次性达到找平层的要求；提高模板拼缝的质量，避免或减少漏浆。

③ 尽量采用工厂化生产的定制构件，减少现场切割。目前通过BIM模型的排砖技术，可以直观地了解排砖放样的尺寸状况，非常有利于不同规格砖的工厂定制，减少现场的切割、裁剪，不仅减少了施工操作的噪声、扬尘，而且减少了切割、裁剪的边角料。

2）固体废弃物资源化

① 在施工现场设置封闭式垃圾站，进行垃圾分类（废钢筋、废木材、砖、加气块等垃圾）、分拣和存放。通过分类收集实现垃圾回收；砖、加气块等垃圾，通过机械粉碎预制成砌块，实现建筑垃圾的循环利用。

② 合理规划，如将施工用临时硬化道路与永久道路路基进行综合规划。

③ 利用废弃模板做一些围护结构，如遮光棚、隔声板等。

④ 利用废弃的钢筋头制作马凳、地锚拉环等。

⑤ 每次浇筑完主体结构后，多余的混凝土用来浇筑小型预制构件。

⑥ 用碎石类、土石方类建筑垃圾填筑路基。

⑦ 非存档文件纸张采用双面打印或复印，办公使用可多次灌注的墨盒，不能用的废弃墨盒由制造商回收再利用。

3）固体废弃物无害化

① 分类和分拣：在工地上设立合适的分类站点，将废弃物按照材料类型进行分类，例如分为混凝土、砖块、木材、金属等。

② 废物再利用：对可再利用的废弃物进行回收和再利用。例如，可以将废弃的混凝土破碎后再用于道路基础材料，将废弃的木材进行修整后再利用于木工项目中。

③ 现场破碎：对废弃的混凝土、砖块等进行现场破碎处理，使其变为适合再利用的颗粒状物料。

④ 堆填和覆盖：对无法再利用的废弃物，如建筑垃圾等，将其运送至指定的堆填场进行填埋，并进行适当的覆盖，以防止废物渗漏和环境污染。

⑤ 废物焚烧：将部分可燃的废弃物进行高温焚烧处理，通过燃烧将其转化为灰渣和烟气。这需要使用专门的废物焚烧设备，并配备废气处理系统以减少对环境的影响。

⑥ 土壤固化：对于含有有害物质的废弃物，如重金属废物，可以采用土壤固化的方

法将其固化于土壤中，以减少对环境的危害。

⑦ 环境监测和管理：在处理过程中，需要进行严格的环境监测，确保废物处理符合相关法规和标准。同时，采取必要的防护措施，保障工作人员的安全。

（6）有害物质污染防治

在建筑施工中严禁使用有毒有害的建筑材料，尤其是严禁使用含有氨、甲醛、苯、氡等有害物质的装饰材料装修房屋。例如：不使用造成饮用水二次污染的给水管道，严格控制人造板、内墙涂料、木器涂料、胶粘剂、地毯、壁纸、家具、混凝土外加剂等产品中的有害物的含量；检测建材中的活性二氧化硅、有害重金属的含量，防止碱骨料反应、重金属中毒；检测大理石、花岗岩等天然建筑材料的放射性，防止放射元素侵害；严禁使用淘汰的难以降解的建筑材料。

4. 环境保护评价指标

（1）控制项

1）建立环境保护管理制度；

2）绿色施工策划文件中包含环境保护内容；

3）施工现场在醒目位置设环境保护标识；

4）项目部对施工现场的古迹、文物、墓穴、树木、森林及生态环境等采取有效保护措施，制定地下文物应急预案；

5）施工现场不焚烧废弃物；

6）土方回填不得采用有毒有害废弃物。

（2）一般项

1）扬尘控制。现场建立洒水清扫制度，配备洒水设备，并有专人负责；对裸露地面、集中堆放的土方进行覆盖；现场进出口设车胎冲洗设施和吸湿垫，保持进出现场车辆清洁；易飞扬和细颗粒建筑材料封闭存放，余料回收；拆除、爆破、开挖、回填及易产生扬尘的施工作业有抑尘措施；高空垃圾清运采用封闭式管道或垂直运输机械；现场使用散装水泥，预拌砂浆有密闭防尘措施；遇有六级及以上大风天气时，停止土方开挖、回填、转运及其他可能产生扬尘污染的施工活动；现场运送土石方、弃渣及易引起扬尘的材料时，车辆采取遮盖措施；弃土场封闭，并进行临时性绿化；现场预拌混凝土设密闭和防尘措施。

2）废气排放。车辆及机械设备废气排放符合国家现行相关标准的规定；现场厨房烟气净化后排放；在敏感区域内的施工现场进行喷漆作业时，设置防挥发物扩散措施。

3）建筑垃圾。制定垃圾减量化、资源化计划；建筑垃圾产生量不大于300t/万m^2；建筑垃圾回收利用率达到30%；现场垃圾分类、封闭、集中堆放；生活、办公区设置可回收与不可回收垃圾桶，并定期清运；生活区垃圾堆放区域定期消毒；办理施工渣土、建筑废弃物等的排放手续，在指定地点排放；碎石和土石方类等垃圾用作地基和路基回填材料；废电池、废硒鼓、废墨盒、剩油漆、剩涂料等有毒有害的废弃物封闭分类存放，设置醒目标识，并回收。

4）污水排放。现场道路和材料堆放场地周边设置排水沟；工程污水和试验室养护用水处理合格后，排入市政污水管道，检测频率不少于1次/月；现场厕所设置化粪池，化粪池定期清理；工地厨房设置隔油池，定期清理；工地生活污水、预制场和搅拌站等施工污水处理达标后进行排放和利用；钻孔桩作业采用泥浆循环利用系统，不外溢。

5）光污染。采取限时施工、遮光和全封闭等措施，避免或减少施工过程的光污染；焊接作业时，采取挡光措施；施工场区照明采取防止光线外泄措施。

6）噪声控制。针对现场噪声源，采取隔声、吸声、消声等措施，降低现场噪声；采用低噪声设备施工，噪声较大的机械设备远离现场办公区、生活区和周边敏感区；混凝土输送泵、电锯等机械设备设置吸声降噪屏或其他降噪措施；施工作业面设置降噪设施；材料装卸轻拿轻放，控制材料撞击噪声；施工场界声强限值符合《建筑施工场界环境噪声排放标准》GB 12523—2011 的规定；封闭及半封闭环境内噪声不大于 85dB。

（3）优选项

1）施工现场设置可移动环保厕所，并定期清运、消毒；

2）现场采用自动喷雾（淋）降尘系统；

3）场界设置扬尘自动监测仪，动态连续定量监测扬尘（TSP、PM_{10}）；

4）场界设置动态连续噪声监测设施，显示昼夜噪声曲线；

5）建筑垃圾产生量不大于 210t/万 m^2；

6）采用地磅或自动监测平台，动态计量固体废弃物重量；

7）现场采用雨水就地渗透措施；

8）采用生态环保泥浆、泥浆净化器反循环快速清孔等环境保护技术；

9）采用装配式方法施工；

10）施工现场采用湿作业爆破、水封爆破、水炮泥封堵炮眼、高压射流等先进工艺；

11）土方施工采用湿作业方法；

12）现场生活采用清洁燃料。

10.2 节材与材料资源利用

10.2 节材与材料资源利用

1. 绿色建材的使用和节材措施

（1）绿色建材的使用

绿色建材，指健康型、环保型、安全型的建筑材料，绿色建材不是指单独的建材产品，而是对建材“健康、环保、安全”的评价。绿色建材注重建材对人体健康和环境保护所造成的影响。例如，上海世纪古美项目，通过在建筑的设计中加入一系列被动式、主动式、可再生能源等节能技术的应用，让房子能耗更低、碳排更少、居住体验感更佳。在建筑建造过程中对绿色建筑材料的选用已然是业内的共识，在施工过程中最大限度地节约资源（节能、节地、节水、节材）、保护环境、减少污染，为人们提供健康、适用和高效的建筑，将工程建设真正做到从人出发，以人为本。

绿色建材是采用清洁生产技术，使用工业或城市固态废弃物生产的建筑材料，具体体现在：

1）其生产所用原料尽可能少用天然资源，大量使用尾渣、垃圾、废液等废弃物。

2）采用低能耗制造工艺和无污染环境的生产技术。

3）在产品配制或生产过程中，不使用甲醛、卤化物溶剂或芳香族碳氢化合物，产品中不含有汞及其化合物的颜料和添加剂。

4）产品的设计是以改善环境、提高生活质量为宗旨，即产品不仅不损害人体健康，而且有益于人体健康，产品具有多功能化，如抗菌、灭菌、防霉、除臭、隔热、阻燃、调温、调湿、消磁、防射线、抗静电等。

5）产品循环和可回收利用，目前有各种各样的节能环保材料，如生态混凝土、有利于减少建筑自重的轻砂、新型环保隔热材料、用废纸原料制造新型建筑部品（例如2021年日本东京奥运会的纸板床，不过生产工艺还需要改进）等。

总之，施工单位应推广使用绿色建材，选用能耗低、高性能、高耐久性的建材，选用可降解、对环境污染少的建材，选用可循环、可重复使用和可再生的建材，使用采用废弃物生产的建材等。

（2）节材管理措施

通过有计划的采购、合理的现场保管，减少材料的搬运次数，通过限额领料、改善施工工法，降低材料在使用中的消耗；增加周转材料的周转次数，提高材料的使用效率。

1）在施工中应用节材技术措施减少材料浪费，这是一种良好的节材途径；

2）合理安排材料的采购时间和数量，避免库存过多；

3）推行限额领料，对材料的实际使用情况与预算进行分析，落实节材措施；

4）材料运输时：首先充分了解工地周围的运输条件，尽可能地缩短运距，利用经济有效的运输方法减少中转环节；其次要根据工程进度掌握材料的供应计划，严格控制进场材料，避免二次搬运；

5）优化模板及支撑体系方案，采用工具式模板、钢制大模板和早拆支撑体系，采用定型钢模、钢框竹模、竹胶板代替木模板；

6）仔细调查研究地方材料资源，在保证材料质量的前提下，充分利用当地资源，尽量做到施工现场500m以内生产的建筑材料用量占建筑材料总重量的70%；

7）在施工现场对废弃材料进行分类收集、贮存和回收利用，并在结构允许的条件下循环使用再生的建材。

（3）节材技术措施

1）主体结构

① 钢筋吊凳控制上层板筋保护层及板厚施工工法。采用钢筋吊凳控制上层板筋保护层及板厚，在完成混凝土浇筑后，取出钢筋吊凳。该施工工法，不仅变一次性投入为多次周转，而且从一定程度上杜绝了钢筋的低价值应用。

② 采取钢筋直螺纹机械连接，节约钢筋。

③ 钢筋短料作为明沟盖板、防护栏杆支架等综合再利用等措施，提高材料利用率。

④ 通过优化模板体系，增加模板、支撑系统的平均周转次数。

⑤ 合理规划场地，统筹基坑开挖与土方回填，减少土方外运，降低成本。

⑥ 生产、生活区用房采用活动板房，生活区围墙采用活动围护，并循环回收利用。

2）建筑装饰装修

① 贴面类材料在施工前进行总体排版，尽量减少非整块材料的数量；

② 各类油漆及胶粘剂随用随开启，不用时及时封闭；

③ 对于瓷砖、玻璃等各类块材材料，采用BIM试排放样，工厂定制方式。

3）建筑垃圾的回收利用

建筑垃圾的堆放或填埋几乎超过了环境允许的负荷，建筑垃圾减量化、重复利用是绿色施工的重要工作。建筑垃圾的重复利用主要体现在两个方面：一是使用可回收利用材料的产品；二是提高回收利用、循环利用率。

2. 节材与材料资源利用评价指标

（1）控制项

1）建立材料采购、限额领料、建筑垃圾再生利用等管理制度。

2）绿色施工策划文件中涵盖节材与材料资源利用的内容。

3）具有满足工程进度要求的具体材料进场计划。

4）就近选择工程材料，并有进场和运输消耗记录。

（2）一般项

1）临建设施。采用可周转、可拆装的装配式临时住房；采用装配式的场界围挡和临时路面；采用标准化、可重复利用的作业工棚、试验用房及安全防护设施；利用既有建筑物、市政设施和周边道路。

2）模架材料。采用管件合一的脚手架和支撑体系；采用高周转率的新型模架体系；采用钢或钢木组合龙骨。

3）材料节约。利用粉煤灰、矿渣、外加剂等新材料，减少水泥用量；现场使用预拌砂浆；墙、地块材饰面预先总体排版，合理选材；对工程成品采用保护措施；采用闪光对焊、套筒等无损耗连接方式；采用 BIM 技术，深化设计、优化方案、节约材料。

4）资源再生利用。建筑垃圾分类回收，就地加工利用；现场办公用纸分类摆放，纸张两面使用，废纸回收；建筑材料包装物回收率达到 100％；再生利用改扩建工程的原有材料。

5）施工选用绿色、环保材料。

（3）优选项

1）主要建筑材料损耗比定额损耗率低 30％。

2）采用建筑配件整体化和管线设备模块化安装的施工方法。

3）混凝土结构施工采用自动爬升模架；现场废弃混凝土利用率达到 70％。

4）现场混凝土拌合站设置废料收集系统，加以回收利用。

5）爆破施工采用高效安全爆破工艺，节约材料。

6）采用钢筋工厂化加工和集中配送。

7）大宗板材、线材定尺采购，集中配送。

8）石方弃渣用于加工机制砂和粗骨料。

10.3 节水与水资源利用

1. 施工过程中建立节约用水制度

（1）编制生活区、办公区、生产区节水方案，对生产区、生活区实行分别计量，制定消耗指标、建立用水台账，根据生产、生活区用水指标定期进行考核。

（2）施工现场建立中水或可再利用水的收集利用系统，使水资源得到循环利用，方法如下。

1）基坑降水采用基坑封闭降水方法，有效利用基础施工阶段井点抽取上来的地下水。

2）配置二级沉淀池，设置废水（不含有机物）沉淀回用系统，施工污水经现场沉淀后二次循环使用。

3）项目施工期主要道路两侧敷设排水沟（管）收集雨水，沉淀处理后回用。

（3）加强现场人员的节水意识，派专人对备用水源、供水装置进行巡视检查，发现漏水现象及时修复，提高节水效率。

（4）在施工过程中改进施工工艺，节约用水，方法如下。

1）改变混凝土养护的方式。用喷淋代替大水漫灌的方式，达到节水的目的。

2）改变砌体的浇水湿润方式。采取和混凝土养护方式相同的方法，改冲淋为喷淋。

3）改变砂浆的搅拌方式，推广应用预拌砂浆。

2. 节水与水资源利用评价指标

（1）控制项

1）建立水资源保护和节约管理制度。

2）绿色施工策划文件中涵盖节水与水资源利用的内容。

3）制定水资源消耗总目标和不同施工区域及阶段的水资源消耗指标。

4）施工现场的办公区、生活区、生产区用水单独计量，并建立台账。

5）施工现场供水线路及末端不得有渗漏。

6）签订标段分包或劳务合同时，将节水指标纳入合同条款。

（2）一般项

1）节约用水。管道打压采用循环水；混凝土养护采用覆膜、喷洒等节水工艺和措施；生活区用水采用节水器具，配置率达到 100%；喷洒路面、绿化浇灌采用非自来水水源；现场临时用水系统设计合理，无渗漏。

2）水资源保护。基坑抽水采用动态管理技术，减少地下水开采量；危险品、化学品存放处采取隔离措施；污水排放管道不得渗漏；采用无污染地下水回灌方法；机用废油回收，不得随意排放；不得向水体倾倒垃圾；水上和水下机械作业有作业方案，采取安全和防污染措施。

3）水资源的利用。施工废水与生活废水有收集管网、处理设施与利用措施。现场冲洗机具、设备和车辆的用水，采用经处理后的施工废水和收集的雨水；非传统水源经过处理并检验合格后作为施工、生活用水使用；根据工程的地域特点，施工现场用水经过许可后，可采用符合标准的江、河、湖、泊水源；储存并高效利用回收的雨水和基坑降水产生的地下水。

（3）优选项

1）中水进行生化处理达标后，合理利用。

2）混凝土标准养护室采用蒸汽设施，自动养护。

3）现场混凝土预制构件采用自动控制系统进行养护。

4）场内集中预制的混凝土构件采用喷淋设备进行喷水养护。

5）设置在海岛海岸的无市政管网接入条件的工程项目，采用海水淡化系统。

6）无市政管网接入条件的工程项目，因地制宜，采用非自来水水源。

7）采用基坑封闭降水施工技术。

10.4 节能与能源利用

1. 施工节能措施

（1）生活区、办公区节能措施

在节约生活用电方面，现场办公室、职工宿舍要使用低能高效的用电设备，禁止使用大功率用电器。生活区、办公区节能措施有：

1）尽量在省电模式下运行办公设备，电脑、打印机、复印机不用时，设置在待机状态，下班即关机；

2）生活区照明采用集中管控措施，由生活区门卫负责定时开关电源；

3）办公室要人走灯灭、杜绝“长明灯”；

4）办公场所充分利用自然光源，照明采用节能灯；

5）空调制冷温度不低于26℃，冬季空调制热温度不高于28℃，空调开启时，办公室门窗要关闭；

6）生活区安装专用电流限流器，禁止使用大功率用电设备，如严禁使用大功率的用电器取暖、做饭；

7）职工浴室安装太阳能热水器，充分利用清洁能源。

（2）生产区节能措施

合理组织施工，积极推广节能新技术、新工艺，提高施工能源利用率，禁止不合格临时设备用电。在工程建设过程中，节能减排工作尤其重要，节能可以有效节约能源、提高资源利用效率，减排可以减少污染、减轻环境负担。上海中心大厦设计团队从概念设计到施工都以绿色建筑为核心。大楼最重要的永续设计元素是独特的双层幕墙，包裹塔楼的玻璃幕墙充分利用自然采光，减少照明用电；透明的外墙为建筑减低热传导，减少空调供暖耗电。这些绿色措施大幅降低了项目的各项能源消耗，预计每年能减少34000t的碳足迹。节能施工新技术、新工艺的开发和应用可以促进资源的可持续发展，践行“绿水青山就是金山银山”理念。

1）机械设备的选择与使用

机械设备在选择时，优先选择制造技术成熟且节能的。选用的机械设备的功率要与设备所承受的负载相匹配，避免大功率施工机械设备在低负载下长时间工作；淘汰高能低效的老旧机械。

2）合理安排工序

合理安排施工工序，根据施工总进度计划，在施工进度允许的前提下，尽可能减少夜间施工，减少照明用电。

合理安排施工机械的作业区域和工作时间，在满足施工需要的条件下，尽量减少施工机械的数量，充分利用相邻作业区域的机械，合理安排施工工序，提高施工机械的效率，降低施工机械的能耗。

3）施工用电及照明

合理安排机械设备的进场时间、使用时间、使用次数。施工照明时不要随意接拉电线，作业人员在哪里作业，就在哪里开启照明设备，无作业时，照明设备要及时关闭。

① 施工现场用电要严格遵守《施工现场临时用电安全技术规范》JGJ 46—2005 和《建设工程施工现场供用电安全规范》GB 50194—2014 规定。电线接线时，使用合格的接线端子压接电线头，铜线和铝线连接时，为了防止电化学腐蚀造成的接触不良，必须装接铜铝过渡接头。

② 施工现场要制定临时用电制度，设定生产、生活、办公用电指标，并定期进行对比分析，制定节约用电措施。施工现场用电制度如下。

首先：建立生产区用电制度，明确责任人；杜绝现场乱拉乱接供电接线现象，减少线路无功率损耗；对设备进行定期维护、保养，保证设备运转正常，降低能源消耗；根据不同阶段核算用电量，依据用电量安装电表实行分路供电，建立用电台账；选用合格的电线电缆，降低线路无功率损耗。

其次：制定大型施工机械运行管理制度，做好施工机械设备日常维护、定期维护；在施工机械闲置时关掉电源，减少机械空载运行；电焊机安装二次降压保护装置；严禁使用老化、带病机械设备。

2. 节能与能源利用评价指标

（1）控制项

1）建立节能和能源利用管理制度。

2）绿色施工策划文件中涵盖节能与能源利用的内容。

3）编制施工设备总体耗能计划，对进场重大设备进行能耗评估，设备进场后建立主要耗能设备清单。

4）施工现场的办公区、生活区、生产区用电单独计量，并建立台账。

（2）一般项

1）临时用电设施。规划线路敷设、配电箱配置和照明布局；采用节能型设施；现场照明设计符合行业标准《施工现场临时用电安全技术规范》JGJ 46—2005 的规定；办公区和生活区 100%采用节能照明灯具。

2）机械设备。选择能源利用效率高的施工机械设备；合理安排施工工序和施工进度，共享施工机具资源；高耗能设备单独配置电表，定期监控能源利用情况，并有记录；建立机械设备技术档案，定期检查保养；选择功率与负载相匹配的施工机械设备，避免大功率施工设备长时间低负载运行；施工作业停工后及时关机。

3）临时设施。结合日照和风向等自然条件，合理利用；使用热工性能达标的复合墙体和屋面板，顶棚采用吊顶；采取外遮阳窗帘等防晒措施。

4）材料运输。建筑材料设备的选用采用就近原则，500km 以内生产的建筑材料设备重量占比大于 70%；合理布置施工总平面图，避免现场二次搬运，制定切实措施，减少垂直运输设备的耗能；采用重力势能装置，运输建筑垃圾。

5）现场施工。采用能耗少的施工技术和施工工艺；减少夜间作业、冬期和雨期施工时间；合理安排施工机械，避免集中使用大功率设备；地下大体积混凝土基础采用溜槽或串筒浇筑；钢结构安装采用高强度螺栓连接技术。

（3）优选项

1）利用太阳能或其他可再生能源。

2）临时用电设备采用自动控制装置。

3）施工通道及无直接采光的施工区域照明分别采用声控、光控、延时等自动照明控制。

4）采用无功补偿设备提升施工临时用电系统的功率因素。

5）单位工程单位建筑面积的用电量比定额节约10%。

6）长期集中施工人员居住区，采用合同能源管理模式实现节能目标。

7）沥青混合料加热采用天然气、煤改气等清洁能源。

8）施工期采用集中供电、电网供电、油改气、温拌沥青等节能方法。

10.5 节地与施工用地保护

1. 临时用地目前存在的主要问题

工程建设用地包括临时用地和永久用地。临时用地包括建设单位或施工单位在工程建设中新建的临时住房和办公用房、临时加工车间和修配车间、搅拌站和材料堆场，还有预制场、采石场、挖砂场、取土场、弃土场、施工便道、运输通道和其他临时设施用地。临时用地目前存在的主要问题如下。

1）在项目前期的可行性研究阶段，没有制定完善的取土、弃土方案，临时用地选址具有一定的随意性，对临时性用地的数量缺乏精确计算，存在浪费土地的现象。

2）在建设重点基础设施项目中，施工单位临时用地随意占用耕地。

3）在建设铁路、公路桥梁等大型项目时，工程建设项目沿线设置的大量临时预制场规模庞大，占用了相当数量的土地。这些土地由于重型机械设备的长时间碾压，变得复耕困难。

4）有些大型的工程项目施工期限比较长，使得原来用于修建简易施工用房、设施用房的临时用地提高了标准，演变成为实际上的建设用地。

2. 临时用地的管理

在项目可行性研究阶段，根据项目性质、地形地貌、取土条件等，制定临时用地方案，确定取、弃土用地控制指标，编制复耕方案。

（1）取、弃土用地规划

1）合理调配取弃土。在建筑工程施工时，土石方工程占较大比重，所需劳动力和机具较多，需要提前编制土石方调配方案。

2）挖丘取土，平地造田。从附近荒丘上取土平整后，可给当地农村造地造田；视当地实际情况将取土坑修建为鱼塘，发展渔业。

3）弃土填沟、弃渣填基综合利用。尽可能把弃土覆盖在荒地上，并进行土壤改良，使原来的荒地复耕。

4）在施工结束后，要及时恢复土地耕种条件。

（2）合理布设临时道路

为工程施工需要而修建的临时道路，根据运量、距离、工期、地形、当地材料以及使用的车辆类型等情况来决定，在施工调查中要着重研究城乡交通运输情况，充分利用既有道路和水运的运输能力，合理布置与修筑临时道路。主要原则如下。

1）充分利用现有城乡道路。

2）充分利用有利地形，在不受地形、地物限制的情况下，线路尽可能顺直，节约占地。

3）道路避免占用优良耕地、破坏原有排灌系统。

（3）合理布置临时房屋

施工用临时房屋主要包括办公区、生活区、生产区的各种生产和生活用房。这些临时房屋的特点是使用时间短，工程结束后即拆除。因此，应尽量利用附近已有房屋、临时帐篷和装配式房屋。

（4）科学规划施工现场

施工场地中的临时设施、材料堆场、物资仓库、大型机械、物料堆场、消防设施、道路及进出口、加工场地水电管线、周转使用等场地应进行科学规划，以达到节约用地的目的。对于工程建设的规划用地，要以节约、高效和极限利用为目标，提高单位土地的利用率。例如入选“基础设施建设节地技术”类型的九龙坡区嘉南线停车楼项目的“高架桥下建停车库节地模式”，充分利用高差和桥下空间开展建设，使停车楼与高架桥连为一体，可同时设计、同时施工，无须新增供地。因此施工建设中土地的利用要在一定的区域内进行科学的总体规划，施工建设需要根据国家的社会可持续发展的要求对土地进行合理开发、有效利用、科学治理，正确保护，在工作中对施工建设的空间上、时间上要进行总体布局和详细安排，体现科学组织、统筹安排、追求卓越的工匠精神。

3. 临时用地保护

（1）合理减少临时用地

1）深基坑施工时，进行多方案对比，制定最佳土石方的调配方案，避免高填深挖，尽量减少土方开挖和回填量。

2）施工单位要严格控制临时用地数量，施工通道、各种料场、预制场要结合工程进度和工程永久用地统筹考虑。

3）根据制定的取土场复排方案，确定施工场地、取土场地点、数量和取土方式，尽量结合当地农田水利工程规划，避免大规模集中取土，并将取、弃土和农田改造结合起来。

4）在桥梁和道路建设过程中，充分利用地形，优化施工方案和优选路线方案，减少占用土地的数量。

（2）红线外临时占地

红线外临时占地要重视环境保护，维持原有自然生态平衡，并保持与周边环境、景观相协调。红线外临时占地要满足以下几个要求。

1）在工程量增加不大的情况下，尽量利用荒山、荒坡，选择能够最大限度节约土地、保护耕地、林地的方案。

2）对确实需要临时占用的耕地、林地，要考虑及时复耕。

3）工程完工后，及时对红线外占地恢复原地形、地貌，使施工活动对周边环境的影响降至最低。

（3）保护绿色植被和土地的复耕

建设工程临时用地，在工程结束以后，应该按照“谁破坏，谁复耕”的原则，恢复原来的地形、地貌、耕种条件。具体方法如下。

1）清除临时用地上的废渣、废料和临时建筑、建筑垃圾等，平整土地、造林种草、恢复土地的植被。

2）在对临时用地进行清理后，对压实的土地进行翻松、平整、适当布设土埂，恢复破坏的排水、灌溉系统。

3）施工单位临时用房、料场、预制场等临时用地，如果不得不占用耕地，必须采取“耕作层剥离”，及时将耕作层的熟土剥离并堆放在指定地点，以便用于土地复耕、绿化和重新造地，提高土地复耕质量。

4）利用和保护施工用地范围内原有绿色植被，对于施工周期较长的现场，可按建设永久植被标准绿化。

4. 节地与施工用地保护评价指标

（1）控制项

1）建立节地与土地资源保护管理制度。

2）绿色施工策划文件中涵盖节地与土地资源保护的内容。

3）了解施工场地及毗邻区域内人文景观、特殊地质及基础设施管线分布情况，制定相应的用地计划和保护措施，并报请相关方核准。

4）合理布置施工场地，并实施动态管理。

5）未经相关政府管理部门许可，不得在农田、耕地、河流、湖泊、湿地弃渣。

6）在生态脆弱地区施工完成后，进行施工区域内的植被和地貌复原。

（2）一般项

1）节约用地。施工总平面根据功能分区集中布置，根据现场条件和使用需求，合理设计场内交通道路；利用原有及永久道路为施工服务，施工现场临时道路的设置须综合确定；综合确定临时办公和生活用房采用多层装配式活动板房、箱式活动房等；对垂直运输设备布置方案进行优化，减少垂直运输设备占地；充分利用施工产出的矿渣及废渣，减少弃土用地。

2）保护用地。覆盖施工现场裸土，防止土壤侵蚀、水土流失；合理利用山地、荒地作为取、弃土场的用地；施工现场非临建区域采取绿化措施，减少场地硬化面积；优化坑施工方案，减少土方开挖和回填量；工程施工完成后，进行地貌和植被复原；合理调配路基等土石方工程，力求挖填方平衡，减少取土挖方量。

（3）优选项

1）利用既有建筑物、构筑物和管线或租用工程周边既有建筑为施工服务。

2）集中拌和、处理物料。

3）办公室外场地及现场道路采用钢板铺装。

4）现场道路采用预制混凝土或块料铺装。

5）人行道采用透水路面。

思 考 题

1. 简述土木工程施工各阶段环境污染源的特征。

2. 土木工程施工期环境污染源有哪些？

3. 简述施工现场的大气环境保护措施。

4. 简述施工现场水污染防治措施。

5. 绿色建材的使用主要体现在哪些方面？

6. 简述绿色建材的节材管理措施。

7. 简述施工过程中建立的节约用水制度。

8. 简述施工过程中生产区的节能措施。

9. 简述土木工程施工临时用地的管理内容。

案例实操题

1. 工程概况

(1) 总体概况

1) 工程名称：××学院大学生公寓楼

2) 建设单位：××体育学院

3) 设计单位：××建筑工程有限责任公司

4) 地理情况：拟建的××学院大学生公寓楼位于××西路××体育学院院内，本工程为高层学生公寓楼，地上9层、地下1层，总建筑面积9869.41m^2，建筑高度31.95m，为框架-剪力墙结构。本工程建筑造型简洁明快，楼内设施齐全，是一栋舒适便捷的现代化学生公寓。其他工程概况详见“工程建筑概况特征表”“装饰装修工程做法表”“工程结构概况特征表”“工程设备安装概况特征表”。

(2) 工程建筑概况特征（表10-2）

工程建筑概况特征　　　　表10-2

<table>
<tr><td rowspan="2">建筑面积</td><td rowspan="2">9869.41m^2</td><td>地下</td><td>8714.26m^2</td></tr>
<tr><td>地上</td><td>1155.15m^2</td></tr>
<tr><td>层数</td><td>地下1层，地上9层</td><td>建筑高度</td><td>31.95m</td></tr>
<tr><td>耐火等级</td><td>二级</td><td colspan="2">±0.000＝50.650m</td></tr>
<tr><td rowspan="4">防水</td><td colspan="3">防水等级Ⅱ级</td></tr>
<tr><td colspan="3">不上人屋面采用SBS改性沥青防水卷材（聚酯胎）Ⅱ型两遍，上人屋面采用SBS改性沥青防水卷材和SBS改性沥青防水涂料组合</td></tr>
<tr><td colspan="3">地下室采用SBS-Ⅱ型卷材防水层二道（聚酯胎）</td></tr>
<tr><td colspan="3">卫生间、水箱间、洗衣房等楼地面采用JS防水涂料</td></tr>
<tr><td rowspan="3">保温</td><td colspan="3">屋面采用100mm水泥聚苯板保温层，架空30厚空气层</td></tr>
<tr><td colspan="3">自行车坡道顶板粘贴80mm聚苯板保温层，地下一层配电室顶板粘贴50厚玻纤保温板</td></tr>
<tr><td colspan="3">外墙外保温、楼梯间出面处采用50mm聚苯板保温，外墙内保温采用30mm聚苯板保温＋20mm空气间层，空调板保温为外抹40mm FGC外墙外保温涂料</td></tr>
<tr><td rowspan="3">墙体</td><td colspan="3">承重墙为全现浇钢筋混凝土墙。地下室外墙为300mm自防水混凝土墙；其余墙体有250mm及300mm两种</td></tr>
<tr><td colspan="3">框架填充墙采用陶粒混凝土砌块，有200mm及250mm两种</td></tr>
<tr><td colspan="3">内隔墙采用90mm陶粒混凝土条板隔墙</td></tr>
</table>

续表

<table>
<tr><td rowspan="2">建筑面积</td><td rowspan="2">9869.41m²</td><td>地下</td><td>8714.26m²</td></tr>
<tr><td>地上</td><td>1155.15m²</td></tr>
<tr><td rowspan="3">门窗</td><td colspan="3">窗包括双玻铝合金窗（80 系列）</td></tr>
<tr><td colspan="3">门包括防火门、木质夹板门、铝合金门和不锈钢门等</td></tr>
<tr><td colspan="3">单块大于 1.5m² 的玻璃采用加胶安全玻璃</td></tr>
<tr><td rowspan="2">屋面</td><td colspan="3">屋面为上人屋面，仅作为疏散用</td></tr>
<tr><td colspan="3">出屋面电梯间等房间为不上人屋面</td></tr>
<tr><td>电梯</td><td colspan="3">两部电梯，均为乘客电梯，电梯载重量为：1000kg，电梯速度为 1.6m/s。电梯从地下一层至地上九层</td></tr>
</table>

（3）装饰装修工程做法（表 10-3）

装饰装修工程做法 **表 10-3**

<table>
<tr><td rowspan="13">主要材料做法</td><td rowspan="3">地（楼）面</td><td>水泥地面</td><td>地下一层各房间、屋顶层房间</td></tr>
<tr><td>铺地砖地面</td><td>地下一层洗衣房</td></tr>
<tr><td>铺地砖楼面</td><td>卫生间、楼梯间、学生公寓等地上部分房间</td></tr>
<tr><td rowspan="3">内墙</td><td>合成树脂乳液涂料（乳胶漆）</td><td>走廊、楼梯间、学生公寓、电梯间等</td></tr>
<tr><td>石灰砂浆墙面</td><td>消防生活泵房、储藏室、自行车库、水箱间、配电间、变电所</td></tr>
<tr><td>釉面砖墙面</td><td>洗衣房、卫生间、开水间、盥洗室</td></tr>
<tr><td rowspan="2">踢脚</td><td>水泥踢脚</td><td>地下一层、屋顶层</td></tr>
<tr><td>铺地砖踢脚</td><td>学生公寓、楼梯间、门厅、走道等</td></tr>
<tr><td rowspan="5">顶棚</td><td>板底刮腻子喷涂</td><td>储藏室、自行车库、配电间、变电所</td></tr>
<tr><td>板底合成树脂乳液喷涂（乳胶漆）</td><td>楼梯间、学生公寓及地下一层电梯厅及走道</td></tr>
<tr><td>板底抹灰顶棚</td><td>洗衣房、卫生间、开水间、盥洗室</td></tr>
<tr><td>纸面石膏板吊顶</td><td>门厅、地上电梯厅及走道</td></tr>
<tr><td>粘贴矿棉吸声板</td><td>消防生活泵房、电梯机房、水箱间</td></tr>
</table>

（4）工程结构概况特征（表 10-4）

工程结构概况特征 **表 10-4**

<table>
<tr><td colspan="2">结构类型</td><td colspan="2">现浇钢筋混凝土框架-剪力墙结构体系</td></tr>
<tr><td colspan="2" rowspan="2">抗震等级</td><td colspan="2">剪力墙抗震等级为一级，框架抗震等级为二级</td></tr>
<tr><td colspan="2">抗震设防烈度为 8 度</td></tr>
<tr><td rowspan="5">混凝土</td><td rowspan="5">强度等级</td><td>C45</td><td>地下一层～首层柱、墙体，底板及外墙</td></tr>
<tr><td>C40</td><td>二～三层的柱、墙体</td></tr>
<tr><td>C35</td><td>四层以上的柱、墙体</td></tr>
<tr><td>C30</td><td>楼板、楼梯，梁</td></tr>
<tr><td>C15</td><td>垫层</td></tr>
</table>

续表

结构类型		现浇钢筋混凝土框架-剪力墙结构体系	
混凝土	抗渗等级	防水混凝土的抗渗标号均为S8	
	底板、外墙用防水混凝土		
钢材	型钢：Q235钢（电梯吊钩采用Ⅰ级钢，严禁使用冷加工钢筋）		
焊条	焊接Ⅰ级钢用E43焊条		
	焊接Ⅱ级钢用E50焊条		
	焊接Ⅰ、Ⅱ级钢用E43焊条		
保护层厚度（不小于受力钢筋的直径）	地下部分	外墙外侧、基础底板底面	受力主筋40mm
		内墙	受力主筋20mm，箍筋15mm
		柱	受力主筋30mm
	地上部分	墙、板	受力主筋15mm
		梁、柱	受力主筋25mm，箍筋15mm

（5）工程设备安装概况特征（表10-5）

工程设备安装概况特征　　表10-5

分部分项工程名称	分部分项工程简介及工作内容
给水排水工程	1. 生活给水采用分区给水，给水系统分为高、低两个区。低区：地下一层至三层由市政水压直接供水；高区：四层至九层，采用变频机组水箱联合供水，地下一层水泵房内设不锈钢生活水箱，所有卫生洁具配件须用节水型产品，地漏采用高水封型。 2. 给水管道非供暖房间保温，排水管道采用硬氯乙烯塑料管道，立管为螺旋管，粘结。采用消声三通，横管需用10mm厚阻燃自熄式聚氨酯，外缠阻燃白塑料布扎紧做防结露保温。 3. 室内消火栓给水由地下一层消防池、消防水泵供给。室内消火栓给水由位于本楼西侧的消防水池供给；屋顶另设消防水箱一个。 4. 消火栓管道采用无缝钢管，焊接接口，阀门及需拆卸部位采用法兰连接，管道实验压力为1.4MPa。 5. 所有穿外墙管道均需预埋刚性防水套管
供暖工程	1. 本工程供暖系统为热水供暖，本楼供暖为一个系统：地下一层至地上九层。供暖系统为上供下回单管系统，供水干管敷设于地上九层顶板下，回水干管敷设于地下一层板下，局部敷设于地上一层顶板下。 2. 供回水最高点安装ZP88-IA型自动排气阀，六～九层系统每根立管上端带闭合段，安装阀门，以利调节；所有非供暖房间的供暖管道，走廊内干管及总立管均用聚氯乙烯泡沫塑料瓦保温，厚度30mm，外缠阻燃白色塑料布；管道穿楼板与地面相平，安装在墙壁内的套管其两端应与墙面相平，穿卫生间等房间的套管，管口高出地面50mm，套管与管道之间应添油麻，穿防水墙的套管内应用非燃料将缝隙紧密填塞。 3. 首层门厅大门上方设有贯流风幕，冬、夏两季作为气闸使用，保持室内温度；在洗衣房及配电室均设有排气扇

续表

分部分项工程名称	分部分项工程简介及工作内容
电气工程	1. 电气工程包括照明系统、动力系统、防雷及接地系统、消防报警及联动控制系统管路、弱电管路、电梯工程。 2. 消防设备、应急照明灯为二级负荷，其他为三级负荷；供电电源由本楼变配电室采用低压电缆沿桥架引入配电间，三路照明一路动力，采用 TN-S 系统，各层设有分配电箱，每三层设一只应急照明箱。各层走廊内的支干线沿电缆槽吊顶内敷设，然后沿墙或墙顶板敷设。 3. 各房间内除一般照明外另设夜灯；走廊、楼梯间设置应急照明及疏散指示灯

2. 要求：根据该建筑的相关工程概况及设计情况，编制针对该工程的施工现场环境管理措施方案。

案例实操题
参考答案10

拓展习题10

第 11 章
基于 BIM 技术的施工组织设计

【引言】我国的建筑工程规模较大、建设周期较长，应用到的施工技术较多且工序较为复杂，使得施工的过程中往往会面临诸多隐患问题。传统的项目管理方式已经不再适用于当前建筑行业的发展，只有采取更加有效、科学的管理方式才能在提高项目施工质量的同时保证项目经济收益。为了达到这个目的，可以选择和应用BIM技术对项目进行管理以更好地规避项目风险。BIM技术在施工组织与管理阶段的应用可以极大程度地保证项目施工效果，另外该技术因为具有较好的协调性、可视化以及模拟化特点，所以能够更加便于对各个工序的施工内容进行调整和优化，有效规避施工过程中可能产生的隐患问题。那么BIM技术到底是什么？BIM技术在施工组织设计中具体可以在哪些方面应用并且发挥价值呢？

【本章重难点】BIM技术在施工场地布置应用分析、场地布置族库及建模流程、BIM技术的场地布置路径；装配式建筑人材机的技术分解和BIM技术在施工进度中的应用。

【学习目标】了解BIM技术在施工组织设计中的应用范围（施工组织设计结合背景、进度计划编制和模拟应用、资源计划应用背景、施工方案及工艺模拟应用背景）；熟悉基于BIM技术的施工场地布置优化设计（BIM技术在施工场地布置应用分析、场地布置族库及建模流程、BIM技术的场地布置路径）；熟悉BIM技术的装配式建筑施工组织设计（装配式建筑人材机的技术分解、施工组织设计内容、BIM技术在施工进度的应用）。

【素质目标】通过让学生了解建筑行业先进的技术和管理理念、方式，培育学生对行业的认同感、归属感，树立对行业未来发展的信心；培育学生树立工匠精神的价值观、深具家国情怀和民族自豪感。

11.1 BIM技术在施工组织设计中的应用范围

1. BIM技术与施工组织设计结合背景

在互联网时代，随着建筑施工行业对信息化建设的探索不断深入，信息化建设也越来越趋向具体工程项目的落地应用，通过将信息技术的集成用于改变传统管理方式，实现传统施工模式的变革，使施工现场更智慧化。近年来，随着BIM技术、大数据技术、物联网技术、云计算等信息技术的不断发展，施工现场管理逐渐由人工方式转变为信息化、智能化管理，极大地提高了工程质量、进度、安全等管理效率，显著提升了管理效果，节省了工程管理成本。例如苏州中南中心，建筑高度为729m，应用BIM技术解决项目要求高、设计施工技术难度大、协作方众多、工期长、管理复杂等诸多挑战。该项目的业主谈到："这个项目建成后将成为苏州城市的新名片，为保证项目的顺利进行，我们不得不从设计、施工到竣工全方面应用BIM技术！"为保障跨组织、跨专业的超高层BIM协同作业顺利进行，业主方选择了与广联云合作，共同搭建"在专业顾问指导下的多参与方的BIM组织管理"协同平台。

在工程建设领域，三维图形技术的一个重要应用体现在BIM技术应用上。相比传统的二维CAD设计，BIM技术以建筑物的三维图形为载体进一步集成各种建筑信息参数，形成了数字化、参数化的建筑信息模型，随后围绕数字模型实现施工模拟、碰撞检测、5D虚拟施工等应用。借助BIM技术，能在计算机内实现设计、施工和运维数字化的虚拟建造过程，并形成优化的方案指导实际的建造作业，极大地提高了设计质量，降低了施工变更，提升了工程可实施性。

目前，BIM 技术已经被广泛应用在施工组织中。在施工方案制定环节，利用 BIM 技术可以进行施工模拟，分析施工组织、施工方案的合理性和可行性，排除可能的问题。例如，管线碰撞问题、施工方案（深基坑、脚手架）模拟等的应用，对于结构复杂和施工难度高的项目尤为重要。在施工过程中，将成本、进度等信息要素与模型集成，形成完整的 5D 施工模拟，帮助管理人员实现施工全过程的动态物料管理、动态造价管理、计划与实施的动态对比等，实现施工过程的成本、进度和质量的数字化管控。

同时，BIM 技术的应用也可以更高效地进行施工策划，进而使“智慧施工”策划成为可能。智慧施工策划主要特征是，应用信息系统，自动采集项目相关数据信息，结合项目施工环境、节点工期、施工组织、施工工艺等因素，对项目施工场地布置、施工机械选型、施工进度、资源计划、施工方案等内容做出智能决策或提供辅助决策的数据。

如今许多施工企业和 BIM 软件服务商正在积极探索智慧施工策划应用，但是由于智慧施工才刚刚起步，加之受软件系统的制约，现阶段智慧施工策划只是在施工场地布置、进度计划编制、资源计划编制和施工方案模拟等方面取得了一些成果。这些成果主要是以 BIM 技术等相关技术为基础开展的。

2. BIM 应用于施工现场布置

施工现场布置策划是在拟建工程的建筑平面上（包括周边环境），布置为施工服务的各种临时建筑、临时设施及材料、施工机械等的过程。施工现场布置方案是施工方案在现场的空间体现，它反映已有建筑与拟建工程间、临时建筑与临时设施间的相互空间关系，表达建筑施工生产过程中各生产要素的协调与统筹。布置得恰当与否对现场的施工组织、文明施工、施工进度、工程成本、工程质量和安全都将产生直接的影响。施工现场布置策划是施工管理策划最重要的内容之一，也是最具“含金量”的部分。合理、前瞻性强的总平面管理策划可以有效地降低项目成本，保证项目发展进度。

传统模式下的施工场地布置策划，是由编制人员依据现场情况及自己的施工经验指导现场的实际布置。一般在施工前很难分辨其布置方案的优劣，更不能在早期发现布置方案中可能存在的问题，施工现场活动本身是一个动态变化的过程，施工现场对材料、设备、机具等的需求也是随着项目施工的不断推进而变化的。随着项目的进行，布置方案很有可能变得不适应项目施工的需求。这样一来，就得重新对场地布置方案进行调整，再次布置必然会需要更多的拆卸、搬运等程序，需要投入更多的人力、物力，进而增加施工成本，降低项目效益，布置不合理的施工场地甚至会产生施工安全问题。所以，随着工程项目变得大型化、复杂化，传统的、静态的、二维的施工场地布置方法已经难以满足实际需要。

基于 BIM 模型及理念，运用 BIM 工具对传统施工场地布置策划中难以量化的潜在空间冲突进行量化分析，同时结合动态模拟从源头减少安全隐患，可方便后续施工管理、降低成本、提高项目效益。

基于 BIM 的场地布置策划运用三维信息模型技术表现建筑施工现场，运用 BIM 动画技术形象地模拟建筑施工过程，将现场的施工情况、周边环境和各种施工机械等运用三维仿真技术形象地表现出来，并通过模拟进行合理性、安全性、经济性评估，实现施工现场场地布置的合理、合规。

3. 基于 BIM 的进度计划编制和模拟应用

施工进度计划是施工单位进行生产和经济活动的重要依据，它从施工单位取得建设单位提供的设计图纸进行施工准备开始，直到工程竣工验收为止，是项目建设和指导工程施工的重要技术和经济文件。进度控制是施工阶段的重要内容，是质量、进度、成本三大建设管理环节的中心，直接影响工期目标的实现和投资效益的发挥。工期控制是实现项目管理目标的主要途径，施工项目进度控制与质量控制、成本控制一样，是项目施工中的主要内容之一，是实现项目管理目标的主要有效途径。因此，项目的前期策划工作中目标和进度整体的确立，对项目的整体进展起着决定性作用，而智慧施工策划，对整个项目的成败有着重要的影响。例如广州周大福金融中心项目通过 MagiCAD、GBIMS 施工管理系统等 BIM 产品应用取得良好成效，实现技术创新和管理提升。由此可见，智慧建造作为信息技术、数字技术与施工现场深度融合的产物，对“以科技创新促进传统建造方式升级，提高项目管理和生产效率达到精益建造，推动建筑产业现代化，实现高质量发展”都具有重要意义。

随着国内建设项目不断变得大型化、复杂化，传统的施工策划方式已经不能满足项目管理的要求，传统的进度计划编制也已无法处理施工过程中产生的大量信息以及高度复杂的数据。通过智慧策划中 BIM 技术对编制的计划进行模拟，结合 BIM 技术特点在计划编制期间利用 BIM 模型提供的各类工程量信息，结合工种工效、设备工效等业务积累数据，更加科学地预测出施工期间的资源投入，并进行合理性评估，为支撑过程提供了有力的帮助。在施工策划阶段编制切实有效的进度计划是项目成功的基石，因此通过基于 BIM 技术进行模拟策划以确保计划的最优及最合理性。

4. 基于 BIM 的资源计划应用背景

策划阶段的资源控制作为进度计划的重要组成部分，是决定工程进度能否执行、能否按期交工的重要环节。资源控制的核心是制定资源的相关计划。资源计划是通过识别和确定分项目的资源需求，确定出项目需要投入的劳动力、材料、机械、场地交通等资源种类，包括项目资源投入的数量和项目资源投入的时间，从而制定出项目资源供应计划，满足项目从立项阶段到实施过程使用的目的。

在传统的资源计划制定过程中，主要依据平面图、施工进度计划、技术文件要求等进行制定，资源计划编制时依据文件多、涉及资源众多，对人员计算的能力要求较高，在策划阶段难免对施工过程中的资源种类、工程量计算有缺失疏忽，由此导致在策划阶段埋下较大的不可控因素、进度计划不合理等隐患。施工资源管理的现状也不尽如人意。施工资源管理往往涉及多种劳动力，不同规格、数量的材料，种类繁多的机械设备等，正是由于其复杂性，导致在实际管理过程中，资源管理常出现各种问题。

BIM 模型包含了建筑物的所有信息，需要什么直接对模型操作即可。BIM 技术的可视化及虚拟施工等特性，能让管理者在策划阶段即可提前直观地了解建筑物完成后的形态，以及具体的施工过程；通过 BIM 模型可以获取完整的实体工程量信息，进而计算出劳动力需求量，以及其他资源信息；通过 BIM 模拟技术来评估资源投入量的合理性，可在策划阶段制定出合理完善的资源项目、资源工程量及进场时间等信息，为后期施工过程中减少返工和浪费、保证进度的正常进行提供前期的保障。

5. 基于BIM的施工方案及工艺模拟应用背景

施工策划的一项重要工作就是确定项目主要的施工方案和特殊部位的作业流程。当前，施工方案编制主要依靠项目技术人员的经验及类似项目案例，实施过程主要依靠简单的技术交底和作业人员自身技术素养。面对越来越庞大且复杂的建筑工程项目，传统的方案编制和作业工人交底模式给工程项目的安全、质量和成本带来了很大的压力。例如，武汉火神山医院及雷神山医院创造了建设项目的世界奇迹，关键因素之一是使用了BIM技术。BIM的协同管理功能提高了设计和施工的协同效率，从而确保如期完成任务。由此可以看出，加快推进技术创新，有利于打造产业新业态新模式，通过科技赋能打造“中国建造”升级版，形成国际竞争新优势。

在智慧施工策划模式下，运用基于BIM技术的施工方案及工艺模拟不仅可以检查和比较不同的施工方案、优化施工方案，还可以提高向作业人员技术交底的效果。整个模拟过程包括了施工工序、施工方法、设备调用、资源（包括建筑材料和人员等）配置等。通过模拟发现不合理的施工程序、设备调用程序与冲突、资源的不合理利用、安全隐患、作业空间不充足等问题，便可以及时更新施工方案，以解决相关问题。施工过程模拟、优化是一个重复的过程，即“初步方案→模拟→更新方案”，直至找到一个最优的施工方案，尽最大可能实现“零碰撞、零冲突、零返工”，从而降低了不必要的返工成本，减少了资源浪费与施工安全问题。同时，施工模拟也为项目各参建方提供沟通与协作的平台，帮助各方及时、快捷地解决各种问题，从而大大提高了工作效率，节省了大量的时间。

工程常用的模拟分为方案模拟和工艺模拟。方案模拟是对分项工程施工方案或重要施工作业方案进行模拟，主要是验证、分析、优化和展示：施工进度计划、工序逻辑顺序和穿插时机、施工工艺类型、机械选型和作业过程、资源配置、质量要求和施工注意事项等内容。工艺模拟主要是对某一具体施工作业内容进行模拟，主要是验证、分析、优化和展示每个施工步骤的施工方法、措施、材料、工具、机械、人员配置、质量要求、检查方法和注意事项等内容。

11.2　基于BIM技术的施工场地布置优化设计

1. BIM技术在施工场地布置应用分析

基于BIM技术的场地布置应用，必然会用到BIM软件进行建模和模拟，会涉及不同软件的协同应用，了解不同BIM软件的优势和应用方法是BIM在场地布置中应用的前提条件。同时，基于BIM施工场地布置也必须要了解场地布置中的要点及布置原则，根据BIM软件的优势和场地布置的要点对场地布置应用方法进行研究。

1）BIM软件在场地布置中优缺点分析

① Revit

Revit是场地布置中最常用的建模软件，在场地布置中运用Revit可以对施工现场临时建筑进行光照模拟，并调整现场设施的布局以节省能源。而且Revit能解决多专业的协同问题，Revit不仅具有结构、设备、机电远程协作功能，还可以进行3DMAX渲染、云渲染、碰撞分析、绿色建筑分析和其他功能的材料输入。使用BIM模型模拟漫游可以实现对施工现场真实情况的漫游模拟，并在施工现场需要调整的区域中找到不合理的部分并给予优化。例如在国家会展中心项目建设过程中，引入了BIM技术，为工程主体结构进行建模，然后将各专业建好的模型与总包建好的主体结构模型进行合模，有效地修正模型，解决施工矛盾，消除隐患，避免了返工、修整。因此培养新兴技术综合人才，不断推进新技术的发展和普及，对推动建筑业发展质量和效益有显著作用。

② Navisworks

Navisworks与Revit为同一系列软件，在施工场地布置中可以通过用Revit进行建模，并导入到Navisworks的方式来实现碰撞模拟检查、施工模拟等工作。使用“Clash Detective”插件可以快速地检测模型中的碰撞情况，工程人员可以通过定义模型和碰撞规则来实现模型的碰撞分析。在三维施工模拟中，工程人员可以对模型进行各种计划的编辑，根据施工要求和施工计划等，选择最合理的施工计划和方案，提高工程质量和效率。

③ SketchUp

BIM的可视化效果是非常重要的，在三维建模软件中，SketchUp的可视化效果相对来讲更优秀。相对于其他软件而言，SketchUp程序可以更真实地描绘出施工现场的布置情况。并且基于SketchUp所建的场地模型，可以用其他漫游软件对场地进行漫游，从而发现场地布置的问题。

④ 广联达系列软件

利用BIM5D软件可以让现场布置与施工工期相关联，不仅体现施工现场布置的三维可视化，还能够考虑到时间因素，在动态中进行分析，在施工过程的各个阶段中都考虑到施工现场布置的影响。BIM5D模型还加入了成本的计算，可以充分考虑各种场地布置方案的经济影响，做出最优方案的选择。

⑤ 在场地布置中各类软件优缺点汇总如表11-1所示。

在场地布置中各类软件优缺点汇总表　　表11-1

软件名称	软件优点	软件缺点
Revit	① 通用性较好，是现在主流的BIM软件； ② 可用于不同专业的协同工作； ③ 可以进行日照分析达到降低能耗的作用	① 建模较复杂，需要考虑结构之间的关系； ② 在场地布置中，特殊机械的族库有待完善
Navisworks	① 可直接导入Revit模型，避免重复建模； ② 有专业的碰撞检测系统	本身不具备建模功能，需要导入Revit所建立的模型
SketchUp	① 建模比较方便，不用考虑结构之间的关系； ② 场地布置效果较真实，可利用漫游软件做出比其他软件更好的效果； ③ 在具备一定绘图基础的情况下，可画出族库中没有的施工机械模型	① 模型中未量化的统计信息，无法生成数量清单； ② 当模型较大时，对计算机的配置有较高要求
广联达场地布置软件	模型建立比较方便，可以根据软件中已有的族库快速建立场地模型	软件所包含的族库不完整，缺乏地铁工程所含的施工机械和器材，需要利用SketchUp等软件建立obj格式的模型导入
广联达BIM5D软件	可将Revit广联达GCL project等软件的模型和数据导入，考虑多方面的因素进行动态分析	本身不具备建模功能，需要借助其他软件提前建好的模型

从表 11-1 可以看出，不同 BIM 软件在场地布置中的应用是非常不同的，优缺点也不同。运用单一软件很难对场地布置进行全面的分析，所以在进行场地布置时合理选择软件十分必要。充分发挥不同场地布置软件的优点可以起到事半功倍的效果，全面地、准确地发现问题，解决现场布置的问题，以达到最大可能合理布置施工现场的目的。

通过在场地布置中研究 BIM 技术，许多项目已将 BIM 技术应用于场地布局实践。并且已经有了很多的成果和经验，可见 BIM 技术在场地布置方面初见成效。但 BIM 技术运用于场地布置大多还只是体现在三维模型的可视化功能上，在场地布置中模型中信息的作用没有充分地利用，要充分发挥 BIM 的优势不仅要加入时间进度的因素还要加入价值成本的因素。BIM5D 技术可用于分析经济效益，并可大大增强 BIM 技术在场地布置中的作用，使施工布置更加合理，充分考虑各种因素，找到最合理的布置方案。同时，不同 BIM 软件的特点不同，在场地布置中，根据现场情况的不同，需要发挥不同软件的优势，所以要求工作人员应熟知各软件的优缺点，利用各种软件实现互补优势，实现最佳场地布置。

2）场地布置要点及布置原则

① 场地布置基本概念

施工场地布置是依据建设项目的使用功能要求、规划设计要求和施工要求，在遵守施工场地内的现场条件和有关法规、规范的基础上，组织设计安排场地中各组成要素之间关系的活动。

施工场地的布置是对场地内各种建筑物、道路、绿化、管道工程、其他结构和设施的综合安排和设计。它是建筑设计工作的重要组成部分，是确保建筑设计成功的基础。确定建设项目及土地用途后，为了充分有效地利用土地，合理有序地组织现场各种生产生活活动，必须进行现场设计，以确保建筑群的空间、形式、功能完整和统一。例如，上海市老港再生能源利用中心项目，应用 BIM 技术使其在设计过程中节约了 9 个月时间，并且通过对模型的深化设计，节约成本数百万元，实现了节能减排、绿色环保的成效，响应了国家号召，真正实现了老港再生能源利用中心的存在价值，实实在在地践行了“绿水青山就是金山银山”的绿色可持续发展理念。

场地布置具有协同性和综合性，与施工现场实际性质、场地自然条件、规模、工程使用用途及地理特征等因素紧密相关，它与建筑、工程、园林和城市规划等学科密切相关。专业技术，如绿化配置和垂直设计，管线集成机电等专业以及其他工程方法。

② 场地布置的基本要求

施工场地布置应符合不同的施工布置和设计规划，以及施工图和施工进度要求。施工现场的交通道路、物资仓库、辅助生产、加工企业和临时建筑物应当暂时规划和布置临时用水线路、机电线路、管道等，并以二维图纸的形式标示。因此，应正确处理整个施工现场施工所需的各种设施与永久性建筑和拟建工程之间的空间关系，并在现场指导有组织，有计划的文明施工。

另一方面，场地布置不仅要考虑当前施工阶段的现场情况，还要考虑有利于后续工程的生产、生活便利和管理，并应遵守安全、消防、环保、卫生等有关技术标准、法规，在保证顺利施工的前提下，尽量不占、少占或缓占良田好土，应充分利用山地和荒地，重新利用开发空间。在确保交通便利的前提下，尽量减少运输成本。这需要合理安置仓库、附属设施、起重设备等临时设施，正确选择运输方式和铺设运输道路，减少二次运输。最大限度地减少临时项目成本，充分利用现有或拟建的房屋、管道、道路和可拆除的项目，暂时不拆除施工服务。

③ 场地布置要点分析

首先，关于施工临时道路布置。

施工临时道路布置应符合施工方便的要求，最大限度地节约成本，并在人工路面的高程处预留表层。在完成主体的施工后，可以通过路面修整以与后期的永久道路重合。

充分利用有利的地形，使线路平直、行程短；避免地质恶劣的地区和工程成本高的项目。

其次，关于施工材料布置。

建筑材料的堆放区域，应根据使用的材料长度、使用量、供应和运输等确定。建筑材料应分批批量输入。为减少设备堆放场地的面积，应将多余材料及时放置在相应的仓库区域。

再次，关于施工临水、临电布置。

临水：供水、排水等系统的安装应严格按照计划进行，并根据施工现场的综合条件合理安排。例如：沉淀池应设置在混凝土泵和砂浆搅拌机上；排水沟应沿施工现场通道两侧布置，确保排水沟畅通。

临电：施工电源的布置应沿外墙内侧或施工道路侧面铺设。每个电气点应设有二级配电箱，办公区和每个施工电气接口应设置配电箱，每个电气设备应配备一个配电箱。同时，还应根据不同施工阶段的功耗来减少或增加电箱配置。

通过对场地布置的基本要求和要点进行分析可以看出，在施工过程中，场地布置必须科学合理、节省成本、协调安排。作为施工组织设计的重要组成部分，场地布置在施工进度的实施中起着重要作用。

④ 场地布置特点

第一，综合性。施工场地布置涉及多学科内容，各方面的知识点相互关联，相互包容，形成了一个综合的知识体系。场地布置工作受到许多因素的影响，例如气象、地质、水文、地形、土地利用和其他建筑条件对场地条件的影响，在实际工程中还会涉及经济和工程技术的考虑。这些问题息息相关，既互相制约又互为依据，必须进行有计划的统筹安排。在场地布局中，必须考虑各种特殊工程技术，如土方工程、机电和管线布置，并且必须反映每个大型项目的技术要求。它不仅为每个项目提供工程解决方案和设计依据，还协调和解决各种技术、经济和建设矛盾。综合性是场地布置的重要特点，只有处理好不同工种不同施工阶段的矛盾，才能得到好的场地布置。

第二，政策性。施工场地布置旨在全面安排施工现场内各项工程，影响项目的使用效果、工程造价和施工进度等。场地布置应当参考政府规划、建筑工程与土地和城市规划，听从市政工程等相关部门指导；在具体进行场地布置时应当考虑建设项目的性质、规模、建设标准和建设用地指标，而不仅仅取决于技术和经济因素。一些主要原则问题的解决必须以相关的国家政策和准则为基础。施工场地布置的设计与国家的相关法律法规和政策密切相关，是一项以政策为导向的设计工作。

第三，地方性。每个工程都有特定的地理位置，场地布置要考虑特定地点的自然条件和施工条件。它与场地的纬度、面积、城市特点等密切相关，应适应周围的建筑环境特征和当地习俗等。场地布置工作必须基于当地特色，尊重当地特色和环境风格，同时充分挖掘场地本身的特点，并根据当地条件制定独特的设计结果。

第四，预见性。场地布置是主观和客观的反映。这要求场地设计工作：必须以现实为基础，具有科学的远见；有必要深入研究影响场地建设和使用的各种条件和因素，充分估计社会经济发展和技术进步对场地未来使用造成的影响，保持一定的前瞻性和灵活性；有必要为场地（特别是大型场馆）的发展留出空间，既可以灵活地适应未来的发展，又可以确保场地布置的基本方面相对稳定和连续。对于分阶段施工的建设，有必要处理近期和长期建设之间的关系，既在近期指导近期建设，也在不久的将来反映长期建设。

2. 场地布置族库及建模流程

BIM 技术对场地进行三维建模之后才能进行针对性的优化。对于场地的建模最重要的是对应族库的建立，族库丰富后可为后续的场地优化提供便利，达到一模多用、减少建模工程量的目的。因此，在模型的创建中应根据提供的图纸以及相应模型的特点，选择合适的版本软件以及插件进行建模。本书选择 Revit 软件对场地建模进行介绍。

（1）族的相关概念及使用方法

Revit 自带一些简单的系统族从而能够对相对简单的构件进行建模，如对于建筑建模而言，可以用常规选项卡图 11-1 所示的基本命令中的族进行墙、门、窗等创建和编辑。

图 11-1　常规选项卡

在建模过程中，构件的信息相互独立，因此在使用基本族之后可以对其相应的参数进行修改，属性修改如图 11-2 所示。

在“约束”中可以修改对应的标高等内容，在“编辑类型”中可以修改对应的材质以及厚度，从而满足项目的需要。但实际项目中运用这些基本族不能满足项目的独特性要求，如现场有许多加工厂、检测点等临建设施。所以在实际的场地布置中还需要自建对应的族来满足项目的需要。

1）族的概念及类型

① 系统族：是系统自带的并在建模的过程中可以直接使用，除了在对应条件下对其基本信息进行简单的修改外，不能通过文件进行载入和修改，如图 11-2 中的材质、尺寸等信息。类型属性详如图 11-3 所示，“载入”命令呈灰色，故不能进行文件的载入。

② 内建族：在建模过程中，对项目内进行族的创建，不能载入到其他项目中使用，则不能一模多用。内建族的创建如图 11-4 所示。

③ 自建族：自己建的族，可以单独保存成文件，从而载入到其他项目中，使用人员再对其相应参数进行修改而符合对应项目的要求，达到一模多用的效果。自建族的创建入口如图 11-5 所示。

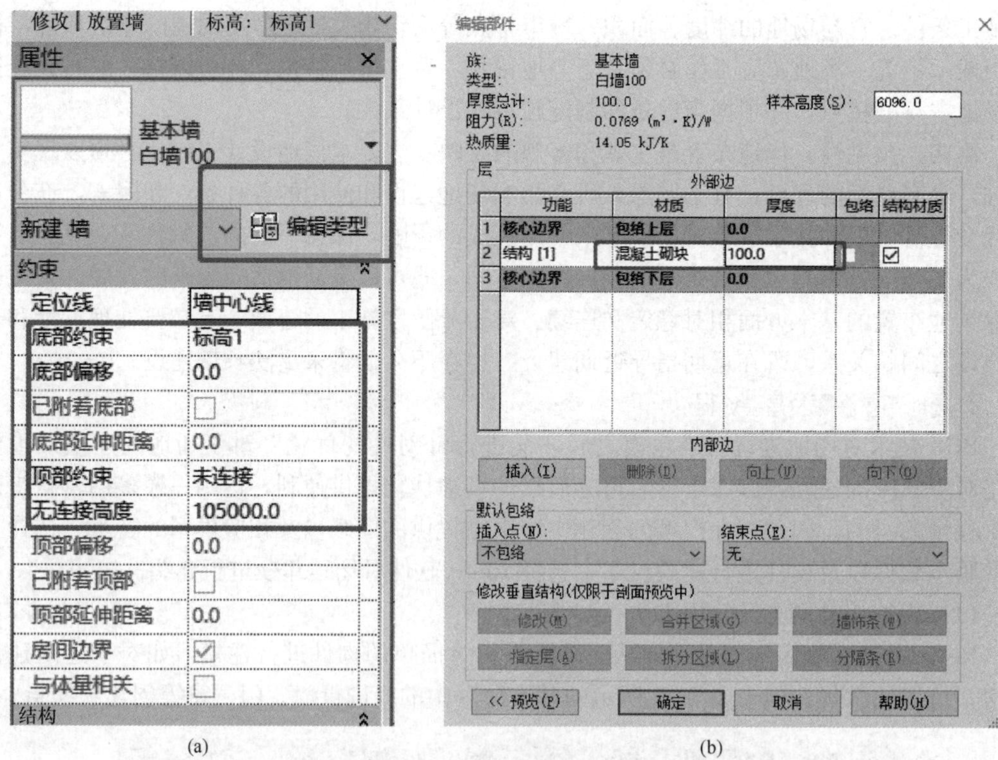

(a) (b)

图 11-2 属性的修改

(a)“约束”的修改；(b)“编辑类型”的修改

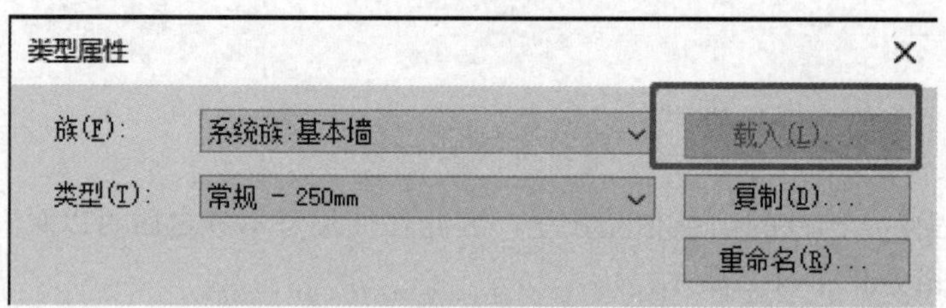

图 11-3 类型属性详图

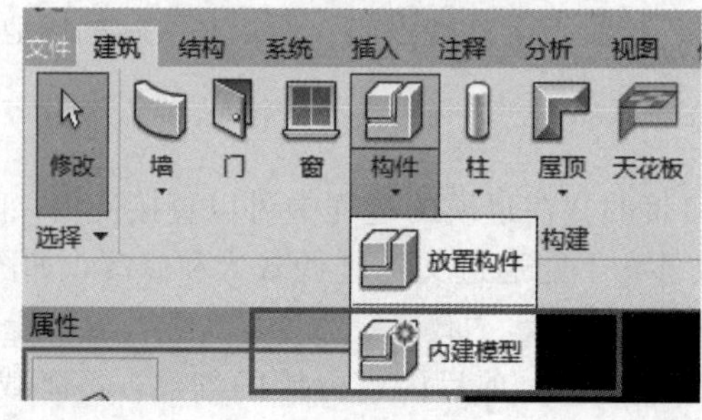

图 11-4 内建族的创建

2）族库的概念

通过族的概念可以看出族的重要性，任何模型都是由大大小小的族构成。特别是自建

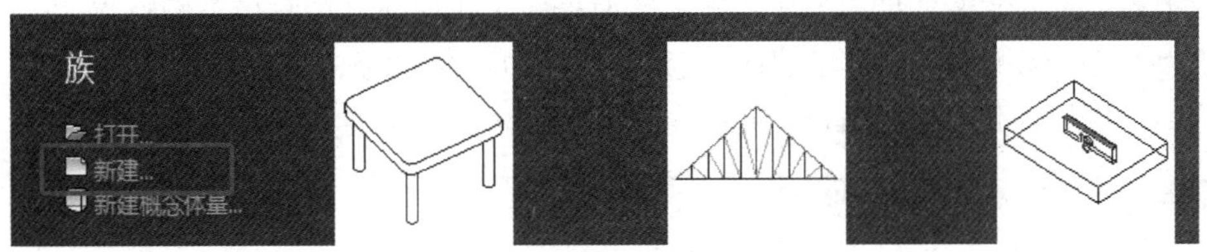

图 11-5　自建族的创建入口

族，只要对其参数进行精确地关联之后，对于其他项目只需修改相应的参数就能使用，减少了再次建族的时间，加快了模型绘制的进度。

对于一个非常复杂的场地，系统自带的系统族不能满足情况复杂多变的实际项目需求，因此，现在在建模时都会通过自建族来建立自己的族库，从而缩短反复建族的时间，提升效率。

3）族的基本建模方法

①“拉伸”命令，如图 11-6 所示。

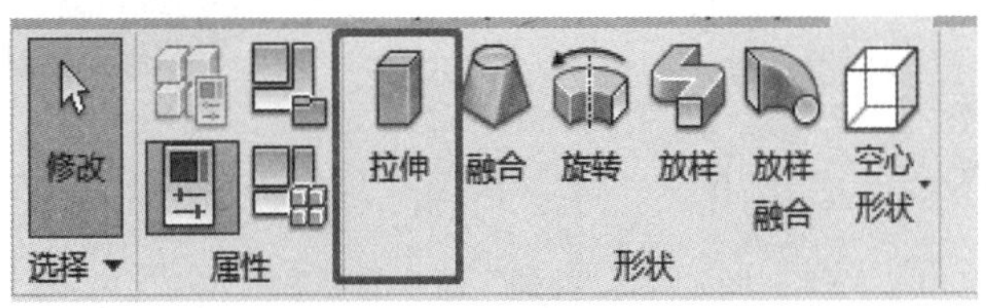

图 11-6　“拉伸”命令

先选择“拉伸”命令，在平面上绘制出所需要的轮廓，“拉伸”命令操作如图 11-7 所示，拉伸起点和拉伸终点的绝对值之和为该模型的高度，也可以在“材质”部分修改其材质类别。

图 11-7　“拉伸”命令操作图

接着修改标注来改变模型的参数，再添加参数，从而使参数与模型的特点一一关联，达到通过改变参数来改变模型的目的。通过上述的方法可以实现族的参数化建模。一切设置好之后可以导入到对应的项目中使用。图 11-8 所示为“拉伸”命令的效果图。

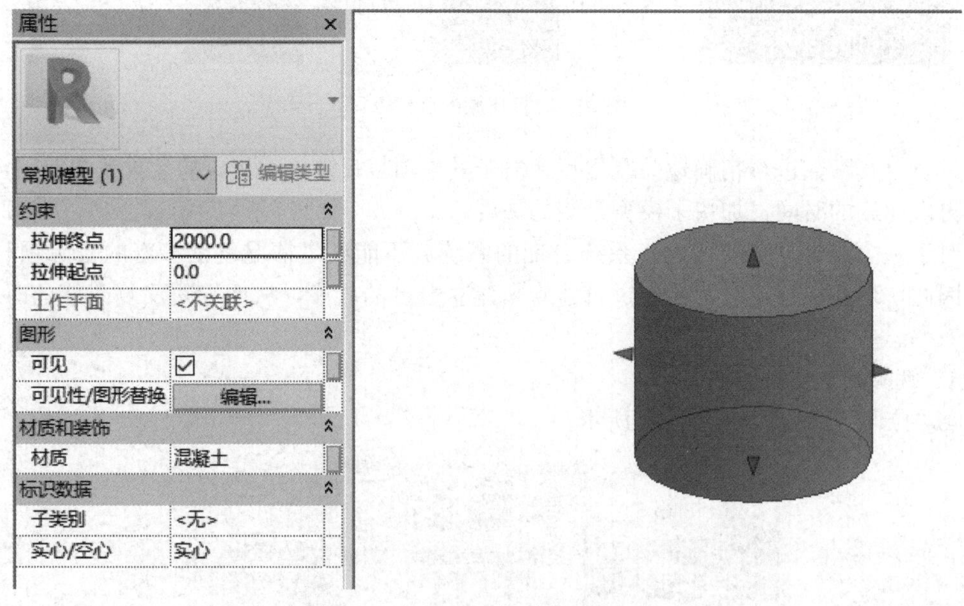

图 11-8 “拉伸”命令的效果图

② 融合命令

先在选项卡中选择“融合”命令，再在平面上画出所需要的轮廓。“融合”需分两步画出轮廓，如图 11-9 所示：先绘制出顶部的轮廓，完成之后再绘制底部。上下轮廓可以不一样（按照项目需要的模型样子进行绘制）。

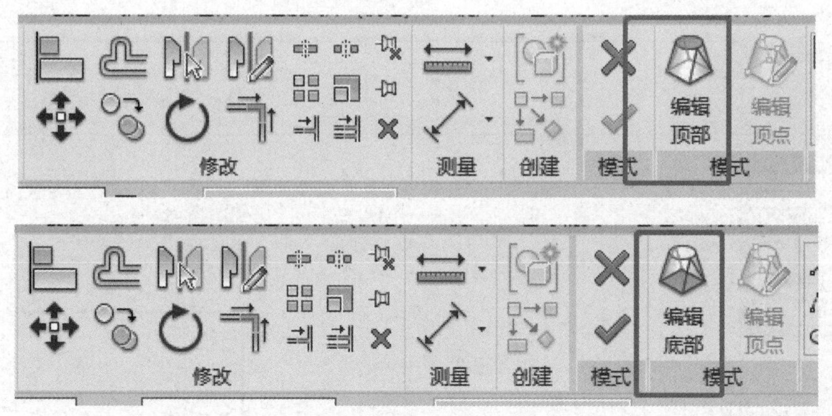

图 11-9 “融合”命令步骤

融合命令中“编辑顶部”和“编辑底部”代表了拉伸的起止点，有且只有上、下两个面进行拉伸。但对于单独的“拉伸”命令，拉伸可以从六个方面进行尺寸的修改。因此，在族的修改过程中可以通过“编辑顶部”和“编辑底部”的轮廓形状来控制所要融合之后的模型形状。当然，融合也可以像拉伸一样进行族的参数化设置，因此在模型的绘制中可以通过修改相应的参数来达到需要的形状。“融合”命令效果图如图 11-10 所示。

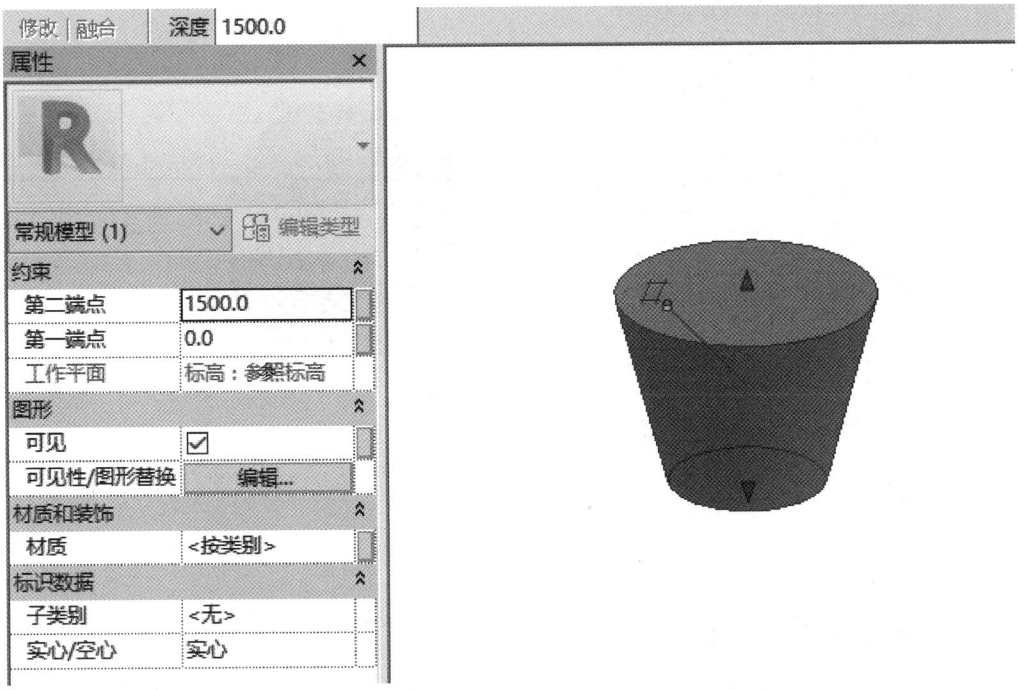

图 11-10　“融合”命令效果图

③ 旋转命令

旋转的命令大致分为两步操作。

第一步：在选项卡中选择“旋转”命令，此时可以选择先绘制边界线或者先绘制轴线，建议先绘制轴线（即对称轴），选择命令的选择界面如图 11-11 所示。

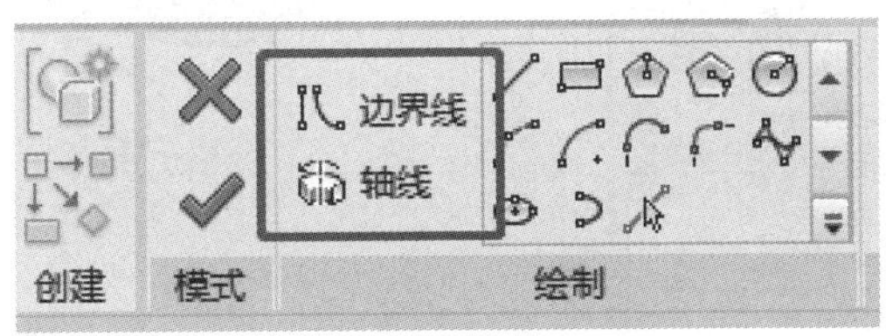

图 11-11　选择命令的选择界面

第二步：绘制完轴线之后，绘制边界线。需特别注意，边界线只能在轴线的一侧，而不能在轴线左右两侧都有，否则旋转不出来模型。当以上两步完成之后则可以点击“完成”从而形成旋转模型。旋转命令的效果图如图 11-12 所示。

也可以根据角度的输入控制旋转的角度，图 11-12 为旋转 360°的效果，图 11-13 为 270°旋转后的效果。

④ 放样命令

在选项卡中选择“放样”命令基础上，通过“拾取路径”绘制路径，当然路径可以是封闭的图形，也可以是一条线段、曲线等闭合形成的，如图 11-14 所示。

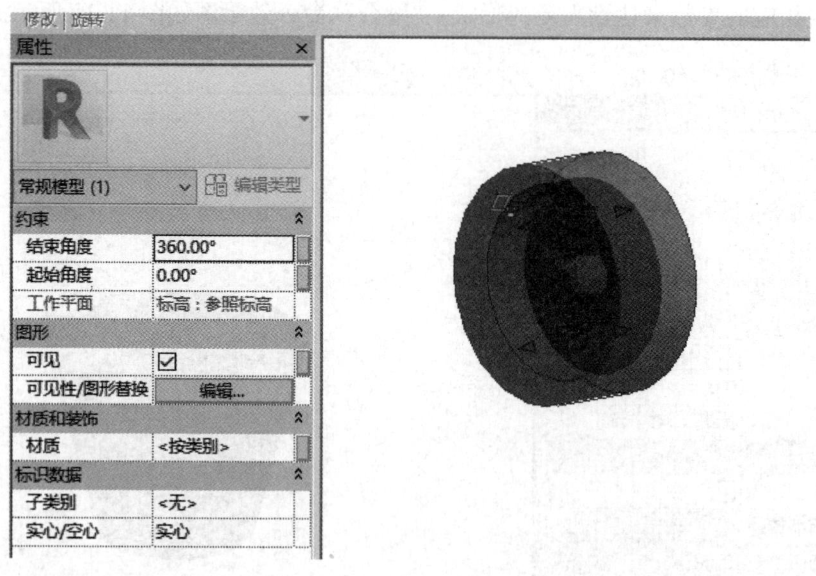

图 11-12 “旋转”命令效果

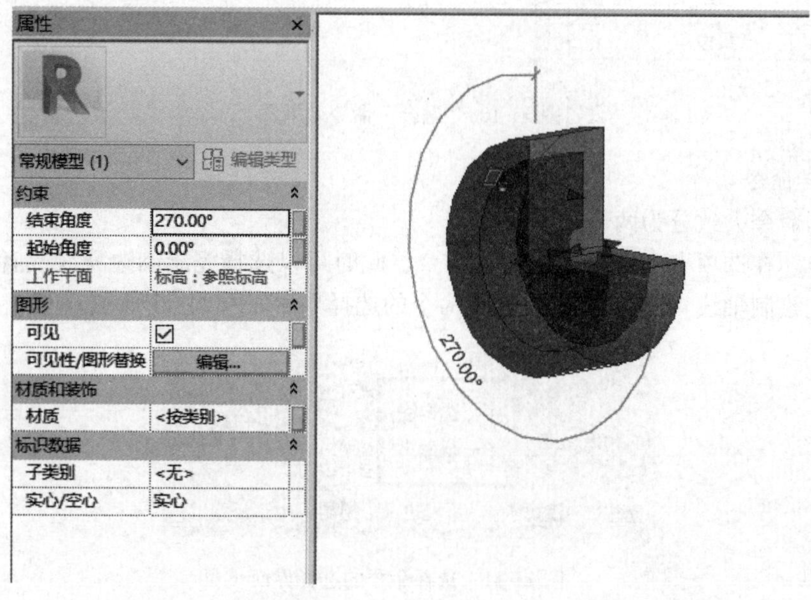

图 11-13 270°旋转效果

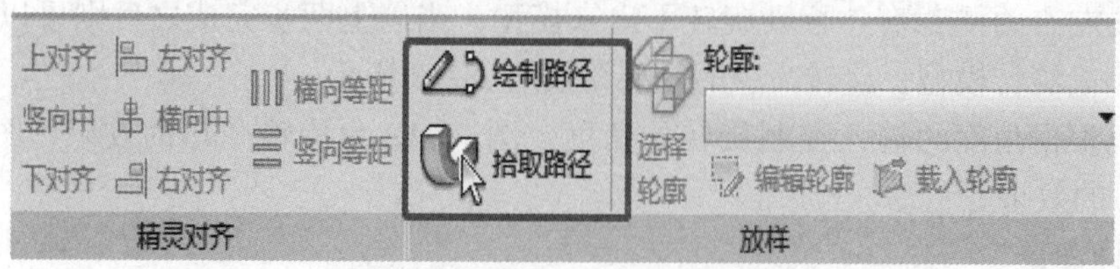

图 11-14 “放样”命令绘制

轮廓必须闭合，且路径和轮廓不能在同一平面，二者必须垂直，即轮廓在路径上形成一个三维的集合体，如图 11-15 所示。

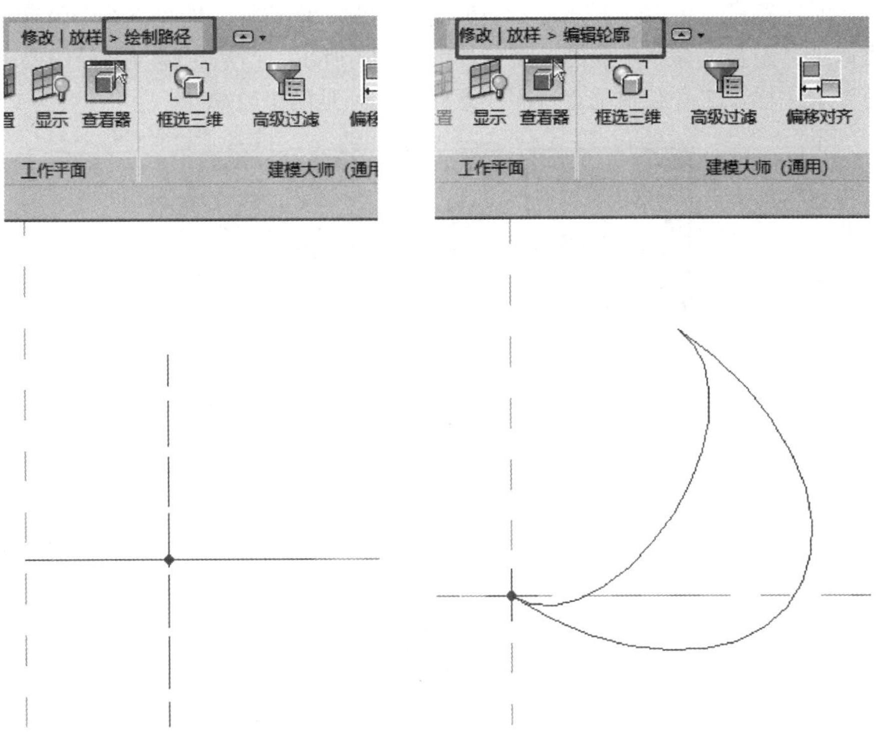

图 11-15　路径、轮廓绘制

“放样”命令的效果图如图 11-16 所示。

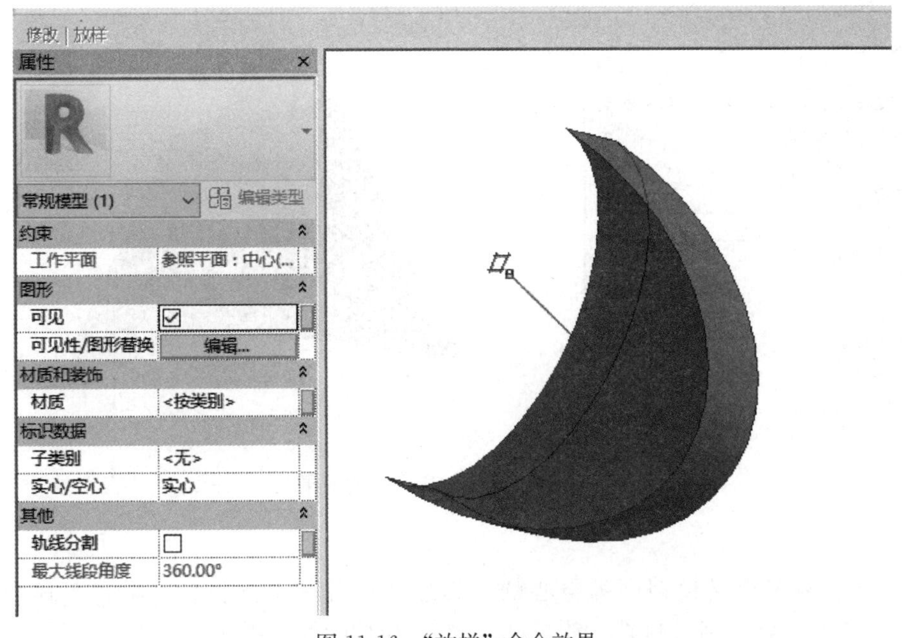

图 11-16　“放样”命令效果

⑤“放样融合”命令

放样融合就是融合和放样二者的结合，绘制过程与二者类似，先绘制闭合轮廓，再绘制路径。此时在路径上可以绘制两个不同的闭合轮廓，而放样只能绘制一个闭合轮廓，最后生成类似于“融合”命令生成的模型，如图 11-17 所示。当然轮廓与路径的要求与放样命令的总要求一样，二者必须垂直（需注意此时实际是两个轮廓）。

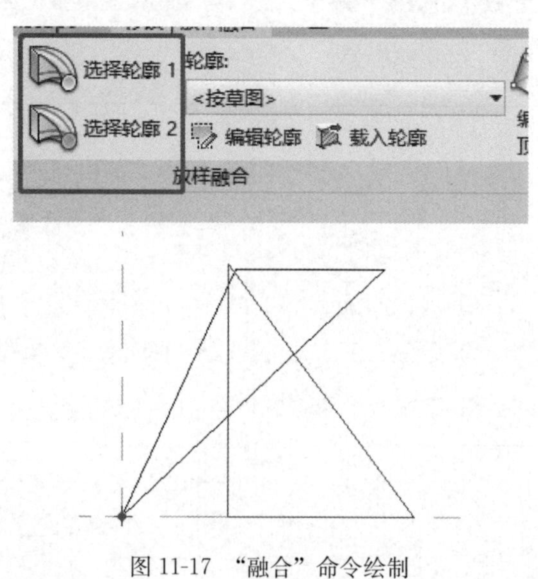

图 11-17 “融合”命令绘制

“放样融合”命令的效果如图 11-18 所示。

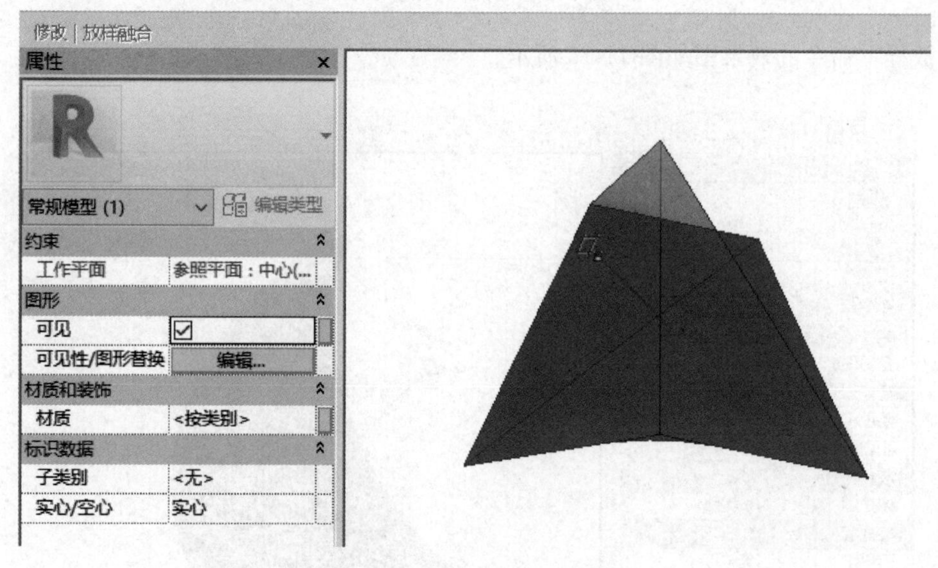

图 11-18 融合放样命令的效果

⑥ 空心形状

空心形状顾名思义模型中为空心的，其绘制过程和上述拉伸、融合等命令一样。图 11-19为空心形状绘制示意图，图 11-20 为空心拉伸的效果图。

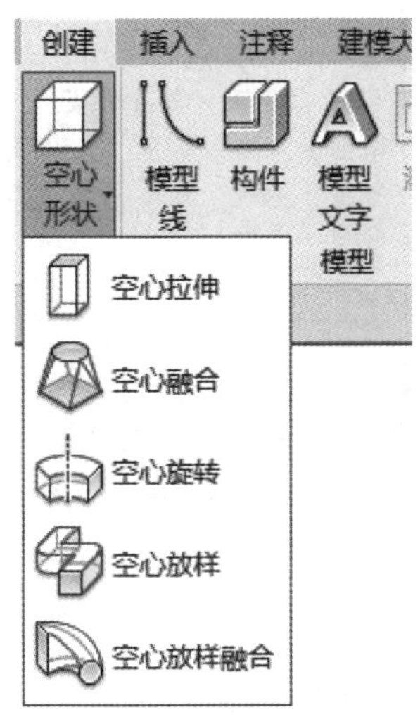

图11-19　空心形状绘制

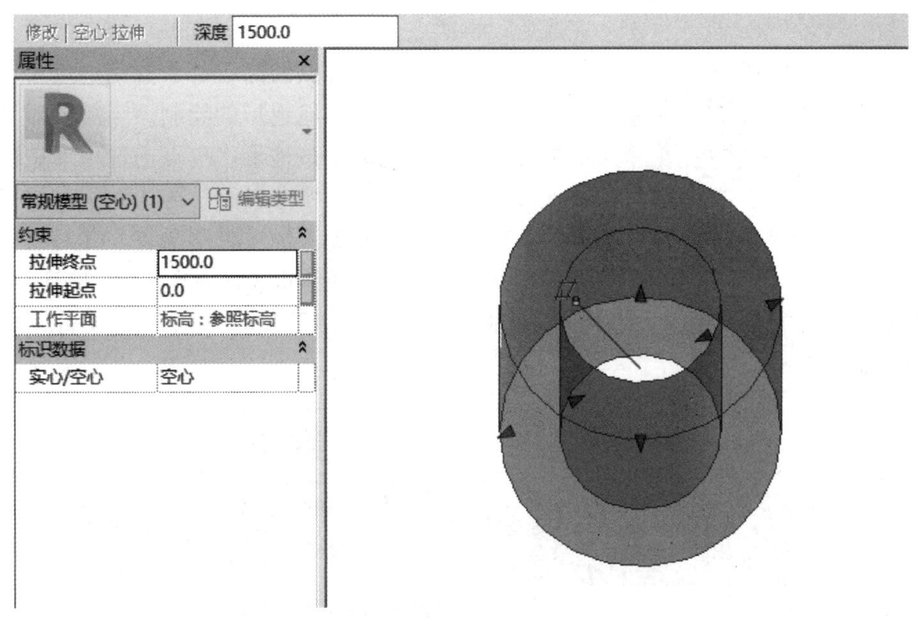

图11-20　空心拉伸的效果

上述为关于Revit中的族的基本绘制的介绍，也是在场地建模中利用较多的命令。

（2）施工场地布置中的建模方法

1）施工现场地形的创建

施工场地的基础是地形，在建模之初可根据当时的地勘数据进行绘制。在场地建模过程中，可以导入CAD图纸利用放置点的命令来绘制，也可根据TXT格式或者CSV格式文件来绘制地形模型。

在平面视图上通过导入DWG、DXF或者DGN等格式的文件来实现施工场地地形的建模。下面介绍导入图纸或者放置点来绘制场地地形的方法。

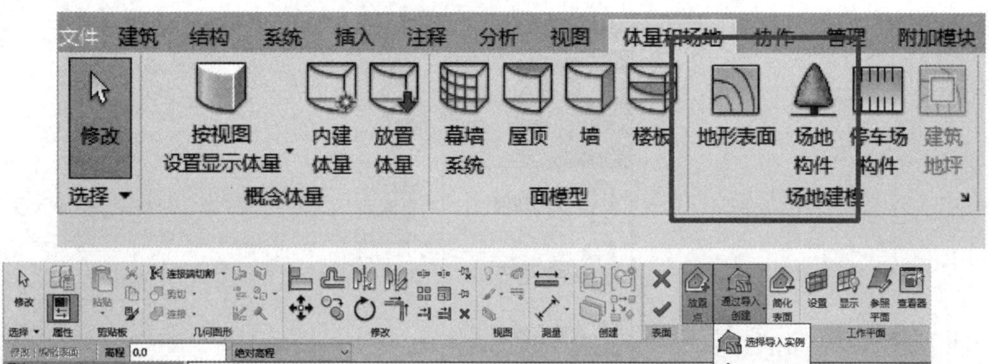

图 11-21　地形建模流程

在菜单中的“体量与场地”选项卡中选择“地形表面”命令，然后点“放置点”命令，并在选项卡的左上角“高程”输入框中输入对应的高程数值，通过放置点的高程完成场地地形的绘制工作，如图 11-21 所示。当一个点放置完成后，再次点击放置点命令完成下一个点的高程的绘制。如此循环直到所有点的高程都放置完，点击完成的按钮即可完成对整个场地地形的绘制。当需要对场地地形进行修改时，先选中该地形，再点击选项卡中的“修改地形”命令，点击“编辑表面”再选择所需要修改的点的高程或者在表面上添加或者删除点，并对有要求的点进行高程的修改，如编辑表面命令图 11-22 所示。

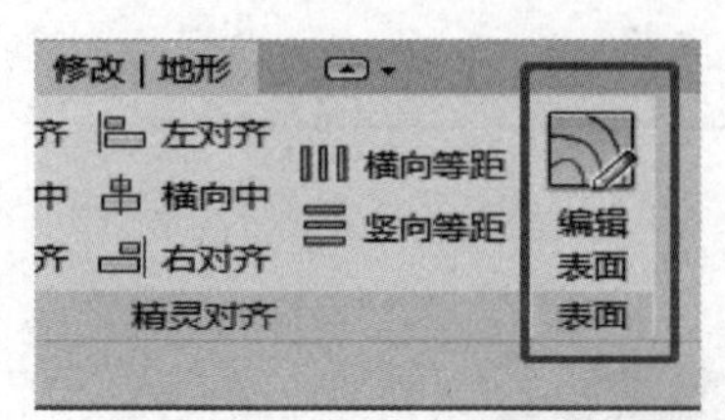

图 11-22　编辑表面命令

除了上述放置点设置的方法外，还可以通过导入 TXT 和 CSV 格式的文件来建立场地模型。如图 11-23 所示：

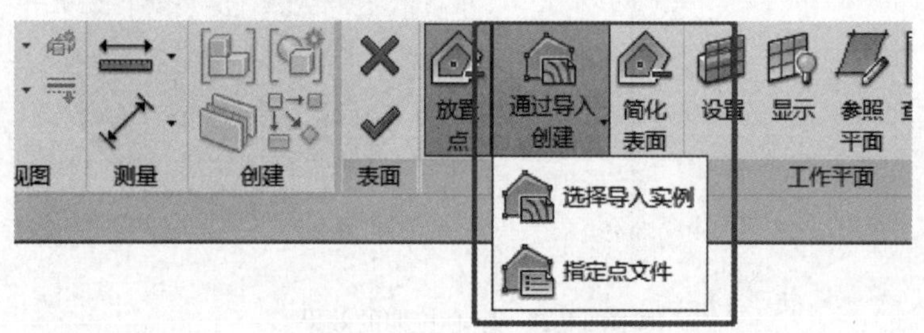

图 11-23　通过导入创建示意图

首先选择“体量和场地”选项卡中的“通过导入创建”命令，再导入相应的文件，从而绘制完成所需要的地形。

若地形需要开洞或者划分区域，可以使用“体量和场地”选项卡中的“拆分表面”进行拆分或者对不需要的部分进行删除即可，如图 11-24 所示。

图 11-25 所示为开洞效果图：

2）临时设施的建模

施工场地有临建设施的，比如：员工宿舍、办公区等，此类建模步骤与房建类似，不

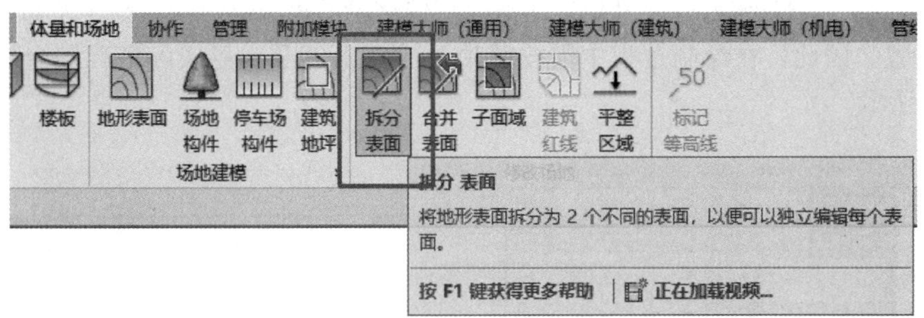

图 11-24 “拆分表面”命令

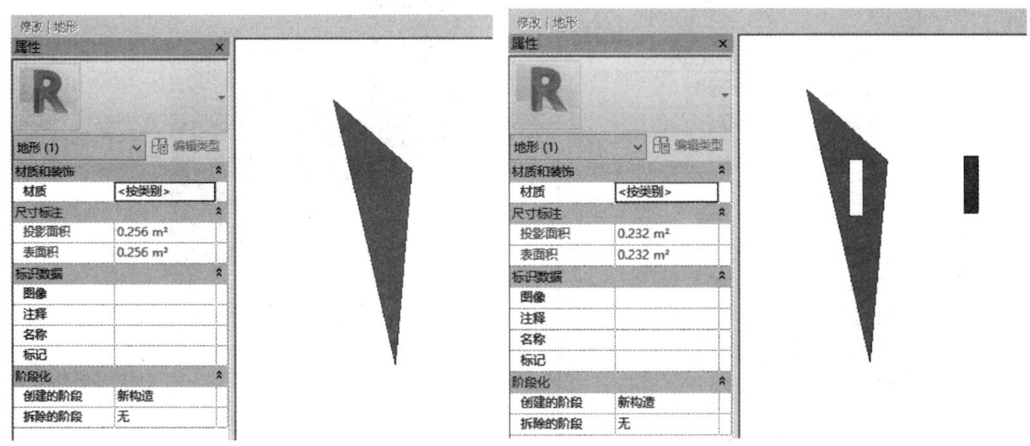

图 11-25 开洞效果

需要采用自建族等方式来建模，即直接采用自带的墙、门、窗等系统族进行绘制，如图 11-26所示。

图 11-26 建筑选项卡

在绘制过程中，可以先导入 CAD 图纸对其进行定位，定位后注意要锁定图纸，以防后续操作不当时移动了图纸导致绘制的构件移位。利用系统族来绘制临建设施过程如下。

① 墙体绘制

对于临建设施，墙是最基础和最重要的构件，因后续的构件比如：门、窗等都在墙的基础上进行绘制。墙可分为：建筑墙、结构墙、面墙、墙饰条和墙分隔条这五类。

绘制墙体：首先选择选项卡“墙”，然后在“修改/放置墙”的选项栏中选择绘制墙的方式，如直线、拾取线、拾取面、曲线等方式，如有 CAD 图纸作为底层图纸，则会选择拾取线的方式进行绘制，也可以使用创建墙的快捷命令 WL 进行绘制。如需对墙进行定位（底部约束、顶部约束）、尺寸厚度的修改、偏移量的输入等设置，则在左边的属性栏中进行设置。因此，在绘制过程中需按照项目的要求以及现场实际情况综合绘制，如图 11-27 所示。

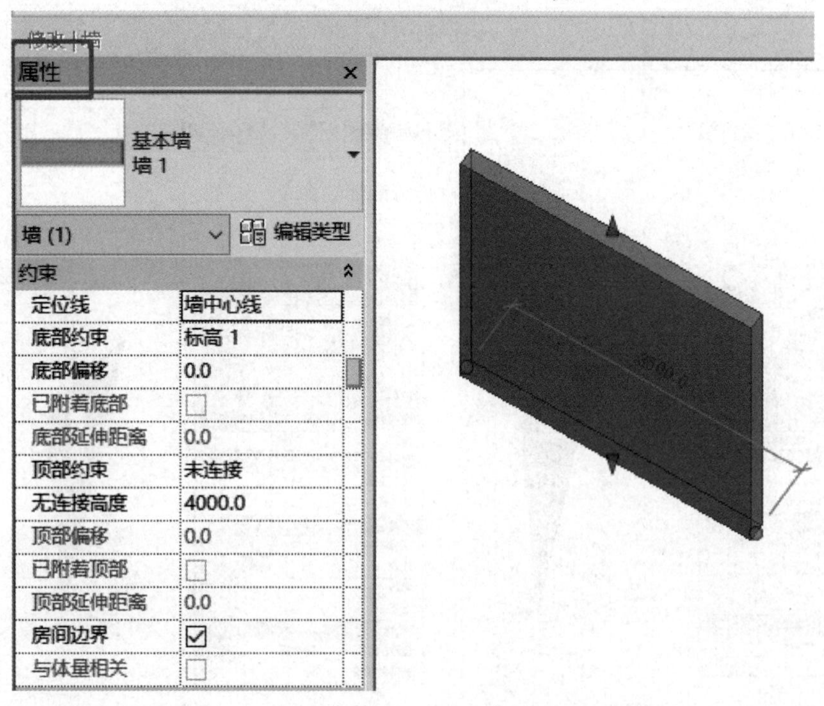

图 11-27　墙的属性栏

按上述操作一般只能绘制直行的墙，异形墙需要对这些普通墙的轮廓进行二次编辑。有时针对实际情况对墙进行进一步的优化也会对墙进行二次编辑。首先对墙的普通参数进行编辑，如：顶、底部的约束条件、材质等参数，有时也会使用到“修改”选项卡中的“对齐、拆分、旋转”等命令对墙进行修改，如图 11-28 所示。

图 11-28　对齐、拆分等常见命令

对于墙的轮廓编辑，首先选中所需要编辑的墙，再点击“编辑轮廓”命令，在三维视图中对其轮廓进行编辑，如图 11-29 为将直行墙改为异形墙示意图。

若不需要做出改变则点击上方的“重设轮廓”就会回到最初状态。需要注意的是编辑轮廓时，轮廓必须是封闭的图形。如果墙中需要洞口，则可以在编辑轮廓时，将洞口的轮廓套在里面生成墙，如图 11-30 所示。

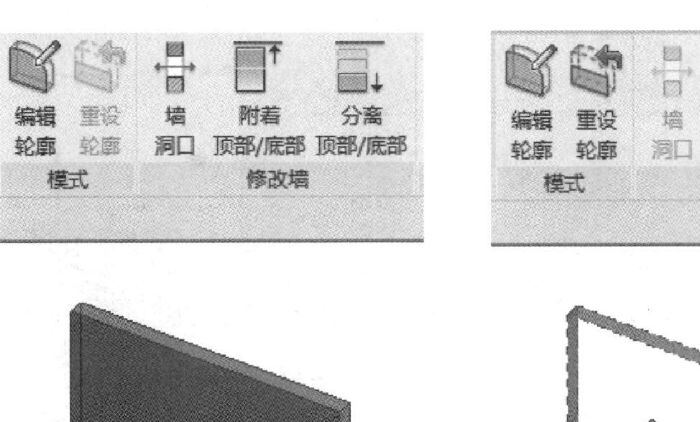

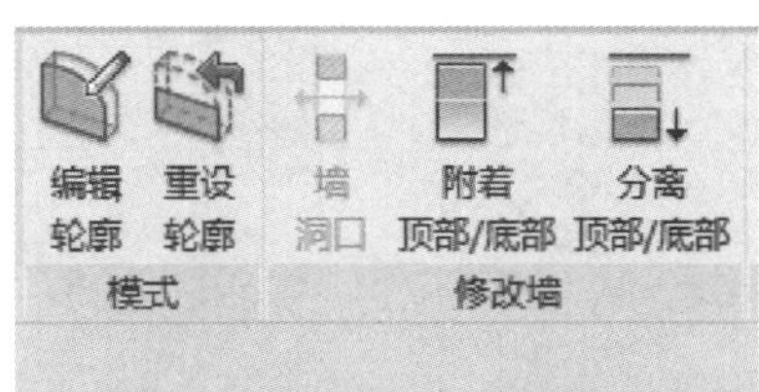

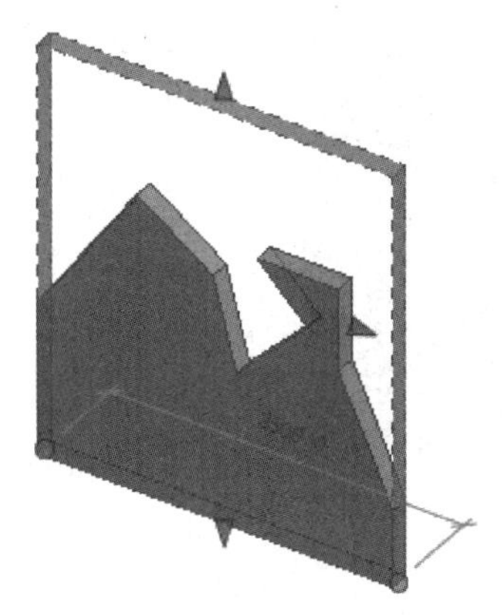

图 11-29　直行墙修改成异形墙

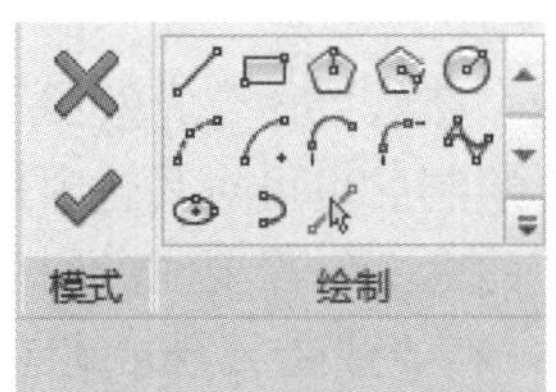

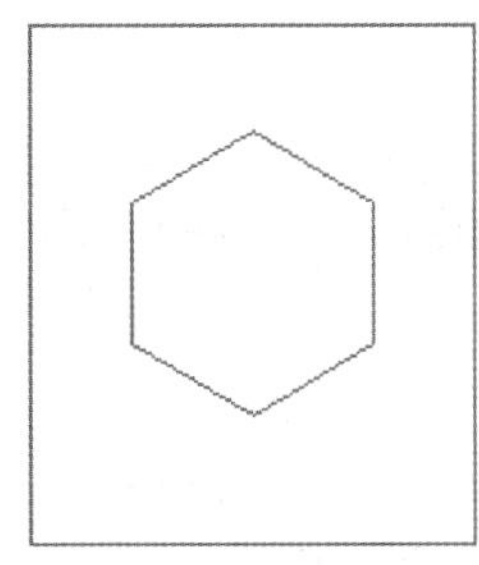

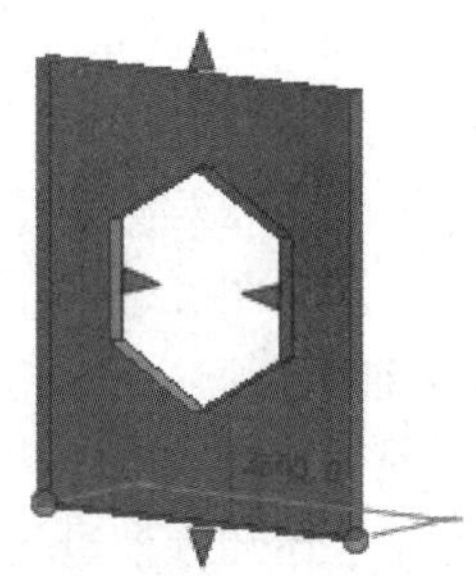

图 11-30　墙中开洞流程

除上述的开洞方法外，还可以直接利用“墙洞口”的命令对墙开洞，此时开出的洞口会有自带的参数，在编辑时可以直接对参数进行编辑从而直接改变洞口的信息，如图 11-31 所示。

② 门窗建模

门窗的绘制应要先有主体才能进行绘制，具体的建模方法就是在常规选项卡中点击门或者窗的命令，运用系统族进行自动识别，如果系统中没有对应的门窗类型则可以载入相

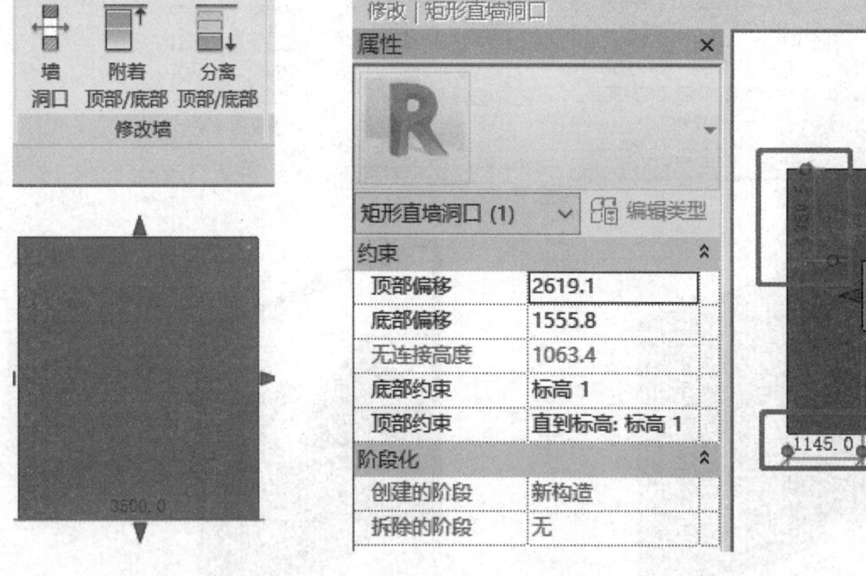

图 11-31 墙中开洞另一方式

应的族库选择相关的门窗。放置门窗后可以对其参数进行修改，如图 11-32 所示。对于重复性高的门窗可以通过“镜像、复制”等命令来快速创建所需要的门窗。

③ 楼板建模

楼板是分割立体空间的构件，可选择常规选项卡中的“楼板”命令，按照平面图所导入图纸中的形状进行绘制。楼板分为：结构板和建筑板。绘制后也可对其轮廓进行二次编辑，其相对应的参数信息可以在左侧的属性栏中找到对应的命令。需要注意的是楼板为分割立体空间的构件，其所在位置（高度）需要特别注意，不要建错楼层或者有偏移量错误，如图 11-33 所示。

④ 屋顶建模

因临建设施的屋顶多样化，因此在绘制的时候先绘制基础的屋顶，再利用“修改”或者“编辑轮廓”的命令对屋顶进行编辑，从而绘制出符合要求的屋顶。图 11-34 为一般有坡度的屋顶绘制示意图。

3）企业标准化族库

由于施工现场临建设施较多，大多数临建设施（安全体验区、设备试验区、消火栓等构件）可以运用上述的族模型进行建模。但也有少数标准化的构件，因此，管理者将会对这部分构件进行标准化管理，建立起标准化族库。如场地中常见的广告牌，若在每次建场地的时候都进行绘制便降低了绘制模型的速度，因此，只需在一次绘制中关联其基本的参数便可达到一模多用的效果。建立广告牌的标准化族文件的步骤为：新建族文件，选择“公制常规模型”，保存在标准化族库里面。根据所需要的标准化信息，来绘制模型。如图 11-35 所示。

应注意在平面参照标高处绘制，绘制出平面轮廓。利用拉伸命令绘制出广告牌的立柱尺寸，然后根据标准化的信息使柱与柱之间的距离符合要求。如图 11-36 和图 11-37 所示。

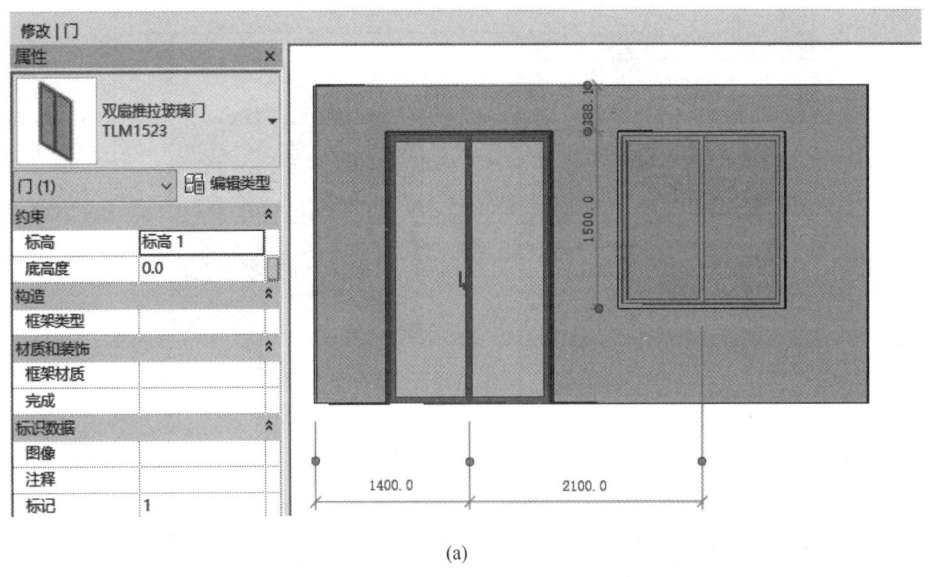

(a)

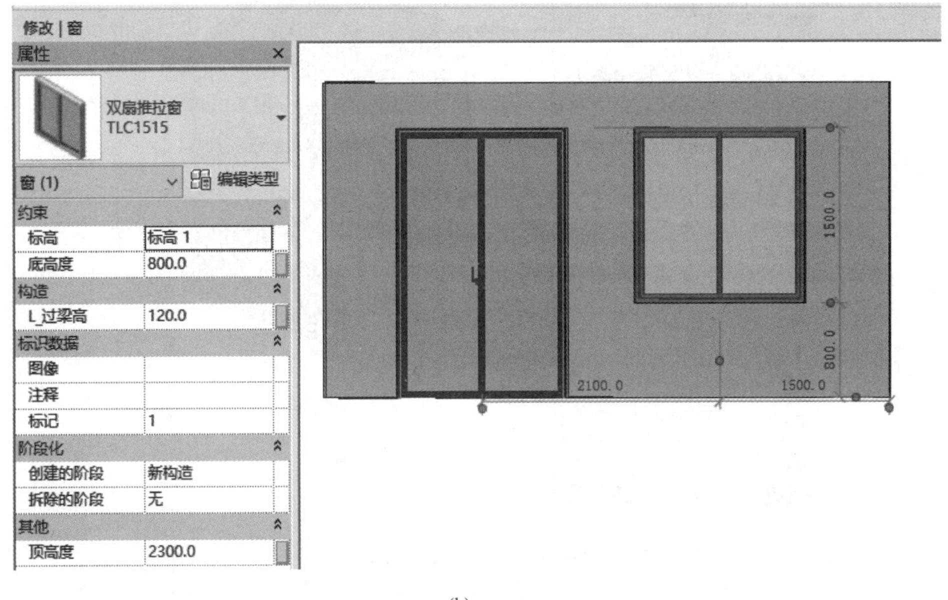

(b)

图 11-32　门、窗的创建

(a) 门的创建；(b) 窗的创建

绘制完轮廓后，直接输入拉伸终点与起点从而确定拉伸的高度。

两边立柱绘制完之后，则需绘制柱与柱之间的立牌。首先查询标准化图集得到相应的尺寸。因为是绘制立牌。则不需在楼层平面进行绘制，选择一个立面视图，建议选择“前”立面视图。绘制所需要的轮廓后通过拉伸起点和终点的控制从而得到立牌的厚度。如图 11-38 和图 11-39 所示。

立牌绘制完成之后，对广告牌的顶进行绘制。此时应选择左或者右视图进行，因为从生活中能见到的广告牌顶都是类似于一个贯通整个长度的椭圆柱，如图 11-40 所示。

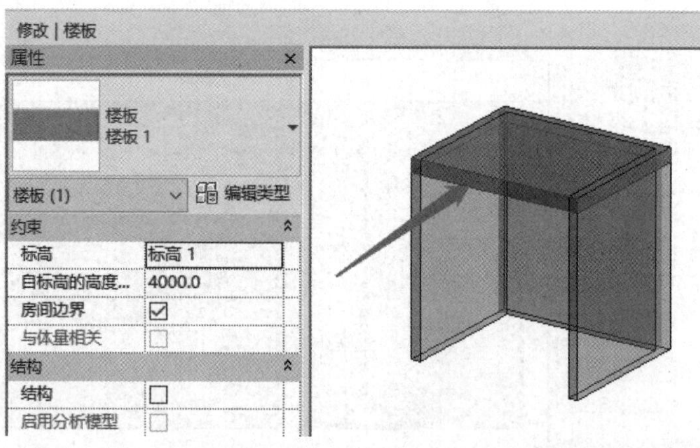

图 11-33　楼板的绘制

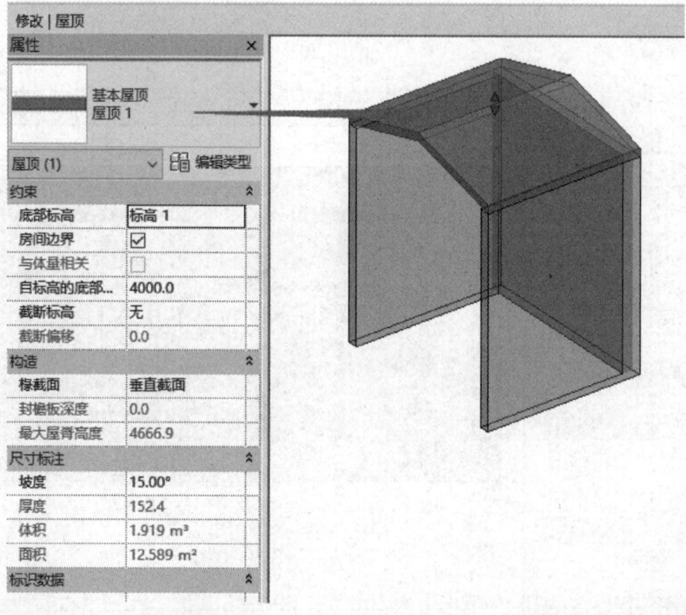

图 11-34　屋顶的绘制

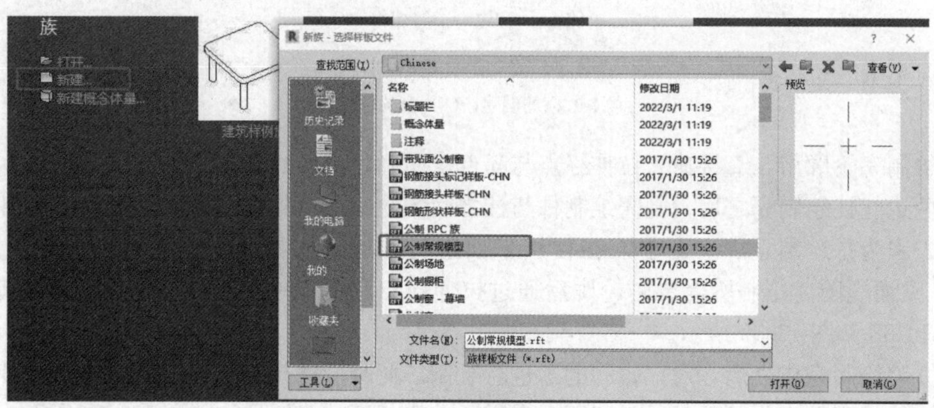

图 11-35　创建族文件

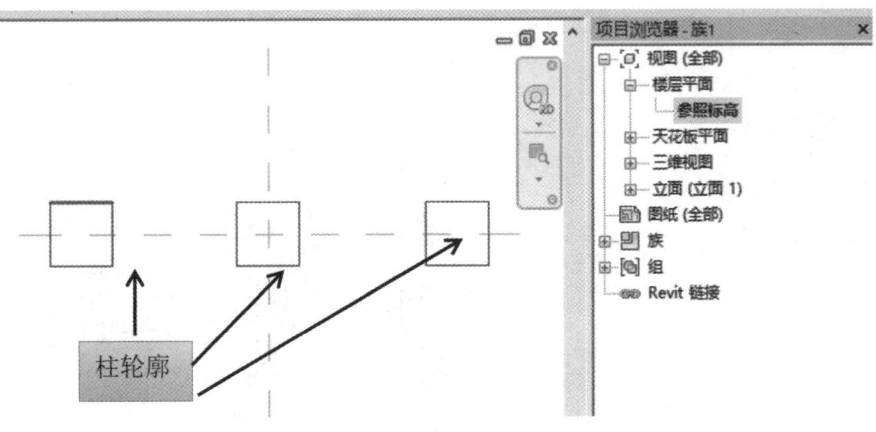

图 11-36　参照标高标准化建模

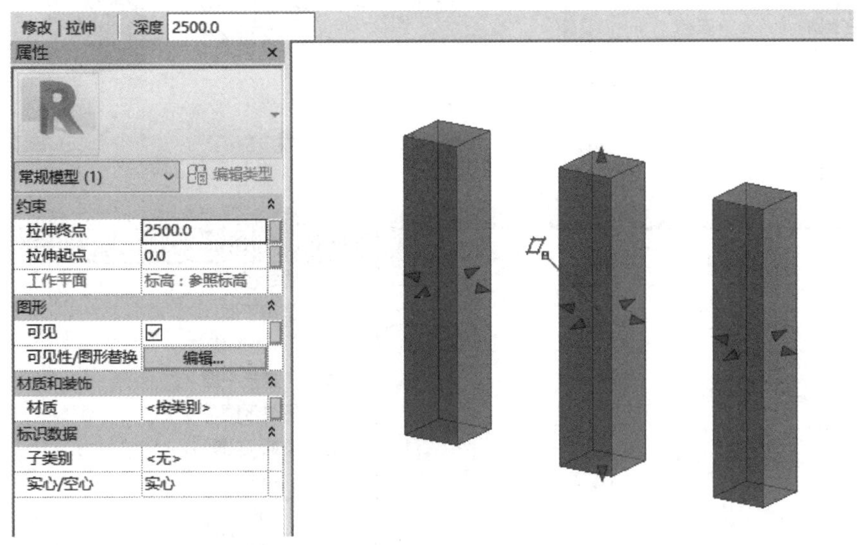

图 11-37　三维视图中标准化族建模

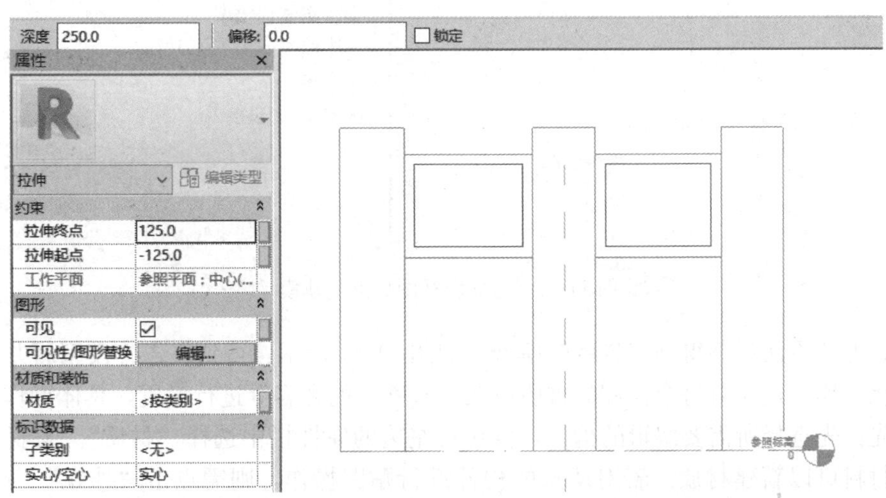

图 11-38　前立面视图标准化建模

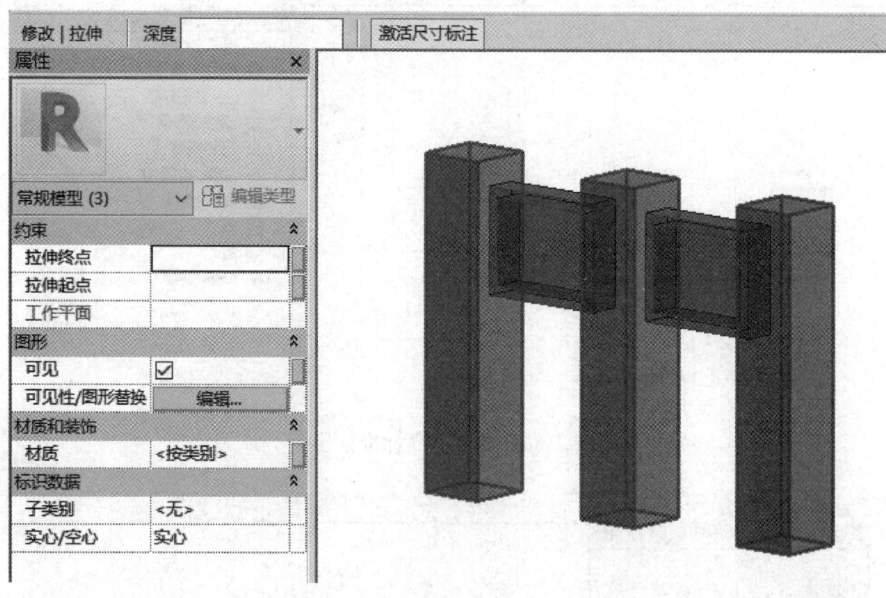

图 11-39　三维视图标准化建模

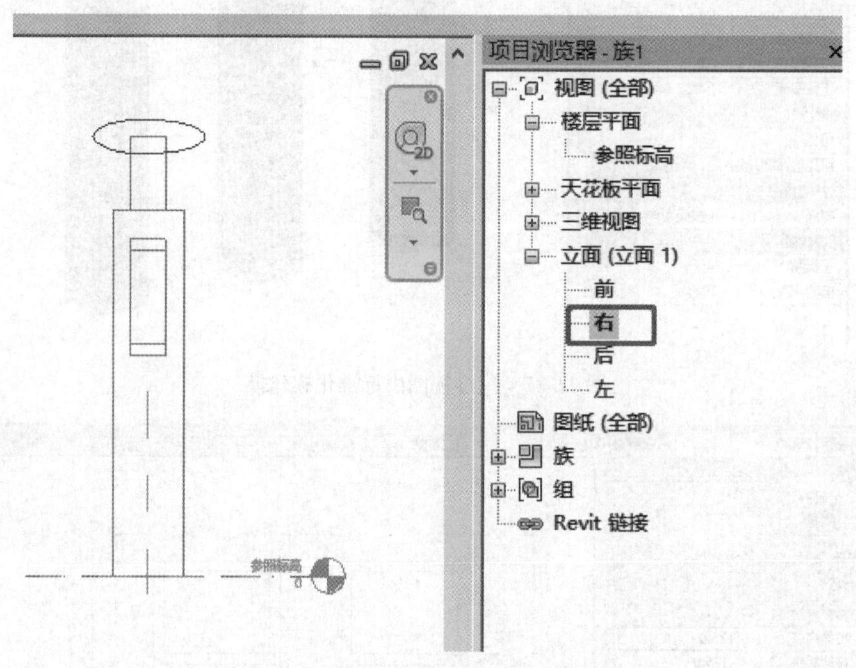

图 11-40　右立面视图标准化建模

通过上述方法最终得到广告牌的模型，如图 11-41 所示：得到广告牌模型后并不能结束标准化建模，还应对每个构件的材质以及广告牌上的内容等进行设置，具体操作如下。

首先：先选择所需要编辑的构件，再在其左边的属性栏中选择“材质”。若材质库没有现有材料可以新建材质。若对所选的构件进行贴图操作，则需点击“外观”中的“图像”载入准备好的贴图，载入之后对其大小、亮度等进行调节。如图 11-42 所示。

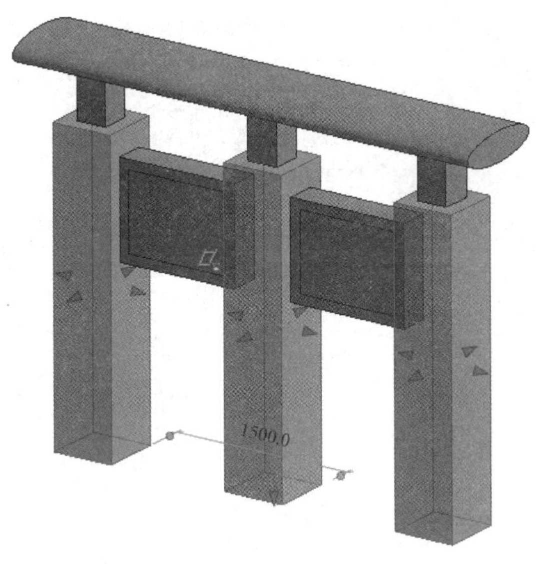

图 11-41　现场广告牌模型效果

图 11-42　模型材质贴图流程

其次：选择常规选项卡中的“插入”，点击“贴花”然后根据不同情况选择“放置贴花”或者设置“贴花类型”，最后点击“完成”即可。这种贴花方式比更改材质中的图像方法要简单，如图 11-43 所示。

4）塔式起重机建模

塔式起重机是施工现场常见的机械设备，既要保证效率最大化又要保证安全可靠性，因此如何放置就成了一个重要问题。塔式起重机主要由塔式起重机基础、塔身、平衡臂、起重臂等组成，绘制的时候需对以上构件分别进行绘制。

首先利用拉伸、放样等命令对塔式起重机的基础以及塔身进行绘制，再关联参数信息。具体效果如图 11-44 所示。

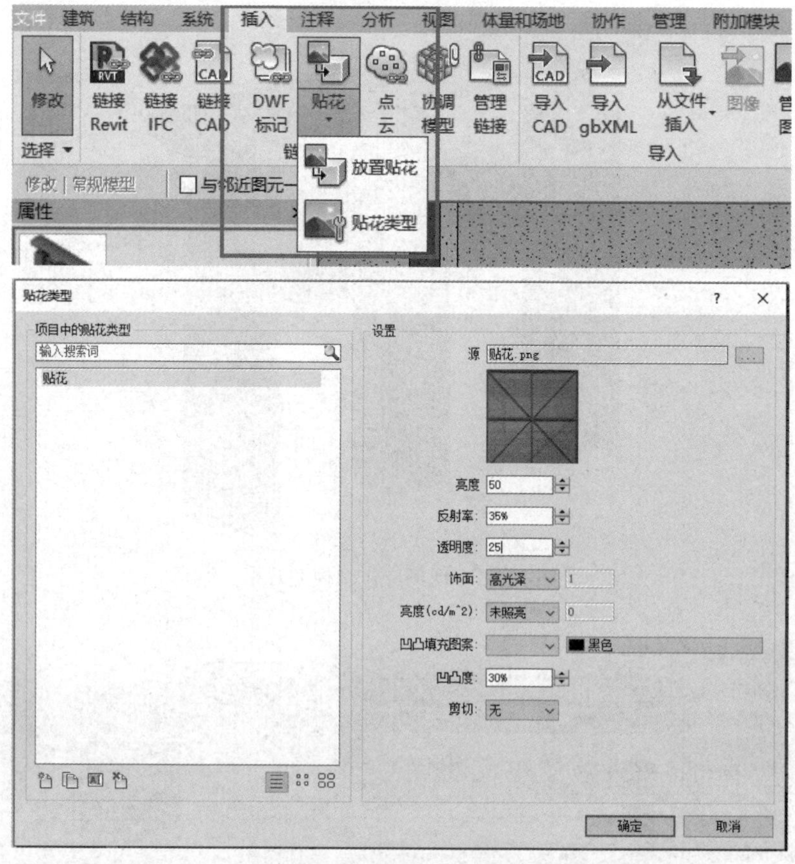

图 11-43　贴花设置流程

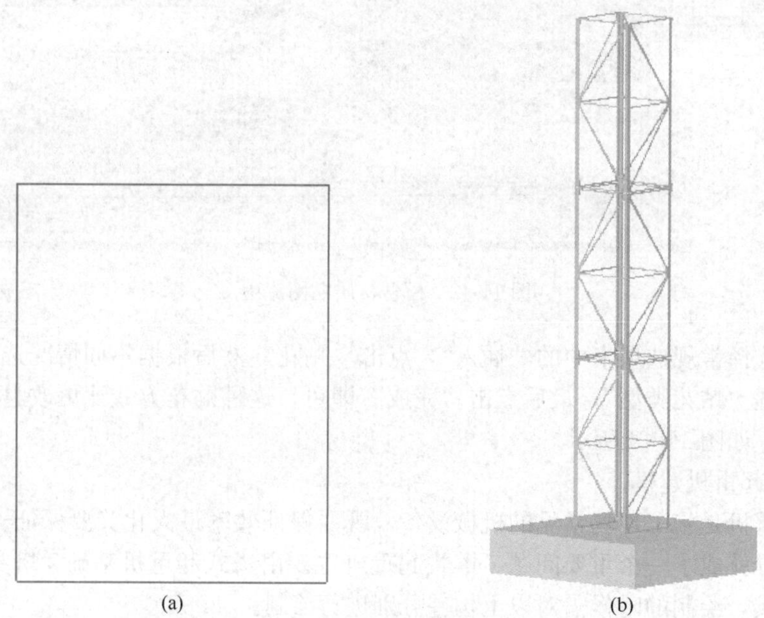

(a)　(b)

图 11-44　塔式起重机基础和塔身的绘制

(a) 塔式起重机基础俯视图；(b) 塔式起重机基础及塔身侧视图

在对基础和塔身进行绘制之后，选择相应的视图对驾驶舱以及起重臂等利用放样、拉伸命令进行绘制，如图 11-45 为塔式起重机臂效果图。

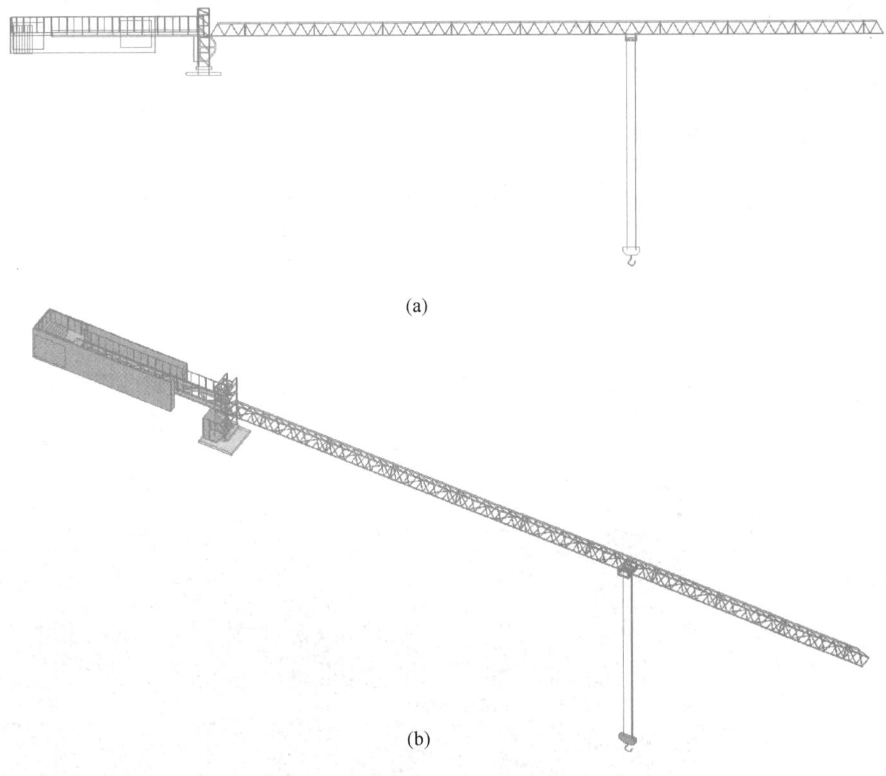

(a)

(b)

图 11-45　塔式起重机臂

在完成上述步骤之后得到最终的塔式起重机模型如图 11-46 所示。

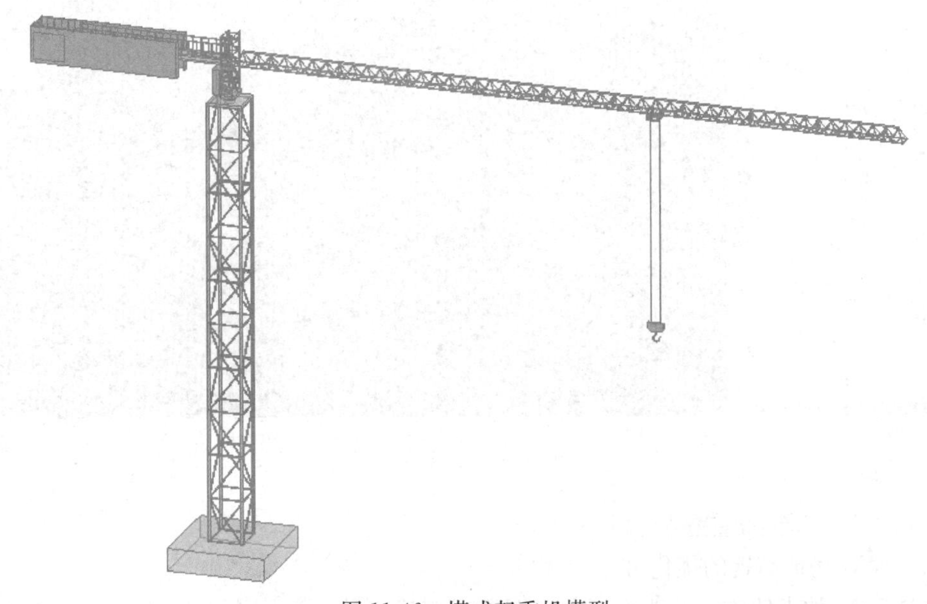

图 11-46　塔式起重机模型

5）场地管线建模

施工场地除了地上的临建设施以及拟建设施外还有地下部分的管道管线，如：给水排水管道、燃气管道、电力电缆、通信电缆等。因此，在模型绘制的时候还应考虑不同专业管道之间碰撞的问题，做到零碰撞建模。

管道管线的模型绘制直接使用软件的自带族就能完成。首先在常规选项卡中选择“系统”命令，然后选择对应命令绘制相应系统即可。如图 11-47 所示。

图 11-47　系统选项卡

以给水系统为例，管道设置如图 11-48 所示。左边的属性栏可以修改其约束信息以及系统类型，属性栏内可以直接更改管径大小以及偏移量，具体设置如图 11-48 所示。

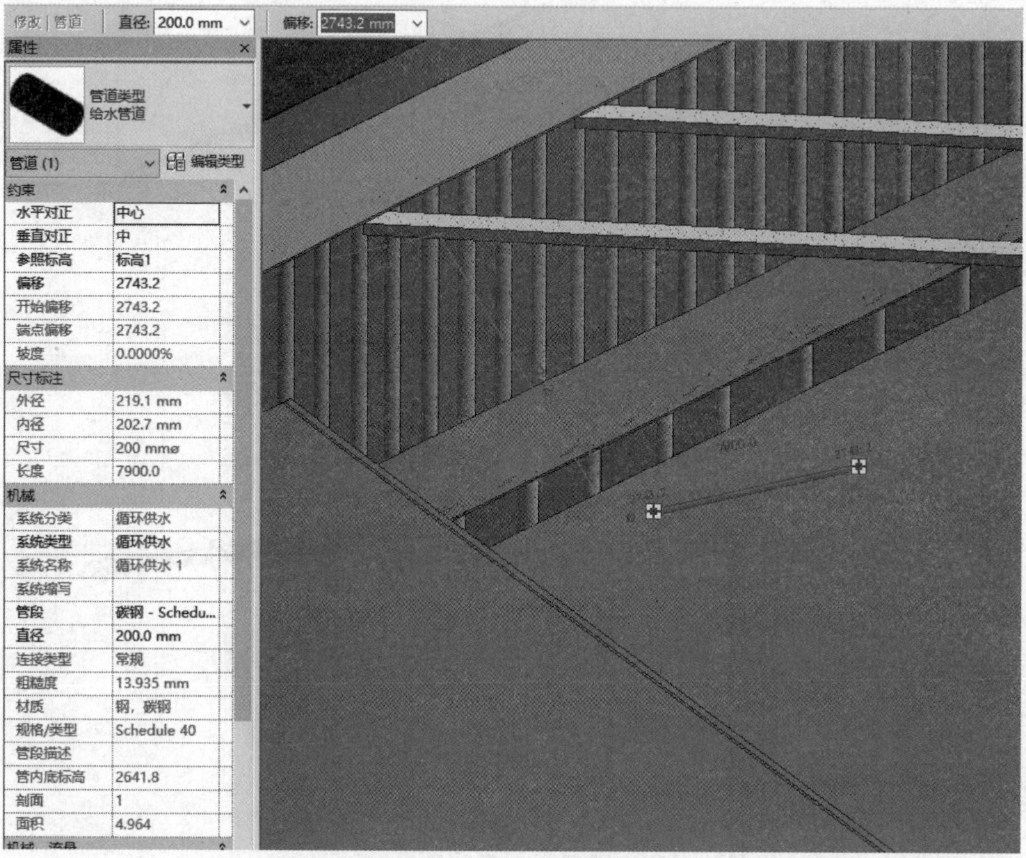

图 11-48　管道设置

3. BIM 技术的场地布置路径

（1）BIM 场地布置的优化方法

利用 BIM 技术使施工场地平面布置图变成三维立体模型，全方位的展示场地的布置情况，让管理人员更好地把控施工进度，在不同时间做出有利于项目的决定，使场地布置更加合理。

在施工场地布置过程中，由于参与方众多，信息复杂，各专业之间的交互协作难度增大。利用 BIM 技术能够有效解决以上问题。在互联网平台上建立起项目的信息门户，各专业在此平台上获取所需信息，再将获取信息用于 BIM 模型的建立，实现各专业间的信息共享，有利于施工场地合理的布置。

1）施工场地布置方案的优化

在实际施工场地布置过程中，应按照施工组织设计方案进行布置，合理的方案才能使场地布置合理，从而增加效益，不合理的方案将造成二次搬运、材料消耗量的增加，过多的损失。随着科技进步，施工场地也越来越复杂，在场地布置中不仅要对材料摆放的位置有要求，还应有对施工工艺需求的要求。

BIM 技术改变了传统的场地布置形式，使原来二维图纸变为三维立体模型，弥补了二维图纸不直观的缺点。专业人员可以通过直观的 BIM 模型对场地进行不同时段的调整，从而提高施工效率。

2）施工机械的优化

正确的机械出现在正确的位置才能使施工的效率得到相应的提高。在选择机械的时候就该慎重考虑，如塔吊，其起重的物体的重量、存放的位置、起重机的旋转臂的半径是否影响其他机械的正常工作等都应该考虑。因此，利用 BIM 技术时可对上述问题进行模拟，对塔吊进行绘制，通过对其参数的控制来改变塔吊的作业过程，并根据塔吊的相关参数来布置材料堆场的位置，再根据实际情况的要求综合考虑其应布置的位置，从而提高施工的效率。

3）施工道路运输路径优化

合理的布置道路能体现出施工的效率。在施工过程中，施工人员利用 BIM 技术对车辆的运输路线进行优化，根据所采集的类似数据进行模拟布置，对出现的问题进行解决并优化，保证施工现场的运输路线通畅，并在保证运输效率的前提下减少运输成本。

4）施工现场临水临电优化

在 BIM 平台上，各专业可以通过平台实现实时交流，专业人员可以及时发现问题、合作解决问题，从而对临水临电的布置方案进行优化。再根据相应的模型进行初步的计量，从而对部分成本进行管理。

在 BIM 平台上，专业人员通过收集信息对临水临电进行建模，再结合场地布置的要求，以及对施工的便利性要求，对临水临电进行综合性的布置。在此过程中，各专业人员进行相互交流，避免各专业管道之间的碰撞，并对模型进行及时更新以确保模型的正确性和合理性。

综上所述 BIM 技术对于施工场地的布置越来越重要，在布置过程中利用 BIM 技术的可视化特性，可使工作人员对场地有一定的了解。利用 BIM 的协同性，可使场地的布置逐渐趋于合理，项目的质量等方面显著提高。

（2）施工现场逃生路线的模拟

由于施工场地复杂，存在着各种各样的机械设备等构件。难免会出现如工人操作不当引起火灾等特殊情况。利用 BIM 技术可视化的特点，在三维视图中根据逃生路线，在路径上布置疏散指示标志，可更加直观。

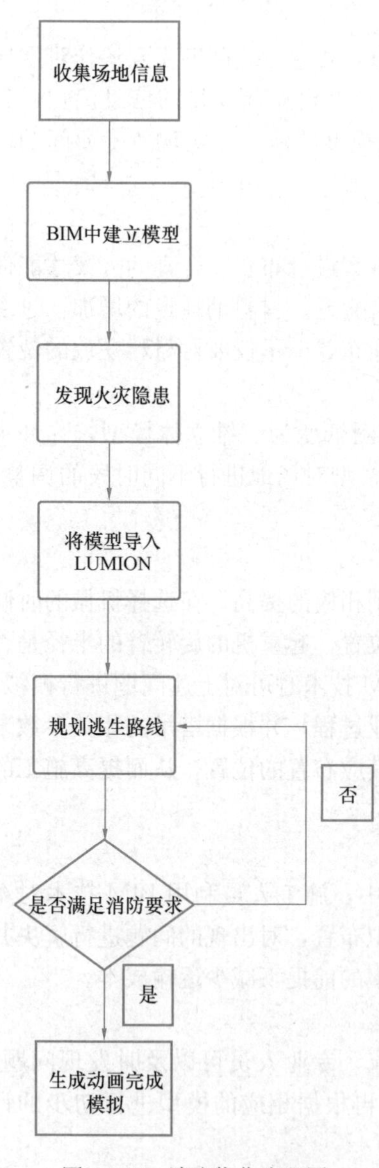

图 11-49　消防优化流程图

1）施工现场突发情况人员疏散方案优化

在施工现场由于人员密集，在面对突发情况时会因反应不当，造成混乱。虽然会有疏散演习但也会存在漏洞，效果不突出。BIM 技术中利用场地模型的模拟以及可视化的特点，可将建好的场地模型导入到渲染软件中，实现对逃生路线的模拟，优化突发情况方案。

2）基于 BIM 场地布置的消防优化流程

进行模拟时，首先是对场地建模，如果没有场地模型不能进行方案优化，所以专业人员要对场地信息十分了解，在了解之后还要对火灾疏散相关的布置方案进行优化。在模型建好之后，将模型文件导入 LUMION 软件中进行火灾消防的模拟。最后对模拟的方案进行一定的优化。

在模拟过程中最主要的就是正确放置紧急疏散标识，一旦位置放置得不合理，会出现混乱的局面。因此，在模拟逃生路线的规划中，应该先收集场地信息，通过初步方案进行动画演示，对不合理处在模型中进行相应的修改，然后再次导入软件中，直到合理为止。具体的消防优化流程如图 11-49 所示。

根据上述流程，专业人员对逃生路线模拟确定之后，播放动画演示，更加直观地使场地内人员清楚了解火灾时该如何做，从而利于管理人员的管理，减少不必要的伤害或者损失。

(3) 场地布置工程量的统计

由于 BIM 技术的存在，在建好的三维模型中可以快速且准确地统计好现场的构件，从而减少相应工作人员的工作负担。

利用 BIM 模型来统计构件，主要是以下两种方法。

第一种：在 Revit 中建好模型，转换为相应的格式再导入算量软件中，利用算量软件的功能对所建模型中的构件进行分类统计，最后形成对应的报表。

第二种：在 Revit 中建好模型，注意在建模的过程中须对所用构件进行准确地命名，利用软件自带的明细表设置相应的过滤器进行分类统计，最后形成对应的报表。

首先在“视图”选项卡中下选择“明细表”卡片中的“明细表/数量”。如明细表创建图 11-50 所示。

然后在新建的明细表中选择“场地”这一类别，并对其设置好名称。如场地明细表创建图 11-51 所示。

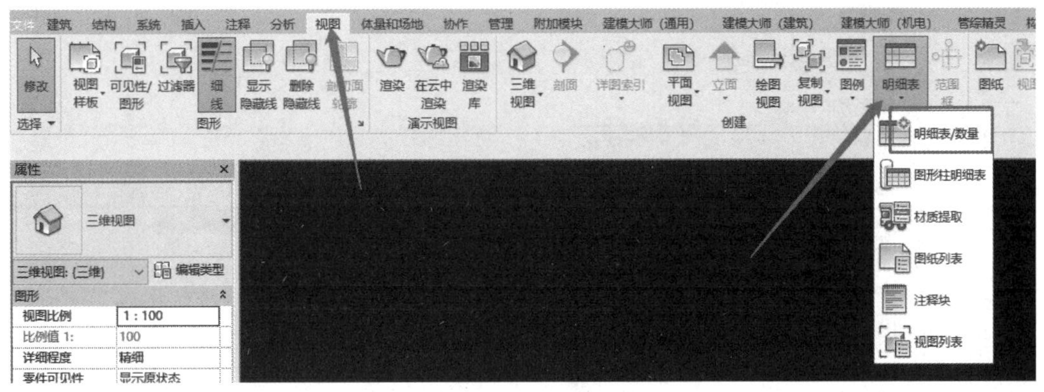

图 11-50　明细表创建图

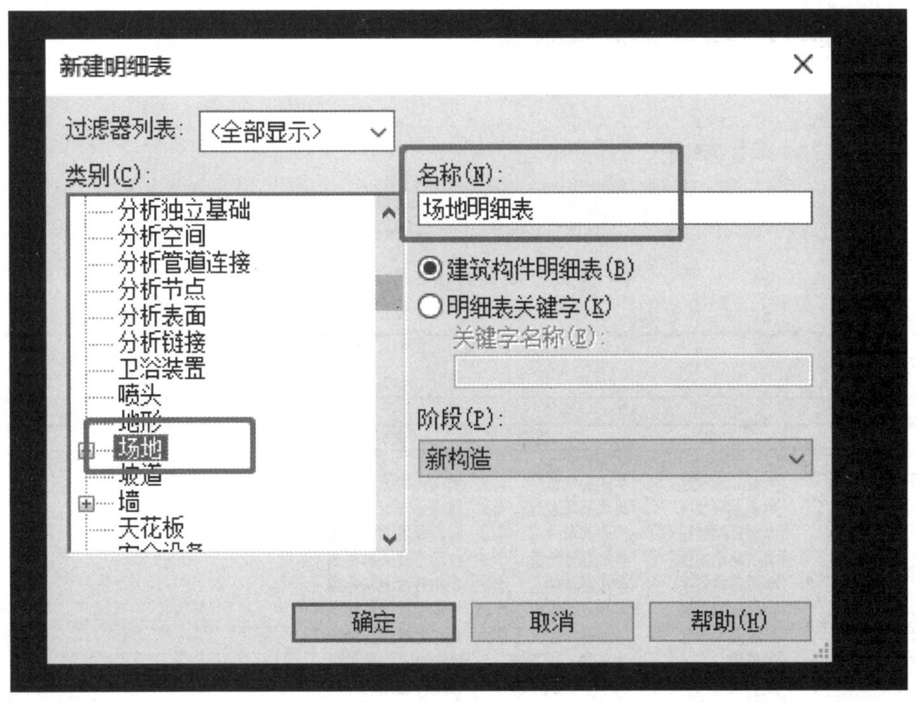

图 11-51　场地明细表创建图

在设置好以上步骤后，如明细表相关字段设置图 11-52 所示，选择相应的字段即所要统计的名称（见图 11-52 中标注①），然后再点击中间的添加功能按钮（见图 11-52 中标注②），从而将选中的字段添加进右边的明细表字段中。

在明细表字段设置好后，可对需要统计的构件设置过滤条件，从而将需要统计的构件选择出来。若过滤条件设置成“无”则会统计所有构件。只要设置好明细表的条件，就可以从该表中知道对应的构件数量，如图 11-53 所示。

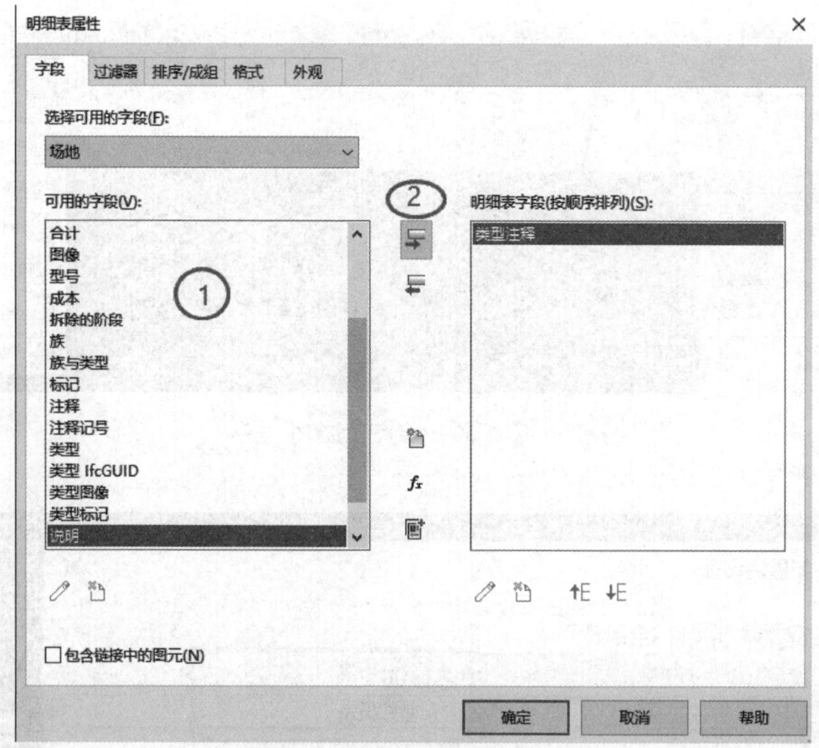

图 11-52　明细表相关字段设置图

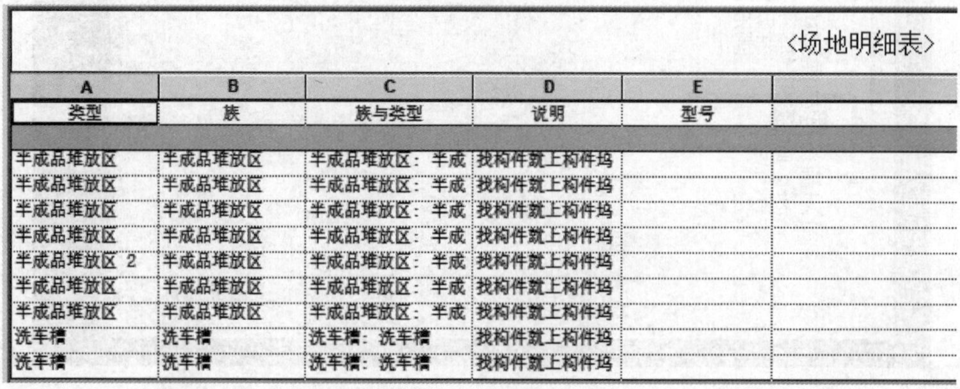

<场地明细表>

A	B	C	D	E
类型	族	族与类型	说明	型号
半成品堆放区	半成品堆放区	半成品堆放区：半成	找构件就上构件坞	
半成品堆放区	半成品堆放区	半成品堆放区：半成	找构件就上构件坞	
半成品堆放区	半成品堆放区	半成品堆放区：半成	找构件就上构件坞	
半成品堆放区	半成品堆放区	半成品堆放区：半成	找构件就上构件坞	
半成品堆放区 2	半成品堆放区	半成品堆放区：半成	找构件就上构件坞	
半成品堆放区	半成品堆放区	半成品堆放区：半成	找构件就上构件坞	
半成品堆放区	半成品堆放区	半成品堆放区：半成	找构件就上构件坞	
洗车槽	洗车槽	洗车槽：洗车槽	找构件就上构件坞	
洗车槽	洗车槽	洗车槽：洗车槽	找构件就上构件坞	

图 11-53　明细表效果图

11.3　基于BIM技术的装配式建筑施工组织设计

1. 装配式建筑人材机的技术分解

1）构件生产阶段

① 构件生产中人员分析

构件生产人员分析：在施工负责人的领导下，负责各道工序所需材料、机械的配套工作并做好自己的本职工作。本职工作包括：放梁板底线、涂隔离剂，模板芯模的支立、校正及拆除；钢筋的制作、焊接及绑扎，进场钢材卸车；张拉设备的校验、维修、保养、放钢绞线；龙门架的安装、维修；横移梁板，安装时装车，铁轨的铺设、检修。

构件管理人员分析：负责预制厂的人力、机械设备和材料管理，根据流程的需要组织安排生产，负责安全生产、生产技术、生产质量；负责厂内预制构件的图纸审核、变更设计的请示；负责预制构件的预算控制，加强劳动定额和材料消耗控制；搞好施工管理工作，认真做好各种原始资料的收集；管好用好各种仪器、工具；负责新技术、新工艺、新材料的应用推广。

② 构件生产中材料分析

钢筋：在浇筑混凝土前，必须保证钢筋表面整洁，钢筋尺寸满足设计要求；钢筋的搭接长度、弯曲符合设计要求，表面不得有损坏；构件节点处钢筋位置、接头数量、连接方式满足技术要求。灌浆连接的定位钢筋不得偏离中心位置，若出现严重偏差，要与设计单位协商处理，进行钢筋隐蔽验收。

混凝土：混凝土的配合比计算、坍落度检测、浇筑、振捣、养护及脱模必须满足规范标准。还应对构件的混凝土强度进行无损检测，对钢筋间距和保护层厚度等进行抽检，抽检不合格不得出厂。

模具：模具应该有足够的承载力、刚度、稳定性，模具安装应保证预制构件的形状、尺寸和位置的准确，模具拆除顺序应按照先拆非承重模具、后拆承重模具进行。

③ 构件生产中机械分析

第一，生产线设备。

模台：目前常见模台有碳钢模台和不锈钢模台两种。通常采用Q345钢材质整板铺面，台面钢板厚度10mm。

清扫喷涂机：采用除尘器一体化设计。流量可控，喷嘴角度可调，具备雾化的功能。

画线机：主要用于在模台实现全自动画线。采用数控系统，具备CAD图形编程功能和线宽补偿功能，配备UBS接口；按照设计图纸进行模板安装位置及预埋件安装位置定位画线，完成一个平台画线的时间小于5min。

送料机：有效容积不小于2.5m^3；运行速度0～30m/min，速度变频控制可调；外部振捣器辅助下料。运行时输送斗运行与布料机位置设置互锁保护；在自动运转的情况下与布料机实现联动；自动、手动、遥控操作方式；每个输送料斗均有防撞感应互锁装置，行走中有声光报警装置，静止时有锁紧装置。

第二，生产转运设备。

平移机：负载不小于25t/台；平移车液压缸同步升降；两台平移车行进过程保持同步，伺服控制；平台在升降车上定位准确，具备限位功能；模台状态、位置与平移车位置、状态有互锁保护措施；行走时，车头端部安装安全防护连锁装置。

堆码机：地面轨道行走、模台升降采用卷扬式升降式结构，开门行程不小于1m；大车定位锁紧机构；升降架调整定位机构；升降架升降导向机构；负荷不小于30t；横向行走速度、提升速度均变频可调；可实现手动、自动化运行。

2）构件运输阶段

① 构件运输中人员分析

构件运输过程中需要一名主要驾驶员及一名副驾驶员，要求有长期从事大型构件运输经验，同时运输车辆需要配备管理人员、工程技术人员、装卸工人，重大构件运输过程中需要全面考虑人员因素。

② 构件运输中材料分析

运输前检查构件的外观和预埋件是否有破损，构件成品上的表面标识（合格证、编号、应用部位）不得缺失，构件混凝土强度达到70%才能运输，构件在受荷载最大部位、易于开裂部位应该做加固处理，根据构件的大小形状不同、路况、运输距离来选择合理的运输方式、车辆型号。运输时构件固定应该有专门的支架（支架应具有一定通用性），构件与刚性接触点之间应该放置弹性材料，因运输原因造成的不合格构件不得进入施工现场。

③ 构件运输中机械分析

装运工具要求：装车前转运工应先检查钢丝绳、吊钩吊具、墙板架子等各种工具是否完好、齐全。确保挂钩没有变形，钢丝绳没有断股开裂现象，确定无误后方可装车。吊装时按照要求，根据构件规格型号采用相应的吊具进行吊装，不能有错挂漏挂现象。

装卸和码放用器械：吊车、预制件专用吊具、堆放架、橡胶垫等。

3）构件吊装阶段

① 构件吊装中人员分析

劳动力管理是对参与施工活动的人员进行计划、组织、监督和调节等管理活动的总称。目的是不断提高人员素养，激发人员积极性，提高施工效率，获得较大效益。

灌浆人员管理：在开工前对参与灌浆施工及管理的人员进行质量意识教育及技术培训，经考核合格后方可从事灌浆施工工作。灌浆班组中的协调灌浆工负责管理本班组及其他班组之间的相互工作，如图11-54所示。

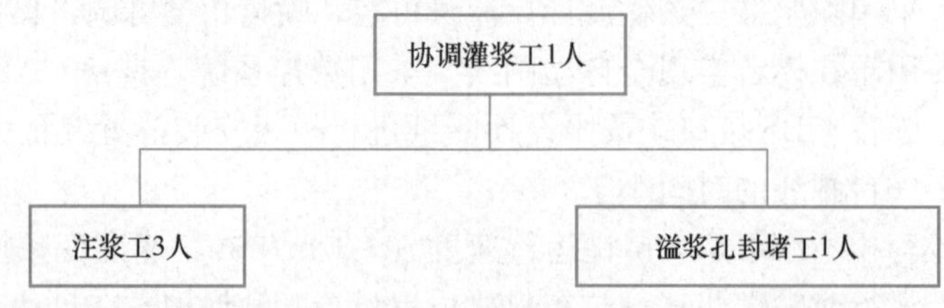

图11-54 灌浆班组劳动力管理示意图

构件堆放人员管理：预制构件的堆放、使用应该由专职人员管理。专职人员在现场应该对预制构件的运输、堆放、存储、使用等建立专用的台账。应该按照编码把同类型构件进行统一堆放，防止构件使用在错误位置。不宜经常更换专职人员，因为这会导致其对构件情况不了解，从而对构件的使用造成影响。

塔式起重机人员管理：装配式建筑塔式起重机对工人专业素质提出更高要求。在塔吊进行构件吊装之前，对工人进行安全交底，提高工人安全意识，确保其安全使用塔式起重机；操作人员须持证上岗，具备独立操作能力；对工人进行吊装技术交底，确保构件吊装的质量和现场施工的安全。塔式起重机的一个班组由塔吊班组长、信号工、塔式起重机司机、吊装工、安全人员等组成，如图11-55所示。

② 构件吊装中材料分析

首先，预制构件进场验收分析。

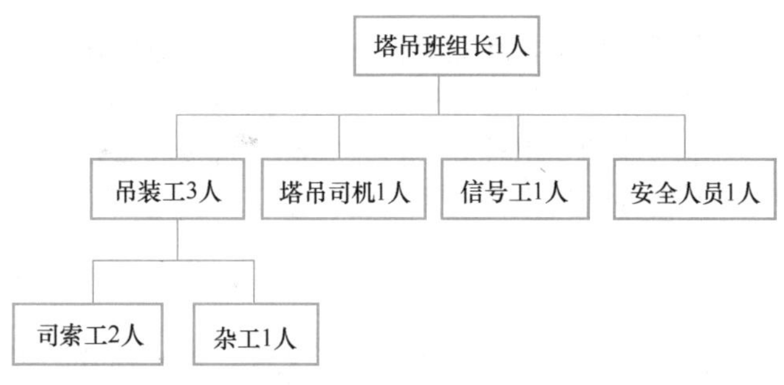

图 11-55　塔吊班组劳动力管理示意图

预制构件资料检验：构件隐蔽工程质量验收表，构件出厂质量验收表，进场复验报告，拉结件、套筒等主要材料进场复验报告等。

外观质量及尺寸检验：预制构件进场时，应对构件的外观质量进行全面检查。预制构件的外观不应有严重缺陷，且不应有影响结构性能和安装、使用功能的尺寸偏差，不宜有一般缺陷。

预制构件尺寸检验：构件进场时，应对构件的外观尺寸及预埋件位置进行检查。同一类型的构件，不超过 100 个为一批，每批抽查构件数量的 5%，且不应少于 3 个。

其次，预制构件堆放要点分析。

预制墙应采用高刚度的支架进行对称放置，预制墙宜插放或者靠放，完成面向外，与地面所构成夹角不应过小，接触点应设置弹性垫片。预制板应从底部由下而上叠加平放到顶部，叠加高度不宜过高，标识、吊环向外向上放置。最底端的预制板应设置通长垫板，上下层垫板应保持对称。预制阳台板堆放不超过 4 层，预制空调板堆放层数不超过 6 层。预制构件梁应采用水平放置，每个构件底面应至少放两个垫板，垫板高度大于 10cm。同型号构件堆放在一起，叠合梁不超过 4 层。

③ 构件吊装中机械分析

首先，吊装索具设备分析。

吊钩：吊钩按制造方法可分为锻造吊钩和片式吊钩。在建筑工程施工中，通常采用锻造吊钩，锻造吊钩又可分为单钩和双钩，单钩一般用于小起重量，双钩多用于较大的起重量。

钢丝绳：钢丝绳是由多层钢丝捻成股，再以绳芯为中心，由一定数量的股捻绕成螺旋状的绳。钢丝绳是吊装中的主要绳索，具有强度大、弹性高、韧性好、耐磨等特点。结构吊装中常用的钢丝绳是由 6 束绳股和一根绳芯捻成。

卡环：卡环用于吊索之间或吊索与构件吊环之间的连接。由弯环和销子两部分组成。按弯环形式分，有 D 形卡环和弓形卡环；按连接形式分，有螺栓式卡环和活络卡环。螺栓式卡环使用较多，但在柱子吊装中多采用活络式卡环。

其次，常用起重设备分析。

塔式起重机：塔式起重机是把吊臂、平衡臂等结构和起升、变幅等机构安装在金属塔身上的一种起重机，其特点是提升高度高、工作半径大、工作速度快、吊装效率高等。塔式起重机按行走机构、变幅方式、回转机构位置及爬升方式的不同可分成轨道式、附着式和内爬式塔式起重机。

汽车式起重机：汽车起重机是将起重机构安装在普通载重汽车或专门汽车底盘上的起重机。汽车式起重机机动性能好，运行速度快，对路面破坏性小，但不能带负载行驶，吊重物时必须支腿，对工作场地的要求较高。汽车式起重机按起重量大小分为轻型、中型和重型三种。按传动装置形式分为机械传动、电力传动、液压传动。目前，液压传动的汽车式起重机应用广泛。

2. 施工组织设计内容

施工组织设计是依据业主要求、设计和合同等文件，从工程开工到竣工，在拟建场地进行的准备、策划、部署、组织、管理、控制等施工活动统称。是遵循工程经济客观规律并用统筹思想，对施工各阶段、各方面、各资源需求进行系统性、计划性筹划的管理行为。是科学地进行现场管理的重要方法，决定各阶段施工准备工作内容，协调各施工工序和各资源间的内容。是项目施工各环节的指导性和综合性依据，保证项目有序、高效率、科学、安全地进行建造。

1）项目组织结构

项目组织结构是施工企业为更好发挥项目管理功能，提高项目管理效率，实现项目建造价值和企业自身战略，而组建的组织结构。施工管理人员是整个项目团队的核心管理力量。可抽取相关人员，建立施工现场统一的组织领导机构及职能部门。如图 11-56 所示。

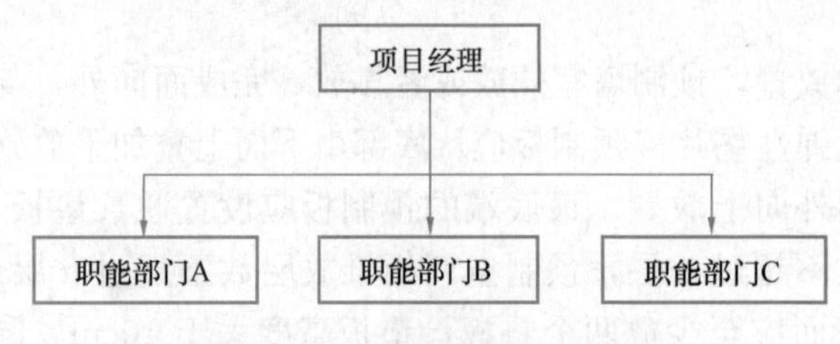

图 11-56　装配式建筑项目组织结构

① 项目经理

项目经理受企业委托，对项目全权负责，有权支配人力、物力、机械等资源，对施工质量终身负责。

② 职能部门

职能部门包括成本部、质量部、技术部等。

成本部负责项目成本测算、控制、分析，工程变更评估，工程款审核；根据合同条款、工程进展及工程量审定，严格进行工程款支付的审核；收集整理已完成项目的成本构成和各项经济、技术指标，建立成本信息库。

质量部贯彻质量管理的方针、政策、法律及法规，严格执行技术标准、质量标准和技术规范，并将质量方针贯穿于施工生产管理的全过程；监督检查质量保证体系的运行情况。

技术部负责项目技术，对施工阶段进行指导、检查和监督，负责项目范围内技术文件和资料的统一管理，负责施工图纸的设计、会审，在施工中对各工序进行书面技术交底。

2）施工准备工作

施工准备工作是项目建造前需要做的工作。是有组织、有目的、分阶段、有序地贯穿于项目建造的全过程。施工准备是否合理直接影响到各方面的积极性、资源分配的合理性，对施工现场管理起到关键作用。

① 现场平面布置

现场平面布置是在建造项目的场地空间上，布置临时设施、临时物力、临时设备来服务于现场施工，反映拟建建筑与临时设施等周围环境的空间关系。布置的合理性，将会对项目进度、造价、质量等方面造成影响。所以现场平面布置是施工准备中的重要内容之一。

设立场地大门，合理布置场地用地面积。场地大门尺寸应考虑车辆运输要求，大门位置应满足场地内外道路因素要求。大门口旁应设保卫室，安保人员对车辆出入情况进行登记和检查。

设立构件堆放区域，临时预制构件加工区域。构件堆放场地、临时加工区域的设立应满足正常施工需要，既要方便吊装也要方便运输、卸载。应在塔吊有效覆盖范围之内，做好主要周转材料准备，不影响现场交通。

确立场地车辆道路。施工道路达到硬化、平整坚实标准，必须有排水功能，宜采用环形形状，车道宽度大于 4m，车道弯角半径大于 15m。

② 塔式起重机选型

与传统建筑现场相比，塔式起重机是装配式建筑垂直运输主要的吊装设备。装配式建筑施工现场塔式起重机不仅要运输建筑材料、施工机械，还需要吊装预制构件。选型要优先考虑满足单体构件最大吊重和构件最远距离、塔式起重机成本等因素，施工现场对塔式起重机的性能、型号要求较高。

塔式起重机需求量的确定。多层装配式项目，塔式起重机宜采用小型经济的，反之选择大型高配的。根据施工现场预制构件吊装重量与一个台班中塔式起重机吊装重量相比较，确保塔式起重机需求个数。

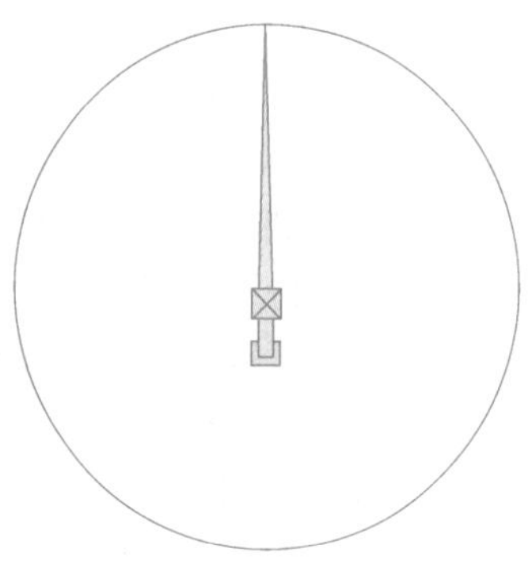
图 11-57　塔式起重机工作幅度

塔式起重机工作幅度要求。塔式起重机工作幅度是指塔式起重机回旋中心到吊钩可达到最远处的距离如图 11-57，决定塔式起重机的覆盖范围。塔式起重机型号决定了工作幅度。布置塔式起重机时，要覆盖预制构件堆放区域，减少出现覆盖盲区，防止增加二次搬运的成本。根据运输能力、预制构件堆放位置、拟建建筑形状，综合科学地选择塔式起重机位置。塔式起重机位置应尽量使塔臂工作幅度全面覆盖主楼、构件区域，尽量覆盖裙楼全部区域。

塔式起重机起重量的要求。塔式起重机起重量是预制构件重量与吊具重量（其中包括钢丝绳、挂钩等）之和。要对塔式起重机起重能力进行验算，检查整个过程是否有超重情况。当起重量不能符合吊装需求时，应重新选择型号。

塔式起重机高度的确定。塔式起重机高度包括拟建建筑物高度、安全生产高度、吊件高度与索具高度之和，如图 11-58 所示。塔式起重机总高度高出拟建建筑 10m 左右。相邻塔式起重机塔臂间保持高度差 5m 左右，如图 11-59 所示。

③ 技术准备

预制构件加工技术准备。预制构件生产的进度和质量直接影响到施工现场的进度和建筑性能，专业人员应驻场对构件的生产进行全程的监督。控制预制构件误差在合理范围，确保构件吊装工作顺利完成。结合机电、给水排水等专业，做好洞口预留工作，保证预留洞口尺寸和位置的正确性，防止施工现场进行二次开洞。确保预制模具质量，模具选择便

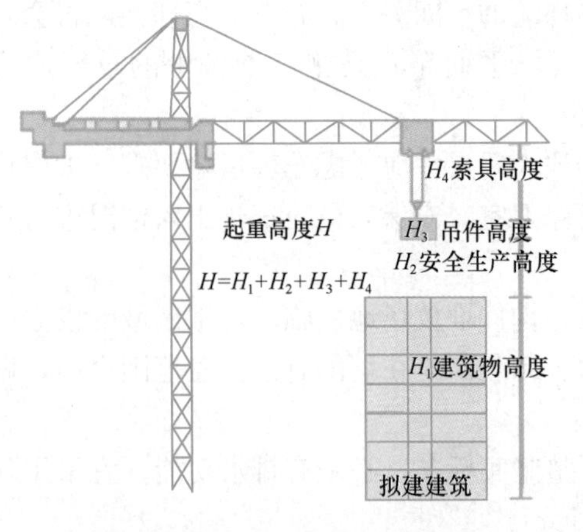

图 11-58　塔式起重机起重高度

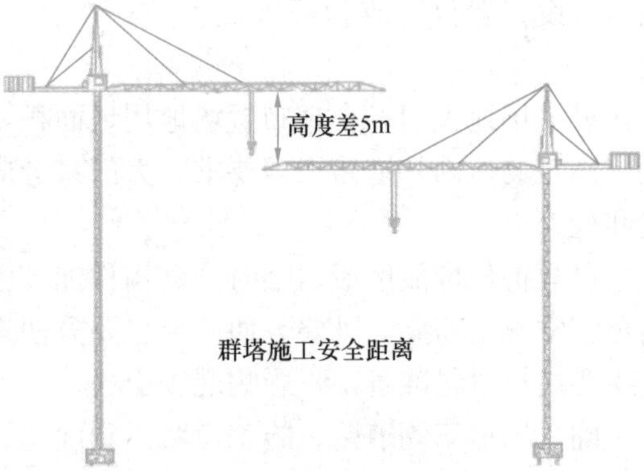

高度差5m

群塔施工安全距离

图 11-59　相邻塔式起重机塔臂高度

于组装和拆除。

施工阶段技术准备。项目管理人员根据设计文件、图纸等，领会设计意图，做好图纸会审，根据分部、分项工程编制专项施工方案。对现场施工人员做好技术交底。技术交底一般采用三级制：技术员向施工员交底包括施工部位的工艺要点、质量要点、操作要求等；施工员接受交底后，经口头或文字方式，反复、细致向操作班组交底；班组再与工人认真讨论，理解真正施工要求。

3）装配式建筑施工进度

装配式建筑施工进度管理是指项目建设阶段在满足规定工期条件下，对施工工艺、施工工序、施工持续时间等方面进行优化，编制施工计划并指导施工现场。

施工进度管理的目的是在确保质量和不增加成本的前提下，确保工程正常竣工甚至提前竣工。

① 施工进度计划编制原则

合理的施工进度是现场施工进行生产的依据，是按期交工的重要保障，是实现项目管理目标的重要途径。合理编制施工进度计划是按照施工顺序和施工工艺指导现场施工，依次在时间、空间上，充分利用人力、物力、财力，保证各施工活动有序进行，实现进度目标。

借鉴传统建筑施工进度编制的经验，同时考虑装配式建筑的施工工艺、施工性质等不同，编制装配式建筑施工进度应考虑以下几点：

A. 装配式构件生产情况对施工进度影响；

B. 因现场构件吊装较多，吊装预制构件的吊装时间和吊装效率影响施工进度；

C. 预制构件在现场布置情况；

D. 预制构件吊装的顺序，应按照每层中的分段分区吊装，注意前后搭接；

E. 现场环境（如雨季、冬季）对预制构件节点施工的影响。

② 施工进度的动态优化管理

在施工过程中，要对进展进行监管，随时收集实际数据，与编制的横道图进度或单（双）代号网络计划进行对比。若实际数据与计划方案出现不同，则组织相关人员召开会议，分析影响进度的相关因素，对情况予以纠正或者调整计划，确保进度按期完成甚至提前竣工。

进度的监管：确定项目进度的总目标，然后对总目标层层分解，实施进度的随时监测、项目制约的体系。按照对象分解，将单项工程、施工阶段分解为阶段性目标，按照年、季时间进度分解为阶段性分目标，将横道图或网络计划上计划进度与现场实际进度进行对比。

进度的调整：依据进度监测的书面报告，对施工工序、工程路线、实际时间等进行调整。进度调整的步骤：分析书面报告；分析对进度的影响、找出相关因素；采取调整措施，编制新方案；对新方案进行评估，指导现场施工进度。

4）装配式建筑施工质量

① 施工质量一般规定

从质量标准、体系方面，建立科学合理的质量管理体系和质量保证标准。成立质量管理机构，由公司和项目的工程师联合负责，用预先控制法，以预防为主，将质量控制提前为事前控制，使项目从开始就进入有序轨道，项目质量受到动态监管。

从人员角度，建立“责任到人到岗”制度、定期进行质量培训的方式。明确工程质量目标，按“定人、定职责”原则进行工作任务分配，将质量控制分解到每人、每岗位、每施工部分。项目经理担任质量控制组的组长，按照单位、分部、分项工程层层分解落实到相关的部门和人员；项目技术部门、质检员全面负责施工现场质量管理，施工中每班组都应有质检员。定期对技术部、质检部进行质量培训教育，提高质量检查意识，按照标准、规范进行质量验收。

② 施工质量控制要点

预制梁的吊装质量控制要点：预制柱对梁框线进行放线，应控制梁底标高误差；预制梁底部用钢立杆支撑，在顶托凹槽中放置截面尺寸为100mm×100mm的木方以增加接触面积；吊装前检查吊索是否安全，吊装时吊索钩住预埋的吊环，保证吊索与梁夹角不小于60°；用可调节顶托的顶丝来调节梁标高达到设计标高要求，误差控制在5mm以内，利用柱上部定位线准确调整梁水平位置。

预制墙的吊装质量控制要点：在板面将墙体定位线弹好，对后置埋件进行复核；板面应清理干净，防止因污染而产生隔离层，安装位置应保持湿润，要放置塑料垫块；用吊索起吊过程中，注意安全，应设立警示区域；待构件降落至距地面1m时，人员方可靠近进行施工操作，若个别套筒发生偏离，应予以调整，待墙体垂直无误后，再进行节点连接；安装斜支撑杆件，借助经纬仪、水平仪等仪器对墙体进行水平、垂直调整。

预制楼板的吊装质量控制要点：在预制梁、预制墙上弹出预制板底端标高的控制线，对构件进行编号，确定吊装顺序；预制板两端设置可调支撑杆，上下楼层支撑在同一垂直线上，对于间距大于3.3m的支撑，需在跨中增加杆件；起吊时，构件应保持垂直平稳，吊索与板面夹角范围为45°～60°；吊装就位时，保证预制板边底端与控制线重合，偏差应在2mm内，板底和梁接缝到位，板上钢筋锚入墙体长度符合规范要求。

5）装配式建筑施工成本

施工成本主要是指项目建造中产生的所有成本总和，包含易耗材料成本、周转材料租赁费，机械设备的成本费，员工所产生费用及现场进行管理所需要的成本。

预制构件生产费用主要包含预制生产的人工费、机械费、材料费、预制模具费等。现阶段模具设计尚不规范，生产质量较低，因此须增加模具摊销费。预制构件安装费用主要包括预制构件吊装的人工费、机械费，构件节点连接的费用，部分混凝土浇筑的人材机费用。其中，装配式施工现场构件吊装较多，现阶段因施工工艺的不成熟、吊装人员操作不熟练、垂直机械投入加大等原因，可能会造成吊装人工费和机械费用增加。预制构件节点施工情况直接影响到装配式建筑质量和外观，节点施工又需要专门的人员和工具，造成节点施工费用加大。

在施工成本控制方面，应采取方法为：优化组织结构、明确责任到人的组织措施；熟悉图纸，加强学习装配式施工工艺，提高人员吊装专业素养的技术措施；提高构件模具周转率，降低构件生产成本的生产措施；明确相关方的责任、权利、义务相互关系，按照合同约定进行成本支出的措施。

3. BIM技术的装配式建筑施工组织设计案例

(1) 项目概况

该项目是一个住宅式小区，A、B 地块共 17 栋装配式建筑，每栋建筑都带有一层地下室，且地下 1 层至地上 2 层皆为混凝土结构，3 层至屋顶层皆为装配式建筑结构。构件之间采用二次浇筑的方法。

对该项目来讲，由于塔楼普遍较高，(可高达 30 层)，因此在施工的过程中，构件正确的吊装具有一定的难度，塔吊的选择、场地区域的划分等也都会提升项目的施工难度。因此对以上的影响因素进行有效把控将是本项目完成的关键。

(2) BIM 团队的建立

1) 项目组织结构

一个项目的开展是由一定的组织机构进行展开的。该项目由工程部、成本部、质量部等职能部门以及多家专业分包公司共同开展。各参与的建设方通过在网上进入获取项目信息的单一门户后，围绕相关信息以及模型推动 BIM 的开展。其中有关 BIM 模型的组建、信息的收集和共享都是由相关的 BIM 团队完成，其采用的项目组织结构如图 11-60所示：

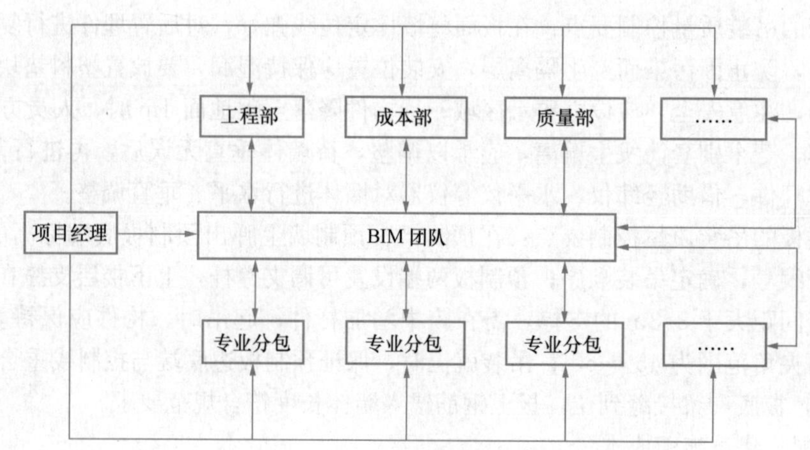

图 11-60 项目组织结构

使用该形式的组织，一方面有利于职能部门与各分包商的信息协调，另一方面则是有利于项目经理的管理。通过该组织，使不断更新的信息及时反馈给 BIM 团队，从而使得模型能够完整地反映真实的建造情况。

2）BIM 团队

① 总体任务

在设计院交付的模型、图纸，以及相应的文件的基础上，BIM 团队结合现场的实际情况，运用相应的技术参与到项目实施的各个阶段中。通过处理好与各方之间的关系以及对信息的及时管理，有效地建立起 BIM 模型。

② 人员的组成及职责

BIM 团队的人员一般包括：总负责人、各专业对应的技术员等，相应的人员职责如图 11-61 所示。

人员	职责
BIM 总负责人	1. 以 BIM 项目管理为核心，依据项目决策，制定 BIM 工作计划； 2. 负责利用 BIM 模型优化资源配置； 3. 负责组织推动 BIM 项目良性发展并实时监控； 4. 实时查看 BIM 系统当中反馈的现场问题，总协调及解决现场 BIM 实施出现的问题
BIM 技术人员	1. 各专业分别进行建模； 2. 与施工现场进行及时的交流沟通； 3. 及时对 BIM 方案进行优化

图 11-61　BIM 人员职责

（3）BIM 技术在施工准备的应用

1）三维模型的建立

① 模型的创建

BIM 就是通过数字信息仿真模拟建筑物所有的真实信息。因此对信息的理解程度直接影响到三维模型建立的精准程度。在 BIM 模型建立的阶段，会根据二维的图纸将项目信息转化为三维模型，当然一个项目的图纸不会是一成不变的，它会发生多次的改动。在建立模型的时候，技术人员会根据每次变动的图纸、对工艺的更新进行多次的讨论、审核，从而对模型进行及时修改。通过三维模型的建立，施工人员可以更加直观地了解该工程，从而使二维图纸的交叉问题可以在施工前得到很好的解决。

② 模型创建信息传递分析

如图 11-62 所示为 BIM 模型创建信息的传递，项目部会将图纸会审的 Word 文档和二维的 CAD 图纸上传给数据库。BIM 团队从数据库中下载所需要的信息文件，来完成二维到三维的模型的创建。技术人员将创建的三维模型上传至数据库后，管理人员可全面了解到项目的情况从而为后续工作的展开提供便利。

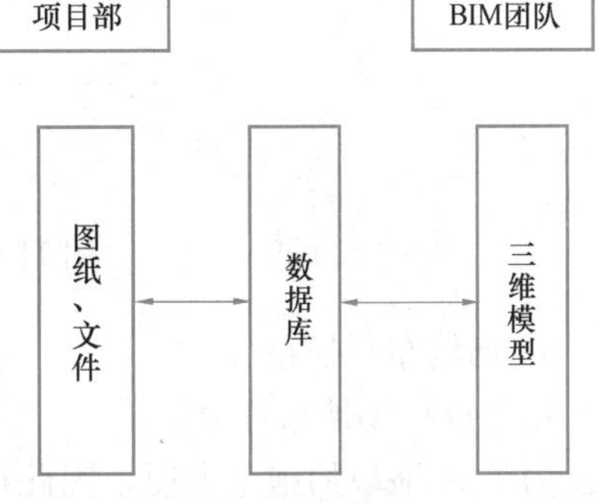

图 11-62　BIM 模型创建信息传递

2）场地的布置

① 本项目场地情况的概述

本项目场地总平面面积达 549195.70m^2，分为 A、B 两地块。A 地块共有 5 栋住宅和移动配套服务用房，B 地块较大，有 18 栋住宅以及一个小型的幼儿园，住宅总用地 428140.56m^2，道路用地 121055.14m^2，如图 11-63、图 11-64 所示，在场地的界限内，管理人员实施管理，以及对整个场地的布局进行规划。

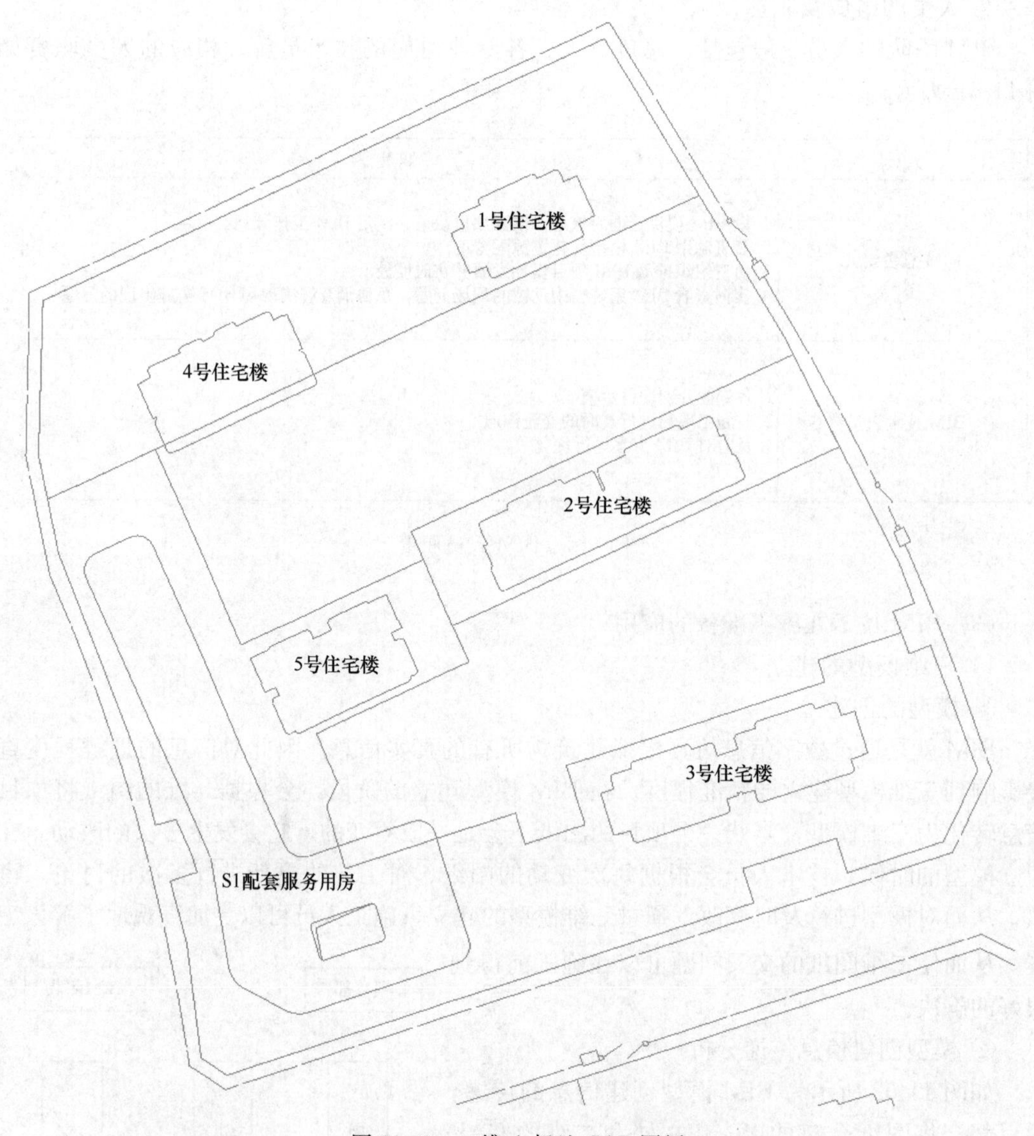

图 11-63　二维 A 场地 CAD 图纸

② 场地布置模拟

首先进行场地布置分析。

为了 A 地块的施工方便，因此在 1 号楼与 2 号楼之间、2 号与 3 号之间分别设置了两个施工出入口。出入口大门高 6.5m，其旁设置了门卫室和洗车池以及高 2m 的围墙，保

图 11-64　二维 B 场地 CAD 图纸

证场地内的整洁以及安全。在场地内为了方便运输，铺设了宽 6m 的临时道路。

当道路铺设完成后，就要考虑预制构件的堆放问题。对于每一栋住宅楼来讲，其所需要的构件数量很大，因此应将预制构件堆放在临时道路和拟建建筑之间，从而使运输更加方便。对于所需加工棚之类，也一并建立在建筑与道路之间。

除了基本的施工便利区域外，场地内还应设置办公区和生活区。各区域之间用砖砌围墙进行分隔，在保证工人的施工之余也应保证工人的身心健康。办公区和生活区都用预制构件进行搭设。

其次进行场地布置的模拟。

对场地规划分析后，就开始运用 BIM 技术对施工以及整个场地进行模拟。将二维的 CAD 图纸导入 Revit 中，根据项目信息绘制其标高轴网进行定位，用场地选项里面的相应命令对临时道路进行绘制。用建筑选项里面的墙命令进行围墙的绘制。对于临时加工棚可直接载入相应的常规模型，对于板房这种单体可直接链接 Revit，对于住宅楼拟建建筑直接用体量进行创建，对于常规的园林景观可以直接载入相应的族。最后检查形成的场地模型，查缺补漏。通过利用 BIM 技术使二维图纸上的场地转化为三维场地，清楚明白相应区域的规划布置。如图 11-65 和图 11-66 所示。

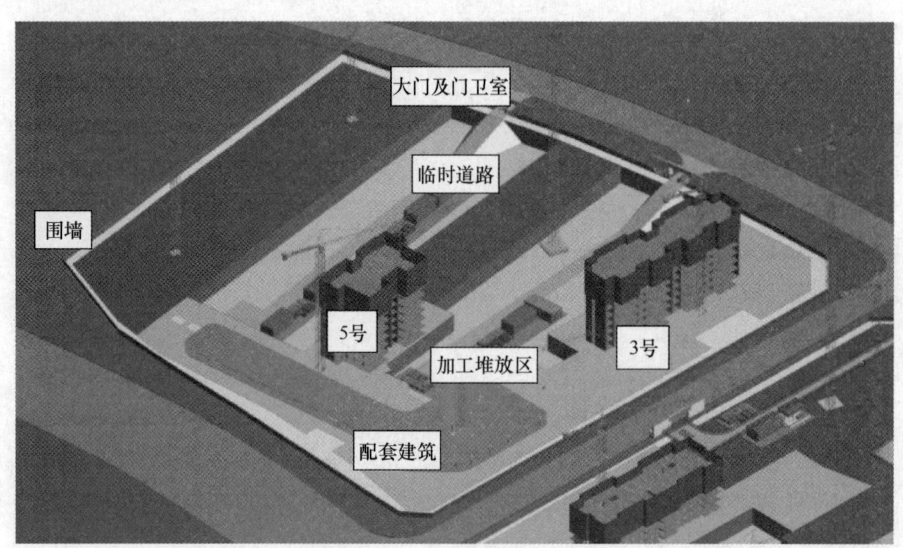

图 11-65　A 场地三维模型

最后实施场地布置信息的传递。

图 11-67 为场地信息传递的流程图，技术部将 CAD 图纸上传至数据库，BIM 团队从数据库中下载相应的信息进行三维建模，再将已建好的模型上传至数据库。技术人员下载模型并对其分析后，指导相应的工作人员进行现场场地的布置。

（4）BIM 技术在施工进度的应用

1）项目的计划进度

① 工期安排

对于一个项目来讲，最重要的就是对项目进度的把控，在把控的同时又要注重资源的节约和质量的保证。因此须根据现场的实际情况科学合理地进行资源投入。考虑到这些因

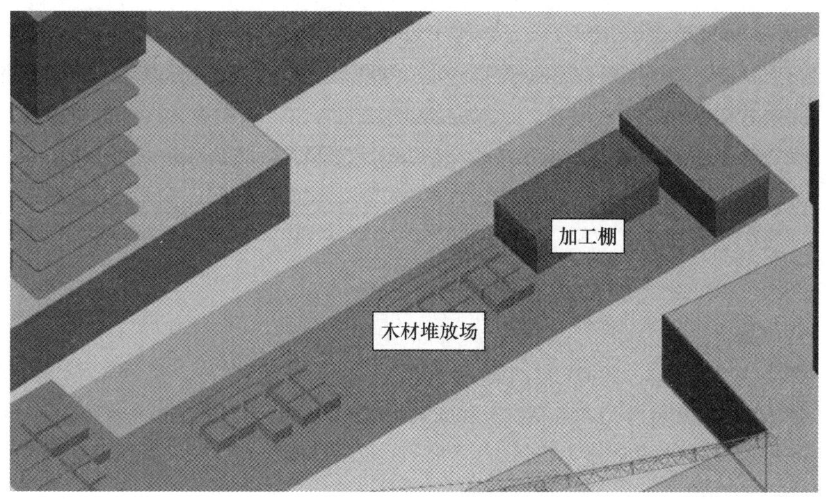

图 11-66　构件堆放及加工区

素，A 地块中的 3 号楼的工期需要 500d。

其中基础阶段需要 60d，主体阶段 310d，装饰阶段 156d，后期阶段 30d。

由于是高层建筑，因此采用的是土建与装饰穿插进行以便缩短工期。

待土建完成后，外墙装饰从上到下进行。

② 预制构件的加工

本栋为装配式楼，需要相应的柱、梁、板等构件，因此场内的加工棚、堆放区很好地解决了相应的加工及堆放问题。

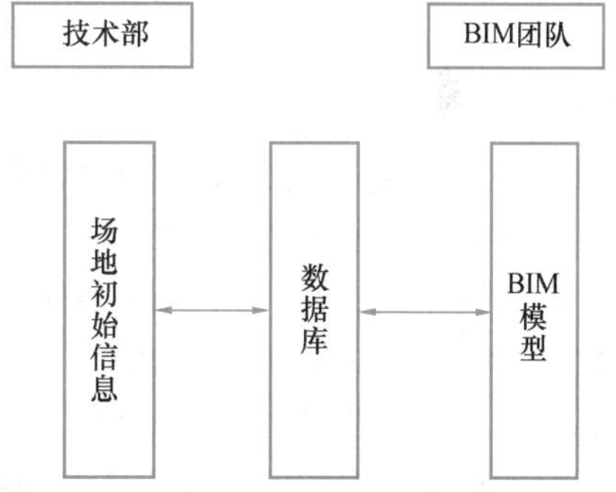

图 11-67　场地信息传递流程图

③ 装配式楼每层预制构件安装时间

预制墙吊装：每层须吊装 160 块墙板，每块预制墙吊装需要 15min，每日工作时间按照 10h 计算，每日可吊装 40 个墙板，每层预制墙吊装共需要 4d。

预制楼梯吊装：一段楼梯吊装需要 15min，每层共 4 段，共需要 1d。

预制板吊装：每层须吊装 180 块预制板，每块预制板吊装需要 5min，每日工作时间按照 10h 计算，每日可吊装 120 块预制板，每层预制墙吊装共需要 1.5d。

绑扎钢筋、安装模板、注浆时间：现浇竖向构件的绑扎钢筋、模板及墙体注浆相互穿插施工，每层需要 2.5d。

图 11-68 所示为 3 号楼计划进度横道图。

2）进度计划动态管理

当进度计划实施之后，还应该观察现场的实际进度，对实际的工作环节进行拍照并上传至 BIM 模型中，从而使各参与方都可随时随地地查看施工进度，提高施工效率。且通过计划进度与实际进度的对比，能从中找出不足以便及时更正。

3）进度计划的纠正措施

计划总是美好的，但不能排除实际情况与计划情况之间的出入，一旦出现偏差，就应

楼号	分项分部名称	起止时间	1月			2月			3月			4月			5月			6月			7月			8月			9月			10月			11月			12月			1月			2月			3月			4月			5月		
			上旬	中旬	下旬	上旬	中旬	下旬	上旬	中旬	下旬	上旬	中旬	下旬	上旬	中旬	下旬	上旬	中旬	下旬	上旬	中旬	下旬	上旬	中旬	下旬	上旬	中旬	下旬	上旬	中旬	下旬	上旬	中旬	下旬	上旬	中旬	下旬	上旬	中旬	下旬	上旬	中旬	下旬	上旬	中旬	下旬	上旬	中旬	下旬	上旬	中旬	下旬
3号	二层以下及结构	2018.09.24-2019.05.17																																																				
	三层至十一层	2019.05.18-2019.09.03																																																				
	十二层至十八层	2019.09.04-2019.10.24																																																				
	主体完成	2019.10.25-2020.11.20																																																				
	装饰完成	2019.07.09-2020.04.24																																																				
	细部处理加竣工验收	2020.04.25-2020.05.25																																																				

图 11-68　3 号楼计划进度横道图

考虑相应的解决方案。如：加强培训管理人员、加大资源投入、选择高效率的施工机器等。由于厂家生产预制构件过慢而导致本项目在建造的时候落后于计划进度，就应与厂家沟通使其加大生产力度。

4）施工进度分析

图 11-69 为施工信息的传递流程图，技术部将现场的实际进度图片等信息传至数据库，BIM 团队按照数据库里的信息对模型进行进度分析，形成相应的报告再上传至数据库，技术部从数据库中得到报告找出进度偏差的原因，进行纠正。

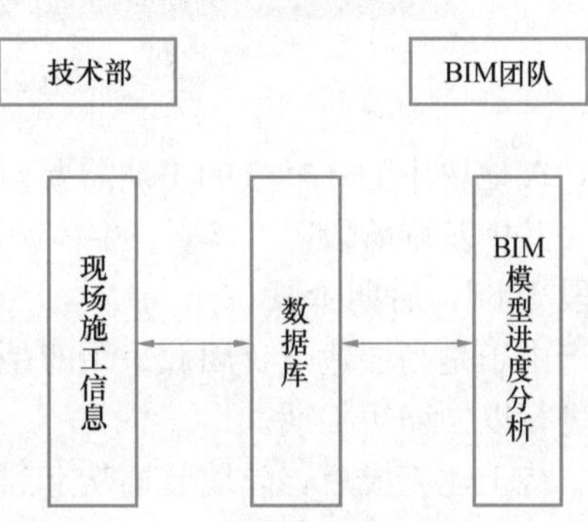

图 11-69　施工信息传递流程图

5）BIM 在进度中的优势

在 BIM 团队介入项目后，使传统建造发生了变化，增强了各方的协同程度，提高了工作效率。施工过程的每一步都上传至信息库中，让信息得到了及时的更新，参与的各方都能从数据库中得到想要的项目信息，最大化地实现了各专业之间的交流。

（5）BIM 技术在施工质量的应用

1）施工过程质量信息的控制

在保证施工进度正常进行的同时，还应该保证施工的质量。由于项目实施的时间跨度长，过程中会产生较多的文件，处理起来难免会产生纰漏造成质量缺陷，当 BIM 技术介入项目时，使传统的质量管理方法产生了变化。

管理人员将收集到的信息上传至数据库，BIM 团队在模型中及时对模型进行更新，施工人员也可随时随地查看模型，从而与实际施工进行对比。这种直接的信息传递模式，大大减少了人与人传递信息的时间，也利于项目质量的提升。

2）质量信息的传递

图 11-70 就是质量信息的传递流程图，技术部将搜集到的信息上传至数据库，BIM 团队根据这些信息对模型进行修改，修改之后上传至数据库，建设参与的各方都能在数据库中自行下载查看。

（6）BIM 技术在施工成本的应用

1）工程量的计算

成本部通过在广联达软件中建立模型进行图形算量，得出相应的工程量，而 BIM 团

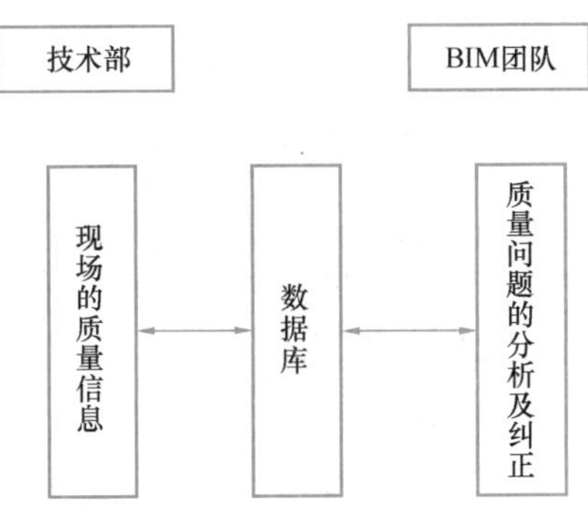

图 11-70　质量信息的传递流程图

队根据广联达 BIM5D 软件也会得出一个工程量，但实际施工中会有一个实际的工程量。如图 11-71 和图 11-72 所示。

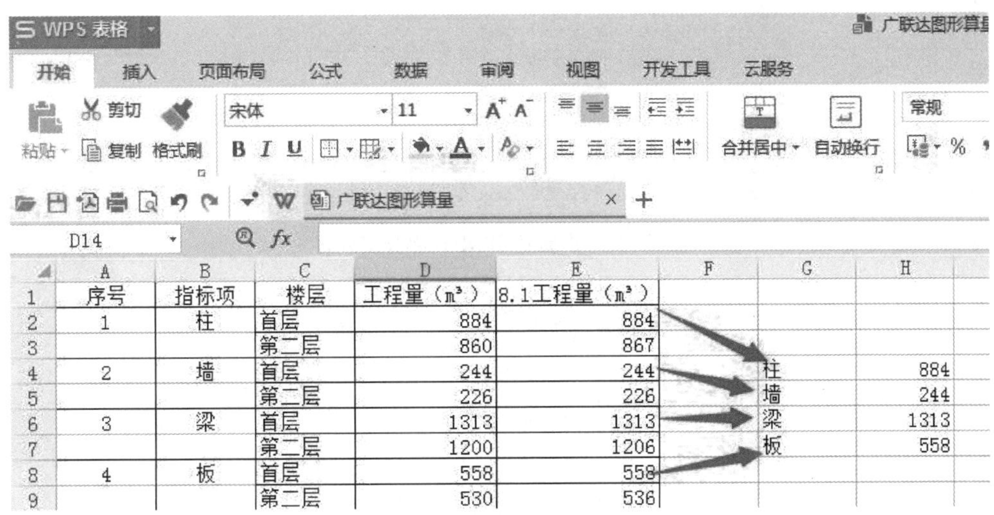

	A	B	C	D	E	F	G	H
1	序号	指标项	楼层	工程量（m³）	8.1工程量（m³）			
2	1	柱	首层	884	884			
3			第二层	860	867			
4	2	墙	首层	244	244		柱	884
5			第二层	226	226		墙	244
6	3	梁	首层	1313	1313		梁	1313
7			第二层	1200	1206		板	558
8	4	板	首层	558	558			
9			第二层	530	536			

图 11-71　广联达图形算量部分工程量

实际施工中梁板的混凝土量为 1600m³，柱墙的混凝土量为 1325m³。通过对比可知用广联达 BIM5D 得出的工程量与实际的差值比直接用广联达图形算量所得出的量与实际的差值小，因此使用广联达 BIM5D 所计算出的工程量可使项目节约成本。

2）施工成本信息传递

图 11-73 所示为成本信息的传递流程，成本部根据部门内部的计算得出相应的成本，并上传至数据库。BIM 团队根据数据库中的信息以及图纸利用 BIM5D 计算出相应的成本并上传数据库。成本部将本部门计算的成本和 BIM 团队计算的成本以及实际成本进行对比分析，找出其中的偏差，便可以防患于未然并有效控制成本。

3）BIM 在成本计算中的优势

BIM 模型中的成本计算很好地包括了时间、构件等方面的计算。属于一个动态的、较精准的计算，在复查或者修改的时候比较便利也比较直观。BIM 团队利用数据库中的数据，与各方进行有效的信息共享，从而更好地对成本进行管理。

	专业	构件类型	规格	工程量类型	单位	工程量
1	土建	柱	材质:混凝土 - 现场浇注混凝土 砼标号:C50 砼类型:现场浇注混凝土	数量	个	1
2	土建	柱	材质:混凝土 - 现场浇注混凝土 砼标号:C50 砼类型:现场浇注混凝土	体积	m^3	3.366
3	土建	梁	材质:混凝土 - 现场浇注混凝土C20 砼类型:现场浇注混凝土 砼标号:C20	梁净长	m	10.924
4	土建	梁	材质:混凝土 - 现场浇注混凝土C20 砼类型:现场浇注混凝土 砼标号:C20	模板面积	m^2	17.506
5	土建	梁	材质:混凝土 - 现场浇注混凝土C20 砼类型:现场浇注混凝土 砼标号:C20	体积	m^3	2.782
6	土建	梁	材质:混凝土 - 现场浇注混凝土C30 砼类型:现场浇注混凝土 砼标号:C30	梁净长	m	635.72
7	土建	梁	材质:混凝土 - 现场浇注混凝土C30 砼类型:现场浇注混凝土 砼标号:C30	模板面积	m^2	1228.009
8	土建	梁	材质:混凝土 - 现场浇注混凝土C30 砼类型:现场浇注混凝土 砼标号:C30	体积	m^3	162.302
9	土建	梁	材质:混凝土 - 现场浇注混凝土C35 砼类型:现场浇注混凝土 砼标号:C35	梁净长	m	3565.266
10	土建	梁	材质:混凝土 - 现场浇注混凝土C35 砼类型:现场浇注混凝土 砼标号:C35	模板面积	m^2	6729.57
11	土建	梁	材质:混凝土 - 现场浇注混凝土C35 砼类型:现场浇注混凝土 砼标号:C35	体积	m^3	872.221
12	土建	梁	材质:混凝土 - 现场浇注混凝土C40 砼类型:现场浇注混凝土 砼标号:C40	梁净长	m	71.837
13	土建	梁	材质:混凝土 - 现场浇注混凝土C40 砼类型:现场浇注混凝土 砼标号:C40	模板面积	m^2	160.844
14	土建	梁	材质:混凝土 - 现场浇注混凝土C40 砼类型:现场浇注混凝土 砼标号:C40	体积	m^3	23.092
15	土建	柱	材质:混凝土 - 现场浇注混凝土C50 砼标号:C50 砼类型:现场浇注混凝土	模板面积	m^2	482.22
16	土建	柱	材质:混凝土 - 现场浇注混凝土C50 砼标号:C50 砼类型:现场浇注混凝土	数量	个	38
17	土建	柱	材质:混凝土 - 现场浇注混凝土C50 砼标号:C50 砼类型:现场浇注混凝土	体积	m^3	179.17
18	土建	柱	材质:混凝土 - 现场浇注混凝土C55 砼标号:C55 砼类型:现场浇注混凝土	模板面积	m^2	1530.165
19	土建	柱	材质:混凝土 - 现场浇注混凝土C55 砼标号:C55 砼类型:现场浇注混凝土	数量	个	128
20	土建	柱	材质:混凝土 - 现场浇注混凝土C55 砼标号:C55 砼类型:现场浇注混凝土	体积	m^3	647.477
21	土建	梁	材质:混凝土 - 现场浇注混凝土C55 砼类型:现场浇注混凝土 [illegible]	梁净长	m	22.343

柱混凝土体积	1057.6
墙混凝土体积	247.01
梁混凝土体积	869
板混凝土总量	713.85

图 11-72　广联达 BIM5D 部分工程量

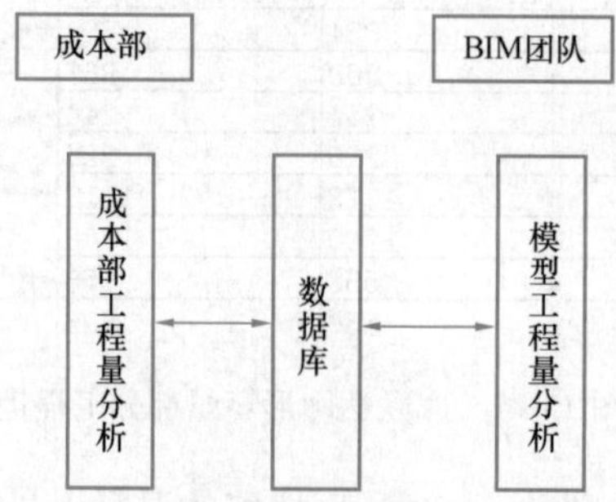

图 11-73　成本信息传递流程

思 考 题

1. 举例 BIM 技术与施工组织设计结合体现在工程领域哪些方面？
2. 简述 BIM 技术应用于施工现场布置的优点。
3. 为什么 BIM 技术可以用于资源计划管理？
4. 简述各种 BIM 软件在场地布置中的优缺点。
5. 简述 BIM 技术的场地布置中的优化内容。

参 考 文 献

[1] 中华人民共和国住房和城乡建设部. 建筑施工组织设计规范：GB/T 50502—2009[S]. 北京：中国建筑工业出版社，2009.

[2] 中华人民共和国住房和城乡建设部. 工程网络计划技术规程：JGJ/T 121—2015[S]. 北京：中国建筑工业出版社，2015.

[3] 中华人民共和国住房和城乡建设部. 施工现场临时建筑物技术规范：JGJ/T 188—2009[S]. 北京：中国建筑工业出版社，2010.

[4] 中华人民共和国住房和城乡建设部. 建设工程施工现场供用电安全规范：GB 50194—2014[S]. 北京：中国计划出版社，2015.

[5] 中华人民共和国住房和城乡建设部. 建筑工程施工质量验收统一标准：GB 50300—2013[S]. 北京：中国建筑工业出版社，2014.

[6] 许伟，许程洁，张红. 土木工程施工组织[M]. 武汉：武汉大学出版社，2014.

[7] 许程洁，冉立平，张淑华. 工程项目管理[M]. 2版. 武汉：武汉理工大学出版社，2014.

[8] 李忠富. 建筑施工组织与管理[M]. 3版. 北京：机械工业出版社，2013.

[9] 重庆大学，同济大学，哈尔滨工业大学. 土木工程施工[M]. 2版. 北京：中国建筑工业出版社，2010.

[10] 杨晓林. 工程项目管理[M]. 北京：机械工业出版社，2021.

[11] 王利文. 土木工程施工组织与管理 [M]. 北京：中国建筑工业出版社，2014.

[12] 危道军. 建筑施工组织[M]. 3版. 北京：中国建筑工业出版社，2014.

[13] 许欢欢，佘娜. 建设工程项目管理[M]. 沈阳：东北大学出版社，2017.

[14] 李启明. 建设工程合同管理[M]. 3版. 北京：中国建筑工业出版社，2018.

[15] 王晓初. 土木工程施工组织设计与案例[M]. 北京：清华大学出版社，2017.

[16] 冀彩云. 建筑工程项目管理[M]. 2版. 北京：高等教育出版社，2019.

[17] 黄春蕾. 建设工程项目管理[M]. 北京：中国建筑工业出版社，2020.

[18] 刘将. 建筑施工组织设计[M]. 大连：大连理工大学出版社，2019.

[19] 李思康，李宁，冯亚娟. BIM施工组织设计[M]. 北京：化学工业出版社，2018.

[20] 刘占省. 装配式建筑BIM技术应用[M]. 北京：中国建筑工业出版社，2018.

教材配套模拟试卷

扫描上方二维码可进行在线模拟试卷测试。

模拟试卷说明：(1)试卷总分 100 分；(2)试卷考试时间 100 分钟；(3)试卷考试形式为闭卷；(4)试卷涉及计算，则计算过程和计算结果保留两位小数。